住房和城乡建设部"十四五"规划教材

土木工程专业本研贯通系列教材

钢管混凝土结构原理

韩林海　编著

U0291314

中国建筑工业出版社

图书在版编目（CIP）数据

钢管混凝土结构原理 / 韩林海编著. — 北京：中
国建筑工业出版社，2022.12
住房和城乡建设部"十四五"规划教材 土木工程专
业本研贯通系列教材
ISBN 978-7-112-28113-8

Ⅰ. ①钢… Ⅱ. ①韩… Ⅲ. ①钢管混凝土结构－高等
学校－教材 Ⅳ. ①TU37

中国版本图书馆 CIP 数据核字(2022)第 202135 号

钢管混凝土由钢管内填混凝土而成，是我国当代重大土木工程主体结构的优选形式之一，该书针对这一关键领域，阐述钢管混凝土结构的基本形式、受力特点及典型工程应用。围绕基于全寿命周期的钢管混凝土结构分析理论与设计方法，论述钢管混凝土结构材料，包括钢材、混凝土、连接材料及防护材料的确定原则；钢管混凝土结构分析方法，包括混凝土收缩、徐变模型，钢材与混凝土的本构模型，钢与混凝土间的界面模型；阐述单一荷载与复杂受力、长期荷载、地震作用下钢管混凝土结构的工作原理，局部受压、尺寸效应的影响，钢管初应力限值、核心混凝土脱空容限基本概念与确定方法；论述钢管混凝土混合结构的力学特性与承载力计算方法，钢管混凝土结构节点设计；钢管混凝土结构防腐、防火与防撞击设计原理和方法；钢管混凝土结构的施工、验收、维护和拆除等内容。本书还探讨了钢管混凝土结构发展前景。基于现行有关国家标准，本书最后给出了钢管混凝土混合结构计算例题。

该书可供具备钢结构、钢筋混凝土结构等基础知识的读者使用，也可供从事土建类专业领域的科技人员、研究生和高年级本科生等参考使用。

为便于课堂教学，本书制备了教学课件，请选用此教材的教师通过以下方式获取课件：邮箱：jckj@cabp.com.cn；电话：(010) 58337285；建工书院：http://edu.cabplink.com。

* * *

责任编辑：赵　莉　吉万旺
责任校对：张惠雯

住房和城乡建设部"十四五"规划教材
土木工程专业本研贯通系列教材

钢管混凝土结构原理
韩林海　编著

*

中国建筑工业出版社出版、发行（北京海淀三里河路9号）
各地新华书店、建筑书店经销
北京红光制版公司制版
北京中科印刷有限公司印刷

*

开本：787 毫米×1092 毫米　1/16　印张：18¾　字数：466 千字
2023 年 1 月第一版　2023 年 1 月第一次印刷
定价：**78.00** 元（赠教师课件）
ISBN 978-7-112-28113-8
(40181)

出 版 说 明

　　党和国家高度重视教材建设。2016 年，中办国办印发了《关于加强和改进新形势下大中小学教材建设的意见》，提出要健全国家教材制度。2019 年 12 月，教育部牵头制定了《普通高等学校教材管理办法》和《职业院校教材管理办法》，旨在全面加强党的领导，切实提高教材建设的科学化水平，打造精品教材。住房和城乡建设部历来重视土建类学科专业教材建设，从"九五"开始组织部级规划教材立项工作，经过近 30 年的不断建设，规划教材提升了住房和城乡建设行业教材质量和认可度，出版了一系列精品教材，有效促进了行业部门引导专业教育，推动了行业高质量发展。

　　为进一步加强高等教育、职业教育住房和城乡建设领域学科专业教材建设工作，提高住房和城乡建设行业人才培养质量，2020 年 12 月，住房和城乡建设部办公厅印发《关于申报高等教育职业教育住房和城乡建设领域学科专业"十四五"规划教材的通知》（建办人函〔2020〕656 号），开展了住房和城乡建设部"十四五"规划教材选题的申报工作。经过专家评审和部人事司审核，512 项选题列入住房和城乡建设领域学科专业"十四五"规划教材（简称规划教材）。2021 年 9 月，住房和城乡建设部印发了《高等教育职业教育住房和城乡建设领域学科专业"十四五"规划教材选题的通知》（建人函〔2021〕36 号）。为做好"十四五"规划教材的编写、审核、出版等工作，《通知》要求：（1）规划教材的编著者应依据《住房和城乡建设领域学科专业"十四五"规划教材申请书》（简称《申请书》）中的立项目标、申报依据、工作安排及进度，按时编写出高质量的教材；（2）规划教材编著者所在单位应履行《申请书》中的学校保证计划实施的主要条件，支持编著者按计划完成书稿编写工作；（3）高等学校土建类专业课程教材与教学资源专家委员会、全国住房和城乡建设职业教育教学指导委员会、住房和城乡建设部中等职业教育专业指导委员会应做好规划教材的指导、协调和审稿等工作，保证编写质量；（4）规划教材出版单位应积极配合，做好编辑、出版、发行等工作；（5）规划教材封面和书脊应标注"住房和城乡建设部'十四五'规划教材"字样和统一标识；（6）规划教材应在"十四五"期间完成出版，逾期不能完成的，不再作为《住房和城乡建设领域学科专业"十四五"规划教材》。

　　住房和城乡建设领域学科专业"十四五"规划教材的特点：一是重点以修订

教育部、住房和城乡建设部"十二五""十三五"规划教材为主；二是严格按照专业标准规范要求编写，体现新发展理念；三是系列教材具有明显特点，满足不同层次和类型的学校专业教学要求；四是配备了数字资源，适应现代化教学的要求。规划教材的出版凝聚了作者、主审及编辑的心血，得到了有关院校、出版单位的大力支持，教材建设管理过程有严格保障。希望广大院校及各专业师生在选用、使用过程中，对规划教材的编写、出版质量进行反馈，以促进规划教材建设质量不断提高。

住房和城乡建设部"十四五"规划教材办公室

2021 年 11 月

前　　言

钢管混凝土是在钢管中填充混凝土而成的结构形式，由于其优越的力学性能而被广泛应用于建筑、桥梁、交通枢纽、能源基础设施等工程，成为我国当代重大土木工程主体结构的优选形式之一。我国已构建起了系统的基于全寿命周期的钢管混凝土结构分析理论与设计技术体系，为科学合理地选用和建造钢管混凝土结构、实现钢管混凝土结构的高性能及服役全寿命安全性奠定了基础。

近十几年来，作者在清华大学为高年级本科生、研究生讲授钢管混凝土结构课程，觉得有必要形成一本教学参考书，系统论述支撑钢管混凝土结构非线性分析与精细化设计的材料本构模型、承载力计算方法、关键构造措施和施工技术等基础理论与共性技术问题。基于对历年教学讲稿的整理，形成了本教材。

本书第 1 章论述了钢管混凝土结构的基本形式、工作特点和发展概况。钢管混凝土结构受力机理复杂，其高性能和力学复杂性同源于钢管对其核心混凝土的非线性约束效应。该章阐述了"约束效应系数"概念、非线性约束效应的力学本质、基于全寿命周期的钢管混凝土结构分析理论框架、钢管混凝土结构设计基本原则，介绍了钢管混凝土典型工程应用实例。

组成钢管混凝土结构的材料"匹配"设计，是保障钢管混凝土结构高性能的关键，本书第 2 章论述了钢管混凝土结构材料设计原则，还论述了连接材料、防护材料、防腐材料以及防火材料的确定原则。

以往，基于对钢管混凝土约束效应的深入研究，厘清了核心混凝土受压应力-应变关系的强化、塑性、软化特征及相应的约束效应系数界限值，据此建立起了适用于短期和长期加载、循环加载、高温作用等多工况下核心混凝土本构模型，为实现基于全寿命周期的钢管混凝土结构分析创造了条件。对于钢管混凝土加劲混合结构，进一步建立了其钢管混凝土外包箍筋约束混凝土的本构模型。本书第 3 章论述了钢管混凝土结构分析方法，混凝土收缩、徐变模型，钢材与混凝土的本构模型，钢与混凝土间的界面模型。

本书第 4 章论述了单一荷载与复杂受力、长期荷载、地震作用下钢管混凝土构件承载力，竖向和侧向局部受压承载力计算方法，尺寸效应的影响，钢管初应力限值，核心混凝土脱空容限概念及其确定方法。

钢管混凝土混合结构是在钢管混凝土及传统钢结构、混凝土结构基础上发展起来的一种新型结构形式，该类结构以钢管混凝土为主要构件，与其他结构构（部）件混合而成且能共同工作。从结构类型角度划分，钢管混凝土混合结构属于钢管混凝土结构的大范畴。本书第 5 章论述了钢管混凝土混合结构的工作机理与承载力计算方法。

合理地设计关键连接节点，是保障钢管混凝土结构体系可靠工作的基础，本书第 6 章论述了钢管混凝土结构中梁-柱连接节点、钢管混凝土弦杆-钢管腹杆连接节点的设计原理与方法，基础及支承节点构造，节点抗疲劳设计。

本书第 7 章阐述了基于荷载-温度-时间耦合作用分析的钢管混凝土结构抗火设计原理与防火设计方法，还论述了钢管混凝土结构防腐蚀、防撞击设计原理及方法。

钢管混凝土中的核心混凝土具有隐蔽性，采用科学合理的施工方法是保障该类结构高质量与安全性的关键。本书第 8 章论述了钢管制作与安装、钢管内混凝土施工、钢管外混凝土施工。该章还阐述了钢管混凝土结构检测、验收、维护与拆除方面的内容。

本书第 9 章探讨了钢管混凝土结构的发展前景。为了便于读者参考，基于《钢管混凝土混合结构技术标准》GB/T 51446—2021 等有关国家标准，本书附录给出了钢管混凝土混合结构计算例题。

作者的研究工作持续得到工程界同仁们的合作和支持，教授级高级工程师叶尹、范重、牟廷敏、杨蔚彪、宋谦益和秦大燕等先后为作者提供了本书中的一些工程照片及相关资料。中国建筑工业出版社赵莉编辑对本书出版进行了专业耐心的编辑工作，在此一并致谢！

由于作者学识水平所限，本书难免存在不妥乃至错误，恳请读者给予批评指正！

韩林海

2022 年 2 月 22 日

目　　录

主 要 符 号 表

1 作用、作用效应和抗力

M——弯矩

M_{cd}——弯矩设计值

M_{cu}——受弯承载力

N——轴力

N_0——钢管混凝土混合结构的截面受压承载力

N_c——截面受压承载力

N_{cd}——轴力设计值

N_{cE}——欧拉临界力

N_{cfst}——内置钢管混凝土部分的截面受压承载力

N_{rc}——外包混凝土部分的截面受压承载力

N_t——截面受拉承载力

N_u——轴心受压承载力

V——剪力

V_{cd}——剪力设计值

V_{cfst}——内置钢管混凝土部分的受剪承载力

V_{cu}——受剪承载力

V_{rc}——外包混凝土部分的受剪承载力

T——扭矩

T_{cd}——扭矩设计值

T_{cu}——受扭承载力

2 材料力学性能

E_c——混凝土的弹性模量

$E_{c,c}$——钢管内混凝土的弹性模量

$E_{c,oc}$——混凝土结构板中的混凝土或钢管外包混凝土的弹性模量

$E_{s,l}$——纵筋钢材的弹性模量

E_s——钢材的弹性模量

f——钢材的抗拉、抗压和抗弯强度设计值

f_{ba}——平均粘结强度

f_{bu}——极限粘结强度

f_c——混凝土的轴心抗压强度设计值

f'_c——混凝土的圆柱体抗压强度

f_{ck}——混凝土的轴心抗压强度标准值

$f_{c,c}$——钢管内混凝土的轴心抗压强度设计值

$f_{c,oc}$——钢管外包混凝土的轴心抗压强度设计值

f_{cu}——混凝土的立方体抗压强度标准值

$f_{cu,c}$——钢管内混凝土的立方体抗压强度标准值

$f_{cu,oc}$——钢管外包混凝土的立方体抗压强度标准值

f_l——纵筋的抗拉强度设计值

f'_l——纵筋的抗压强度设计值

f_{sc}——钢管混凝土截面的轴心抗压强度设计值

f_{scp}——钢管混凝土截面的轴心抗压比例极限

f_{scy}——钢管混凝土截面的轴心抗压强度标准值

f_{sv}——钢管混凝土截面的抗剪强度设计值

f_t——混凝土的抗拉强度设计值

f_{tk}——混凝土的轴心抗拉强度标准值

f_{ts}——混凝土的劈裂强度

f_u——钢材的抗拉强度

f_v——钢材的抗剪强度设计值

f_w——腹杆钢管钢材的抗拉、抗压和抗弯强度设计值

f_y——钢材的屈服强度

f_{yh}——箍筋的屈服强度

G——剪变模量

$G_{c,c}$——钢管内混凝土的剪变模量

$G_{c,oc}$——混凝土结构板中的混凝土或钢管外包混凝土的剪变模量

G_s——钢材的剪变模量

W_{sc}——钢管混凝土桁式混合结构的截面抗弯模量

W_{sc1}——钢管混凝土的截面抗弯模量

$W_{sc,t}$——钢管混凝土的截面扭转抵抗矩

3　几何参数

a——防火保护层厚度

A_b——侧向局部受压的计算底面积

A_c——钢管内混凝土的截面面积

A_h——箍筋的截面面积总和

A'_l——纵向受力钢筋的截面面积

A_L——局部受压面积

A_{lc}——侧向局部受压面积

A_{oc}——混凝土结构板中的混凝土或钢管外包混凝土的截面面积

A_s——钢管的截面面积

A_{sc}——钢管混凝土的截面面积

A_{se}——腐蚀后钢管的截面面积

A_{sv}——箍筋的截面面积

A_v——箍筋约束混凝土的截面面积

A_w——钢管混凝土桁式混合结构中单根腹杆空钢管的截面面积

b_e——混凝土结构板的翼缘计算宽度

B——截面宽度

B_c——箍筋约束混凝土的截面宽度

C——截面周长

d——钢管内混凝土直径或螺纹钢筋直径

d_r——环形脱空的平均距离

d_s——球冠形脱空的最大高度

d_w——腹杆钢管外径

D——圆形钢管混凝土的钢管外径

D_e——腐蚀后钢管外径

D_i——钢管内混凝土的直径

H——截面高度

h_0——沿弯矩作用方向截面计算高度

h_b——截面受压区混凝土结构板厚度

h_i——结构沿截面高度方向受压和受拉弦杆形心的距离

I_c——钢管内混凝土的截面惯性矩

I_s——钢管的截面惯性矩

$I_{s,h}$——钢管对钢管混凝土混合结构截面形心轴的惯性矩

$I_{l,h}$——纵筋对钢管混凝土混合结构截面形心轴的惯性矩

$I_{c,h}$——钢管内混凝土对钢管混凝土混合结构截面形心轴的惯性矩

$I_{oc,h}$——混凝土结构板中的混凝土或钢管外包混凝土对钢管混凝土混合结构截面形心轴的惯性矩

l_0——结构的计算长度

l_1——钢管混凝土桁式混合结构中单根柱肢的节间长度

l_v——箍筋长度

s——箍筋间距；混凝土坍落度；相对滑移

t——钢管壁厚或钢板厚度；时间

t_e——腐蚀后钢管壁厚

u_0——初始弯曲度

α——腹杆在弦杆截面平面投影夹角的一半

Δt——腐蚀后钢管的平均壁厚损失值

ρ——纵向受力钢筋的配筋率

ρ_v——体积配箍率

ρ_{sv}——面积配箍率

θ——斜腹杆与弦杆的夹角；传递侧向局部压力的腹杆与弦杆的夹角

4 计算系数及其他

c——中和轴距受压边缘距离；每立方米混凝土中水泥的用量；钢筋混凝土保护层厚度

C_m——结构端截面偏心距调节系数

k_B——火灾后抗弯刚度影响系数

k_{cr}——长期荷载影响系数

k_{nL}——长期荷载比调整系数

k_T——火灾下钢管混凝土柱承载力系数

K_{LC}——钢管混凝土局压承载力折减系数

K_d——脱空折减系数

n——轴压比；钢管混凝土桁式混合结构中弦杆总数；火灾荷载比

n_{cfst}——内置钢管混凝土部分的承载力系数

n_L——长期荷载比

R——火灾下结构的荷载比

R_d——撞击动力影响系数

t_d——混凝土的干燥时间

t_h——升、降温临界时间

t_o——升温时间比

t_R——耐火极限

T——温度

α——线膨胀系数

α_1——钢管外包混凝土等效应力块强度系数

α_e——腐蚀后钢管混凝土名义截面含钢率

α_s——钢管混凝土截面含钢率

β——局压面积比；初应力影响参数；径宽比

β_l——侧向局部受压时混凝土强度提高系数

β_c——侧向局部受压时混凝土强度影响系数

ε——应变

ε_y——钢材的屈服应变

ε_o——钢管内混凝土单轴峰值压应变

ε_{cu}——混凝土极限压应变

ε_l——混凝土徐变应变

ε_{sh}——混凝土收缩应变

η_c——弯矩增大系数

γ_m——截面抗弯塑性发展系数

γ_t——受扭承载力计算系数

γ_u——极限剪切变形；钢管对混凝土收缩的制约影响系数

γ_v——抗剪强度承载力计算系数

γ_{sc}——钢管混凝土轴心抗压强度分项系数

φ——轴心受压结构的稳定系数

φ_c——混凝土结构板的受压稳定系数

λ——结构的长细比或结构的换算长细比

λ_o——结构弹塑性失稳的界限长细比

λ_v——计算截面的剪跨比

λ_p——结构弹性失稳的界限长细比

ξ——约束效应系数

ξ_e——腐蚀后名义约束效应系数

σ——应力

σ_o——钢管内混凝土单轴峰值压应力

σ_{so}——钢管初应力

τ——界面粘结应力；截面平均剪应力

τ_u——粘结强度

χ_r——环形脱空的脱空率

χ_s——球冠形脱空的脱空率

μ——摩擦系数

ζ_c——曲率调整系数

Δ_y——屈服位移

Δ_u——极限位移

第1章 绪 论

本章要点及学习目标

本章要点:

本章论述了钢管混凝土结构的基本形式、工作特点和发展概况;阐述了钢管混凝土"约束效应系数"概念及其力学本质、基于全寿命周期的钢管混凝土结构分析理论框架、钢管混凝土结构设计基本原则;介绍了钢管混凝土典型工程实例。

学习目标:

掌握"约束效应系数"概念、约束效应的力学本质及钢管混凝土结构设计基本原则。熟悉钢管混凝土结构的基本形式和工作特点。了解钢管混凝土结构的发展概况及典型工程实例。

1.1 钢管混凝土结构工作特点

钢管混凝土(Concrete-Filled Steel Tubes,英文缩写 CFST)是一种在钢管中填充混凝土而形成,且钢管及其核心混凝土能共同工作的结构形式。图 1-1 所示为常见的钢管混凝土构件横截面形式,其中,圆形、方形和矩形截面在工程中的应用最为广泛(如图 1-1a、b 和 c所示)。根据工程实际需要,钢管混凝土构件也可采用多边形、圆端矩形和椭圆形等横截面形式(如图 1-1d、e 和 f 所示)。

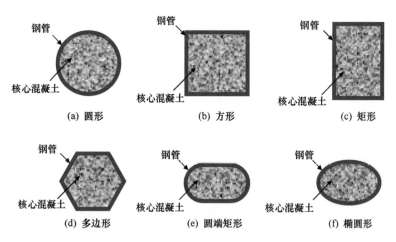

图 1-1 常见的钢管混凝土横截面形式

钢管混凝土的钢管可以由热轧、冷成型或焊接等方式加工而成,钢管可采用普通钢、高强钢或不锈钢等;浇灌在钢管中的核心混凝土可以是普通混凝土、高强混凝土、自密实混凝土或再生混凝土等。

　　钢管混凝土是一种组合结构，其"组合"作用可总体上归纳为如下三个方面：

　　（1）钢管对其核心混凝土的"约束效应"

　　薄壁钢管对局部缺陷较为敏感，故不易充分发挥其材料强度且其承载力相对不稳定。在钢管中填充混凝土形成钢管混凝土后，混凝土可以延缓或避免薄壁钢管过早发生局部屈曲；同时，钢管约束了混凝土，在轴压荷载作用下，混凝土处于三向受压状态，可延缓其受压时的纵向开裂。两种材料协同互补，共同工作，使钢管混凝土具有较高的承载能力与延性。以圆形钢管混凝土轴心受压构件为例，图 1-2 所示为钢管及其核心混凝土间的相互作用示意图，其中 p 为钢管与混凝土间的相互作用应力。

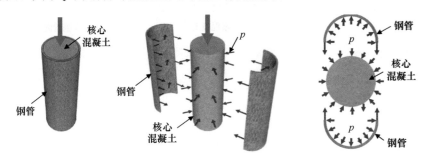

图 1-2　钢管及其核心混凝土间的相互作用

　　组成钢管混凝土的钢管和混凝土材料性质对钢管混凝土的整体性能影响显著，且二者的几何特性和物理特性参数如何"匹配"，也对钢管混凝土构件力学性能产生重要影响。

　　总之，钢管和混凝土组合形成钢管混凝土后，不仅可以弥补两种材料各自的弱势，而且能够充分发挥二者的优势，这也正是钢管混凝土结构力学性能的优越性所在。

　　为了定量研究空钢管中填充混凝土后的承载力变化情况，进行了轴心受压试件的对比试验。试验中，试件采用相同的钢材或混凝土材料，试件尺寸信息如下：

　　1）空钢管试件：圆形截面，外直径 114mm，壁厚 2mm；

　　2）素混凝土试件：圆形截面，直径 110mm；

　　3）钢管混凝土试件：圆形截面，外直径 114mm，钢管壁厚 2mm。

　　上述三类试件的轴压承载力测试结果如下：

　　1）空钢管试件：N_s＝158kN；

　　2）素混凝土试件：N_{cl}＝192kN；

　　3）钢管混凝土试件：N_{sc}＝447kN。

　　三类试件的轴压承载力结果对比情况如图 1-3 所示。钢管混凝土承载力（N_{sc}）高于钢管和核心混凝土单独承载力之和（N_s＋N_{cl}），体现出"1＋1＞2"的"组合"作用。

　　图 1-4 所示为空钢管、素混凝土及钢管混凝土短试件破坏形态对比情况。空钢管发生了内凹外凸的局部屈曲，素混凝土发生了脆性断裂破坏，钢管混凝土则发生了钢管的外凸形局部屈曲，且整体变形能力更强。

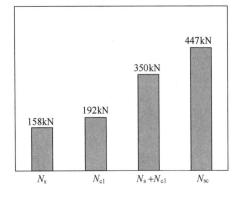

图 1-3　试件轴压承载力对比

(a) 空钢管

(b) 素混凝土

(c) 钢管混凝土

图 1-4 空钢管、素混凝土和钢管混凝土轴压试件破坏形态

为了比较空钢管中填充混凝土前后承受轴拉荷载时的承载力变化情况，进行了轴心受拉试件的对比试验，试件采用的钢材相同：

1）空钢管试件：圆形截面，外直径 203mm，壁厚 3mm；

2）钢管混凝土试件：圆形截面，外直径 203mm，钢管壁厚 3mm。

图 1-5 所示为空钢管与钢管混凝土试件轴拉荷载（N）-轴向应变（ε）关系对比，可见钢管混凝土试件的轴心受拉承载力高于相应的空钢管试件。

图 1-6 所示为空钢管与钢管混凝土轴拉试件的破坏形态，可见试件发生破坏时，空钢管发生了明显的"颈缩"现象，而钢管混凝土试件则表现出较好的整体性，由于核心混凝土的存在，钢管未发生"颈缩"现象。

为了比较扭转荷载作用下空钢管中填充混凝土前后的构件承载力变化情况，进行了受扭试件的对比试验，试件采用的钢材相同：

1）空钢管试件：圆形截面，外直径 203mm，壁厚 4mm；

2）钢管混凝土试件：圆形截面，外直径 203mm，钢管壁厚 4mm。

图 1-7 所示为实测空钢管与钢管混凝土试件扭矩（T）-扭转角（θ）关系对比。对于空钢管试件，初始抗扭刚度较小，在钢管发生沿 45° 方向斜向凸曲后承载力出现明显下降。

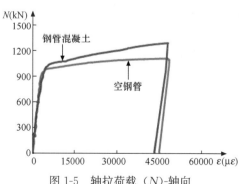

图 1-5 轴拉荷载（N）-轴向
应变（ε）关系对比

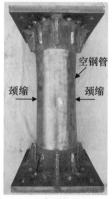
(a) 空钢管

(b) 钢管混凝土

图 1-6 空钢管与钢管混凝土轴
拉试件破坏照片

对于钢管混凝土试件，其表现出良好的承载能力和延性。空钢管试件的受扭承载力为66kN·m，钢管混凝土试件的受扭承载力为98kN·m，相比前者提高48%。

图1-8所示为空钢管与钢管混凝土试件破坏形态对比情况。空钢管试件出现沿45°方向斜向凸曲破坏形态；而钢管混凝土试件保持了较好的整体性。

图1-7　扭矩（T）-扭转角（θ）关系对比　　　图1-8　空钢管与钢管混凝土扭转试件破坏照片

（2）构件破坏形态的变化

与空钢管构件相比，钢管混凝土构件中由于核心混凝土的存在，构件的"屈曲模态"表现出较为明显的不同；核心混凝土的主要"贡献"是延缓钢管过早地发生局部屈曲，从而使钢管混凝土构件的承载能力和塑性变形能力与同参数的空钢管相比具有较大提高。

图1-9所示为空钢管、钢筋混凝土与钢管混凝土轴压短柱破坏形态对比。受力过程中，构件破坏形态决定了其承载能力，钢管混凝土不会发生空钢管内凹局部屈曲破坏形态，也不会发生类似于钢筋混凝土的斜压破坏形态。

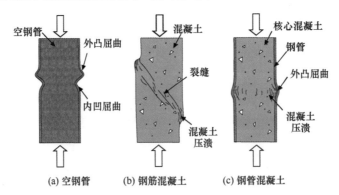

图1-9　空钢管、钢筋混凝土与钢管混凝土轴压短柱破坏形态对比

图1-10所示为空钢管、混凝土和钢管混凝土轴拉构件破坏形态的对比。在轴拉荷载作用下，未浇筑核心混凝土的空钢管构件破坏时钢管出现"颈缩"现象，如图1-10（a）所示；相应的混凝土构件则更可能会形成断裂裂缝，并在受力过程中不断发展，最终导致构件破坏，如图1-10（b）所示；而对于钢管混凝土构件，钢管及其核心混凝土能够协同互补、共同受力，核心混凝土表面会均匀发展与受力方向垂直的微细裂缝，钢管不会发生

"颈缩"破坏，如图 1-10（c）所示。

对于混凝土与钢管混凝土的核心混凝土在轴拉荷载作用下裂缝发展情况，混凝土构件的破坏形态为中截面开裂，受力过程中一条主裂缝不断发展直至贯通（图 1-10b）；钢管混凝土中的混凝土产生首条裂缝之后，混凝土承担的轴拉力逐步向外钢管转移，因此钢管混凝土构件破坏时，其核心混凝土沿环向的裂缝发展分布较为均匀（图 1-10c）。

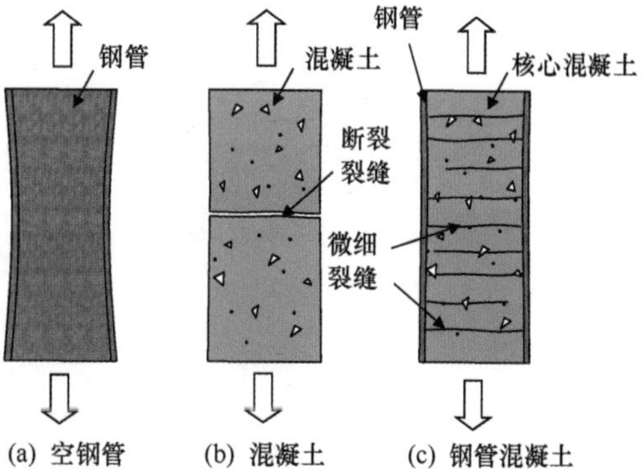

图 1-10　空钢管、混凝土和钢管混凝土轴拉构件破坏形态对比

图 1-11 所示为空钢管、钢筋混凝土及钢管混凝土受弯构件破坏形态对比。对于空钢管构件，受压区存在内凹屈曲现象（图 1-11a）；对于钢筋混凝土构件，受拉区往往裂缝相对集中且开裂明显，受压区存在集中的压碎区域（图 1-11b）；对于钢管混凝土构件，由于核心混凝土的存在，受压区钢管发生外凸屈曲且混凝土被压碎，受拉区的混凝土发展微裂缝（图 1-11c）。

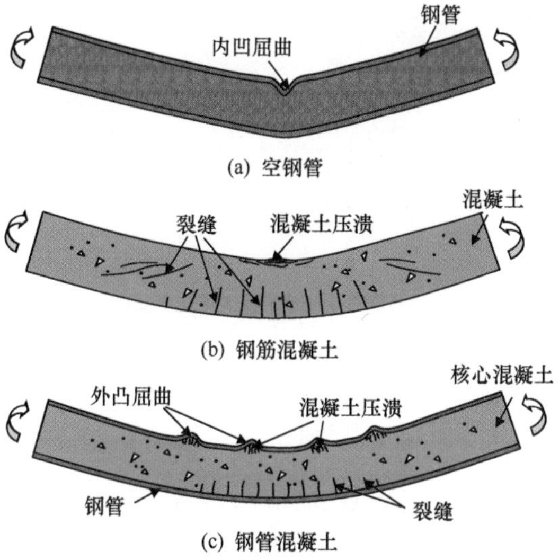

图 1-12 所示为空钢管、钢筋混凝土及钢管混凝土受扭构件破坏形态对比。对于空钢管构件，钢管管壁沿约 $45°$ 方向产生斜向扭曲现象；对于钢筋混凝土构件，混凝土存在多条剪切斜裂缝；对于钢管混凝土构件，钢管和混凝土协同工作，二者之间没有滑痕，且核心混凝土没有明显的剪切斜裂缝。

研究结果表明，由于组成钢管混凝土的钢管和其核心混凝土之间具有相互贡献、协同互补和共同工作的优势，使得钢管混凝土具有较好的塑性与韧性，且具有良好的抗冲击、抗震、耐火性能和火灾后可修复性等。

图 1-11　空钢管、钢筋混凝土和钢管混凝土受弯构件破坏形态对比

（3）核心混凝土的便捷浇筑

核心混凝土浇筑过程中，钢管可兼作其浇筑模板，使得混凝土施工更为便捷，节约模板材料，缩短施工工期，降低直接施工费用。便于核心混凝土施工是钢管混凝土结构的重要优势之一。

综上所述，钢管混凝土是一种兼备结构受力和施工优势的高性能结构形式。科学合理地设计钢管混凝土，可实现钢和混凝土的高性能利用，充分发挥其承载力高、塑性和韧性好、施工便捷、耐火性能好和经济效果好的特点。

需要指出的是，任何一种结构都有其技术特点，需根据工程的实际需求"因地制宜"地选用。建造优质的主体结构，是保证土木工程可持续发展的关键。在钢管混凝土的工程

实践中，只有科学地采用和建造该类结构，才可能实现并保障钢管混凝土结构的高性能。

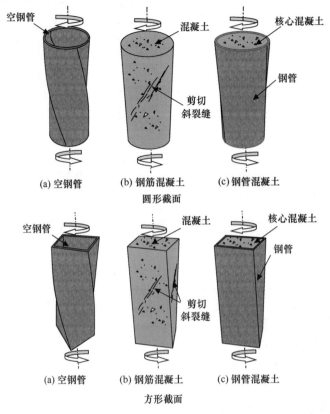

图 1-12　空钢管、钢筋混凝土和钢管混凝土受扭构件破坏形态对比

1.2　钢管混凝土结构发展概况

钢管混凝土结构的发展经历了逐渐演变的过程。19 世纪 70 年代，英国赛文铁路桥（Severn Railway Bridge）采用了钢管混凝土桥墩，是较早报道的采用钢管混凝土的结构形式之一，当时管内浇灌混凝土是出于防腐蚀的考虑。早期钢管混凝土的外钢管一般为无缝管或普通强度的热轧管和铸管等，核心混凝土通常为普通强度混凝土。自 20 世纪 60 年代开始，学者们对钢管混凝土压弯构件的力学性能、钢管与核心混凝土界面的粘结性能等进行了研究，且以圆形截面构件为主。

20 世纪 70～80 年代前后，钢管混凝土结构研究由基本静力性能逐步拓展至抗震性能、抗火性能及长期荷载作用下的性能等。20 世纪 90 年代起，钢管混凝土的工程应用有了长足进展，机械性能相对更好的冷弯钢管与焊接钢管等被应用于钢管混凝土结构中，使外钢管进一步薄壁化和尺寸多样化成为可能；高强混凝土（如强度等级高于 C60～C80 的混凝土）的采用，使钢管混凝土进一步高强化，构件截面更小，经济性能更好。在这一阶段，为适应建筑构造的要求，方、矩形截面钢管混凝土在工程中的应用逐渐增多。

20 世纪 90 年代前后，研究者们将单一静载下的受力性能研究进一步扩展至压弯剪和压弯扭等复合受力性能，抗震性能研究也进一步深入。同时，方、矩形截面钢管混凝土设计方法的研究取得了较大进展，对采用薄壁钢管的钢管混凝土也有研究报道。美国在一些高层建筑和桥梁、澳大利亚在高层建筑、欧洲在高层建筑和桥梁中应用了钢管混凝土，如美国 1989 年建成的双联广场 Two Union Square（56 层、226m 高、圆形截面），澳大利亚1992 年建成的 Casselden Place（43 层、166m 高、圆形截面），德国 1996 年建成的联邦银行大厦 Commerzbank Tower（56 层、259m 高、三角形截面）等。

21 世纪以来，钢管混凝土结构的研究呈现出一些新动向，即一方面，在传统钢管混凝土结构的基础上，钢管混凝土分析理论得到深入发展；另一方面，为了进一步提高结构的性能，采用新截面（椭圆形和多边形等）、新材料（如高强高性能混凝土，屈服强度大于或等于 460MPa 的高强钢材、不锈钢等）和新构成形式（如中空夹层钢管混凝土等）的钢管混凝土结构陆续出现。此外，还进一步发展了由钢管混凝土构件与传统钢或混凝土构（部）件通过优化混合而成的钢管混凝土混合结构。图 1-13 所示为钢管混凝土结构形式的发展概况。

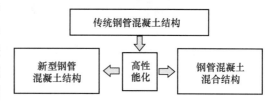

图 1-13 钢管混凝土结构形式的发展示意

近十几年来，对长期荷载及复杂受力作用下钢管混凝土力学性能的研究取得新进展。在此基础上，建立了基于全寿命周期的钢管混凝土结构分析理论，为钢管混凝土结构的理论分析、承载力准确计算奠定了理论基础，并被拓展应用到新型钢管混凝土构件、关键节点和结构体系等的理论研究，此外，还被广泛应用于大型复杂钢管混凝土工程结构的精细化设计。

（1）新型钢管混凝土结构

传统钢管混凝土结构的概念已被拓展应用于新型钢管混凝土，如椭圆形钢管混凝土、中空夹层钢管混凝土、内置 FRP（Fibre Reinforced Polymer/Plastics）管钢管混凝土、带加劲肋钢管混凝土、内置型钢钢管混凝土、T 形钢管混凝土、预制装配式钢管混凝土及新型管材（如不锈钢管、高强钢管）和/或新型内填混凝土材料（如高强混凝土、海水海砂混凝土）构成的钢管混凝土。图 1-14 所示为部分新型钢管混凝土构件形式。

由于建筑外观或受力性能的需要，实际工程中也有采用钢管混凝土斜柱构件、锥形钢管混凝土构件和曲线形钢管混凝土构件的情况，分别如图 1-15（a）、（b）和（c）所示。

（2）钢管混凝土混合结构

当代重大基础设施呈现超大跨、高耸、重载和在恶劣环境中长期服役等"超常"条件新态势，发展匹配的高性能主体结构，构建贯通设计、施工与服役的结构分析理论与设计技术体系，成为亟待解决的重大工程技术科学问题。

钢管混凝土混合结构是在传统钢结构、混凝土结构和钢管混凝土结构基础上发展起来的一种新型结构形式，该类结构是以钢管混凝土为主要构件，与其他结构构（部）件混合而成且能共同工作的结构。钢管混凝土混合结构在受力全过程中各组成构件（部分）间存在协调互补、共同工作的"混合作用"效应，属于现行国家标准《工程结构设计基本术语标准》GB/T 50083—2014 所定义的"混合结构"范畴。与钢结构相比，钢管混凝土混合结构的刚度大、耐久性好且结构造价低；与混凝土结构相比，钢管混凝土混合结构的承载力高、自重轻、抗震性能好且施工方便。

(a) 椭圆形钢管混凝土　　　(b) 中空夹层钢管混凝土　　　(c) 内置 FRP 管钢管混凝土

(d) 带加劲肋钢管混凝土　　　(e) 内置型钢钢管混凝土　　　(f) T 形钢管混凝土

(g) 预制装配式钢管混凝土　　　(h) 不锈钢管混凝土　　　(i) 螺旋焊钢管混凝土

(j) 哑铃型钢管混凝土　　　(k) FRP约束钢管混凝土　　　(l) 五边形钢管混凝土翼缘组合梁

图 1-14　部分新型钢管混凝土构件

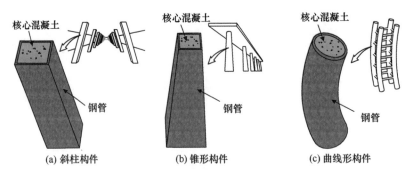

(a) 斜柱构件　　　　　　(b) 锥形构件　　　　　　(c) 曲线形构件

图 1-15　钢管混凝土斜柱、锥形及曲线形构件

　　国家标准《钢管混凝土混合结构技术标准》GB/T 51446—2021 于 2021 年 12 月 1 日颁布实施，该标准中所述的钢管混凝土混合结构包括钢管混凝土桁式混合结构和钢管混凝土加劲混合结构两类。

1）钢管混凝土桁式混合结构

钢管混凝土桁式混合结构（Trussed Concrete-Filled Steel Tubular Hybrid Structure）是由圆形钢管混凝土弦杆与空钢管、钢管混凝土或其他型钢腹杆混合组成的桁式结构。钢管混凝土桁式混合结构的弦杆通常对称布置，肢数可为二肢、三肢、四肢或六肢等，如图 1-16 所示。钢管混凝土桁式混合结构可与混凝土结构板共同形成钢管混凝土桁梁结构体系，也可用作结构柱等承重结构。

钢管混凝土桁式混合结构施工过程中，通常先安装空钢管，然后浇筑弦杆内混凝土，如图 1-17 所示；在混凝土硬化并与钢管共同组成钢管混凝土弦杆之前，由于施工荷载等作用而使钢管内产生初始应力。为此，需保障施工阶段钢管结构与使用阶段钢管混凝土桁式混合结构的安全性。

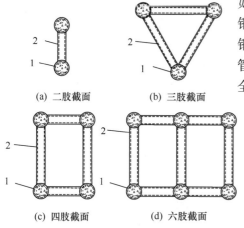

(a) 二肢截面　　(b) 三肢截面

(c) 四肢截面　　(d) 六肢截面

图 1-16　钢管混凝土桁式混合结构截面
1—钢管混凝土弦杆；2—腹杆

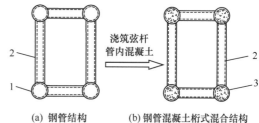

浇筑弦杆管内混凝土

(a) 钢管结构　　(b) 钢管混凝土桁式混合结构

图 1-17　钢管混凝土桁式混合结构形成方式
1—钢管弦杆；2—腹杆；3—钢管混凝土弦杆

2）钢管混凝土加劲混合结构

钢管混凝土加劲混合结构（Concrete-Encased Concrete-Filled Steel Tubular Hybrid Structure）是由内置圆形钢管混凝土部分与钢管外包钢筋混凝土部分等混合而成的结构。

钢管混凝土加劲混合结构内置的钢管混凝土通常对称布置，肢数可为单肢或多肢，如图 1-18 所示。

对于单肢截面，钢管混凝土位于结构截面中心，结构截面为实心，外包形状为矩形；对于多肢截面，钢管混凝土位于结构截面的角部或肋部，腹杆可为钢管、钢管混凝土或其他型钢形式，结构截面为空心，空心形状为八边形或矩形，外包形状为矩形。后者实际上

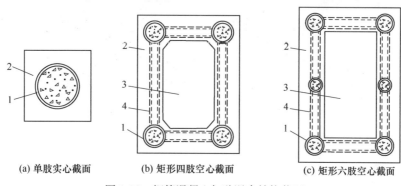

(a) 单肢实心截面　　(b) 矩形四肢空心截面　　(c) 矩形六肢空心截面

图 1-18　钢管混凝土加劲混合结构截面
1—钢管混凝土；2—外包混凝土；3—空心部分；4—腹杆

是在钢管混凝土桁式混合结构的基础上演变而来。钢管混凝土加劲混合结构可用作柱或拱形结构等。

钢管混凝土加劲混合结构典型的施工过程是安装空钢管弦杆和腹杆、浇筑弦杆内混凝土、绑扎钢筋、浇筑外包混凝土，如图 1-19 所示。施工全过程中，结构成型前其组成材料和结构会经历复杂的应力变化和内力重分布，进而对施工阶段及结构设计工作年限内的安全性产生不利影响。因此，在施工阶段，需保证钢管结构及钢管混凝土桁式混合结构的安全性；在使用阶段，需保证钢管混凝土加劲混合结构的安全性。内置钢管混凝土的骨架作用，使得钢管混凝土加劲混合结构具有良好的灾后可修复性。

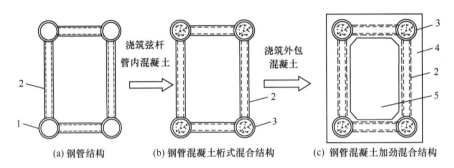

图 1-19　钢管混凝土加劲混合结构形成方式

1—空钢管；2—钢管腹杆；3—钢管混凝土弦杆；4—外包混凝土；5—空心部分

从结构角度划分，钢管混凝土混合结构属于钢管混凝土结构的范畴。

（3）梁-柱节点、组合剪力墙和框架结构

实际工程中，钢管混凝土框架常与钢筋混凝土或钢结构混合形成钢管混凝土混合结构体系，如钢管混凝土框架-混凝土剪力墙、钢管混凝土框架-混凝土核心筒结构体系、底层钢管混凝土框架-上部钢结构框架等。

1）钢管混凝土桁式混合结构平面 K 形节点

研究者们已开展了圆形、方形钢管混凝土桁式混合结构平面 K 形节点等的静力性能、抗撞击性能研究。图 1-20 所示为钢管混凝土桁式混合结构平面 K 形节点。

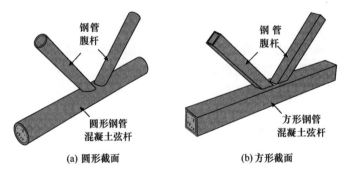

图 1-20　钢管混凝土桁式混合结构平面 K 形节点

2）钢管混凝土柱-钢梁、钢筋混凝土梁、组合梁连接节点

研究者们已开展了方形钢管混凝土柱-钢梁单边螺栓节点等的静力性能，以及圆形钢

管混凝土柱-钢梁外环板节点、圆形钢管混凝土柱-钢梁单边螺栓节点、方形钢管混凝土柱-钢梁内隔板节点、方形钢管混凝土柱-组合梁节点、方形钢管混凝土柱-钢筋混凝土梁贯通节点等的抗震性能研究。图1-21所示为部分钢管混凝土柱-钢梁、组合梁、钢筋混凝土梁连接节点。

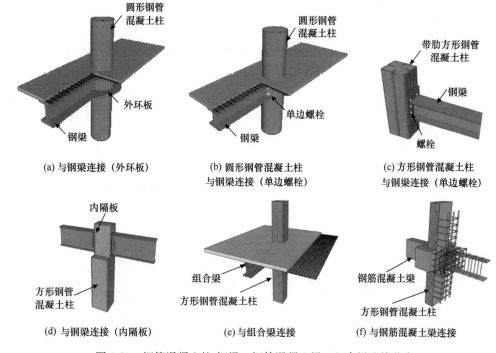

(a) 与钢梁连接（外环板）　(b) 圆形钢管混凝土柱与钢梁连接（单边螺栓）　(c) 方形钢管混凝土柱与钢梁连接（单边螺栓）

(d) 与钢梁连接（内隔板）　(e) 与组合梁连接　(f) 与钢筋混凝土梁连接

图1-21　钢管混凝土柱-钢梁、钢筋混凝土梁、组合梁连接节点

3）钢管混凝土柱-钢梁、型钢混凝土梁平面框架

研究者们已开展了方形钢管混凝土柱-型钢混凝土梁框架、钢管混凝土加劲混合柱-型钢混凝土梁框架和带支撑内置夹层板的方形钢管混凝土柱-钢梁框架的抗震性能，以及钢管混凝土柱-工字形钢梁框架耐火性能研究。图1-22所示为部分钢管混凝土柱-型钢混凝土梁、钢梁平面框架。

4）钢管混凝土框架结构

研究者们已开展了多层钢管混凝土框架和高层钢管混凝土结构的抗震性能研究。图1-23所示为钢管混凝土框架结构示意。

科学制订相关工程建设技术标准，是保障钢管混凝土结构高质量发展的关键。目前，国内外已陆续颁布实施了钢管混凝土结构相关的技术标准，如日本2005年颁布的AIJ *Recommendations for Design and Construction of Concrete Filled Steel Tubular Structures*；美国于2006年颁布的 *Specification for Structural Steel Buildings* ANSI/AISC 360；欧洲于2004年颁布的 *Design of Composite Steel and Concrete Structures* EN 1994-1-1；我国于2013年颁布、2014年实施的《钢管混凝土拱桥技术规范》GB 50923—2013，2014年颁布实施的《钢管混凝土结构技术规范》GB 50936—2014，2021年颁布实施的《钢管混凝土混合结构技术标准》GB/T 51446—2021等。

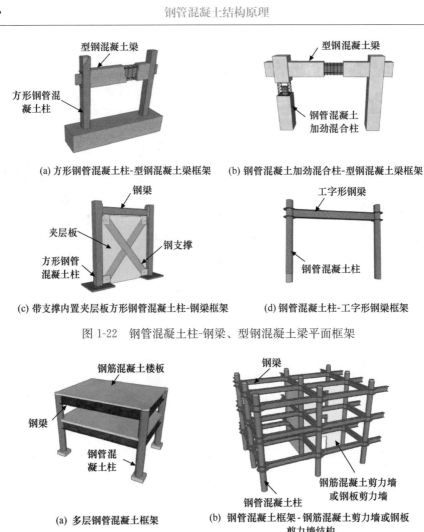

(a) 方形钢管混凝土柱-型钢混凝土梁框架   (b) 钢管混凝土加劲混合柱-型钢混凝土梁框架

(c) 带支撑内置夹层板方形钢管混凝土柱-钢梁框架   (d) 钢管混凝土柱-工字形钢梁框架

图 1-22   钢管混凝土柱-钢梁、型钢混凝土梁平面框架

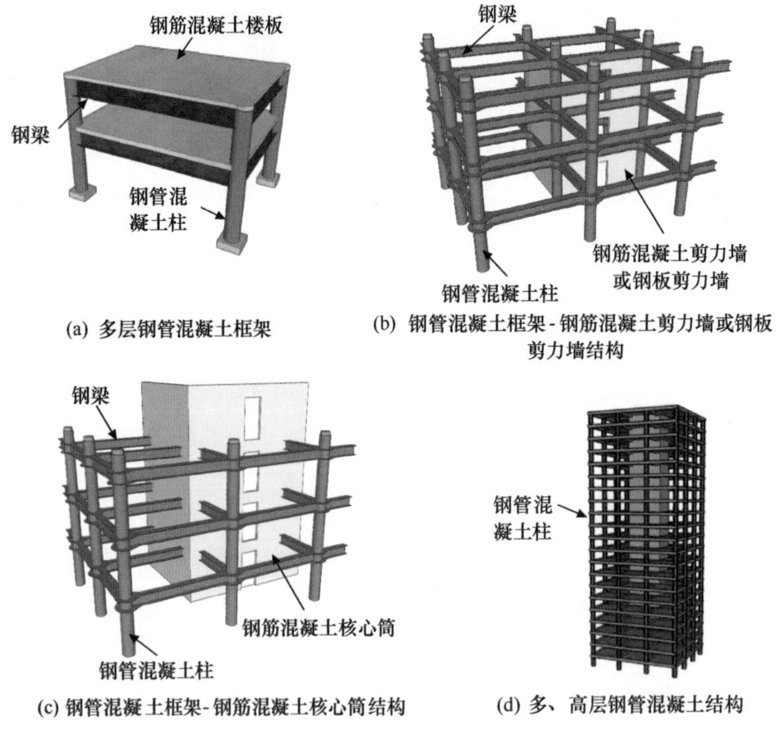

(a) 多层钢管混凝土框架   (b) 钢管混凝土框架-钢筋混凝土剪力墙或钢板剪力墙结构

(c) 钢管混凝土框架-钢筋混凝土核心筒结构   (d) 多、高层钢管混凝土结构

图 1-23   钢管混凝土框架结构

1.3   基于全寿命周期的钢管混凝土结构分析理论

工程结构的全寿命周期包括设计、施工、运营和维护等环节,在全寿命周期内,工程结构的可靠性将影响可持续城镇化建设过程中的环境、材料、信息、能源、经济等诸多方

面，需根据工程的实际需求"因地制宜"地设计选用工程结构形式。建造优质长寿命的主体结构，是保证土木工程可持续发展的关键，也是实现土木工程总体碳减排目标的核心基础之一。

以钢管混凝土为主体结构的当代重大基础设施，其设计寿命多超过100年，全寿期内应安全抵御常遇作用（复杂受力、长期荷载、钢材腐蚀等）和偶发极端作用（地震、火灾、撞击等），科学可靠的分析理论及设计技术体系亟待构建。

图1-24给出钢管混凝土结构工作性能的理论研究、技术标准制订及工程实践之间的总体关系。

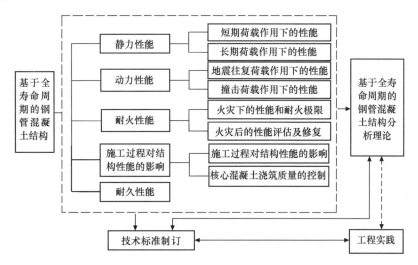

图1-24 基于全寿命周期的钢管混凝土结构分析理论及应用框架

在结构服役全寿期维度上，钢管混凝土结构分析理论特色总体上体现在如下三个方面：（1）综合考虑施工因素（如钢管制作、核心混凝土浇灌等）、长期荷载（如混凝土收缩和徐变）及环境作用影响（如氯离子腐蚀等）的钢管混凝土结构分析理论；（2）服役全寿命过程中，钢管混凝土结构在可能导致其破坏的极端作用下（如强烈地震、火灾和撞击等）力学性能的分析理论，以及考虑多种作用相互耦合的分析理论与方法；（3）基于全寿命周期的钢管混凝土结构设计原理与方法。

实现基于全寿命周期的理论分析，需明确核心混凝土受非线性约束效应机制及其本构模型、多工况下钢管混凝土结构分析和计算方法。

（1）约束效应概念

约束效应是钢管混凝土结构性能优势与复杂性的根源。该效应呈强非线性，已有的定值约束理论不能适用，无法据此准确建立核心混凝土本构模型，从根本上制约了该领域科学发展。如何在概念上准确揭示约束效应机制，量化约束效应幅值，进而提出其核心混凝土本构模型是该领域的基础性问题。

以往，有学者"借用"传统箍筋约束混凝土的方法，采用"套箍指标"这一参数进行钢管混凝土构件承载力计算，也有学者采用钢管的径（宽）厚比作为基本参数衡量约束效应的变化。这些方法都不能完全满足基于全寿命周期的钢管混凝土结构分析理论研究，这是因为：1）钢管混凝土在受力过程中，钢管一般处于三向应力状态且存在发生局部屈曲的趋势，而箍筋约束混凝土中的箍筋则处于环向受拉的单向应力状态；2）钢管混凝土的基本性能不仅决定于钢管和混凝土本身的几何尺寸与物理特性参数，也决定于二者的"匹配"关系，仅采用钢管径（宽）厚比作为基本参数难以准确描述约束效应；3）尚需准确掌握服役全寿命过程中，长期应力、循环应力和高温等作用下约束效应的变化规律。

基于试验研究和理论分析，首先提出了"约束效应系数"概念，并用约束效应系数（ξ）作为衡量服役全寿命过程中钢管对其核心混凝土约束效应的基本参数。ξ的表达式如下：

$$\xi = \frac{A_s f_y}{A_c f_{ck}} = \alpha_s \frac{f_y}{f_{ck}} \tag{1-1}$$

$$\alpha_s = \frac{A_s}{A_c} \tag{1-2}$$

式中　ξ——约束效应系数；

$\quad$ α_s——截面含钢率；

$\quad$ A_s——钢管的截面面积（mm²）；

$\quad$ A_c——钢管内混凝土的截面面积（mm²）；

$\quad$ f_{ck}——混凝土的轴心抗压强度标准值（N/mm²）；

$\quad$ f_y——钢管钢材的屈服强度（N/mm²），对于单一荷载与复杂受力、长期荷载及地震作用工况，取为常温值，对于火灾下与火灾后作用工况，需分别考虑实时温度与经历的最高温度的影响。

表1-1所示为混凝土的轴心抗压强度标准值（f_{ck}）与混凝土强度等级以及混凝土圆柱体抗压强度（f'_c）的换算关系，只要给定混凝土强度等级或混凝土立方体抗压强度（f_{cu}），就可根据此表方便地确定对应的f_{ck}、f'_c以及弹性模量（E_c）值。

混凝土强度等级与f_{ck}、f'_c、E_c间的对应关系　　　　　表 1-1

强度等级	C30	C40	C50	C60	C70	C80	C90
f_{ck}（N/mm²）	20	26.8	33.5	41	48	56	64
f'_c（N/mm²）	24	33	41	51	60	70	80
E_c（N/mm²）	30000	32500	34500	36500	38500	40000	41500

注：表内中间值按线性内插法确定。

对于某一特定的钢管混凝土截面，约束效应系数（ξ）可以反映出组成钢管混凝土截面的钢材和核心混凝土的几何特性和物理特性参数的影响，ξ值越大，表明钢材所占比重大，混凝土的比重相对较小；反之，ξ值越小，表明钢材所占比重小，混凝土的比重相对较大。在工程常用参数范围内，ξ值对钢管混凝土性能的影响主要表现在：ξ值越大，在受力过程中，钢管对核心混凝土提供的约束作用越大，钢管混凝土强度和延性的增加幅度相对较大；反之，随着ξ值的减小，钢管对其核心混凝土的约束作用将随之减小，钢管混凝土的强度和延性提高得就越少；也就是说，在一定参数范围内，ξ值的大小可以很直观地反映出钢管和混凝土之间组合作用的强弱。

上述适用于多种截面形式钢管混凝土的约束效应系数概念，能较为准确地揭示贯穿全寿期的长期荷载、复杂受力、地震和火灾工况下钢管与核心混凝土间作用机制的物理本质，合理量化了钢管混凝土几何尺寸与物理特性的匹配关系，即截面尺寸相同条件下，钢管与混凝土的材料强度比决定约束效应；材料强度不变情况下，含钢率决定约束效应。约束效应系数是描述核心混凝土本构模型的关键参数，为新型钢管混凝土结构和钢管混凝土混合结构分析理论的科学建立及深入研究创造了条件。约束效应系数还可为钢管混凝土结构概念设计提供依据，如确定截面几何特性（截面尺寸、含钢率）、物理参数（材料强度）与二者之间的匹配关系优化，以及结构抗震设计中的延性计算等。

（2）核心混凝土本构模型

以往，各学者对钢材本构模型已有较为系统的研究。对于钢管混凝土中的核心混凝土，以提出的约束效应系数为基本参数，针对服役全寿命过程中钢管混凝土结构可能承受的多种工况，研究者们提出了适用于纤维模型法和有限元法的核心混凝土受压应力-应变关系模型。在此基础上，基于系统的试验研究，考虑核心混凝土徐变系数和收缩应变对于峰值应力对应应变的影响规律，建立了长期应力作用下核心混凝土受压应力-应变关系模型。以短期静力荷载作用下核心混凝土受压应力-应变关系模型为骨架线，考虑循环应力下的卸载刚度退化和软化特性，建立了循环应力作用下核心混凝土应力-应变关系模型。考虑全过程火灾作用下钢管混凝土经历常温、高温、降温和高温后的各个阶段，基于温度对约束效应影响规律确定了高温下（后）约束效应系数计算方法，同时考虑温度对核心混凝土峰值应力及与之对应应变的影响，建立了能描述在这一复杂温度变化路径下的核心混凝土受压应力-应变关系模型。

图 1-25 所示为不同约束情况下核心混凝土受压应力-应变关系模型示意图，其中 σ_{02} 和 σ_{01} 分别为对应强、弱约束情况下的混凝土峰值应力，ε_{02} 和 ε_{01} 分别为相应的应变。在工程常用参数范围内，约束效应系数 ξ 越大，受力过程中钢管对核心混凝土的约束作用越强，核心混凝土峰值应力及与之对应应变的提高幅度越大，且混凝土峰值应力后的应力-应变曲线下降阶段越趋于平缓。

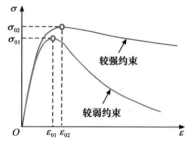

图 1-25 不同约束情况下核心混凝土
受压应力（σ）-应变（ε）关系

由此，基于约束效应系数，建立起了针对钢管混凝土的核心混凝土通用型本构模型，为在钢管混凝土构件与结构层次上建立精细化数值模型，理清贯穿全寿期的长期荷载、复杂受力、地震与火灾等工况下结构的破坏机制，进一步建立相应承载力计算方法奠定了基础。

（3）多工况作用下钢管混凝土结构的计算分析方法

如何建立常遇静载和极端荷载作用下结构的损伤机理分析与承载力计算方法，为大型复杂钢管混凝土工程结构安全性设计提供保障，是该领域的另外一个基础性问题。

服役全寿命过程中，钢管混凝土结构常处在轴压（拉）、压（拉）弯、压扭、压弯扭、压弯剪甚至压弯扭剪等单一或复杂受力状态（如图 1-26a 所示，图中 N、M、T 和 V 分别代表轴力、弯矩、扭矩和剪力）。为此，建立了钢管混凝土构件在压（拉）、弯、扭、剪及其复合受力状态下力学行为分析的精细化有限元模型。对轴心受压（拉）、受弯、压（拉）弯、受扭、受剪、压扭、弯扭、压弯扭、压弯剪和压弯扭剪受力状态下的荷载-变形关系曲线进行了全过程模拟和分析，有计划地开展了系列试验研究，明晰了各受力阶段钢管及

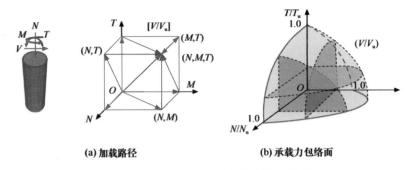

(a) 加载路径　　　　　　　**(b) 承载力包络面**

图 1-26　复杂受力下的钢管混凝土构件

其核心混凝土截面的应力状态及其相互作用规律，以及不同加载路径下钢管混凝土构件的力学特性，揭示了复杂受力状态下钢管混凝土构件的损伤特征和极限状态等变化规律。在系统参数分析的基础上，提出了相应的承载力计算方法，如图 1-26（b）所示，图中 N_u、M_u、T_u 和 V_u 分别代表受压（拉）、受弯、受扭和受剪承载力。

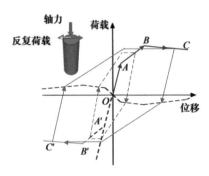

图 1-27　钢管混凝土构件荷载-位移
滞回关系模型

针对服役全寿命过程中的钢管混凝土结构可能遭受的地震作用，建立了低周反复荷载作用下钢管混凝土构件力学性能分析的精细化数值分析模型，获得了不同截面钢管混凝土构件的弯矩-曲率、水平荷载-水平位移滞回关系特性及其损伤规律，提出了钢管混凝土构件荷载-位移滞回关系模型〔如图 1-27 所示，图中 A（A'）、B（B'）和 C（C'）代表骨架曲线控制点〕以及位移延性系数数学模型。

准确地进行钢管混凝土构件的抗火设计与火灾后评估，需要综合考虑包括升温和降温在内的火灾作用全过程。在这一过程中，钢管混凝土同时承受荷载与温度的复杂时变作用。若将作用路径进行简单分离，即采用图 1-28（a）中所示的路径 $AC'D'E'$，无法准确模拟火灾作用全过程中的应力重分布和累积损伤，进而高估其抗火性能。为此，作者研究团队采用了可较为真实反映火灾作用全过程的路径 $ABCDE$，建立了

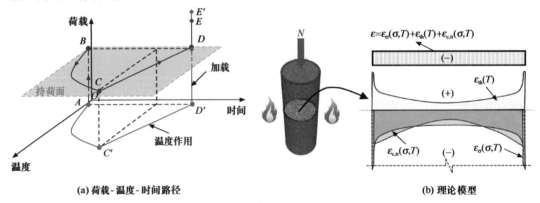

(a) 荷载-温度-时间路径　　　　　　　　**(b) 理论模型**

图 1-28　全过程火灾作用下钢管混凝土构件计算模型

T—温度；$\varepsilon_\sigma(\sigma,T)$—应力应变；$\varepsilon_{th}(T)$—热膨胀应变；$\varepsilon_{c,tr}(\sigma,T)$—瞬态热应变

综合考虑荷载、温度和时间耦合作用下的钢管混凝土构件荷载-变形关系曲线及耐火极限的理论模型（如图 1-28b 所示，图中"＋"和"－"分别代表拉应变和压应变）；明晰了全过程火灾作用下钢管混凝土构件的典型破坏特征与荷载-变形全过程关系曲线的变化规律；分析了关键参数对钢管混凝土柱耐火极限、典型破坏特征及其承载能力的影响规律；提出了火灾作用下钢管混凝土受压构件的承载力和防火保护设计方法；建立了火灾作用后构件承载力和变形计算的数学模型以及压弯构件的恢复力模型；实现了综合考虑服役期间受力与受火全过程影响的钢管混凝土构件损伤评估。

基于全寿命周期的钢管混凝土结构分析理论的主要成果，如核心混凝土本构模型、复杂受力状态下承载力计算方法、火灾下承载力计算和防火保护设计方法，被应用于钢管混凝土工程结构的受力分析与计算，如高层/高耸结构、大跨/空间结构与重载结构等。基于全寿命周期的钢管混凝土结构分析理论也为钢管混凝土结构相关工程建设技术标准的制订奠定了坚实的理论基础。

1.4 钢管混凝土结构设计的一般原则

依据《建筑结构可靠性设计统一标准》GB 50068—2018，钢管混凝土结构进行可靠性设计时，应满足承载能力极限状态、正常使用极限状态和耐久性极限状态的要求，当采用结构的作用效应和结构的抗力作为综合基本变量时，极限状态设计应符合下列规定：

$$R - S \geqslant 0 \tag{1-3}$$

式中 R——结构的抗力；

S——结构的作用效应。

钢管混凝土结构设计应包括下列内容：

（1）结构方案设计，包括结构选型、结构布置；

（2）材料选用及截面选择；

（3）作用及作用效应分析；

（4）结构的极限状态验算；

（5）结构、构件及连接的构造；

（6）制作、运输、安装、防腐和防火等要求；

（7）满足特殊要求结构的专门性能设计。

采用以概率理论为基础的极限状态设计方法，用分项系数设计表达式进行设计。钢管混凝土结构应进行承载能力极限状态设计，且除偶然设计状况外，应进行正常使用极限状态下的设计，并应符合下列规定：

（1）进行承载能力极限状态设计时，应采用作用的基本组合、偶然组合或地震组合；

（2）进行正常使用极限状态设计时，可采用作用的标准组合、频遇组合或准永久组合。

钢管混凝土结构的安全等级和设计使用年限应符合现行国家标准《工程结构可靠性设计统一标准》GB 50153—2008 的有关规定。钢管混凝土结构的安全等级，不应低于整体工程结构的安全等级。钢管混凝土结构设计时，应合理选择材料、结构方案和构造措施，满足结构构件在施工和使用过程中的强度、刚度和稳定性要求，并应符合防腐和防火等要求。

钢管混凝土结构的变形和裂缝宽度应满足安全和使用要求。根据工程类别，结构各部位的变形和裂缝宽度容许值应符合国家现行有关标准的规定。钢管混凝土结构的最大适用高度、抗震等级、内力调整和构造措施，尚应根据工程类别，符合国家现行标准中关于钢管混凝土结构的有关规定。

钢管混凝土结构应结合施工技术与实际工程条件，选择合理施工方法，并制定技术要求。钢管混凝土结构设计需计入施工全过程对其使用阶段承载能力的影响，相应提出如钢管初应力限值、钢管内混凝土脱空容限等关键技术要求，以达到设计目标。

钢管混凝土结构荷载标准值、荷载组合的分项系数、组合值系数的确定应根据工程类别，符合国家相关现行标准的规定。直接承受动力荷载的钢管混凝土结构，计算构件强度、稳定性以及连接强度、疲劳时，动力荷载代表值应乘以动力系数。动力系数取值应符合国家现行相关标准的规定。进行钢管混凝土结构的强度、稳定性以及连接强度验算时，应采用荷载设计值；进行钢管混凝土结构的疲劳验算时，应采用荷载标准值。

1.5　典型工程应用实例

钢管混凝土能适应现代工程结构向大跨、高耸、重载发展和承受恶劣条件的需要，符合现代施工技术工业化的要求，正被越来越广泛地应用于单层和多层工业厂房柱、设备构架柱、各种支架、栈桥柱、地铁站台柱、送变电杆塔、桁架压杆、桩、空间结构、商业广场、高层和超高层建筑、高耸建筑结构及桥梁结构中。本节通过介绍钢管混凝土工程典型实例说明该类结构应用的特点和可能形式。

（1）工业厂房

从 20 世纪 70 年代开始，钢管混凝土就被广泛地用作各类厂房柱。图 1-29 为建成后的某热轧厂厂房内景。

图 1-29　某热轧厂厂房内景

（2）设备构架、各种支架和栈桥结构

在各种平台或构筑物中，下部支柱往往承受着较大的竖向荷载，采用钢管混凝土柱较为合理。钢管混凝土在各种设备构架柱、支架柱和栈桥柱中的应用较多。图 1-30 所示为某电厂的钢管混凝土输煤栈桥。

（3）地铁站

地铁站台柱一般均承受较大的竖向压力，采用承载力高的钢管混凝土柱可减小柱截面面积，扩大使用空间。天津地铁天津站交通枢纽工程由天津城市轨道交通 2、3、9 号线交汇组成。车站主体结构为多层多跨框架结构，主体框架采用了直径为 1000mm 的圆形钢管混凝土柱，在节点处由钢管混凝土柱与钢筋混凝土梁连接。图 1-31 所示为采用钢管混凝土柱的地铁站内景。

图 1-30　某电厂钢管混凝土输煤栈桥

图 1-31　钢管混凝土柱在地铁站中的应用

（4）送变电杆塔

浙江舟山 500kV 联网输变电工程连接舟山电网和宁波电网，螺头水道主跨越段跨越档距为 2756m。为符合规定，有关工程设计中常需增大钢管壁厚，从而产生厚板加工困难、层状撕裂、单件质量大等问题，为此舟山大跨越高塔采用了钢管混凝土结构。西堠门大跨越于金塘、册子两岛新建两基的跨海输电高塔高度达 380m，单基质量 7280t，铁塔主材钢管内混凝土灌注至 260m 高度，其最大钢管主材直径达 2.3m，壁厚 28mm。西堠门大跨越 380m 高塔于 2018 年 10 月顺利完成。图 1-32 和图 1-33 分别为浙江舟山大跨越

图 1-32　浙江舟山大跨越塔

塔结构施工过程及建成后的情形。

图 1-33　浙江舟山西堠门大跨越高塔

220kV 天湖-崇贤开口环入育苗输电线路工程，线路长度超过 10km，杆塔 52 基，其中 2～14 号为四回路钢管杆，47～51 号为双回路铁塔，其余均为双回路钢管杆。线路转角处杆塔受弯矩较大，通过对多种塔体形式的比选，采用了锥形中空夹层钢管混凝土作为线路主杆塔，如图 1-34 所示。中空夹层钢管混凝土具备截面开展、抗弯刚度大、内部空心节约混凝土、自重较轻、抗震性能好等优势。

（5）桩

钢管桩具有施工方便的特点。施工时，可以采用先打桩再割桩，然后挖土的工序。但采用钢管桩的缺点是造价较高。20 世纪 90 年代的三期工程中，宝钢试验成功并推广了钢管混凝土桩技术。将钢管混凝土桩作为沿海软土地基上高层建筑、桥梁、码头等重要建筑物的基础具有良好的发展前景。

（6）空间结构

2021 年建成的成都天府国际机场 T1、T2 航站楼的屋盖支承柱采用了钢管混凝土。钢管混凝土柱类型采用等截面斜柱、变截面（锥形）斜柱和变截面直柱三种形式，柱最大高度为 29.9m，均为圆形截面，外径 1000～2300mm，钢管采用 Q355 钢，壁厚 30～45mm，填充 C50 混凝土。图 1-35 为钢管混凝土在成都天府国际机场航站楼工程应用的情形。

青岛胶东国际机场航站楼地上、地下共 6 层。机场航站楼钢结构屋面采用正交四放四角锥网架，屋盖支撑柱采用钢管混凝土柱作为竖向受力构件。圆形钢管混凝土构件外径 1600～2100mm，

图 1-34　中空夹层钢管
混凝土电杆

壁厚 35～45mm，高度 24.0～26.0m。钢管采用 Q355 钢，填充 C50 混凝土。图 1-36 为钢管混凝土在青岛胶东国际机场航站楼工程应用的情形。

(a)　　　　　　　　　　　　　　　　　　(b)

图 1-35　施工过程中的成都天府国际机场航站楼钢管混凝土柱

图 1-36　钢管混凝土柱应用于青岛胶东国际机场航站楼工程

新建北京到张家口铁路工程清河站项目由南北落客平台、高架候车层和主站房采用钢管混凝土柱为竖向受力构件。作为服务 2022 年冬奥会的大型公共基础设施，清河站站房跨度大、其主体结构对承载能力要求高，采用了最大直径达 1800mm 的钢管混凝土直柱、Y 形柱和 A 形柱，如图 1-37 所示。柱高度 11.2～15.3m。钢管外径 900～1800mm，壁厚 30～50mm，采用 Q390 钢，填充 C60 混凝土。

(a) 直柱

(b) Y 形柱

(c) A 形柱

图 1-37　钢管混凝土应用于新建北京到张家口铁路工程清河站工程

（7）高层和超高层建筑

钢管混凝土可用于多、高层和超高层建筑的柱和抗侧力体系。图 1-23（b）所示体系由钢管混凝土框架和钢筋混凝土剪力墙或钢板剪力墙组成，一般先施工外框架，而后施工混凝土剪力墙。图 1-23（c）所示的体系由外围钢管混凝土框架和内钢筋混凝土核心筒组成，内部核心筒提供主要的侧向刚度，在施工时核心筒一般先于外框架。和钢框架相比，外围的钢管混凝土框架有更大的刚度和承载力。

2001 年建成的杭州瑞丰国际商务大厦采用了方形钢管混凝土柱，焊接工字钢梁，压型钢板组合楼板和钢筋混凝土剪力墙。方形钢管混凝土柱最大截面尺寸为 600mm，最大钢管壁厚为 28mm，最小为 16mm，采用了 Q345 钢。图 1-38（a）和（b）所示分别为杭州瑞丰国际商务大厦钢结构安装过程和典型的梁柱节点。

(a) 钢结构安装过程　　　　　　　　　　**(b) 梁柱节点**

图 1-38　杭州瑞丰国际商务大厦

北京财富中心写字楼位于北京市朝阳区东三环北路，采用了圆形钢管混凝土柱。该大楼地下 4 层，地上 58 层，建筑总高度为 265.15m。钢管混凝土柱采用圆形截面钢管的规格有：$\phi 1600 \times 60$、$\phi 1300 \times 35$ 等，50 层以下填充 C60 混凝土，51 层以上填充 C50 混凝土。图 1-39 为钢管混凝土柱在施工过程中的情形。

北京市朝阳区 CBD 核心区 Z15 地块项目（中信大厦，又名中国尊）如图 1-40 所示。该建筑高度 528m，地下 7 层，地上 108 层，采用了巨型框架-核心筒结构形式。外围矩形框架由多腔式多边形钢管混凝土柱、巨型斜撑、转换桁架组成，钢管混凝土柱位于建筑平面四角，在各区段与转换桁架、巨型斜撑及子框架连接，形成侧向刚度，承担了主要的侧向荷载。Z15 地块项目（中国尊）的柱脚包括多腔式多边形钢管

图 1-39　施工过程中的钢管混凝土柱

混凝土柱，地下部分外包了钢筋混凝土，并在柱四周连接了内置钢板混凝土翼墙；柱脚连

接采用非埋入形式，上部钢结构通过锚栓锚固于基础，混凝土纵筋深入基础。柱脚底部截面面积达 80m²，设计最大轴压和轴拉荷载分别达到 $2×10^6$ kN 和 $4×10^5$ kN。该工程位于 8 度抗震设防区，大震水平下角柱的受力状况对结构的安全尤为重要，为满足受力需要，角柱在 43.35m 标高处分叉为两个柱肢，在分叉处受到两侧巨型斜撑和转换桁架的作用。

图 1-40　钢管混凝土在 Z15 地块项目（中国尊）中的应用情形

（8）高耸建筑结构

广州塔位于广州珠江景观轴与城市新中心轴交汇处，塔身主体高 454m，顶部钢结构桅杆高度 156m，总高度 600m。该塔的外框筒由 24 根高度约 454m 钢管混凝土柱组成，内部核心筒为钢筋混凝土结构。24 根钢管在标高 5m 以下的外直径为 2m，在 5m 以上采用直径从 2m 渐变至 1.2m 的锥形管组成，钢管壁厚从底至顶由 50mm 渐变至 30mm，其填充的混凝土从 C60 渐变至 C45。钢管混凝土结构的外钢管与斜向支撑连接，形成稳定的空间结构，提高塔身的抗扭、抗风等能力。图 1-41 所示为广州塔在建设过程中的情形。

　　2012 年建成的北京奥林匹克塔（如图 1-42 所示）位于北京市朝阳区奥林匹克公园北部，临近奥林匹克森林公园，塔檐高 246.8m，最高处的奥运五环标志高度为 264.8m。塔体采用了钢管混凝土结构。奥林匹克塔为高耸结构，塔冠处有较大的集中质量，塔身钢管混凝土结构主要承受压弯荷载。

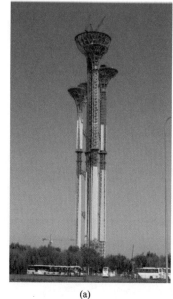

(a)　　　　　　　　(b)

图 1-41　施工过程中的广州塔　　　　　图 1-42　北京奥林匹克塔

（9）桥梁结构

钢管混凝土在桥梁结构中应用的主要形式如图 1-43 所示。

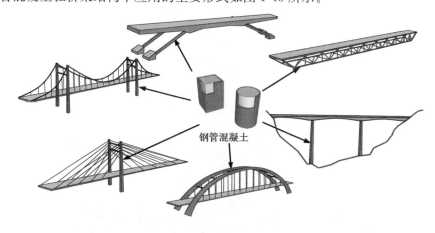

图 1-43　钢管混凝土应用于桥梁结构中的形式示意

拱式结构主要承受轴向压力，当跨度很大时，拱肋将承受很大的轴向压力，采用钢管混凝土是合理的。在施工时空钢管不但具有模板和钢筋的功能，还具有加工成型后空钢管骨架刚度大、承载能力高、重量轻的优点，结合桥梁转体施工工艺，可实现拱桥材料高强度和无支架施工拱圈轻型化的目标。实际工程中常用的钢管混凝土拱肋可以是单个钢管混凝土，也可以是集束、二肢或多肢钢管混凝土桁式混合结构，还可采用钢管混凝土加劲混合结构。钢管混凝土拱桥，早期采用支架的施工方法。后期采用了斜拉扣挂施工工艺，自密实混凝土浇灌工艺，以及高性能混凝土控制技术等，钢管混凝土得到迅速发展。

1991 年建成通车的四川旺苍东河大桥，为采用主跨为 115m 的钢管混凝土拱桥，拱肋截面为哑铃型，上下弦钢管混凝土截面外直径为 800mm，钢管壁厚为 10mm，Q345 钢，填充 C30 混凝土。拱轴线为悬链线，拱轴系数为 1.543，矢跨比为 1/6，该桥是我国最早建成的采用钢管混凝土的拱桥之一。

广西平南三桥位于广西壮族自治区贵港市平南县，采用主跨为 575m 的钢管混凝土拱桥，净矢跨比为 1/4.0，拱轴系数为 1.5，拱顶截面径向高 8.5m，拱脚高 17.0m，肋宽 4.2m；管内填充 C70 混凝土。大桥拱桁总质量为 9000t，分成 44 个吊装节段，其中最重节段质量为 214t。大桥于 2018 年 8 月 7 日开工建设，2020 年 12 月 28 日建成通车。图 1-44 所示为广西平南三桥在建设过程中及建成后的情景。

(a) 施工过程中

(b) 建成后

图 1-44 广西平南三桥

相比于钢拱桥，钢管混凝土拱桥可节约钢材 50％左右，造价低且施工简便。因此钢管混凝土拱桥已成为中国拱桥的主流桥型之一。据不完全统计，我国迄今已建造 500 余座钢管混凝土拱桥，超过 300m 的有 20 余座，超过 400m 的有 10 座，超过 500m 的有 4 座。

广元昭化嘉陵江特大桥（如图 1-45 所示）位于四川省广元市昭化镇内，跨越嘉陵江，是国家高速公路网兰州至海口高速公路广元至南充段关键控制性工程。该特大桥主跨为 364m，主体结构设计使用寿命年限为 100 年，抗震设防烈度为 8 度，大桥桥面与嘉陵江江面高差超过 120m。广元昭化嘉陵江特大桥的主拱肋采用了钢管混凝土加劲混合结构（如图1-45所示）作为拱肋结构，其中，钢管直径和壁厚分别为 457mm 和 14mm，填充 C80 混凝土。与原钢筋混凝土连续刚构桥方案相比，节约了混凝土用量，有效缩短了施工工期。

图 1-45　广元昭化嘉陵江特大桥
1—钢管混凝土；2—钢筋混凝土

泸州磨刀溪特大桥（如图 1-46 所示）位于四川省泸州市，是叙永至古蔺高速公路控制性工程，跨越天然河流磨刀溪段，处于构造侵蚀中山地貌，地势地形复杂。该特大桥主跨为 280m，桥梁设计标高至谷底最大垂直高差约 155m，主体结构设计使用年限为 100 年，抗震设防烈度为 7 度。泸州磨刀溪特大桥采用了以钢管混凝土加劲混合结构作为主体结构的拱桥方案，可充分发挥钢材及管内 C100 高强混凝土材料性能和钢管的支护作用；钢管直径为 402mm，钢管壁厚为 12mm 或 16mm。泸州磨刀溪特大桥于 2015 年 11 月建成。

布拖县冯家坪村金沙江溜索改桥（如图 1-47 所示）位于四川省凉山州布拖县，抗震设防烈度为 8 度。该大桥采用了钢管混凝土加劲混合结构作为主拱结构，其钢管直径为 508mm，钢管壁厚为 16mm 或 24mm，填充 C60 混凝土。该方案与钢筋混凝土拱桥方案相比，节约了混凝土用量，缩短了施工工期。该特大桥于 2017 年 4 月 12 主拱合龙，2018 年 5 月建成。

金阳县对坪一村西营组金沙江溜索改桥位于四川省凉山州金阳县，抗震设防烈度为 8 度。该大桥采用了与布拖县冯家坪村金沙江溜索改桥项目类似的钢管混凝土加劲混合结构

图 1-46　泸州磨刀溪特大桥施工过程中的情景

图 1-47　布拖县冯家坪村金沙江溜索改桥

作为主拱结构。图 1-48（a）所示为钢管混凝土骨架安装时的情景，图 1-48（b）所示为在钢管混凝土外包钢筋混凝土后的情景。大桥于 2017 年 4 月 26 日完成主拱合龙，2018年 5 月建成。布拖县冯家坪村金沙江溜索改桥和金阳县对坪一村西营组金沙江溜索改桥为国务院扶贫办、交通运输部共同发起的贫困地区"溜索改桥"工程。

　　广安官盛渠江特大桥位于四川省广安市，大桥全长 793m，主跨 320m，主体结构设计年限为 100 年，抗震设防烈度为 6 度。广安官盛渠江特大桥采用了以钢管混凝土加劲混合结构作为主体结构的拱桥方案，钢管直径为 351mm，壁厚为 14mm 或 18mm，填充 C100混凝土。图 1-49 所示为大桥建成后的情景。

　　钢管混凝土加劲混合结构在桥墩中具有很好的适用性。雅安腊八斤特大桥位于四川省荥经县石滓乡境内，是雅泸高速公路上跨越腊八斤沟的一座大桥，地处山区且地势地形环境复杂，主体结构设计使用年限 100 年，抗震设防烈度为 8 度。四川雅泸高速公路腊八斤

(a) 钢管混凝土骨架安装时的情景

(b) 外包混凝土后的情景

图 1-48　金阳县对坪—村西营组金沙江溜索改桥

图 1-49　广安官盛渠江特大桥

特大桥（如图 1-50 所示）中采用了四肢钢管混凝土加劲混合结构作为其墩柱结构。

雅安腊八斤特大桥有 3 个主墩，跨度 105～200m，其中，10 号墩的高度达到 182.5m，成为 8 度抗震设防区世界最高墩（如图 1-50 所示）；钢管直径为 1320mm，填充 C30～C80 混凝土。方案比选结果表明，采用钢管混凝土加劲混合结构，可通过调整各钢管混凝土分肢的间距，从而采用较小直径的钢管混凝土构件而获得较大的截面抗弯刚度，主体桥墩结构应力分布均匀、传力路径明确、施工工艺便捷。与原钢筋混凝土桥墩连续刚构桥方案相比，雅安腊八斤特大桥取得了大量节约桥墩混凝土用量、缩短施工工期的综合

(a) 高墩施工过程中　　　　　　(b) 高墩截面示意

(c) 大桥建成后

图 1-50　雅安腊八斤特大桥
1—钢管混凝土；2—钢筋混凝土

效益。大桥自 2012 年 4 月 28 日建成以来，运行状态始终保持良好。该大桥经受了 2013 年 4 月 20 日雅安地震（里氏 7.0 级）考验。

雅安黑石沟特大桥位于四川省雅安市荥经县凰仪乡境内，是雅安至泸沽高速公路跨越大型冲沟——黑石沟的一座特大型桥梁（如图 1-51 所示），大桥桥面距沟底约 190m，主跨跨度 200m，主体结构设计使用年限为 100 年，抗震设防烈度为 8 度。该大桥钢管混凝土加劲混合桥墩最高高度为 157m，其钢管直径为 1320mm，填充 C30～C80 混凝土，取得了节约钢材和混凝土、缩短施工工期的综合效益。雅安黑石沟特大桥于 2012 年 4 月 28

图 1-51　雅安黑石沟特大桥

日建成。

　　雅安干海子特大桥位于四川省雅安市石棉县境内、主体结构设计使用年限 100 年，抗震设防烈度 9 度，如图 1-52 所示。雅安干海子特大桥全长 1811m，共 36 跨，设计宽度 24.5m，最高桥墩达 107m，最大纵坡 4%，最小曲线半径 356m，其中第二联共长 1044.7m，最大跨径达 62.5m。其桥墩和桁梁均采用了钢管混凝土桁式混合结构，与原钢筋混凝土简支梁桥方案相比，桥梁从 51 跨减小至 36 跨，节约桩基础用量，取得了节约钢材和混凝土、缩短施工工期的综合经济效益。雅安干海子特大桥于 2012 年 4 月 22 日建成，经受了 2013 年 4 月 20 日雅安地震（里氏 7.0 级）的考验。

图 1-52　雅安干海子特大桥

　　汶川克枯特大桥（如图 1-53 所示）位于四川省阿坝州汶川县克枯乡，距汶川"5·12"特大地震震中的映秀镇 50km。该特大桥全长 6431m，主体结构设计使用年限为 100 年，抗震设防烈度为 9 度。受限于山区施工条件和"9 级地震可修"设计要求，最终采用了钢管混凝土桥墩、带混凝土结构板的钢管混凝土桁式混合结构作为桁梁。该方案使得大桥主体结构截面尺寸相对较小且无钢筋，便于由架桥机进行整孔架设；利用钢管混凝土作为浇筑模具，实现施工阶段"全桥不需要模板"，从而大幅度地减少高空作业且便于施工。与

(a)　　　　　　　　　　　　　　　　　　　　(b)

图 1-53　汶川克枯特大桥

原钢筋混凝土简支梁桥连续刚构桥方案相比，采用钢管混凝土混合结构桥墩节约混凝土用量约 40%、钢材用量约 30%，且有效缩短了施工工期。

汶川克枯特大桥于 2018 年 11 月 3 日全幅贯通。2019 年 8 月 20 日，受阿坝州"8·20"泥石流冲击影响，该大桥左幅（汶川至马尔康方向）24 号墩柱倾斜约 5°，汶马高速相应封闭，但大桥主体结构完整性保持良好，避免发生大桥倒塌的重大事故，大桥右幅经快速抢修后定时单边放行，为抢险救灾提供了关键通道。

雅安干海子特大桥及汶川克枯特大桥所采用的带混凝土结构板的钢管混凝土桁式混合结构桁梁，实质上是一种钢管混凝土桁式混合结构体系。

钢管混凝土工程实践表明，与钢筋混凝土相比，采用钢管混凝土结构，没有绑扎钢筋、支模和拆模等工序，钢管内一般不再配置受力钢筋，因此混凝土浇筑更方便，密实度更易保障；与钢管结构相比，钢管混凝土构造更为简单，焊缝少，易于制作。由于核心混凝土的支撑作用，钢管混凝土结构中可采用薄壁钢管，因此钢管的现场拼接对焊更为简便快捷，且安装偏差也更易校正。由于薄壁空钢管构件的自重小，其运输和吊装等更为便捷。此外，钢管混凝土柱脚部件少，焊缝短，可采用直接插入混凝土基础预留杯口中等简洁的构造措施。

思　考　题

1. 简述钢管混凝土结构的受力特点及工程适用性。

2. 简述钢管混凝土结构中的钢管与其核心混凝土之间的组合作用机制。

3. 简述为什么可以采用约束效应系数作为衡量服役全寿命过程中钢管对其核心混凝土约束效应的基本参数。

4. 简述组成钢管混凝土的钢管与其核心混凝土之间的"强度匹配"设计原则。

5. 简述钢管混凝土结构在工程应用中的可能形式及其特点。

第2章 钢管混凝土结构材料

本章要点及学习目标

本章要点：

本章论述了钢管混凝土结构材料的设计原则，以及连接材料、防腐材料及防火材料的确定原则。

学习目标：

掌握钢管混凝土结构材料的性能特点和设计原则。熟悉连接材料、防腐材料及防火材料的确定原则。了解钢管混凝土结构材料的种类和适用条件。

2.1 引　言

钢管混凝土由钢管及其核心混凝土两种材料共同组成，实际工程中还常需要应用钢筋、连接材料和防护材料等辅助材料。进行钢管混凝土结构设计时，应根据工程结构的功能需求，合理选取结构材料，以实现钢管混凝土材料-结构一体化设计理念，保障钢管混凝土结构的服役全寿命安全性。本章简要论述钢管混凝土结构中的钢材、混凝土、连接材料和防护材料的确定原则。

2.2 钢　材

根据《钢管混凝土混合结构技术标准》GB/T 51446—2021，钢管混凝土中的钢管常采用的钢材牌号为Q355、Q390、Q420和Q460。

钢管钢材的质量应符合现行国家标准《碳素结构钢》GB/T 700—2006、《低合金高强度结构钢》GB/T 1591—2018、《建筑结构用钢板》GB/T 19879—2015、《桥梁用结构钢》GB/T 714—2015和《钢结构设计标准》GB 50017—2017的有关规定。实际钢管混凝土工程中，需根据结构的重要性、荷载特征、应力状态、钢材厚度、连接方式以及工作条件等因素，合理选取钢管材料牌号和质量等级。

根据现行国家标准《低合金高强度结构钢》GB/T 1591—2018，表2-1给出了钢管材料强度指标。钢管混凝土结构中，当采用表2-1以外的其他牌号钢材时，尚应符合国家现行相关标准的有关规定。当有特定需求时，也可因地制宜地采用耐候钢或耐火钢。

钢管材料的设计用强度指标　　　　　　　　　　　　　　表2-1

钢材牌号	钢管壁厚 (mm)	强度设计值		屈服强度 f_y (N/mm²)	抗拉强度 f_u (N/mm²)
		抗拉、抗压、抗弯 f (N/mm²)	抗剪 f_v (N/mm²)		
Q355	≤16	305	175	355	470
	>16，≤40	295	170	345	

续表

钢材牌号	钢管壁厚 (mm)	强度设计值		屈服强度 f_y (N/mm²)	抗拉强度 f_u (N/mm²)
		抗拉、抗压、抗弯 f (N/mm²)	抗剪 f_v (N/mm²)		
Q355	>40，≤63	290	165	335	470
	>63，≤80	280	160	325	
	>80，≤100	270	155	315	
Q390	≤16	345	200	390	490
	>16，≤40	330	190	380	
	>40，≤63	310	180	360	
	>63，≤100	295	170	340	
Q420	≤16	375	215	420	520
	>16，≤40	355	205	410	
	>40，≤63	320	185	390	
	>63，≤100	305	175	370	
Q460	≤16	410	235	460	550
	>16，≤40	390	225	450	
	>40，≤63	355	205	430	
	>63，≤100	340	195	410	

表 2-2 给出了钢管材料的物理性能指标。

钢管材料的物理性能指标 表 2-2

弹性模量 E (N/mm²)	剪变模量 G (N/mm²)	线膨胀系数 α (以每摄氏度计)	质量密度 ρ (kg/m³)
206×10^3	79×10^3	12×10^{-6}	7850

钢管混凝土中的钢管宜采用直缝焊接钢管，焊缝应采用全熔透对接焊缝并应符合现行国家标准《钢结构焊接规范》GB 50661—2011 中关于一级焊缝质量检验标准的有关规定。钢管也可采用无缝钢管，钢管质量应符合现行国家标准《结构用无缝钢管》GB/T 8162—2018 的有关规定。当采用其他种类钢管时，尚应符合国家现行相关标准的有关规定。

钢管混凝土中的钢管也可采用不锈钢管，不锈钢管的约束作用可有效改善核心混凝土的脆性，提高其塑性和韧性；管内混凝土可有效延缓或避免不锈钢管过早地发生局部屈曲，使得不锈钢管的壁厚可适当减小，进而减少结构中不锈钢用量。不锈钢管具有美观与耐腐蚀等优点，将其应用于钢管混凝土中可降低工程维护成本。此外，不锈钢管具有较好的高温力学性能，使不锈钢管混凝土结构的抗火性能优于相应的普通钢管混凝土结构。

目前较为常用的奥氏体型不锈钢材料的基体以奥氏体组织为主，其具有优良的耐腐蚀性、可塑性、抗冲击性能和可焊接性能，是当前应用最为广泛的不锈钢。相比结构用碳素钢，不锈钢材料应力-应变关系中没有明显的屈服平台，通常将 0.2% 残余应变的应力定义为名义屈服强度（$f_{0.2}$）。奥氏体型不锈钢在拉伸状态下的断裂后伸长率可达 50%～60%，而奥氏体-铁素体双相型不锈钢材料的断裂后伸长率可达 30%～40%。图 2-1 所示为结构用碳素钢与奥氏体型不锈钢材料应力（σ）-应变（ε）关系比较，其中，f_y 为钢材的屈服强度，$f_{0.2}$ 为残余应变 0.2% 时对应的名义屈服强度，f_u 为钢材的极限强度，ε_u 为钢材的极限应变。

　　中国工程建设标准化协会标准《不锈钢管混凝土
结构技术规程》T/CECS 952 给出了不锈钢材料特性
方面的规定。

　　根据《钢管混凝土混合结构技术标准》GB/T
51446—2021，钢管混凝土混合结构中的纵向受力钢筋宜
采用 HRB400、HRB500、HRBF400、HRBF500 钢筋；箍
筋宜采用 HRB400、HRBF400、HPB300、HRB500、
HRBF500 钢筋，并应符合现行国家标准《混凝土结
构设计规范》GB 50010—2010（2015 年版）的有关
规定。表 2-3 给出了钢筋材料性能的基本指标。

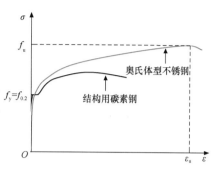

图 2-1　结构用碳素钢与奥氏体型
不锈钢的应力（σ）-应变（ε）关系

钢筋材料性能的基本指标　　　　　　　　　　表 2-3

牌号	屈服强度标准值 f_{yk} (N/mm²)	极限强度标准值 f_{stk} (N/mm²)	抗拉强度设计值 f_u (N/mm²)	抗压强度设计值 f'_y (N/mm²)	弹性模量 E_s (N/mm²)
HPB300	300	420	270	270	2.10×10^5
HRB400 HRBF400 RRB400	400	540	360	360	2.00×10^5
HRB500 HRBF500	500	630	435	435	

注：对轴心受压构件，当采用 HRB500、HRBF500 钢筋时，钢筋的抗压强度设计值 f'_y 应取 400N/mm²。横向钢
　　筋的抗拉强度设计值 f_{yv} 应按表中 f_u 的数值采用；当用作受剪、受扭、受冲切承载力计算时，其数值大于
　　360N/mm² 时应取 360N/mm²。

2.3　混　凝　土

　　钢管混凝土中核心混凝土材料的选取，需基于结构特性、施工工艺、结构寿命"三位
一体"的原则来确定。由于钢管本身是封闭的，混凝土中多余的水分无法排出，因而混凝
土的水胶比不宜过大，否则将导致混凝土收缩增大，而过大的混凝土收缩将影响钢管及其
核心混凝土的协同工作。因此，必要时可采取适当的技术措施，如采用补偿收缩混凝土等
技术，最大限度地减小钢管内混凝土的收缩变形。同时，为了充分发挥钢管混凝土的力学
性能优势，钢管内混凝土的强度等级不宜过低。受压钢管混凝土的管内混凝土强度等级一
般不低于 C40，受拉钢管混凝土构件的核心混凝土强度等级不应低于 C30。

　　根据《钢管混凝土混合结构技术标准》GB/T 51446—2021，钢管混凝土结构中的混
凝土应符合现行国家标准《混凝土结构设计规范》GB 50010—2010（2015 年版）和《混
凝土强度检验评定标准》GB/T 50107—2010 的有关规定，并应符合下列规定：

　　（1）钢管内混凝土的水胶比不宜大于 0.45；

　　（2）钢管内混凝土的强度等级不应低于 C30；

　　（3）钢管混凝土加劲混合结构管内混凝土的强度等级不应低于钢管外包混凝土的强度

等级；钢管外包混凝土的强度等级不应低于 C30。

混凝土收缩是在混凝土凝固和硬化的物理、化学过程中，构件尺寸随时间推移而缩小的现象，其主要分为塑性收缩、自收缩、干燥收缩、温度收缩及碳化收缩等。钢管混凝土结构中核心混凝土存在收缩变形，由于核心混凝土在外围钢管包裹下处于密闭环境，使其

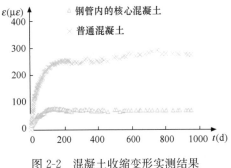

图 2-2　混凝土收缩变形实测结果

与外界环境没有直接的水汽交换，因此核心混凝土干燥收缩变形很小。此外，钢管和核心混凝土之间存在界面接触作用，即粘结作用和摩擦作用，其对核心混凝土的收缩具有制约作用。因此，钢管混凝土结构中核心混凝土的总收缩变形明显小于相应的外围无钢管的普通混凝土收缩变形。图 2-2 所示为钢管内核心混凝土与素混凝土收缩值实测结果，其中，圆形试件外直径为 1000mm，混凝土的配合比为水泥：粉煤灰：砂：石：水 ＝ 400：150：816：884：160，单位为 "kg/m³"，水胶比为 0.29，砂率为 0.48。混凝土 28d 立方体抗压强度 $f_{cu} = 69.6$N/mm²，弹性模量 $E_c = 3.71 \times 10^4$ N/mm²。

实际钢管混凝土工程中，由于材料、浇筑工艺及施工等方面的原因，有可能导致钢管混凝土结构中核心混凝土的脱空，将不同程度地影响钢管和核心混凝土间的共同工作及组合作用。导致钢管和其核心混凝土发生脱空的可能因素有：过大的混凝土收缩、混凝土浇筑严重缺陷（参见离析、不密实等）、环境温度剧烈变化、界面损伤等。实际工程中的钢管混凝土结构，要保证钢管与核心混凝土之间不发生连贯的脱空，且脱空值应满足脱空容限（参见本书 4.9 节的论述）。

核心混凝土中一般不需配置膨胀剂等材料，当有特殊需求时，可根据工程实际情况适当配置，配置量应按补偿混凝土发生的收缩为原则。

为了保障钢管和混凝土材料间的协同互补及组合作用，钢管混凝土结构设计时需考虑钢管内混凝土强度等级和钢管材料牌号的合理匹配。根据《钢管混凝土混合结构技术标准》GB/T 51446—2021，在常用截面含钢率情况下，Q355 钢宜配 C30～C80 混凝土；Q390、Q420 和 Q460 钢宜配 C50～C80 混凝土。当有可靠依据时，也可采用强度等级更高的混凝土。钢管内混凝土强度等级的确定宜符合表 2-4 的规定。

钢管内混凝土强度等级　　　　　　　　　　　　　　　　　表 2-4

钢材牌号	Q355	Q390、Q420 和 Q460
混凝土强度等级	C30～C80	C50～C80

根据国家现行有关技术标准的要求，表 2-5 给出了混凝土材料性能的基本指标。

混凝土材料性能的基本指标　　　　　　　　　　　　　　　表 2-5

性能指标	混凝土强度等级										
	C30	C35	C40	C45	C50	C55	C60	C65	C70	C75	C80
轴心抗压强度标准值 f_{ck}（N/mm²）	20.1	23.4	26.8	29.6	32.4	35.5	38.5	41.5	44.5	47.4	50.2

续表

性能指标	混凝土强度等级										
	C30	C35	C40	C45	C50	C55	C60	C65	C70	C75	C80
轴心抗拉强度标准值 f_{tk} (N/mm²)	2.01	2.20	2.39	2.51	2.64	2.74	2.85	2.93	2.99	3.05	3.11
轴心抗压强度设计值 f_c (N/mm²)	14.3	16.7	19.1	21.1	23.1	25.3	27.5	29.7	31.8	33.8	35.9
轴心抗拉强度设计值 f_t (N/mm²)	1.43	1.57	1.71	1.80	1.89	1.96	2.04	2.09	2.14	2.18	2.22
弹性模量 E_c (×10⁴N/mm²)	3.00	3.15	3.25	3.35	3.45	3.55	3.60	3.65	3.70	3.75	3.80

注：混凝土的剪切变形模量 G_c 可按相应弹性模量值的 40% 采用，混凝土泊松比 ν_c 可按 0.2 采用。

钢管混凝土的力学特性表现在钢管对管内混凝土的约束作用，使混凝土材料本身性质得到改善，即强度得以提高，塑性和韧性性能得到改善。同时，由于混凝土的存在可以延缓或阻止钢管发生内凹的局部屈曲。在这种情况下，不仅钢管和混凝土材料本身的性质对钢管混凝土性能的影响很大，而且二者几何尺寸和物理特性参数如何"匹配"，也对钢管混凝土的力学性能起着非常重要的影响。为实现材料-结构一体化的设计理念，充分发挥钢管和混凝土两者的优势，钢管混凝土结构设计时需满足基本的构造规定。为了保证混凝土的浇筑质量、钢管的焊接质量，需要规定合适的钢管截面最小外径和最小壁厚。同时为了便于冷弯加工过程，需要选择适宜的钢管径厚比。研究结果表明，由于存在内填混凝土，钢管混凝土管壁的局部稳定性有所提高，但钢管径厚比不应大于空钢管相应限值的1.5 倍。为了综合考虑钢管混凝土结构受力的可靠性及经济性，其含钢率不应太大或太小，控制在 0.06~0.20 范围内较为适宜。为保证大尺寸钢管混凝土中钢管和混凝土的共同工作，可根据工程需求，在钢管内壁设置加劲肋等必要构造措施。

根据《钢管混凝土混合结构技术标准》GB/T 51446—2021，钢管混凝土的构造应符合下列规定：

（1）圆形截面钢管外径不应小于 200mm，壁厚不应小于 4mm，外径与壁厚之比不应大于 $150\left(\frac{235}{f_y}\right)$，且不宜小于 $25\left(\frac{235}{f_y}\right)$，其中 f_y 为钢管钢材的屈服强度（N/mm²）；

（2）截面含钢率（式 1-2）不宜小于 0.06，且不应大于 0.20；

（3）约束效应系数（式 1-1）不宜小于 0.6，且不应大于 4.0；

（4）当钢管外径大于或等于 2000mm 时，宜采取减小钢管内混凝土收缩的构造措施。

钢管混凝土中的核心混凝土也可因地制宜地采用再生混凝土等。再生混凝土是指掺用再生粗骨料配制而成的混凝土。再生混凝土可有效缓解对砂石的开采压力，符合工程建设可持续发展目标。然而，再生骨料存在初始微裂缝，脆性大，使得与普通混凝土相比，再生混凝土的强度和弹性模量相对较低，收缩徐变相对较大。在受力方面，与普通混凝土相比，再生混凝土应力-应变关系的峰值应力相对较小，而峰值应变相对较大。如果将再生混凝土灌入钢管后，其劣势将得到改善，促进再生混凝土的高性能利用。图 2-3（a）和图 2-3（b）分别给出了钢管被剥离后轴心受压短柱试件和纯弯试件核心混凝土破坏形态。图中，"racfst-1"和"racfst-2"分别代表再生粗骨料取代率（r）为 25% 和 50% 的钢管再生混凝土试件，"cfst"代表用于对比的钢管混凝土试件。可见，再生粗骨料取代率不同，试件的破坏形态没有显著差别。这主要在于受力过程中钢管和核心混凝土之间的协同互补和相互作用，使再生混凝土的塑性性能得到提高。

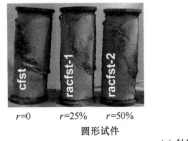　

r=0　　　r=25%　　r=50%　　　　　　　r=0　　　r=25%　　r=50%

圆形试件　　　　　　　　　　　　　方形试件

(a) 轴压短试件

(b) 纯弯试件

图 2-3　不同再生粗骨料取代率情况下试件的核心混凝土破坏形态

中国工程建设标准化协会标准《钢管再生混凝土结构技术规程》T/CECS 625—2019给出了钢管再生混凝土结构的技术规定。规程适用的再生混凝土应为掺加天然细骨料的再生粗骨料混凝土，其材料性能要求如下：

（1）再生粗骨料取代率不应大于 70%；

（2）再生混凝土强度等级应按立方体抗压强度标准值确定，强度等级不应高于RC50，且不宜低于 RC30；

（3）与钢管材料组合应用时，Q235 钢宜配 RC30 再生混凝土，Q355、Q355GJ 和Q390 钢宜配 RC40 或 RC50 再生混凝土，Q420 和 Q460 钢宜配 RC50 再生混凝土；

（4）仅掺用 I 类再生粗骨料的再生混凝土，其强度指标应符合现行国家标准《混凝土结构设计规范》GB 50010—2010（2015 年版）的有关规定；其弹性模量宜通过试验确定，当缺乏试验资料时，再生粗骨料取代率为 10%～70% 的再生混凝土弹性模量可按表 2-6 采用；

仅掺用 I 类再生粗骨料的再生混凝土的弹性模量（$\times 10^4$ N/mm²）　　　表 2-6

再生粗骨料	强度等级				
取代率	RC30	RC35	RC40	RC45	RC50
10%	2.97	3.12	3.21	3.31	3.41
20%	2.93	3.08	3.18	3.28	3.37

续表

再生粗骨料 取代率	强度等级				
	RC30	RC35	RC40	RC45	RC50
30%	2.90	3.05	3.14	3.24	3.34
40%	2.87	3.01	3.11	3.20	3.30
50%	2.84	2.98	3.07	3.17	3.26
60%	2.80	2.94	3.04	3.13	3.22
70%	2.77	2.91	3.00	3.09	3.18

注：表内中间值按线性内插法确定。

（5）掺用Ⅱ类、Ⅲ类再生粗骨料的再生混凝土材料性能基本指标可按表 2-7 采用。

掺用Ⅱ、Ⅲ类再生粗骨料的再生混凝土材料性能的基本指标　　　　表 2-7

性能指标	再生粗骨料 取代率	强度等级				
		RC30	RC35	RC40	RC45	RC50
轴心抗压强度标准值 f_{ck}（N/mm²）	10%	19.70	22.93	26.26	29.01	31.75
	30%	18.89	22.00	25.19	27.82	30.46
	50%	18.19	21.18	24.25	26.79	29.32
	70%	17.49	20.36	23.32	25.75	28.19
轴心抗拉强度标准值 f_{tk}（N/mm²）	10%	1.97	2.16	2.34	2.46	2.59
	30%	1.89	2.07	2.25	2.36	2.48
	50%	1.82	1.99	2.16	2.27	2.39
	70%	1.75	1.91	2.08	2.18	2.30
轴心抗压强度设计值 f_c（N/mm²）	10%	14.01	16.37	18.72	20.68	22.64
	30%	13.44	15.70	17.95	19.83	21.71
	50%	12.94	15.11	17.29	19.10	20.91
	70%	12.44	14.53	16.62	18.36	20.10
轴心抗拉强度设计值 f_t（N/mm²）	10%	1.40	1.54	1.68	1.76	1.85
	30%	1.34	1.48	1.61	1.69	1.78
	50%	1.29	1.42	1.55	1.63	1.71
	70%	1.24	1.37	1.49	1.57	1.64
弹性模量 E_c （×10⁴N/mm²）	10%	2.90	3.05	3.15	3.24	3.34
	30%	2.73	2.87	2.96	3.05	3.14
	50%	2.59	2.72	2.80	2.89	2.98
	70%	2.47	2.59	2.67	2.76	2.84

注：表内中间值按线性内插法确定。

再生混凝土的剪切变形模量 $G_{c,r}$ 可按相应再生混凝土弹性模量值的 40% 采用；再生混凝土的泊松比 $\nu_{c,r}$ 可按 0.2 采用。

2.4　连　接　材　料

钢管混凝土结构中的连接材料包括焊接材料、连接紧固件材料等。

对于焊接材料，手工焊接所用的焊条、自动焊或半自动焊用焊丝、埋弧焊用焊丝和焊剂等均应符合现行国家标准的有关规定。

用于钢管混凝土结构的连接紧固件包括普通螺栓、钢结构用大六角高强度螺栓、圆柱头焊（栓）钉连接件的质量应符合现行国家标准的有关规定。

钢管混凝土结构中焊缝的强度指标、连接紧固件的强度指标应按现行国家标准《钢结构设计标准》GB 50017—2017 的有关规定执行。

在不锈钢管混凝土结构设计中，焊接材料的选用应与母材的力学性能相匹配，焊缝金属应具有优良的韧性、塑性和抗裂性。当不锈钢与结构用碳素钢、低合金钢、耐候钢或铝等异种金属连接时，需要注意异种金属（电偶）接头腐蚀等问题。采用紧固件连接时，螺栓材料应与耐腐蚀性最强的金属等效。

2.5　防　护　材　料

2.5.1　防腐材料

钢材腐蚀是指使钢材的性能发生变化，并可能导致结构体系功能受到损伤的钢材与环境间的物理-化学相互作用。无外包钢筋混凝土的钢管混凝土结构被应用于海洋和近海结构中时，其钢管外壁易在海水和海洋大气的强腐蚀环境作用下被持续腐蚀。然而，因钢管混凝土结构的钢管内壁与核心混凝土间保持着可靠的粘结，钢管内壁处隔绝了连续的氧气供应，故钢管内壁的腐蚀不会持续发生。

腐蚀作用从以下四个方面对钢管混凝土构件的力学性能产生明显影响：

（1）削减钢管的横截面积；

（2）降低构件的刚度及承载力；

（3）削弱钢管对其核心混凝土的约束效应；

（4）钢管壁减薄，可增加其发生局部屈曲的可能性。

实际工程中，应针对不同腐蚀环境的特点，确定钢管混凝土防腐技术措施。常见的技术措施包括：采用防护涂层、包覆防腐技术，添加缓蚀剂，以及在相对封闭的水下区（如海洋环境），可以采取电化学阴极保护法与添加缓蚀剂等方法来抑制钢材的腐蚀。

对于无外包钢筋混凝土的钢管混凝土，其钢管外表皮应采取除锈后涂覆涂料或金属镀层的防腐措施，防锈和防腐蚀采用的涂料、钢材表面的除锈等级以及防腐蚀对钢结构的构造要求等，应符合国家现行相关技术标准的有关规定。用于钢管混凝土结构的防腐涂料，其质量应符合现行国家标准的有关规定。在进行防腐涂层体系的涂装时，应对钢管表面进行处理，以确保除去有害物质，并得到一个能获得良好底漆附着力的表面。应根据腐蚀环境、腐蚀性等级、待涂表面的类型及耐久性等级等，选择适当的涂料涂装体系。涂层施涂厚度应保证既要达到干膜厚度，又要避免局部过厚。对于大气腐蚀中的建筑结构，其防腐蚀涂层最小厚度也应符合国家有关标准的规定。

需要指出的是，当核心混凝土中含有有害的氯离子时，内管壁也需进行防腐保护。

2.5.2　防火材料

用于钢管混凝土结构的防火涂料质量应符合现行国家标准《钢结构防火涂料》GB 14907—2018 的有关规定，其他类型防火材料应符合国家现行有关标准的规定。

钢管混凝土结构防火保护设计应根据建筑物或构筑物的用途、场所、火灾类型，选用相应类别的钢结构防火涂料。室内隐蔽结构构件，一般采用非膨胀型防火涂料或环氧类钢结构防火涂料；室外或露天工程的钢管混凝土结构应选用室外钢结构防火涂料；海洋工程及石化工程结构建筑，应选用室外非膨胀型钢结构防火涂料或室外环氧类膨胀型钢结构防火涂料。

对于普通钢结构，受其自身耐火性能和膨胀型钢结构防火涂料自身阻隔热性能的限制，相关规范规定耐火极限超过 1.5h 的钢构件，不宜选用膨胀型钢结构防火涂料。但对于钢管混凝土结构，一方面钢管内混凝土具有吸热与储热的作用，可以延缓火灾下钢管壁的升温速度；另一方面管内混凝土对结构的承载能力有较大的贡献，钢管应力水平相对较低，且在火灾下与钢管内混凝土间产生应力重分布，使结构承载力衰退过程延缓。因此，钢管混凝土结构自身具有较好的耐火性能，当采用膨胀型钢结构防火涂料并进行合理设计时，可达到 3.0h 的耐火极限。因此，对于机场、车站等大型公共基础设施，其钢管混凝土结构也可采用膨胀型钢结构防火涂料。

如 1.4 节所述，新建北京到张家口铁路工程清河站项目，其主体结构采用了最大直径达 1800mm 的钢管混凝土直柱、Y 形柱和 A 形柱（如图 1-37 所示）。钢管混凝土柱最大火灾荷载比高达 0.52，设计耐火极限为 3.0h。综合考虑安全性、耐久性、美观性和空间使用效率等因素，该工程最终采用了重量轻、涂层薄、美观的膨胀型钢结构防火涂料作为钢管混凝土柱的防火保护材料，如图 2-4 所示。

(a) 直柱　　　　　　　　　　　　　　(b) Y形柱

图 2-4　采用膨胀型钢结构防火涂料的钢管混凝土柱

　　根据《钢结构防火涂料应用技术规程》T/CECS 24—2020，实际工程中，防火涂料型式检验报告或型式试验报告标明在防火涂料检测过程中防火涂层内有加网情况，工程应用时应加网施工，加网的材料和规格应与型式检验报告或型式试验报告一致。加网材料宜选用铁丝网、耐碱玻璃纤维网或碳纤维网。

　　防火涂层厚度及裂纹应有效控制，防火涂料涂层不得出现贯穿性裂纹，以满足密闭性、绝热性和完整性防火的要求。

思　考　题

1. 简述钢管混凝土结构中钢材的选用原则。
2. 简述钢管混凝土结构的钢管径（宽）厚比限值不同于钢结构的原因。
3. 简述钢管混凝土结构防火和防腐材料的主要种类及其适用条件。

第3章 钢管混凝土结构分析

本章要点及学习目标

本章要点：

本章论述了钢管混凝土结构分析方法，核心混凝土收缩、徐变计算模型，钢材与混凝土的本构模型，钢与混凝土间的界面模型。

学习目标：

掌握钢管混凝土结构分析方法的基本概念和原理。熟悉钢材与混凝土的本构模型及其适用条件。了解核心混凝土收缩、徐变计算模型和钢与混凝土间的界面模型。

3.1 引　　言

本书所述的钢管混凝土结构是指以钢管混凝土作为主要受力构件的结构，其中，钢管混凝土混合结构是指以钢管混凝土为主要构件，与其他结构构（部）件混合而成且能共同工作的结构（如图1-16、图1-18所示），属于钢管混凝土结构的范畴。实际工程中，钢管混凝土结构常与钢筋混凝土结构、钢结构通过混合形成钢管混凝土混合结构体系，包括钢管混凝土框架-钢筋混凝土或钢板剪力墙混合结构体系（如图1-23b所示）、带混凝土结构板的钢管混凝土桁式混合结构体系（如图1-53所示）等。复杂受力状态下的钢管混凝土构件、钢管混凝土结构中的关键连接节点、钢管混凝土混合结构及钢管混凝土混合结构体系的受力特性，往往需通过结构整体分析进行计算。

钢管混凝土结构分析是确定钢管混凝土结构中作用效应的过程。为合理地进行钢管混凝土结构设计，需要建立精细化的钢管混凝土结构模型对其进行结构分析。本章论述了钢管混凝土结构分析所需的分析方法、计算指标、混凝土收缩和徐变模型、钢材和混凝土本构模型、钢与混凝土间的界面模型等的确定方法。

3.2 分 析 方 法

根据《钢管混凝土混合结构技术标准》GB/T 51446—2021，钢管混凝土结构分析方法应依据结构类型、材料性能和受力特点等，选择弹性分析方法、弹塑性分析方法或试验分析方法。采用计算软件进行结构分析时，应对结果进行判断和校核，确认结果合理、有效后方可应用于工程设计。

在所有情况下均应对结构进行整体作用效应分析，而对于结构中的重要部位、关键传力部位、形状突变部位、内力和变形有异常变化的部位，必要时应另作更详细的局部分析。

钢管混凝土结构分析应符合下列要求：

（1）满足力学平衡条件；

（2）符合变形协调条件，包括节点和边界的约束条件等；

（3）采用合理的材料本构模型；

（4）进行施工阶段和使用阶段结构计算。

采用纤维模型法进行钢管混凝土结构的弹塑性分析时，对于钢管内混凝土的本构模型宜采用 3.6.1 节给出的考虑钢管约束效应的材料本构模型，结构分析还应合理体现材料间组合作用机制和构件间混合作用机制。

当结构在施工阶段和使用阶段有多种受力工况时，应分别进行结构分析，确定对结构最不利的作用组合，并应符合下列规定：

（1）结构遭受罕遇地震、火灾、撞击等偶然作用时，尚应按国家现行有关标准的要求进行相应的结构分析；

（2）当混凝土的收缩、徐变、支座沉降、温度变化、腐蚀等间接作用在结构中产生的作用效应危及结构的安全或正常使用时，应进行相应的作用效应分析，并应采取相应的技术措施；

（3）使用阶段的结构分析，应计入施工过程所形成的内力和变形对结构受力性能的影响。

当结构遭受偶然作用时，力与变形（或变形率）之间的相互关系比较复杂，一般情况下都是非线性的，宜采用弹塑性理论或塑性理论进行结构分析。

钢管混凝土结构的施工难易程度和造价，与施工方法关系密切，因此，设计时应考虑施工方案。钢管混凝土结构的受力情况在施工过程中和施工完成后差异很大，设计时应对施工重要阶段进行结构分析，即需进行施工和使用两个阶段的结构计算分析，计算模型应合理考虑构件加工和现场施工误差的影响。钢管混凝土结构应对主要施工阶段进行下列计算：

（1）钢管构件制作、运输、安装过程中，钢结构的强度、变形和稳定计算；

（2）钢管内混凝土浇筑过程中，钢结构的强度、变形和稳定计算；

（3）对于钢管混凝土加劲混合结构，浇筑钢管外包混凝土过程中钢结构及混凝土结构的强度、变形和稳定计算。

施工阶段结构分析中，应计入施工全过程中出现的实际作用和效应，包括架设机具和材料、安装过程中的钢管结构、浇筑过程中的混凝土、临时支撑的安装和拆除、温度变化、风荷载和其他施工临时荷载。对于钢管混凝土桁式混合结构，施工阶段包括架设空钢管、浇筑管内混凝土等阶段；对于钢管混凝土加劲混合结构，施工阶段还包括绑扎钢筋和浇筑钢管外包混凝土等阶段。

钢管混凝土结构的计算分析应计入风荷载的静力和动力作用，特殊结构的风荷载体型系数宜通过风洞试验确定。

钢管混凝土桁式混合结构的阻尼比，在多遇地震作用下可取 0.03，在罕遇地震作用下可取 0.04；钢管混凝土加劲混合结构的阻尼比，在多遇地震作用下可取 0.045，在罕遇地震作用下可取 0.05；结构阻尼比也可根据结构试验确定。

根据《钢管混凝土结构技术规程》CECS 28：2012，采用钢筋混凝土楼屋盖时，多遇地震作用下钢管混凝土结构的阻尼比可取 0.05；框架-中心支撑和框架-偏心支撑结构高度不大于 50m 时，多遇地震作用下结构阻尼比可取 0.04；高度大于 50m 且小于 200m 时可取 0.03；高度不小于 200m 时宜取 0.02；除框架-中心支撑和框架-偏心支撑结构外，其他采用钢梁-混凝土板楼屋盖的结构阻尼比可取 0.04。

　　试验研究是确定结构分析参数最直接的方法，如对带钢管混凝土边柱的混合结构剪力墙和钢管混凝土框架-核心剪力墙混合结构体系进行了地震模拟振动台模型试验，框架柱分别采用了圆形钢管混凝土和方形钢管混凝土。图 3-1 所示为地震模拟振动台试验模型试验过程中的情形。

　　图 3-1 所示的试验模型参考某实际高层建筑的结构方案设计。模型由外围钢管混凝土框架和位于模型中央的钢筋混凝土剪力墙组成，共 30 层，结构高度 6.3m，标准层平面尺寸为 2.2m×2.2m；钢筋混凝土剪力墙形成的方形芯筒位于模型中央，平面尺寸为 1.21m×1.21m，楼面主梁与混凝土剪力墙铰接。模型框架柱截面分为圆形和方形，外框架及楼面钢梁均为焊接工字钢梁。

　　试验时采用了三种强震记录波，分别为：Taft 波、EL-Centro 波和天津波，水平加速度峰值采用 0.2g（小震），0.4g（中震），0.6g（大震）和 0.8g（超大震）。该次地震振动台试验结果表明，分别采用圆形、方形钢管混凝土柱的两个混合结构模型都表现出较好的抗震性能。方形钢管混凝土模型的阻尼比稍大于圆形钢管混凝土模型。震前两个模型 X 向和 Y 向的一阶阻尼比在 0.030～0.035。二

图 3-1　地震模拟振动台试验模型

阶阻尼比比一阶的要小些，在 0.02～0.03。在两个方向上两阶阻尼比随地震强度的增加而逐渐增大。在峰值 0.6g 的地震输入以后，模型的一阶阻尼比在 0.035～0.040。

3.3　计 算 指 标

（1）轴心抗压强度

　　轴心抗压强度是材料所能承受的最大轴心压应力，其是合理确定钢管混凝土结构的轴心受压承载力的重要计算指标。在轴压荷载作用下，钢管混凝土截面的工作机理是受力过程中，钢和混凝土两种材料协同互补且共同工作，因此轴心抗压强度采用约束效应系数（ξ）反映钢管和核心混凝土之间的组合作用，其具体确定方式如 4.2.1 节（1）所述。

　　根据《钢管混凝土混合结构技术标准》GB/T 51446－2021，圆形钢管混凝土截面的轴心抗压强度设计值应按下列公式计算：

$$f_{sc} = \frac{f_{scy}}{\gamma_{sc}} \tag{3-1}$$

$$f_{scy} = (1.14 + 1.02\xi)f_{ck} \tag{3-2}$$

式中　f_{sc}——钢管混凝土截面的轴心抗压强度设计值（N/mm²）；

f_{scy}——钢管混凝土截面的轴心抗压强度标准值（N/mm²）；

ξ——约束效应系数，应按式（1-1）计算；

f_{ck}——混凝土的轴心抗压强度标准值（N/mm²），应按表1-1确定；

γ_{sc}——钢管混凝土轴心抗压强度分项系数，可按表3-1确定。

钢管混凝土轴心抗压强度分项系数 γ_{sc}　　　　　　　　表 3-1

结构类型	房屋建筑	公路桥涵	电力塔架	港口工程
γ_{sc}	1.20	1.40	1.20	1.20

以 f_{sc} 作为钢管混凝土结构的轴心抗压强度设计指标时，对其进行了可靠性分析。在整理分析了千余个圆形钢管混凝土轴压短试件试验结果的基础上，对不同钢材牌号、混凝土强度等级和截面含钢率等情况下的计算结果表明，式（3-1）确定的 f_{sc} 满足现行国家标准《工程结构可靠性设计统一标准》GB 50153—2008 对延性破坏构件的可靠性要求。对于房屋建筑和电力塔架结构、公路桥涵结构及港口工程结构，分别按照《建筑结构可靠性设计统一标准》GB 50068—2018、《公路工程结构可靠度设计统一标准》GB/T 50283—1999 和《港口工程结构可靠性设计统一标准》GB 50158—2010 中规定的目标可靠指标，给出了结构安全等级为二级时的钢管混凝土轴心抗压强度分项系数。对于铁路桥涵结构，参照现行行业标准《铁路桥涵混凝土结构设计规范》TB 10092—2017 和《铁路桥梁钢结构设计规范》TB 10091—2017 中混凝土及钢材容许应力的取值方法，考虑到钢管混凝土轴心受压时呈现延性特征，《钢管混凝土混合结构技术标准》GB/T 51446—2021 中建议其抗压强度分项系数取值为 1.80。

值得注意的是，钢管混凝土结构处于温度变化的环境时，钢管混凝土轴心抗压强度将受温度变化的影响。当环境温度变化较大时，钢管混凝土轴心抗压强度随温度变化的影响不宜忽略，可以 +20℃ 为基准温度，通过试验和分析确定轴心抗压强度设计指标的下降率。

（2）抗剪强度

抗剪强度是材料所承受的最大剪应力。基于钢管混凝土截面受纯剪切时的名义剪应力和剪应变之间的关系曲线，确定了钢管混凝土截面的受剪极限状态，得到了钢管混凝土截面的抗剪强度设计值 f_{sv} 的计算公式。钢管混凝土截面的抗剪强度设计值宜按下式计算：

$$f_{sv} = (0.422 + 0.313\alpha_s^{2.33})\xi^{0.134} f_{sc} \tag{3-3}$$

式中　f_{sv}——钢管混凝土截面的抗剪强度设计值（N/mm²）；

f_{sc}——钢管混凝土截面的轴心抗压强度设计值（N/mm²），应按式（3-1）计算；

α_s——钢管混凝土截面含钢率，应按式（1-2）计算；

ξ——约束效应系数，应按式（1-1）计算。

（3）弹性抗压和抗拉刚度

弹性抗压（抗拉）刚度为弹性阶段施加在受拉（受压）构件上的轴向力与其引起的拉伸（压缩）变形的比值。钢管混凝土截面的弹性抗压和抗拉刚度宜分别按式（3-4）和式（3-5）计算：

$$(EA)_c = E_s A_s + E_{c,c} A_c \tag{3-4}$$

$$(EA)_t = E_s A_s \tag{3-5}$$

式中　$(EA)_c$——钢管混凝土截面的弹性抗压刚度（N）；

　　　$(EA)_t$——钢管混凝土截面的弹性抗拉刚度（N）；

　　　E_s——钢管钢材的弹性模量（N/mm²），应按现行国家标准《钢结构设计标准》GB 50017—2017 的有关规定确定；

　　　$E_{c,c}$——钢管内混凝土的弹性模量（N/mm²），应按现行国家标准《混凝土结构设计规范》GB 50010—2010（2015 年版）的有关规定确定；

　　　A_s——钢管的截面面积（mm²）；

　　　A_c——钢管内混凝土的截面面积（mm²）。

钢管混凝土混合结构的截面弹性抗压和抗拉刚度宜分别按式（3-6）和式（3-7）计算：

$$(EA)_{c,h} = \Sigma(E_s A_s + E_{s,l} A_l + E_{c,c} A_c) + E_{c,oc} A_{oc} \tag{3-6}$$

$$(EA)_{t,h} = \Sigma(E_s A_s + E_{s,l} A_l) \tag{3-7}$$

式中　$(EA)_{c,h}$——钢管混凝土混合结构的截面弹性抗压刚度（N）；

　　　$(EA)_{t,h}$——钢管混凝土混合结构的截面弹性抗拉刚度（N）；

　　　E_s——钢管钢材的弹性模量（N/mm²）；

　　　$E_{s,l}$——纵筋钢材的弹性模量（N/mm²）；

　　　$E_{c,c}$——钢管内混凝土的弹性模量（N/mm²）；

　　　$E_{c,oc}$——混凝土结构板中的混凝土或钢管外包混凝土的弹性模量（N/mm²）；

　　　A_s——钢管的截面面积（mm²）；

　　　A_l——纵筋的截面面积（mm²）；

　　　A_c——钢管内混凝土的截面面积（mm²）；

　　　A_{oc}——混凝土结构板中的混凝土或钢管外包混凝土的截面面积（mm²）。

（4）弹性抗弯刚度

弹性抗弯刚度为弹性阶段施加在受弯构件上的弯矩与其引起的曲率的比值。钢管混凝土截面的弹性抗弯刚度宜按下式计算：

$$EI = E_s I_s + E_{c,c} I_c \tag{3-8}$$

式中　EI——钢管混凝土截面的弹性抗弯刚度（N·mm²）；

　　　I_s——钢管的截面惯性矩（mm⁴）；

　　　I_c——钢管内混凝土的截面惯性矩（mm⁴）。

钢管混凝土混合结构的截面弹性抗弯刚度宜按下式计算：

$$(EI)_h = E_s I_{s,h} + E_{s,l} I_{l,h} + E_{c,c} I_{c,h} + E_{c,oc} I_{oc,h} \tag{3-9}$$

式中　$(EI)_h$——钢管混凝土混合结构的截面弹性抗弯刚度（N·mm²）；

　　　$I_{s,h}$——钢管对钢管混凝土混合结构截面形心轴的惯性矩（mm⁴）；

　　　$I_{l,h}$——纵筋对钢管混凝土混合结构截面形心轴的惯性矩（mm⁴）；

　　　$I_{c,h}$——钢管内混凝土对钢管混凝土混合结构截面形心轴的惯性矩（mm⁴）；

　　　$I_{oc,h}$——混凝土结构板中的混凝土或钢管外包混凝土对钢管混凝土混合结构截面形心轴的惯性矩（mm⁴）。

（5）弹性抗剪刚度

弹性抗剪刚度为弹性阶段施加在受剪构件上的剪力与其引起的正交夹角的比值。钢管混凝土截面的弹性抗剪刚度宜按下式计算：

$$GA = G_s A_s + G_{c,c} A_c \tag{3-10}$$

式中　GA——钢管混凝土截面的弹性抗剪刚度（N）；

　　　　G_s——钢管钢材的剪变模量（N/mm²），应按现行国家标准《钢结构设计标准》GB 50017—2017 的有关规定确定；

　　　　$G_{c,c}$——钢管内混凝土的剪变模量（N/mm²），应按现行国家标准《混凝土结构设计规范》GB 50010—2010（2015 年版）的有关规定确定。

钢管混凝土混合结构的截面弹性抗剪刚度宜按下式计算：

$$(GA)_h = \Sigma(G_s A_s + G_{c,c} A_c) + G_{c,oc} A_{oc} \tag{3-11}$$

式中　$(GA)_h$——钢管混凝土混合结构的截面弹性抗剪刚度（N）；

　　　　$G_{c,c}$——钢管内混凝土的剪变模量（N/mm²），应按现行国家标准《混凝土结构设计规范》GB 50010—2010（2015 年版）的有关规定确定；

　　　　$G_{c,oc}$——混凝土结构板中的混凝土或钢管外包混凝土的剪变模量（N/mm²），应按现行国家标准《混凝土结构设计规范》GB 50010—2010（2015 年版）的有关规定确定。

3.4　混凝土的收缩、徐变模型

实际工程中钢管混凝土结构的设计使用年限常为 50 年、100 年甚至更长，且钢管内核心混凝土常处于高应力状态，其会发生收缩和徐变变形，进而产生应力重分布现象，使钢管和核心混凝土的应力发生变化，最终对钢管混凝土结构的力学性能产生影响。钢管混凝土中核心混凝土的时变特性是目前有关工程界所关注的热点，也是基于全寿命周期的钢管混凝土结构设计原理的核心问题之一，为实现对考虑时变特性的钢管混凝土结构进行精细化分析，需建立准确的核心混凝土收缩、徐变模型。

（1）收缩模型

第 2 章 2.3 节对混凝土收缩机理进行了论述，钢管混凝土中核心混凝土的收缩变形规律与素混凝土的收缩变形规律类似，但收缩变形值和早期收缩变形速率远小于相应的素混凝土。截面尺寸对核心混凝土的收缩变形值影响较大，随着截面尺寸的增大，核心混凝土的纵向和横向收缩变形均呈现减小的趋势，主要原因是截面尺寸对核心混凝土内部水分的迁移和向钢管壁扩散速率影响较大。

美国混凝土学会标准 ACI 209R—92 给出了素混凝土收缩模型，通过对钢管混凝土中核心混凝土收缩变形的试验结果分析，发现采用该模型计算出的收缩值总体大于试验结果。因此，基于对钢管混凝土中核心混凝土收缩机理分析，综合考虑钢管对核心混凝土收缩的制约作用，通过对试验实测结果的回归分析提出了钢管对混凝土收缩的制约影响系数（γ_u）。《钢管混凝土混合结构技术标准》GB/T 51446—2021 给出了钢管内混凝土收缩应变（$(\varepsilon_{sh})_t$）的计算公式如下：

$$(\varepsilon_{sh})_t = \frac{t_d}{35 + t_d}(\varepsilon_{sh})_u \tag{3-12}$$

$$(\varepsilon_{sh})_u = 780\gamma_{cp}\gamma_\lambda\gamma_{vs}\gamma_s\gamma_\psi\gamma_c\gamma_\alpha\gamma_u \tag{3-13}$$

$$\gamma_{vs} = 1.2e^{-0.00472V/S} \tag{3-14}$$

$$\gamma_s = 0.89 + 0.00161s \tag{3-15}$$

$$\gamma_\psi = \begin{cases} 0.30 + 0.014\psi & (\psi \leqslant 50) \\ 0.90 + 0.002\psi & (\psi > 50) \end{cases} \tag{3-16}$$

$$\gamma_c = 0.75 + 0.00061c \tag{3-17}$$

$$\gamma_\alpha = 0.95 + 0.008\alpha_v \tag{3-18}$$

$$\gamma_u = 0.0002D + 0.63 \tag{3-19}$$

式中　t_d——混凝土的干燥时间（d）；

　　$(\varepsilon_{sh})_u$——混凝土的收缩应变终值（$\mu\varepsilon$）；

　　γ_{cp}——初始湿养护收缩修正系数，应按表 3-2 确定；

　　γ_λ——环境相对湿度影响修正系数，对于管内混凝土取 0.3；

　　γ_{vs}——构件尺寸影响修正系数，为构件体积与表面积之比（V/S，单位为 mm）的函数；

　　γ_s——混凝土坍落度影响修正系数；

　　s——混凝土坍落度（mm）；

　　γ_ψ——细骨料影响修正系数；

　　ψ——细骨料占骨料总量的百分数（%）；

　　γ_c——水泥用量影响修正系数；

　　c——每立方米混凝土中水泥的用量（kg/m^3）；

　　γ_α——混凝土含气量影响修正系数；

　　α_v——混凝土体积含气量的百分数（%）；

　　γ_u——钢管对混凝土收缩的制约影响系数；

　　D——钢管外径（mm）。

初始湿养护收缩修正系数 γ_{cp}　　　　　　　表 3-2

湿养护时间（d）	1	3	7	14	28	90
γ_{cp}	1.2	1.1	1.0	0.93	0.86	0.75

注：表内中间值按线性内插法确定。

　　式（3-13）适用于钢管外径 D 在 $200\sim1200$mm 范围内的情况。实际工程中可通过预估管内混凝土的收缩值并采取减小收缩的技术措施。

　　根据工程需要，对某工程实体钢管混凝土柱中核心混凝土进行了 2100 天长期性能测试。测试腔体的横截面尺寸约为 2000mm，采用 C70 混凝土，混凝土水胶比为 0.28。图 3-2所示为钢管内核心两个测点混凝土收缩实测结果与上述模型计算结果的对比，二者总体上吻合。

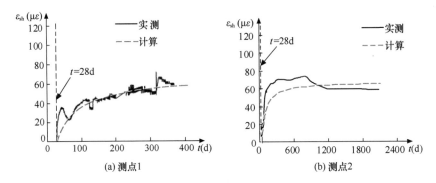

图 3-2 工程实体混凝土收缩应变（ε_{sh}）-时间（t）实测结果

（2）徐变模型

混凝土徐变是在持久作用下的混凝土构件随时间推移而增加的应变。对于影响混凝土徐变的因素，主要分为内部因素和外部因素，内部因素有水泥品种、骨料含量和水灰比等；外部因素有加荷龄期、加荷应力比（加荷应力与混凝土强度之比）、持荷时间、环境相对湿度、结构尺寸等。

进行长期荷载作用下钢管混凝土结构变形的计算时，必须首先确定其核心混凝土的徐变模型。

钢管混凝土在长期荷载作用下，核心混凝土承担的外荷载因钢管和核心混凝土之间的变形协调而不断发生改变，因而进行长期荷载作用下的变形分析时应合理考虑此过程。通过对以往长期荷载作用计算方法的比较分析，可选用龄期调整有效模量法进行钢管混凝土结构在长期荷载作用下的徐变计算。根据 ACI 209R－92 和龄期调整有效模量法，长期荷载下混凝土的徐变应变宜按下列公式确定：

$$\varepsilon_1(t) = \frac{\sigma(t_0)}{E(t_0)}\phi(t, t_0) + \int_{t_0}^{t} \frac{\partial \sigma(\tau)}{\partial \tau} \cdot \frac{1 + \phi(t, \tau)}{E(\tau)} \mathrm{d}\tau \tag{3-20}$$

$$\phi(t, t_0) = \left[\frac{(t - t_0)^{0.6}}{10 + (t - t_0)^{0.6}}\right]\phi_u \tag{3-21}$$

$$\phi_u = 2.35\gamma_{c,t_0} \gamma_{c,RH} \gamma_{c,vs} \gamma_{c,s} \gamma_{c,\psi} \gamma_{c,\alpha} \tag{3-22}$$

$$\gamma_{c,t_0} = 1.25 t_0^{-0.118} \tag{3-23}$$

$$\gamma_{c,RH} = 1.27 - 0.67h \tag{3-24}$$

$$\gamma_{c,vs} = \frac{2}{3}(1 + 1.13\mathrm{e}^{[-0.0213(V/S)]}) \tag{3-25}$$

$$\gamma_{c,s} = 0.82 + 0.00264s \tag{3-26}$$

$$\gamma_{c,\psi} = 0.88 + 0.0024\psi \tag{3-27}$$

$$\gamma_{c,\alpha} = 0.46 + 0.09\alpha_v \tag{3-28}$$

式中　$\varepsilon_1(t)$ ——t 时刻的混凝土徐变应变（$\mu\varepsilon$）；

　　t_0 ——加载时的混凝土龄期（d）；

　$\sigma(t_0)$ ——t_0 时刻的混凝土应力（N/mm²）；

　$E(t_0)$ ——t_0 时刻的混凝土弹性模量（N/mm²）；

　$\phi(t, t_0)$ ——徐变系数；

ϕ_u——徐变系数终值；

γ_{c,t_0}——加荷龄期影响修正系数；

$\gamma_{c,RH}$——环境相对湿度影响修正系数，本书环境相对湿度（h）按 90％选取；

$\gamma_{c,VS}$——构件尺寸影响修正系数，为构件体积与表面积之比（V/S，单位为 mm）的函数；

$\gamma_{c,s}$——混凝土坍落度影响修正系数；

s——混凝土坍落度（mm）；

$\gamma_{c,\psi}$——细骨料影响修正系数；

ψ——细骨料占骨料总量的百分数；

γ_α——混凝土含气量影响修正系数；

α_v——混凝土体积含气量的百分数。

以钢管混凝土轴心受压构件在长期荷载作用下的试验研究为例，该徐变模型预测的钢管混凝土在长期作用下纵向应变的时程曲线与试验结果吻合较好（图 3-3）。试验中试件长期荷载比 $n_L = 0.58 \sim 0.68$，钢管钢材屈服强度 $f_y = 293.5\text{N/mm}^2$，核心混凝土立方体抗压强度 $f_{cu} = 34.3 \text{ N/mm}^2$。

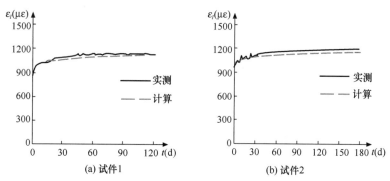

图 3-3　钢管混凝土试件纵向应变（ε_l）-时间（t）关系

3.5　钢材本构模型

进行钢管混凝土结构荷载-变形关系的全过程分析时，可采用有限元法或纤维模型法。有限元法是将连续的求解域离散为有限个单元，并在给定约束条件下，利用有限元单元的近似解逼近真实物理系统的数值分析方法。纤维模型法是相较于有限元法的一种简化数值分析方法，该方法在进行计算分析时，假设截面上任意一点的纵向应力只取决于该点的纵向纤维应变，并假设组成钢管混凝土结构的钢材和混凝土之间无相对滑移。有限元法和纤维模型法两者各有特点，有限元法通用性强，可较为细致地考察受力全过程中钢管和核心混凝土之间的相互作用，有利于较为全面地揭示钢管混凝土构件的力学实质，但该方法计算相对复杂且计算工作量大。纤维模型法简单实用，但不便于细致地分析受力全过程中钢管及其混凝土之间的相互作用。

科学有效地应用有限元法和纤维模型法的关键是合理确定组成钢管混凝土的钢材及钢管内混凝土的本构模型。本构模型是反映材料力学性质的数学模型，是结构强度和变形计算的重要基础。

本书钢材本构模型主要涵盖单调荷载作用下、反复荷载作用下、高温下以及高温后四种工况。有限元法和纤维模型法采用相同的钢材本构模型。

(1) 单调荷载作用下

根据《钢管混凝土混合结构技术标准》GB/T 51446—2021，钢管和钢筋在单调荷载作用下的应力（σ）-应变（ε）关系宜按下列公式确定：

$$\sigma = \begin{cases} E_s\varepsilon & \varepsilon \leqslant \varepsilon_y \\ f_y + 0.01E_s(\varepsilon - \varepsilon_y) & \varepsilon > \varepsilon_y \end{cases} \tag{3-29}$$

式中　E_s——钢材的弹性模量（N/mm²）；

　　　f_y——钢材的屈服强度（N/mm²）；

　　　ε_y——钢材的屈服应变。

(2) 反复荷载作用下

根据《钢管混凝土混合结构技术标准》GB/T 51446—2021，钢管在反复荷载作用下应力（σ）-应变（ε）关系如图 3-4 所示，其骨架线宜按式（3-29）确定，软化段的模量宜按式（3-30）确定：

$$E_b = \begin{cases} \dfrac{f_y + \sigma_d}{\varepsilon_y + \varepsilon_d} & 1.65\varepsilon_y < \varepsilon_d \leqslant 6.11\varepsilon_y \\ 0.1E_s & \varepsilon_d > 6.11\varepsilon_y \end{cases} \tag{3-30}$$

式中　E_b——软化段 de 和相应的反对称段 $d'e'$ 的模量（N/mm²）；

　　　E_s——钢材的弹性模量（N/mm²）；

　　　σ_d——软化段起始点 d 的应力（N/mm²），d 点位于与 ab 平行的直线上；

　　　ε_d——软化段起始点 d 的应变；

　　　ε_y——钢材的屈服应变。

当应变 $\varepsilon \leqslant \varepsilon_y$ 时，按弹性模量 E_s 加卸载；如果钢材在进入强化段 ab 前卸载，则不考虑包辛格（Bauschinger）效应；反之，如果钢材在强化段 ab 卸载，则需考虑包辛格效应。

钢筋在反复荷载作用下应力（σ）-应变（ε）关系（图 3-5）的骨架线宜按式（3-29）确定；按弹性模量卸载至应力为零后，如果再加载方向钢筋未曾屈服，则再加载宜指向钢筋初始屈服点；如果再加载方向钢筋曾屈服，则再加载宜指向该方向钢筋历史最大应变点。

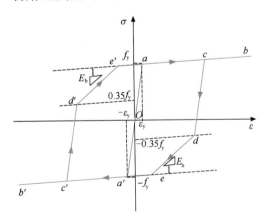

图 3-4　钢管应力（σ）-应变（ε）滞回关系

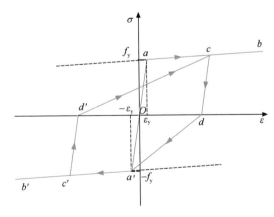

图 3-5　钢筋应力（σ）-应变（ε）滞回关系

参考现行国家标准《混凝土结构设计规范》GB 50010—2010（2015 年版），当钢筋在进入强化段 ab 前卸载，则不需考虑包辛格效应，按弹性模量 E_s 加、卸载；当钢筋在进入强化段 ab 后卸载，则需考虑包辛格效应，按弹性模量 E_s 卸载至应力为零点，再加载过程沿直线指向该方向初始屈服点（da' 段）或历史最大应变点（$d'c$ 段），之后继续沿骨架线加载。

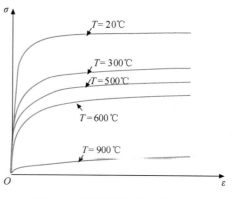

图 3-6　高温下钢材的应力（σ）-应变（ε）关系

（3）高温下

Lie 和 Denham（1993）给出的钢材高温下应力-应变关系模型已在钢筋混凝土构件和钢管混凝土构件耐火性能的研究中得到应用和验证。钢材在高温下的应力（σ）-应变（ε）关系如图 3-6 所示，宜按下列公式确定：

$$\sigma = \begin{cases} \dfrac{f(T,0.001)}{0.001}\varepsilon & \varepsilon \leqslant \varepsilon_{\mathrm{p}} \\ \dfrac{f(T,0.001)}{0.001}\varepsilon_{\mathrm{p}} + f[T,(\varepsilon-\varepsilon_{\mathrm{p}}+0.001)] - f(T,0.001) & \varepsilon > \varepsilon_{\mathrm{p}} \end{cases} \tag{3-31}$$

$$\varepsilon_{\mathrm{p}} = 4 \times 10^{-6} f_{\mathrm{y}} \tag{3-32}$$

$$f(T,0.001) = (50-0.04T) \times \{1-\mathrm{e}^{[(-30+0.03T)\sqrt{0.001}]}\} \times 6.9 \tag{3-33}$$

$$f[T,(\varepsilon_{\mathrm{s}\sigma}-\varepsilon_{\mathrm{p}}+0.001)] = (50-0.04T) \times \{1-\mathrm{e}^{[(-30+0.03T)\sqrt{\varepsilon_{\mathrm{s}\sigma}-\varepsilon_{\mathrm{p}}+0.001}]}\} \times 6.9 \tag{3-34}$$

式中　σ——应力（N/mm²）；

ε——应变；

T——钢材的温度（℃）；

f_{y}——钢材的屈服强度（N/mm²）。

（4）高温后

高温后钢材的力学性能与钢材种类、高温持续时间、冷却方式等因素有关。一般认为：高温状态下，钢材内部金相结构发生变化，强度和弹性模量随着温度的升高而不断降低，经过高温冷却后，其强度有较大程度的恢复。对于高温后钢管混凝土构件的力学性能研究表明，自然冷却结构钢的应力 应变关系采用双折线模型与实测结果较为吻合。钢管和钢筋在高温后的应力（σ）-应变（ε）关系如图 3-7 所示，宜按下列公式确定：

$$\sigma = \begin{cases} E_{\mathrm{sp}}(T_{\max})\varepsilon & \varepsilon \leqslant \varepsilon_{\mathrm{yp}}(T_{\max}) \\ f_{\mathrm{yp}}(T_{\max}) + E'_{\mathrm{sp}}(T_{\max})[\varepsilon-\varepsilon_{\mathrm{yp}}(T_{\max})] & \varepsilon > \varepsilon_{\mathrm{yp}}(T_{\max}) \end{cases} \tag{3-35}$$

$$f_{\mathrm{yp}}(T_{\max}) = \begin{cases} f_{\mathrm{y}} & T_{\max} \leqslant 400℃ \\ f_{\mathrm{y}}[1+2.33 \times 10^{-4}(T_{\max}-20)-5.88 \times 10^{-7}(T_{\max}-20)^2] & T_{\max} > 400℃ \end{cases} \tag{3-36}$$

$$\varepsilon_{\mathrm{yp}}(T_{\max}) = f_{\mathrm{yp}}(T_{\max})/E_{\mathrm{sp}}(T_{\max}) \tag{3-37}$$

$$E_{sp}(T_{max}) = E_s \quad (3-38)$$

$$E'_{sp}(T_{max}) = 0.01E_{sp}(T_{max}) \quad (3-39)$$

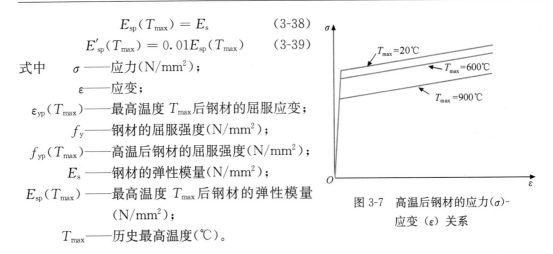

图 3-7　高温后钢材的应力 (σ)-应变 (ε) 关系

式中　　σ——应力 (N/mm^2)；

　　　　ε——应变；

$\varepsilon_{yp}(T_{max})$——最高温度 T_{max} 后钢材的屈服应变；

　　　　f_y——钢材的屈服强度 (N/mm^2)；

$f_{yp}(T_{max})$——高温后钢材的屈服强度 (N/mm^2)；

　　　　E_s——钢材的弹性模量 (N/mm^2)；

$E_{sp}(T_{max})$——最高温度 T_{max} 后钢材的弹性模量 (N/mm^2)；

　　　T_{max}——历史最高温度 (℃)。

3.6　混凝土本构模型

混凝土本构模型主要涵盖单调荷载作用下、反复荷载作用下、高温下以及高温后四种工况。

3.6.1　基于纤维模型法

根据《钢管混凝土混合结构技术标准》GB/T 51446—2021，采用纤维模型法分析钢管混凝土结构时，圆形钢管内混凝土的本构模型应计入钢管的约束作用；钢管混凝土加劲混合结构中，圆形钢管外包混凝土可分为无约束混凝土和箍筋约束混凝土（如图 3-8a 和 b 所示）。

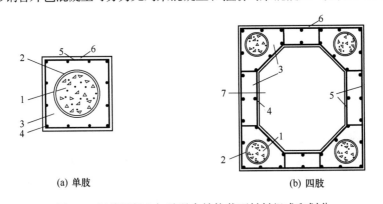

(a) 单肢　　　　　　　　　　　　　(b) 四肢

图 3-8　钢管混凝土加劲混合结构截面材料组成和划分

1—钢管内混凝土；2—钢管；3—箍筋约束混凝土；4—纵筋；

5—箍筋；6—无约束混凝土；7—空心部分

（1）单调受压、受拉

1）圆形钢管内混凝土单调受压应力（σ）-应变（ε）关系

混凝土本质的特点是材料组成的不均匀性，且存在天生的微裂缝。混凝土的这种特点决定了其工作性能的复杂性。在钢管混凝土中，核心混凝土受到外包钢管的约束，钢管和混凝土存在着相互作用，这种相互作用使核心混凝土的工作性能进一步复杂化。

　　钢管混凝土轴心受压时核心混凝土的受力特点是：其所承受的侧压力是被动的。受荷初期，混凝土总体上处于单向受压状态。随着混凝土纵向变形的增加，其横向变形系数会不断增大，当超过钢材的横向变形系数，则在钢管及其核心混凝土之间产生相互作用力，此时混凝土会处于三向受压的应力状态。通过对国内外钢管混凝土轴压短试件试验结果的整理和分析，发现在一定参数范围内，钢管混凝土中核心混凝土的 σ-ε 关系曲线的特性除了和混凝土本身有关系外，主要和约束效应系数（ξ）有关，主要表现在：ξ 值越大，受力过程中，钢管对其核心混凝土提供的约束作用越强，随着变形的增加，混凝土 σ-ε 关系曲线下降段出现得越晚，甚至不出现下降段；反之，ξ 值越小，钢管对其核心混凝土的约束作用将越小，则混凝土的 σ-ε 关系曲线的下降段将出现得越早，且下降段的下降趋势随 ξ 值的减小而逐渐增强。

　　基于上述理解，通过对大量钢管混凝土轴压短试件试验结果的验算和分析，研究了混凝土强度和约束效应系数（ξ）等的影响规律，提出的圆形钢管混凝土的核心混凝土的纵向应力（σ）-应变（ε）关系模型如下：

$$y = 2x - x^2 \qquad\qquad (x \leqslant 1) \qquad\qquad (3\text{-}40)$$

$$y = \begin{cases} 1 + q(x^{0.1\xi} - 1) & (\xi \geqslant 1.12) \\ \dfrac{x}{\beta (x-1)^2 + x} & (\xi < 1.12) \end{cases} \quad (x > 1) \qquad (3\text{-}41)$$

$$x = \frac{\varepsilon}{\varepsilon_0} \qquad\qquad\qquad (3\text{-}42)$$

$$y = \frac{\sigma}{\sigma_0} \qquad\qquad\qquad (3\text{-}43)$$

$$\sigma_0 = \left[1 + (-0.054\xi^2 + 0.4\xi) \left(\frac{24}{f'_c} \right)^{0.45} \right] f'_c \qquad (3\text{-}44)$$

$$\varepsilon_0 = \varepsilon_{cc} + \left[1400 + 800 \left(\frac{f'_c}{24} - 1 \right) \right] \xi^{0.2} \qquad (3\text{-}45)$$

$$\varepsilon_{cc} = 1300 + 12.5 f'_c \qquad\qquad (3\text{-}46)$$

$$q = \frac{\xi^{0.745}}{2 + \xi} \qquad\qquad\qquad (3\text{-}47)$$

$$\beta = (2.36 \times 10^{-5})^{[0.25 + (\xi - 0.5)^7]} f'^2_c \times 3.51 \times 10^{-4} \qquad (3\text{-}48)$$

式中　σ——应力（N/mm^2）；

　　　ε——应变（$\mu\varepsilon$）；

　　　ξ——约束效应系数，应按式（1-1）计算；

　　　f'_c——混凝土圆柱体抗压强度（N/mm^2），应按表 1-1 换算。

　　由上述公式可见，当 $x \leqslant 1$，即核心混凝土达到峰值应力（σ_0）前，σ-ε 关系和素混凝土模型在形式上类似。当 $x > 1$ 时，核心混凝土的 σ-ε 关系则随着钢管混凝土约束效应系数（ξ）的变化而变化。图 3-9 所示为钢管混凝土的核心混凝土典型的 σ-ε 关系曲线。当 $\xi > \xi_0$ 时，混凝土应力达到 σ_0 之后，σ-ε 关系仍然不出现下降段；当 $\xi \approx \xi_0$ 时，混凝土应力达到 σ_0 之后，σ-ε 关系趋于平缓；而当 $\xi < \xi_0$ 时，混凝土应力达到 σ_0 之后，σ-ε 关系会出现下降段。通过对试验结果的分析和整理，发现对于圆形钢管混凝土，$\xi_0 \approx 1.12$。

　　2）钢管混凝土加劲混合结构的箍筋约束混凝土单调受压应力（σ）-应变（ε）关系，宜按下列公式确定：

$$y = \begin{cases} 2x - x^2 & \varepsilon \leqslant \varepsilon_0 \\ 1 - \dfrac{E_{des}}{\sigma_0}(\varepsilon - \varepsilon_0) & \varepsilon > \varepsilon_0 \end{cases} \qquad (3\text{-}49)$$

$$x = \frac{\varepsilon}{\varepsilon_o} \tag{3-50}$$

$$y = \frac{\sigma}{\sigma_o} \tag{3-51}$$

$$\sigma_o = f'_c \left[1 + 0.73 \frac{\rho_v f_{yh}}{f'_c} \right] \tag{3-52}$$

$$\varepsilon_o = 2450 + 12200 \frac{\rho_v f_{yh}}{f'_c} \tag{3-53}$$

$$\rho_v = \frac{A_{sv} l_v}{A_v s} \tag{3-54}$$

$$E_{des} = \frac{11.2 f'^2_c}{\rho_v f_{yh}} \tag{3-55}$$

式中　σ——应力（N/mm²）；

　　　ε——应变（$\mu\varepsilon$）；

　　　f'_c——混凝土圆柱体抗压强度（N/mm²），应按表 1-1 换算确定；

　　　f_{yh}——箍筋的屈服强度（N/mm²）；

　　　ρ_v——体积配箍率；

　　　A_{sv}——箍筋的截面面积（mm²）；

　　　l_v——箍筋长度（mm）；

　　　A_v——箍筋约束混凝土的截面面积（mm²）；

　　　s——箍筋间距（mm）。

3）钢管混凝土加劲混合结构的箍筋外无约束混凝土（如图 3-8 所示）单调受压应力（σ）-应变（ε）关系，宜按下列公式确定：

$$y = \frac{Ax + Bx^2}{1 + Cx + Dx^2} \tag{3-56}$$

$$x = \frac{\varepsilon}{\varepsilon_o} \tag{3-57}$$

$$y = \frac{\sigma}{\sigma_o} \tag{3-58}$$

$$\sigma_o = f'_c \tag{3-59}$$

$$\varepsilon_o = \frac{4260000 f'_c}{E_c \sqrt[4]{f'_c}} \tag{3-60}$$

$$\begin{cases} \begin{cases} A = \dfrac{E_c \varepsilon_o}{f'_c} \\ B = \dfrac{(A-1)^2}{0.55} - 1 \quad (\varepsilon \leqslant \varepsilon_o) \\ C = A - 2 \\ D = B + 1 \end{cases} \\ \begin{cases} A = \dfrac{f_i (\varepsilon_i - \varepsilon_o)^2}{\varepsilon_i \varepsilon_o (f'_c - f_i)} \\ B = 0 \quad (\varepsilon > \varepsilon_o) \\ C = A - 2 \\ D = 1 \end{cases} \end{cases} \tag{3-61}$$

$$f_i = f'_c [1.41 - 0.17 \ln(f'_c)] \tag{3-62}$$

$$\varepsilon_i = \varepsilon_o [2.5 - 0.3 \ln(f'_c)] \tag{3-63}$$

式中　σ——应力（N/mm^2）；

　　　ε——应变（$\mu\varepsilon$）；

　　　f'_c——混凝土圆柱体抗压强度（N/mm^2），应按表 1-1 换算；

　　　E_c——混凝土的弹性模量（N/mm^2）。

4) 长期荷载作用下，混凝土的本构模型会受到收缩和徐变的影响，如图 3-10 所示。长期荷载作用下混凝土的徐变系数 $\phi(t,t_0)$ 可按式（3-21）计算。

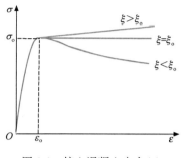

图 3-9　核心混凝土应力(σ)-
应变（ε）关系

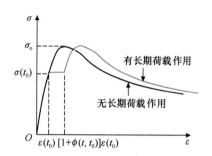

图 3-10　考虑收缩、徐变的混凝土
应力（σ）-应变（ε）关系

σ_o—无长期荷载作用的混凝土峰值应力；
$\sigma(t_0)$—t_0时刻的混凝土应力；$\varepsilon(t_0)$—t_0时刻
的混凝土总应变；$\phi(t,t_0)$—长期荷载作用下
混凝土的徐变系数

5) 混凝土单调受拉应力（σ)-应变（ε）关系

$$y = \begin{cases} 1.2x - 0.2x^6 & (x \leqslant 1) \\ \dfrac{x}{0.31\sigma_p^2 (x-1)^{1.7} + x} & (x > 1) \end{cases} \tag{3-64}$$

$$x = \frac{\varepsilon}{\varepsilon_p} \tag{3-65}$$

$$y = \frac{\sigma}{\sigma_p} \tag{3-66}$$

$$\sigma_p = 0.26 (1.25 f'_c)^{2/3} \tag{3-67}$$

$$\varepsilon_p = 43.1 \sigma_p \tag{3-68}$$

式中　σ_p——峰值拉应力（N/mm^2）；

　　　ε_p——峰值拉应力对应的应变（$\mu\varepsilon$）；

　　　f'_c——混凝土圆柱体抗压强度（N/mm^2），应按表 1-1 换算。

(2) 反复荷载作用下

反复荷载作用下混凝土的应力（σ)-应变（ε）关系如图 3-11 所示，其卸载、再加载路径宜按下列公式确定：

1) 受压卸载、再加载路径宜按下列公式计算：

$$\varepsilon_B = \frac{\sigma_o \varepsilon_A - \sigma_A \varepsilon_1}{\sigma_o + \sigma_A} \tag{3-69}$$

$$\varepsilon_1 = 0.5 \varepsilon_o \tag{3-70}$$

$$\sigma_C = \frac{0.75\sigma_o}{0.75\varepsilon_1 + \varepsilon_B}(\varepsilon_A - \varepsilon_B) \tag{3-71}$$

$$\varepsilon_D = \frac{D_1\varepsilon_A - D_2\varepsilon_B - \sigma_C}{D_1 - D_2} \tag{3-72}$$

$$\sigma_D = D_2(\varepsilon_D - \varepsilon_B) \tag{3-73}$$

$$D_1 = \frac{3\sigma_o + \sigma_C}{3\varepsilon_1 + \varepsilon_A} \tag{3-74}$$

$$D_2 = \frac{0.2\sigma_o}{0.2\varepsilon_1 + \varepsilon_B} \tag{3-75}$$

式中　ε_B——卸载至应力为零时的残余应变（$\mu\varepsilon$）；

　　　σ_C——再加载过程中 C 点应力（N/mm^2）；

　　　ε_D——卸载过程中 D 点对应的应变（$\mu\varepsilon$）；

　　　σ_D——卸载过程中 D 点应力（N/mm^2）。

2）受拉卸载、再加载路径宜按下列公式计算：

$$\varepsilon_H = \varepsilon_G\left(0.1 + \frac{0.9\varepsilon_o}{\varepsilon_o + |\varepsilon_G|}\right) \tag{3-76}$$

$$\sigma_{con} = 0.3\sigma_W\left[2 + \frac{|\varepsilon_H|/\varepsilon_o - 4}{|\varepsilon_H|/\varepsilon_o + 2}\right] \tag{3-77}$$

$$\left.\begin{array}{l} \sigma_W = \sigma_o \quad \varepsilon_h \leqslant \varepsilon_o \quad 按 \ G\text{-}I\text{-}J \ 加卸载 \\ \sigma_W = \sigma_A \quad \varepsilon_h > \varepsilon_o \quad 按 \ G\text{-}I'\text{-}C\text{-}E \ 加卸载 \end{array}\right\} \tag{3-78}$$

$$\sigma = \sigma_{con}\left(1 - \frac{2\varepsilon}{\varepsilon_H + \varepsilon}\right)(\varepsilon_H \leqslant \varepsilon < 0) \tag{3-79}$$

$$\left.\begin{array}{l} \sigma = \sigma_{con}\left(1 - \dfrac{\varepsilon}{\varepsilon_o}\right) + \dfrac{2\varepsilon}{\varepsilon_o + \varepsilon}\sigma_o \quad 0 \leqslant \varepsilon < \varepsilon_o \quad 按 \ G\text{-}I\text{-}J \ 加卸载 \\[3mm] \sigma = \sigma_{con}\left(1 - \dfrac{\varepsilon}{\varepsilon_A}\right) + \dfrac{2\varepsilon}{\varepsilon_A + \varepsilon}\sigma_C \quad 0 \leqslant \varepsilon < \varepsilon_A \quad 按 \ G\text{-}I'\text{-}C\text{-}E \ 加卸载 \end{array}\right\} \tag{3-80}$$

式中　ε_H——开始产生裂面效应的起始点 H 的应变（$\mu\varepsilon$）；

　　　σ_{con}——再加载过程中应变为零对应点 I 或 I' 的应力（N/mm^2）；

　　　ε_h——历史最大压应变（$\mu\varepsilon$）。

图 3-11 所示的混凝土应力（σ）-应变（ε）关系中，受压卸载、再加载路径中，当压应变 $\varepsilon \leqslant 0.55\varepsilon_o$ 时按弹性模量加卸载；当应变 $\varepsilon > 0.55\varepsilon_o$ 时，按"焦点法"确定卸载、再加载路径，ε_o 为混凝土骨架线峰值点处应变，σ_o 为 ε_o 对应的应力。焦点 F_1、F_2、F_3 及 F_4 的 σ 轴坐标分别为 $0.2\sigma_o$、$0.75\sigma_o$、σ_o 和 $3\sigma_o$。

设自骨架线上 A 点卸载，卸载沿 A-D-B 进行，B 为 AF_3 连线与 ε 轴的交点，C 为 BF_2 延长线上应变等于 ε_A 的点，D 为直线 CF_4 与 BF_1 延长线的交点，卸载至 $\sigma = 0$ 时的残余应变为 ε_B。如卸载超过 B 点后再加载时，再加载线将沿折线 B-C-E 进行，E 为骨架线上应变等于 $1.15\varepsilon_A$ 时对应的点。对于卸载至 B 点后再反向加载，当应变历史上出现的最大拉应变 $\varepsilon \leqslant \varepsilon_p$，即受拉混凝土尚未发生开裂时，则应力、应变将沿直线 BF 发展，$F(\varepsilon_p, \sigma_p)$ 为骨架线上峰值拉应力的对应点；当应变历史上出现的最大拉应变 $\varepsilon > \varepsilon_p$ 时，则应力、应变将沿直线 BG 发展，$G(\varepsilon_G, \sigma_G)$ 为骨架线上最大拉应变的对应点。

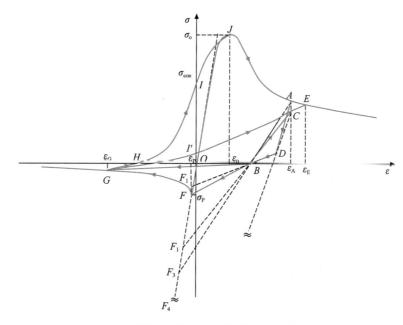

图 3-11　混凝土应力（σ）-应变（ε）滞回关系

受拉卸载、再加载路径中，当卸载点拉应变 $\varepsilon \leqslant \varepsilon_\mathrm{p}$ 时按弹性模量卸载再反向加载；当 $\varepsilon > \varepsilon_\mathrm{p}$ 时，采用曲线方程来描述卸载、再加载路径。设自下降段上 G 点卸载，考虑裂面效应，卸载首先按直线卸至 H 点，H 点为开始产生裂面效应的起始点。如果历史最大压应变 $\varepsilon_\mathrm{h} \leqslant \varepsilon_\mathrm{o}$，按 G-I-J 进行卸载和再加载；如果历史最大压应变 $\varepsilon_\mathrm{h} > \varepsilon_\mathrm{o}$，按 G-I'-C-E 进行卸载和再加载。如在 GI 曲线上任一点卸载，则卸载路径为卸载点和 G 点的连线。

（3）高温下

1）高温下圆形钢管内混凝土的应力（σ）-应变（ε）关系如图 3-12 所示，宜按下列公式确定：

$$y = 2x - x^2 \quad x \leqslant 1 \tag{3-81}$$

$$y = \begin{cases} 1 + q(x^{0.1\xi_\mathrm{h}} - 1) & \xi \geqslant 1.12 \\ \dfrac{x}{\beta(x-1)^2 + x} & \xi < 1.12 \end{cases} \quad x > 1 \tag{3-82}$$

$$x = \frac{\varepsilon}{\varepsilon_\mathrm{o}(T)} \tag{3-83}$$

$$y = \frac{\sigma}{\sigma_\mathrm{o}(T)} \tag{3-84}$$

$$\sigma_\mathrm{o}(T) = \left[1 + (-0.054\xi_\mathrm{h}^2 + 0.4\xi_\mathrm{h}) \cdot \left(\frac{24}{f'_\mathrm{c}}\right)^{0.45} \cdot \left(1 - \frac{T}{1000}\right)^{9.55}\right] \cdot f'_\mathrm{c}(T) \tag{3-85}$$

$$f'_\mathrm{c}(T) = \frac{f'_\mathrm{c}}{1 + 1.986 \cdot (T - 20)^{3.21} \times 10^{-9}} \tag{3-86}$$

$$\varepsilon_\mathrm{o}(T) = \varepsilon_\mathrm{cc}(T) + \left[1400 + 800 \cdot \left(\frac{f'_\mathrm{c}}{24} - 1\right)\right] \cdot \xi_\mathrm{h}^{0.2} \cdot (1.03 + 3.6 \times 10^{-4} \cdot T$$
$$+ 4.22 \times 10^{-6} \cdot T^2) \tag{3-87}$$

$$\varepsilon_{cc}(T) = (1.03 + 3.6 \times 10^{-4} \cdot T + 4.22 \times 10^{-6} \cdot T^2) \cdot (1300 + 12.5 \cdot f'_c) \quad (3\text{-}88)$$

$$q = \frac{\xi_h^{0.745}}{2 + \xi_h} \quad (3\text{-}89)$$

$$\beta = (2.36 \times 10^{-5})^{[0.25 + (\xi_h - 0.5)^7]} \cdot f'^2_c \cdot 3.51 \times 10^{-4} \quad (3\text{-}90)$$

$$\xi_h = \frac{A_s f_y(T)}{A_c f_{ck}} \quad (3\text{-}91)$$

$$f_y(T) = \begin{cases} f_y & T < 200\text{℃} \\ \dfrac{0.91 f_y}{1 + 6.0 \times 10^{-17}(T - 10)^6} & T \geqslant 200\text{℃} \end{cases} \quad (3\text{-}92)$$

式中　$\sigma_o(T)$——温度 T 时混凝土峰值应力（N/mm²）；

$\quad\quad \varepsilon_o(T)$——温度 T 时混凝土峰值应变（με）；

$\quad\quad A_s$——钢管的截面面积（mm²）；

$\quad\quad A_c$——钢管内混凝土的截面面积（mm²）；

$\quad\quad f_{ck}$——混凝土轴心抗压强度标准值（N/mm²）；

$\quad\quad f'_c$——混凝土圆柱体抗压强度（N/mm²），应按表 1-1 换算；

$\quad f'_c(T)$——温度 T 时混凝土圆柱体轴心抗压强度（N/mm²）；

$\quad\quad f_y$——钢管钢材的屈服强度（N/mm²）；

$\quad f_y(T)$——温度 T 时钢材的屈服强度（N/mm²）；

$\quad\quad T$——温度（℃）；

$\quad\quad \xi_h$——温度 T 时约束效应系数。

2）高温下钢管混凝土加劲混合结构的箍筋约束混凝土（如图 3-8 所示）的应力（σ）-应变（ε）关系宜按下列公式确定：

$$y = \begin{cases} 2x - x^2 & \varepsilon \leqslant \varepsilon_o(T) \\ 1 - \dfrac{E_{des}}{\sigma_o(T)} [\varepsilon - \varepsilon_o(T)] & \varepsilon > \varepsilon_o(T) \end{cases} \quad (3\text{-}93)$$

$$x = \frac{\varepsilon}{\varepsilon_o(T)} \quad (3\text{-}94)$$

$$y = \frac{\sigma}{\sigma_o(T)} \quad (3\text{-}95)$$

$$f'_c(T) = \begin{cases} f'_c & 0\text{℃} < T < 450\text{℃} \\ f'_c \left[2.011 - 2.353 \left(\dfrac{T - 20}{1000} \right) \right] & 450\text{℃} \leqslant T \leqslant 874\text{℃} \\ 0 & T > 874\text{℃} \end{cases} \quad (3\text{-}96)$$

$$\sigma_o(T) = f'_c(T) \left(1 + 0.73 \frac{\rho_v f_{yh}(T)}{f'_c(T)} \right) \quad (3\text{-}97)$$

$$\varepsilon_o(T) = 2450 + 12200 \frac{\rho_v f_{yh}(T)}{f'_c(T)} + 6T + 0.04T^2 \quad (3\text{-}98)$$

$$\rho_v = \frac{A_{sv} l_v}{A_v s} \quad (3\text{-}99)$$

$$E_{des} = \frac{11.2 f'_c(T)^2}{\rho_v f_{yh}(T)} \quad (3\text{-}100)$$

式中　T——温度（℃）；

　　$f'_c(T)$——温度 T 时混凝土圆柱体抗压强度（N/mm²）；

　　$f_{yh}(T)$——温度 T 时箍筋的屈服强度（N/mm²），应按式（3-92）计算；

　　$\varepsilon_o(T)$——温度 T 时混凝土峰值应变（με）；

　　$\sigma_o(T)$——温度 T 时混凝土峰值应力（N/mm²）；

　　ρ_v——体积配箍率；

　　A_{sv}——箍筋的截面面积（mm²）；

　　l_v——箍筋长度（mm）；

　　A_v——箍筋约束混凝土的截面面积（mm²）。

3）钢管混凝土加劲混合结构的箍筋外无约束混凝土（如图 3-8 所示）采用 Lie 和 Denham 给出的高温下混凝土应力-应变关系模型，如图 3-12 所示，宜按下列公式确定：

$$\sigma = \begin{cases} f'_c(T)\left[1-\left(\dfrac{\varepsilon_o(T)-\varepsilon}{\varepsilon_o(T)}\right)^2\right] & \varepsilon \leqslant \varepsilon_o(T) \\ f'_c(T)\left[1-\left(\dfrac{\varepsilon-\varepsilon_o(T)}{3\varepsilon_o(T)}\right)^2\right] & \varepsilon > \varepsilon_o(T) \end{cases} \tag{3-101}$$

$$\varepsilon_o(T) = 2500 + 6T + 0.04T^2 \tag{3-102}$$

式中　T——温度（℃）；

　　$\varepsilon_o(T)$——温度 T 时混凝土峰值应变（με）；

　　f'_c——混凝土圆柱体抗压强度（N/mm²），应按表 1-1 换算确定；

　　$f'_c(T)$——温度 T 时混凝土圆柱体强度（N/mm²），应按式（3-96）计算。

（4）高温后

1）圆形钢管内混凝土在高温后的应力（σ）-应变（ε）关系：考虑高温作用的影响，对常温下钢管混凝土核心混凝土应力-应变关系（式 3-44、式 3-45）中 ε_o 和 σ_o 进行了修正：

$$\varepsilon_o(T_{max}) = \varepsilon_o\left[1+(1500T_{max}+5T_{max}^2)\times 10^{-6}\right] \tag{3-103}$$

$$\sigma_o(T_{max}) = \frac{\sigma_o}{1+2.4(T_{max}-20)^6\times 10^{-17}} \tag{3-104}$$

式中　T_{max}——历史最高温度（℃）；

　　σ_o——常温下混凝土峰值应力（N/mm²）；

　　$\sigma_o(T_{max})$——高温后混凝土峰值应力（N/mm²）；

　　$\varepsilon_o(T_{max})$——高温后混凝土峰值应变（με）。

2）钢管混凝土加劲混合结构中箍筋约束混凝土在高温后的应力（σ）-应变（ε）关系宜按下列公式确定：

$$y = \begin{cases} 2x-x^2 & \varepsilon \leqslant \varepsilon_o(T_{max}) \\ 1-\dfrac{E_{des}}{\sigma_o(T_{max})}\left[\varepsilon-\varepsilon_o(T_{max})\right] & \varepsilon > \varepsilon_o(T_{max}) \end{cases} \tag{3-105}$$

$$x = \frac{\varepsilon}{\varepsilon_o(T_{max})} \tag{3-106}$$

$$y = \frac{\sigma}{\sigma_o(T_{max})} \tag{3-107}$$

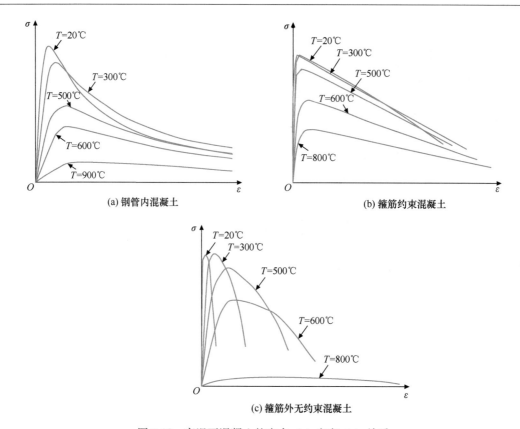

图 3-12　高温下混凝土的应力（σ）-应变（ε）关系

$$\sigma_{o}(T_{max}) = f'_{c}(T_{max})\left(1 + 0.73\frac{\rho_{v}f_{yh}}{f'_{c}}\right) \tag{3-108}$$

$$\varepsilon_{o}(T_{max}) = 2450 + 12200\frac{\rho_{v}f_{yh}(T_{max})}{f'_{c}(T_{max})} + 6T_{max} + 0.04T_{max}^{2} \tag{3-109}$$

$$f'_{c}(T_{max}) = \begin{cases} f'_{c}(1 - 0.001T_{max}) & 0℃ < T_{max} \leqslant 500℃ \\ f'_{c}(1.375 - 0.00175T_{max}) & 500℃ < T_{max} \leqslant 700℃ \\ 0 & T_{max} > 700℃ \end{cases} \tag{3-110}$$

$$\rho_{v} = \frac{A_{sv}l_{v}}{A_{v}s} \tag{3-111}$$

$$E_{des} = \frac{11.2f'_{c}(T_{max})^{2}}{\rho_{v}f_{yh}} \tag{3-112}$$

式中　　T_{max}——历史最高温度（℃）；

　　　　f'_{c}——混凝土圆柱体抗压强度（N/mm^2），应按表 1-1 换算确定；

　　$f'_{c}(T_{max})$——高温后混凝土圆柱体抗压强度（N/mm^2）；

　　　　f_{yh}——箍筋的屈服强度（N/mm^2）；

　　$f_{yh}(T_{max})$——高温后箍筋的屈服强度（N/mm^2）；

　　$\varepsilon_{o}(T_{max})$——高温后混凝土峰值应变（$\mu\varepsilon$）；

　　$\sigma_{o}(T_{max})$——高温后混凝土峰值应力（N/mm^2）；

　　　　ρ_{v}——体积配箍率；

A_{sv} ——箍筋的截面面积（mm^2）；

l_v ——箍筋长度（mm）；

A_v ——箍筋约束混凝土的截面面积（mm^2）。

3）钢管混凝土加劲混合结构的箍筋外无约束混凝土在高温后的应力（σ）-应变（ε）关系宜按下列公式确定：

$$\sigma = \begin{cases} f'_c(T_{max})\left[1-\left(\dfrac{\varepsilon_o(T_{max})-\varepsilon}{\varepsilon_o(T_{max})}\right)^2\right] & \varepsilon \leqslant \varepsilon_o(T_{max}) \\[3mm] f'_c(T_{max})\left[1-\left(\dfrac{\varepsilon-\varepsilon_o(T_{max})}{3\varepsilon_o(T_{max})}\right)^2\right] & \varepsilon > \varepsilon_o(T_{max}) \end{cases} \tag{3-113}$$

$$\varepsilon_o(T_{max}) = 2500 + 6T_{max} + 0.04T_{max}^2 \tag{3-114}$$

式中　　T_{max} ——历史最高温度（℃）；

$\varepsilon_o(T_{max})$ ——高温后混凝土峰值应变（$\mu\varepsilon$）；

$f'_c(T_{max})$ ——高温后混凝土圆柱体抗压强度（N/mm^2），应按式（3-110）计算；

f'_c ——混凝土圆柱体抗压强度（N/mm^2），应按表 1-1 换算确定。

3.6.2　基于有限元法

有限元分析软件 ABAQUS 具有较强的非线性分析功能，本节介绍基于该软件平台分析钢管混凝土工作机理时所需的混凝土本构关系模型的确定方法。

混凝土本构模型具有三个主要因素：1）屈服面，定义加载强化区域边界；2）强化/软化法则，定义塑性流动过程中加载面的变化和材料强化特性的变化；3）流动法则，与塑性势函数相关，定义增量形式的塑性应力-应变关系。塑性损伤模型被广泛用来模拟混凝土等准脆性材料在压、拉、弯、剪以及反复荷载作用下的力学性能，屈服面方程按下列公式确定：

$$F = \frac{1}{1-\alpha}\left[\sqrt{3J_2}+\alpha I_1+\beta(\sigma_{max})-\gamma(-\sigma_{max})\right]-\sigma_c(\tilde{\varepsilon}_c^{pl}) \tag{3-115}$$

$$\alpha = \frac{\dfrac{\sigma_{b0}}{\sigma_{c0}}-1}{\dfrac{2\sigma_{b0}}{\sigma_{c0}}-1} \tag{3-116}$$

$$\beta = \frac{\sigma_{b0}}{\sigma_{c0}}(1-\alpha)-(1+\alpha) \tag{3-117}$$

$$\gamma = \frac{3(1-K_c)}{2K_c-1} \tag{3-118}$$

式中　　σ_{b0} ——双向受压状态下的峰值应力（N/mm^2）；

σ_{c0} ——单轴受压状态下的峰值应力（N/mm^2）；

$\sigma_c(\tilde{\varepsilon}_c^{pl})$ ——混凝土有效粘聚应力（N/mm^2）；

K_c ——拉、压子午线上第二应力不变量的比值，对于混凝土近似为一常数，其值为 2/3。

（1）单调荷载作用下

1）钢管内混凝土

基于大量圆形钢管混凝土轴压算例的计算分析，考虑约束效应系数（ξ）和混凝土圆柱体抗压强度（f'_c）的影响，提出了适用于进行有限元分析的钢管内核心混凝土应力（σ）-应变（ε）关系如下：

$$y = \begin{cases} 2x - x^2 & (x \leqslant 1) \\ \dfrac{x}{\beta_o \, (x-1)^\eta + x} & (x > 1) \end{cases} \tag{3-119}$$

$$x = \frac{\varepsilon}{\varepsilon_o} \tag{3-120}$$

$$y = \frac{\sigma}{\sigma_o} \tag{3-121}$$

$$\sigma_o = f'_c \tag{3-122}$$

$$\varepsilon_o = \varepsilon_c + 800\xi^{0.2} \tag{3-123}$$

$$\varepsilon_c = 1300 + 12.5 f'_c \tag{3-124}$$

$$\eta = 2 \tag{3-125}$$

$$\beta_o = (2.36 \times 10^{-5})^{[0.25+(\xi-0.5)^7]} \cdot (f'_c)^{0.5} \cdot 0.5 \geqslant 0.12 \tag{3-126}$$

式中　σ——应力（N/mm^2）；

$\quad\ \sigma_o$——峰值应力；

$\quad\ \varepsilon$——应变（$\mu\varepsilon$）；

$\quad\ \varepsilon_o$——峰值应力对应的应变；

$\quad\ \xi$——约束效应系数，应按式（1-1）计算；

$\quad\ f'_c$——混凝土圆柱体抗压强度（N/mm^2），应按表 1-1 换算。

式（3-119）~式（3-126）的特点是，当 $x \leqslant 1$ 时，即核心混凝土达到峰值应力（σ_o）前，应力（σ）-应变（ε）与素混凝土模型在形式上类似。当 $x > 1$ 时，即在曲线下降段方程中，系数 β_o 是一个与约束效应系数（ξ）有关的变量，因而核心混凝土的 σ-ε 关系也就随着 ξ 的变化而变化。

2）对于箍筋约束混凝土，单调受压应力（σ）-应变（ε）关系宜按下列公式确定：

$$\sigma = \begin{cases} \sigma_o \dfrac{k \cdot \dfrac{\varepsilon}{\varepsilon_o}}{k - 1 + (\dfrac{\varepsilon}{\varepsilon_o})^k} & \varepsilon \leqslant \varepsilon_o \\[3mm] \sigma_o - E_{des}(\varepsilon - \varepsilon_o) & \varepsilon > \varepsilon_o \end{cases} \tag{3-127}$$

$$\sigma_o = f'_c \tag{3-128}$$

$$\varepsilon_o = 2450 + 12200 \frac{A_{sv} l_v f_{yh}}{A_v s f'_c} \tag{3-129}$$

$$k = \frac{E_c}{E_c - \dfrac{\sigma_o}{\varepsilon_o}} \tag{3-130}$$

$$E_{des} = \frac{0.15\sigma_o}{\varepsilon_{c,0.85} - \varepsilon_o} \tag{3-131}$$

$$\varepsilon_{c,0.85} = 225000 \frac{A_{sv} l_v}{A_v s} \sqrt{\frac{B_c}{s}} + \varepsilon_o \tag{3-132}$$

式中　σ——应力（N/mm²）;

　　σ_o——峰值应力;

　　ε——应变（$\mu\varepsilon$）;

　　ε_o——峰值应力对应的应变;

$\varepsilon_{c,0.85}$——下降至 85% 峰值应力对应的应变;

　　A_v——箍筋约束混凝土的截面面积（mm²）;

　　A_{sv}——箍筋截面面积总和（mm²）;

　　B_c——箍筋约束混凝土的截面宽度（mm）,

　　E_c——混凝土的弹性模量（N/mm²）;

　　f_c'——混凝土圆柱体抗压强度（N/mm²）, 应按表 1-1 换算确定;

　　f_{yh}——箍筋的屈服强度（N/mm²）;

　　l_v——箍筋总长度（mm）;

　　s——箍筋间距（mm）。

3）对于无约束混凝土, 单调受压应力（σ）-应变（ε）关系与 3.6.1 节纤维模型的受压应力（σ）-应变（ε）关系相同。

4）对于有长期荷载作用影响的情况, 钢管约束混凝土和箍筋约束混凝土在时变效应影响下, 会发生应变增加、等效刚度下降, 而钢管和纵筋刚度基本维持不变, 从而引起荷载向钢管、纵筋部分转移。在此过程中, 约束混凝土的应力不断下降, 应变不断提高, 构件整体的变形也逐渐增大。对于约束混凝土而言, 该过程既不同于恒载下的素混凝土徐变过程, 也不同于恒定变形情况下的徐变松弛过程, 采用龄期调整的有效模量法可综合反映内力重分布过程, 徐变应变的计算方法如式（3-20）和式（3-21）所示。

（2）反复荷载作用下

反复荷载作用下, 混凝土的应力-应变关系如图 3-13 所示。

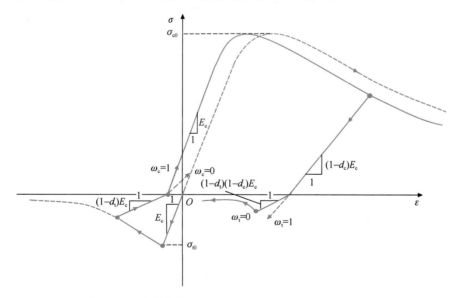

图 3-13　反复荷载作用下的混凝土应力（σ）-应变（ε）关系

对于反复荷载作用的工况，可引入损伤指标 d 对混凝土弹性刚度矩阵加以折减，来反映混凝土在拉、压时受损引起的弹性刚度退化。损伤指标 d 从 0（无损伤）变化到 1（完全损伤）。$(1-d)$ 表示有效承载面积（总面积减损伤面积）与总截面面积之比。在无损伤的情况下，$d=0$，有效应力 $\bar{\sigma}$ 相当于柯西应力 σ，此时混凝土的骨架曲线如 3.6.2 节（1）所述；当损伤出现后，仅由有效应力面积承担外荷载。在反复荷载下，混凝土截面在受拉开裂后重新受压时，开裂面会产生骨料咬合的裂面效应，使开裂面在完全闭合之前就能传递相当部分的压应力。以单轴反复荷载作用为例，用式（3-133）～式（3-138）来定义反复荷载下的总损伤指标。ω_t 和 ω_c 分别为受拉、受压刚度恢复系数，用来控制裂缝闭合前后的行为，二者可以在 0 到 1 之间变化。当 $\omega_t=0$ 时，认为受压混凝土卸载并再次受拉时，受拉刚度和受压卸载刚度的比值为 $(1-d_t)$；当 $\omega_t=1$ 时，认为开裂后的混凝土再次受压时，受压刚度完全恢复。本书取默认值 $\omega_t=0$，$\omega_c=1$。

$$\sigma = E_d(\varepsilon - \varepsilon^{pl}) \tag{3-133}$$

$$E_d = (1-d)E_0 \tag{3-134}$$

$$(1-d) = (1-s_c d_t)(1-s_t d_c) \tag{3-135}$$

$$s_t = 1 - \omega_t r^*(\bar{\sigma}_{11}) \tag{3-136}$$

$$s_c = 1 - \omega_c[1 - r^*(\bar{\sigma}_{11})] \tag{3-137}$$

$$r^*(\bar{\sigma}_{11}) = \begin{cases} 1 & \bar{\sigma}_{11} > 0 \\ 0 & \bar{\sigma}_{11} < 0 \end{cases} \tag{3-138}$$

式中　ε^{pl}——塑性应变；

$\bar{\sigma}_{11}$——单轴有效应力（N/mm²）；

E_0——初始（未考虑损伤）弹性刚度矩阵（N/mm²）；

d_c——混凝土受压损伤指标；

d_t——混凝土受拉损伤指标；

ω_t——受拉刚度恢复系数，$0 \leqslant \omega_t \leqslant 1$；

ω_c——受压刚度恢复系数，$0 \leqslant \omega_c \leqslant 1$。

反复荷载作用下的混凝土加、卸载准则采用"焦点法"模型，即当混凝土卸载，再反向加载时，其卸载、再加载路径近似的指向空间的某一"焦点"。如图 3-14(a) 所示，混凝土由受压卸载，再反向加载时，其所有加、卸载路径近似指向空间 $R((n_c\sigma_{c0})/E_c, n_c\sigma_{c0})$，其中，$n_c$ 为混凝土受压损伤指标系数；σ_{c0} 为混凝土峰值压应力，E_c 为混凝土初始弹性模量。如图 3-14(b) 所示，混凝土由受拉卸载，再反向加载时，当混凝土应变（ε_t）大于混凝土峰值拉应力对应的应变（ε_{t0}）时，按照初始弹性刚度卸载和再加载；当 ε_t 小于 ε_{t0} 时，加、卸载路径近似指向空间 $Z((n_t\sigma_{t0})/E_c, n_t\sigma_{t0})$，其中，$n_t$ 为混凝土受拉损伤指标系数；σ_{t0} 为混凝土峰值拉应力，E_c 为混凝土初始弹性模量。

根据以上加、卸载准则，在单轴受力情况下混凝土受压、受拉损伤指标按下式确定：

$$d_c = 1 - \frac{(\sigma_c + n_c\sigma_{c0})}{E_c(n_c\sigma_{c0}/E_c + \varepsilon_c)} \geqslant 0 \tag{3-139}$$

$$d_t = 1 - \frac{(\sigma_t + n_t\sigma_{t0})}{E_c(n_t\sigma_{t0}/E_c + \varepsilon_t)} \geqslant 0 \tag{3-140}$$

式中　d_c ——混凝土受压损伤指标；

　　　　d_t ——混凝土受拉损伤指标；

　　　　σ_c ——混凝土受压应力（N/mm²）；

　　　　σ_t ——混凝土受拉应力（N/mm²）；

　　　　σ_{c0} ——混凝土峰值压应力（N/mm²）；

　　　　σ_{t0} ——混凝土峰值拉应力（N/mm²）；

　　　　ε_c ——混凝土受压应变；

　　　　ε_t ——混凝土受拉应变；

　　　　n_c ——混凝土受压损伤指标系数，对于钢管内核心混凝土，$n_c = 2$；对于无约束混凝土，$n_c = 1$；

　　　　n_t ——混凝土受拉损伤指标系数，对于钢管内核心混凝土，$n_t = 1$；对于无约束混凝土，$n_t = 1$。

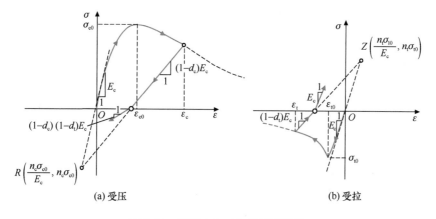

图 3-14　混凝土加、卸载刚度退化

（3）高温下

1）圆形钢管混凝土中核心混凝土在高温下的应力（σ）-应变（ε）关系宜按下列公式确定：

$$y = \begin{cases} 2x - x^2 & x \leqslant 1 \\ \dfrac{x}{\beta_o (x-1)^2 + x} & x > 1 \end{cases} \tag{3-141}$$

$$x = \frac{\varepsilon}{\varepsilon_o(T)} \tag{3-142}$$

$$y = \frac{\sigma}{\sigma_o(T)} \tag{3-143}$$

$$\varepsilon_o(T) = (\varepsilon_{cc} + 800\xi_h^{0.2}) \cdot (1.03 + 3.6 \times 10^{-4}T + 4.22 \times 10^{-6}T^2) \tag{3-144}$$

$$\sigma_o(T) = f'_c(T) \tag{3-145}$$

$$\varepsilon_{cc} = 1300 + 12.5f'_c \tag{3-146}$$

$$f'_c(T) = \frac{f'_c}{1 + 1.986(T - 20)^{3.21} \times 10^{-9}} \tag{3-147}$$

$$\beta_o = (2.36 \times 10^{-5})^{[0.25+(\xi_h-0.5)^7]} (f'_o)^{0.5} \times 0.5 \geqslant 0.12 \qquad (3\text{-}148)$$

式中　σ——应力（N/mm²）；

ε——应变（$\mu\varepsilon$）；

T——当前温度（℃）；

$\sigma_o(T)$——温度 T 时混凝土的峰值应力（N/mm²）；

$\varepsilon_o(T)$——温度 T 时混凝土的峰值应变（$\mu\varepsilon$）；

ξ_h——温度 T 时约束效应系数，应按式（3-91）计算；

f'_c——常温下混凝土圆柱体抗压强度（N/mm²），应按表 1-1 换算；

$f'_c(T)$——温度 T 时混凝土圆柱体抗压强度（N/mm²）。

2）高温下钢管混凝土加劲混合结构的箍筋约束混凝土（如图 3-8 所示）的应力（σ）-应变（ε）关系宜按下列公式确定：

$$\sigma = \begin{cases} \sigma_o(T) \dfrac{k(T)\dfrac{\varepsilon}{\varepsilon_o(T)}}{k(T)-1+\left(\dfrac{\varepsilon}{\varepsilon_o(T)}\right)^{k(T)}} & \varepsilon \leqslant \varepsilon_o(T) \\[4mm] \sigma_o(T) - E_{des}(T)[\varepsilon-\varepsilon_o(T)] & \varepsilon > \varepsilon_o(T) \end{cases} \qquad (3\text{-}149)$$

$$\sigma_o(T) = f'_c(T) \qquad (3\text{-}150)$$

$$f'_c(T) = \begin{cases} f'_c & 0℃ < T < 450℃ \\[2mm] f'_c \left[2.011 - 2.353\left(\dfrac{T-20}{1000}\right)\right] & 450℃ \leqslant T \leqslant 874℃ \\[2mm] 0 & T > 874℃ \end{cases} \qquad (3\text{-}151)$$

$$k(T) = \frac{E_c(T)}{E_c(T) - \dfrac{\sigma_o(T)}{\varepsilon_o(T)}} \qquad (3\text{-}152)$$

$$\varepsilon_o(T) = 2450 + 12200 \frac{A_{sv} \cdot l_v \cdot f_{yh}(T)}{A_v \cdot s \cdot f'_c(T)} + 6T + 0.04T^2 \qquad (3\text{-}153)$$

$$E_{des}(T) = \frac{0.15\sigma_o(T)}{\varepsilon_{c,0.85} - \varepsilon_o(T)} \qquad (3\text{-}154)$$

$$\varepsilon_{c,0.85} = 225000 \frac{A_{sv} \cdot l_v}{A_v \cdot s} \sqrt{\frac{B_c}{s}} + \varepsilon_o(T) + 6T + 0.04T^2 \qquad (3\text{-}155)$$

式中　σ——应力（N/mm²）；

ε——应变（$\mu\varepsilon$）；

$\sigma_o(T)$——温度 T 时混凝土的峰值应力（N/mm²）；

$\varepsilon_o(T)$——温度 T 时混凝土的峰值应变（$\mu\varepsilon$）；

A_{sv}——箍筋的截面面积（mm²）；

A_v——箍筋约束混凝土的截面面积（mm²）；

B_c——箍筋约束的混凝土的截面宽度（mm）；

$E_c(T)$——温度 T 时混凝土的弹性模量（N/mm²），常温下混凝土的弹性模量可按 ACI 318 计算，升温阶段混凝土的弹性模量可按 ACI 216.1 计算；

f'_c——常温下混凝土圆柱体抗压强度（N/mm²），应按表 1-1 换算；

$f'_c(T)$——温度 T 时混凝土圆柱体抗压强度（N/mm²），应按式（3-96）计算；

$f_{yh}(T)$——温度 T 时箍筋的屈服强度（N/mm²），应按式（3-92）计算；

　　l_v——箍筋长度（mm）；

　　s——箍筋间距（mm）；

　　T——温度（℃）。

3）基于有限元法的高温下无约束混凝土本构模型与相应的基于纤维模型法的本构模型相同（3.6.1 节）。

（4）高温后

1）圆形钢管内混凝土在高温后的应力（σ）-应变（ε）关系宜按下列公式确定：

$$y = \begin{cases} 2x - x^2 & (x \leqslant 1) \\ \dfrac{x}{\beta_o(x-1)^2 + x} & (x > 1) \end{cases} \tag{3-156}$$

$$x = \frac{\varepsilon}{\varepsilon_o(T_{max})} \tag{3-157}$$

$$y = \frac{\sigma}{\sigma_o(T_{max})} \tag{3-158}$$

$$\sigma_o(T_{max}) = f'_c(T_{max}) \tag{3-159}$$

$$\varepsilon_o(T_{max}) = \varepsilon_{cc2} + 800\xi^{0.2} \tag{3-160}$$

$$\varepsilon_{cc2} = (1300 + 12.5f'_c) \cdot [1 + (1500T_{max} + 5T_{max}^2) \times 10^{-6}] \tag{3-161}$$

$$f'_c(T_{max}) = \frac{f'_c}{1 + 2.4(T_{max} - 20)^6 \times 10^{-17}} \tag{3-162}$$

$$\beta_o = (2.36 \times 10^{-5})^{[0.25 + (\xi_h - 0.5)^7]} (f'_c)^{0.5} \cdot 0.5 \geqslant 0.12 \tag{3-163}$$

式中　$\sigma_o(T_{max})$——最高温度 T_{max} 后混凝土峰值应力（N/mm²）；

　　$\varepsilon_o(T_{max})$——最高温度 T_{max} 后混凝土峰值应变（$\mu\varepsilon$）；

　　　ξ——常温下的约束效应系数，应按式（1-1）换算；

　　f'_c——常温下混凝土圆柱体抗压强度（N/mm²），应按表 1-1 换算；

　$f'_c(T_{max})$——最高温度 T_{max} 后混凝土圆柱体抗压强度（N/mm²）；

　　T_{max}——历史最高温度（℃）。

2）钢管混凝土加劲混合结构中箍筋约束混凝土（如图 3-8 所示）在高温后的应力（σ）-应变（ε）关系宜按下列公式确定：

$$\sigma = \begin{cases} \sigma_o(T_{max}) \dfrac{k(T_{max}) \cdot \dfrac{\varepsilon}{\varepsilon_o(T_{max})}}{k(T_{max}) - 1 + \left[\dfrac{\varepsilon}{\varepsilon_o(T_{max})}\right]^{k(T_{max})}} & \varepsilon \leqslant \varepsilon_o(T_{max}) \\ \sigma_o(T_{max}) - E_{des} \cdot [\varepsilon - \varepsilon_o(T_{max})] & \varepsilon > \varepsilon_o(T_{max}) \end{cases} \tag{3-164}$$

$$\sigma_o(T_{max}) = f'_c(T_{max}) \tag{3-165}$$

$$\varepsilon_o(T_{max}) = 2450 + 12200 \frac{A_h \cdot l_h \cdot f_{yh}(T_{max})}{A_{cc} \cdot s \cdot f'_c(T_{max})} + 6T_{max} + 0.04T_{max}^2 \tag{3-166}$$

$$k(T_{max}) = \frac{E_c(T_{max})}{E_c(T_{max}) - \dfrac{\sigma_o(T_{max})}{\varepsilon_o(T_{max})}} \tag{3-167}$$

$$E_{\mathrm{des}}(T_{\max}) = \frac{0.15\sigma_{\mathrm{o}}(T_{\max})}{\varepsilon_{\mathrm{c},0.85} - \varepsilon_{\mathrm{o}}(T_{\max})} \tag{3-168}$$

$$\varepsilon_{\mathrm{c},0.85} = 225000\frac{A_{\mathrm{h}} \cdot l_{\mathrm{h}}}{A_{\mathrm{cc}} \cdot s}\sqrt{\frac{B_{\mathrm{c}}}{s}} + \varepsilon_{\mathrm{o}}(T_{\max}) + 6T_{\max} + 0.04T_{\max}^2 \tag{3-169}$$

式中　　$\sigma_{\mathrm{o}}(T_{\max})$——最高温度 $T_{\max}$ 后混凝土峰值应力（N/mm²）；

ε_{o}——常温下混凝土峰值应变（με）；

$\varepsilon_{\mathrm{o}}(T_{\max})$——最高温度 $T_{\max}$ 后混凝土峰值应变（με）；

$T_{\max}$——历史最高温度（℃）；

A_{cc}——箍筋约束混凝土截面面积（mm²）；

A_{h}——箍筋面积（mm²）；

B_{c}——箍筋约束的混凝土的截面高度（mm）；

$f_{\mathrm{c}}'(T_{\max})$——最高温度 $T_{\max}$ 后混凝土圆柱体抗压强度（N/mm²），应按式（3-110）计算；

$E_{\mathrm{c}}(T_{\max})$——最高温度 $T_{\max}$ 后混凝土的弹性模量（N/mm²）；

l_{h}——箍筋总长度（mm）；

s——箍筋间距（mm）。

3）基于有限元法的高温后无约束混凝土本构模型与相应的基于纤维模型法的本构模型相同（3.6.1 节）。

3.7　钢与混凝土间的界面模型

3.7.1　钢管-核心混凝土

钢管和混凝土界面的粘结性能与核心混凝土的收缩及钢管混凝土受力状况相关。核心混凝土的收缩会使其发生与钢管"剥离"的趋势，而钢管混凝土受压过程中，其核心混凝土会产生"膨胀"变形，从而"补偿"由于上述收缩产生的"剥离"变形；当这种"膨胀"变形大于"剥离"变形时，钢管及其核心混凝土能协同互补、共同受力，即钢管约束其核心混凝土，使其处于三向受压状态，并有效延缓其纵向开裂。钢管和其核心混凝土接触界面的工作性能一方面取决于钢管和混凝土的粘结，另一方面取决于钢管混凝土受力过程核心混凝土和其接触的钢管壁之间的摩擦，且这种摩擦作用会随着钢管和混凝土之间相互作用的增加而增强。

图 3-15 给出钢管-核心混凝土界面粘结应力（τ）的组成。

当推出荷载较小时，钢管-核心混凝土界面间不产生相对滑移，界面粘结应力（τ）主要由化学胶结力（τ_{c}）与机械咬合力（τ_{m}）组成，其中 τ_{c} 为钢管内壁与核心混凝土的水泥浆体间的附着力，τ_{m} 主要由钢管内壁凹凸不平部分与核心混凝土的相互接触引起。

钢管和混凝土之间的粘结强度（τ_{u}）为钢管与混凝土之间在一定长度范围内的平均粘结强度。当界面粘结应力增大至粘结强度（τ_{u}）时，钢管与其核心混凝土产生相对滑移，此后 τ 由钢管与核心混凝土间的摩擦阻力（τ_{f}）贡献。τ_{f} 的大小主要由摩擦系数（μ）与界面法向正应力（σ_{N}）共同决定，μ 的大小与界面的粗糙程度相关，σ_{N} 则为混凝土横向膨胀引起的钢管对核心混凝土的约束力。当钢管与核心混凝土产生相对滑移后，一方面，与钢管内壁凸起处接触部分的混凝土承受的机械咬合力超过其剪切强度，发生剪切破坏，混凝土在滑移面附近产生裂缝，破碎的混凝土填充于钢管凹陷处，降低了钢管内表面的凹凸高差，μ 不断减小；另一方面，σ_N 随约束力增大而不断增大，τ_f 的大小出现一定波动。当混凝土沿滑移面被推出，界面的摩擦系数趋于稳定，τ_f 随 σ_N 增大而增大。

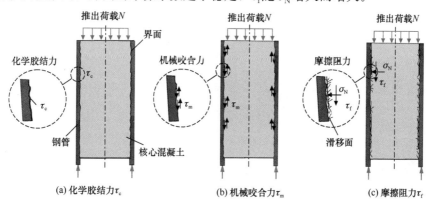

图 3-15　钢管-核心混凝土界面粘结应力（τ）的组成

（1）库仑摩擦模型

界面粘结力和摩擦力对界面剪应力传递的贡献不同，需综合考虑二者的影响才能合理模拟界面性能。采用库仑摩擦模型（如图 3-16 所示）可模拟钢管与核心混凝土界面切向力的传递，即界面可传递剪应力，直到剪应力达到临界值 τ_{crit}，界面之间产生相对滑动。计算时采用允许"弹性滑动"的公式，在滑动过程中界面剪应力保持为 τ_{crit} 不变。τ_{crit} 与界面接触压应力 p 成比例，且不小于界面粘结强度 τ_u（如图 3-17 所示），即：

$$\tau_{crit} = \mu \cdot p \geqslant \tau_u \tag{3-170}$$

式中　τ_{crit}——界面临界剪应力（N/mm²）；

　　　μ——界面摩擦系数，一般情况下，取值范围在 0.2～0.6 之间；

　　　p——界面接触压应力（N/mm²）；

　　　τ_u——界面粘结强度（N/mm²）。

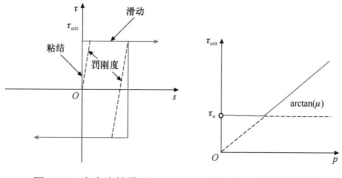

图 3-16　库仑摩擦模型　　　　　　图 3-17　界面临界剪应力

影响钢管及其核心混凝土间粘结强度的因素主要有：构件的截面形式、混凝土龄期和强度、钢管径厚比、构件长细比及混凝土浇筑方式等。对于实际工程，当钢管混凝土构件的设计完成后，其几何特性参数（如构件截面形状、钢管径厚比和构件长细比等）和物理参数（如混凝土强度等）往往都是确定的，此时，混凝土浇筑质量对钢管和混凝土之间粘结强度的影响尤为重要。

粘结强度（τ_u）与 t/D^2 间总体上呈现出线性相关的趋势。对于圆形钢管混凝土的界面粘结强度可按式（3-171）计算。

$$\tau_u = \begin{cases} 0.225 & \left(\dfrac{t}{D^2} \leqslant 0.000032\right) \\ 0.071 + 4900\left(\dfrac{t}{D^2}\right) & \left(\dfrac{t}{D^2} > 0.000032\right) \end{cases} \tag{3-171}$$

式中　τ_u——钢管和混凝土之间的界面粘结强度（N/mm²）；

　　　D——圆形钢管混凝土的钢管外径（mm）；

　　　t——钢管壁厚（mm）。

（2）平均粘结应力-相对滑移简化模型

试验研究结果表明，钢管内表面未进行特殊处理的钢管与其核心混凝土之间的平均粘结应力-相对滑移关系曲线总体上可分为上升段和平缓段，其上升段形状与钢筋及混凝土之间的粘结应力-相对滑移关系类似。FIB MC 2010 中给出了钢筋与混凝土之间的粘结应力-相对滑移模型。钢管内表面未进行特殊处理的钢管混凝土的钢管和混凝土之间平均粘结应力（τ）-相对滑移（s）关系的简化模型如图 3-18 所示，数学表达式如式（3-172）所示。

$$\tau = \begin{cases} \tau_u \left(\dfrac{s}{s_0}\right)^\eta & (0 \leqslant s \leqslant s_0) \\ \tau_u & (s > s_0) \end{cases} \tag{3-172}$$

$$\tau_u = k(3.56 \times 10^{-3} f_{cu} + 0.4) f(\lambda) f\left(\frac{D}{t}\right) \tag{3-173}$$

$$f(\beta) = 1.28 - 0.28\beta \tag{3-174}$$

$$f(\lambda) = 1.36 - 0.09\ln(\lambda) \tag{3-175}$$

$$f\left(\frac{D}{t}\right) = 1.35 - 0.09\ln\left(\frac{D}{t}\right) \tag{3-176}$$

式中　τ——钢管和混凝土之间平均粘结应力（N/mm²）；

　　　τ_u——钢管和混凝土之间的界面粘结强度（N/mm²）；

　　　k——系数，当核心混凝土为普通混凝土时，$k=1.0$，当核心混凝土为自密实高性能混凝土时，$k=1.5$；

　　　η——系数，可取 0.6；

　　　D——圆形钢管混凝土的钢管外径（mm）；

　　　t——钢管壁厚（mm）；

　　　s——钢管和混凝土之间的相对滑移（mm）；

　　　λ——构件长细比，对于圆形钢管混凝土，$\lambda = 4L/D$，L 为构件计算长度；

　　　f_{cu}——混凝土的立方体抗压强度标准值（N/mm²）。

利用公式（3-172）计算获得的荷载-相对滑移关系曲线与试验结果吻合较好，且计算结果总体上偏于安全。

火灾下（后），钢-混凝土界面的粘结会受到高温作用的影响，从而表现出与常温下不同的性能。对于钢管-核心混凝土界面，高温的影响主要表现在对平均粘结应力（τ）-相对滑移（s）关系模型中的平均粘结强度和与其对应的极限滑移量的影响，试验结果表明，随着温度的增加，钢管-核心混凝土界面的高温下（后）粘结强度（τ_{uT}）降低，而对应的极限滑移量（s_{uT}）增加。在式（3-172）给出的常温下钢管-核心混凝土界面平均粘结应力（τ）-相对滑移（s）关系模型基础上，采用表 3-3 给出的钢管外包混凝土界面高温下（后）粘结强度和极限滑移量变化系数（$k_{\tau T}$ 和 k_{ST}）来考虑高温的影响，将式（3-172）中的 τ_u 和 s_0 替换为 $k_{\tau T} \cdot \tau_u$ 和 $k_{ST} \cdot s_0$，从而获得钢管-核心混凝土高温下和高温后的界面平均粘结应力（τ）-相对滑移（s）关系模型。

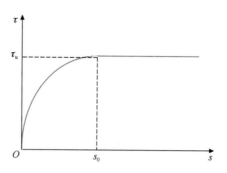

图 3-18　钢管-核心混凝土的平均粘结
应力（τ）-相对滑移（s）关系

系数 $k_{\tau T}$、k_{ST} 取值　　　　　　　　　　　　　　表 3-3

界面温度		$0℃{\leqslant}T{\leqslant}100℃$	$100℃{<}T{\leqslant}400℃$	$400℃{<}T{\leqslant}600℃$
高温下	$k_{\tau T}$	$1+1.22\times10^{-3}T$	$1.205-0.83\times10^{-3}T$	$2.619-4.365\times10^{-3}T$
	k_{ST}	$1-0.606\times10^{-3}T$	$0.656+1.017\times10^{-3}T$	$-7.641+21.76\times10^{-3}T$
高温后	$k_{\tau T}$	$1+0.49\times10^{-3}T$	$1.326-2.767\times10^{-3}T$	$0.657-1.095\times10^{-3}T$
	k_{ST}	$1-3.49\times10^{-3}T$	$0.239+4.12\times10^{-3}T$	1.887

3.7.2　钢管-外包混凝土

钢管混凝土加劲混合结构受力过程中，合理确定钢管混凝土与其外包混凝土之间界面粘结强度是进行结构分析计算的重要基础。

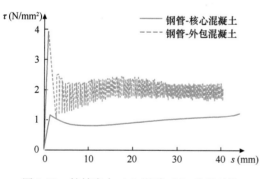

图 3-19　粘结应力（τ）-滑移（s）关系对比

基于相同混凝土强度（$f_{cu}=72\mathrm{N/mm^2}$）的推出滑移试验，获得了粘结应力（τ）-滑移（s）关系（如图 3-19 所示）。试验结果表明，钢管混凝土加劲混合结构中钢管与外包混凝土之间的粘结强度为 $2.96\sim4.44\mathrm{N/mm^2}$，该数值总体上和钢管及其核心混凝土之间的粘结应力相当。内置钢管混凝土和外包钢筋混凝土的粘结强度可按式（3-171）计算。

高温下和高温后粘结应力（τ）-滑移（s）关系可按式（3-177）计算。

$$\tau = \begin{cases} \tau_{oT}\sqrt[4]{\dfrac{s}{s_{oT}}} & (0 \leqslant s \leqslant s_{oT}) \\[2mm] k_{1T}+k_{2T}s+k_{3T}s^2 & (s_{oT} < s \leqslant s_{uT}) \\[2mm] \tau_{uT}-\dfrac{(s-s_{uT})(\tau_{uT}-\tau_{crT})}{(s_{crT}-s_{uT})} & (s_{uT} < s \leqslant s_{crT}) \\[2mm] \tau_{crT} & (s > s_{crT}) \end{cases} \qquad (3\text{-}177)$$

$$s_{oT} = 0.00018tk_{ST} \tag{3-178}$$

$$s_{uT} = 0.0525tk_{ST} \tag{3-179}$$

$$s_{crT} = 0.625tk_{ST} \tag{3-180}$$

$$k_{1T} = \tau_{uT} - k_{2T}s_{uT} - k_{3T}s_{uT}^2 \tag{3-181}$$

$$k_{2T} = \frac{2s_{uT}(\tau_{uT} - \tau_{oT})}{(s_{uT} - s_{oT})^2} \tag{3-182}$$

$$k_{3T} = \frac{(\tau_{uT} - \tau_{oT})}{(s_{uT} - s_{oT})^2} \tag{3-183}$$

$$\tau_{oT} = 0.252f_t k_{\tau T} \tag{3-184}$$

$$\tau_{uT} = \left(0.378 + \frac{0.096c}{t} + 10\rho_{sv}\right)f_t k_{\tau T} \tag{3-185}$$

$$\tau_{crT} = 0.171f_t k_{\tau T} \tag{3-186}$$

$$f_t = 0.23f_{cu}^{\frac{2}{3}} \tag{3-187}$$

式中　　τ——外包混凝土与钢管之间的粘结应力（N/mm^2）；

$\quad\quad\quad s$——外包混凝土与钢管之间的相对滑移（mm）；

$\quad\quad\quad t$——钢管壁厚（mm）；

$\quad\quad\quad c$——钢筋混凝土保护层厚度（mm），$c/t \leqslant 6.25$；

$\quad\quad\rho_{sv}$——面积配箍率，$\rho_{sv} \leqslant 0.01727$；

$\quad\quad f_{cu}$——混凝土立方体抗压强度（N/mm^2）；

$\quad\quad k_{\tau T}$——高温下（后）粘结强度变化系数，按表 3-3 选取；

$\quad\quad k_{ST}$——高温下（后）极限滑移量变化系数，按表 3-3 选取。

以 $c=30mm$，$f_{cu}=60\ N/mm^2$，$\rho_{sv}=0.13\%$为例，图 3-20 所示为高温下和高温后的钢管和外包混凝土间的 τ-s 关系曲线。

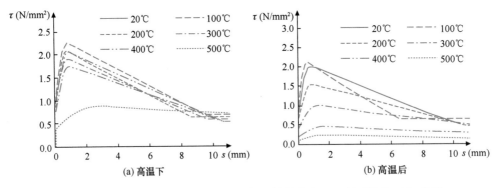

图 3-20　高温下、高温后钢管-外包混凝土粘结应力（τ）-相对滑移（s）关系

3.7.3　钢筋-混凝土

钢管混凝土加劲混合结构中纵筋与其外包混凝土之间也存在界面粘结问题，其粘结强

度变化规律可参考钢筋-混凝土结构。影响其粘结性能的因素很多，如混凝土的强度、级配、锚固钢筋的直径、强度、变形指标、外形参数、箍筋配置、侧向压力等。

根据现行国家标准《混凝土结构设计规范》GB 50010—2010（2015 年版），混凝土与热轧带肋钢筋之间的粘结应力-滑移本构关系曲线如图 3-21 所示，关键参数确定方法如式（3-188）~式（3-192）所示。

线性段：
$$\tau = k_1 s \qquad 0 \leqslant s \leqslant s_{cr} \tag{3-188}$$

劈裂段：
$$\tau = \tau_{cr} + k_2(s - s_{cr}) \qquad s_{cr} < s \leqslant s_u \tag{3-189}$$

下降段：
$$\tau = \tau_u + k_3(s - s_u) \qquad s_u < s \leqslant s_r \tag{3-190}$$

残余段：
$$\tau = \tau_r \qquad s > s_r \tag{3-191}$$

卸载段：
$$\tau = \tau_{un} + k_1(s - s_{un}) \tag{3-192}$$

式中
τ——混凝土与热轧带肋钢筋之间的粘结应力（N/mm^2）；

s——混凝土与热轧带肋钢筋之间的相对滑移（mm）；

k_1——线性段斜率（N/mm^3）；

k_2——劈裂段斜率（N/mm^3）；

k_3——下降段斜率（N/mm^3）；

τ_{un}——卸载点的粘结应力（N/mm^2）；

s_{un}——卸载点的相对滑移（mm）。

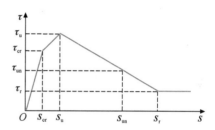

图 3-21 钢筋-混凝土粘结应力（τ）-相对滑移（s）关系

高温下和高温后混凝土与热轧带肋钢筋之间的粘结应力（τ）-滑移（s）关系如下式所示：

$$\tau = \begin{cases} \tau_{sT} \sqrt[4]{\dfrac{s}{s_{sT}}} & (0 \leqslant s \leqslant s_{sT}) \\[2mm] k_{1T} + k_{2T} \sqrt[4]{s} & (s_{sT} < s \leqslant s_{crT}) \\[2mm] k_{3T} + k_{4T} s - k_{5T} s^2 & (s_{crT} < s \leqslant s_{uT}) \\[2mm] \tau_{uT} - \dfrac{(s - s_{uT})(\tau_{uT} - \tau_{rT})}{(s_{rT} - s_{uT})} & (s_{uT} < s \leqslant s_{rT}) \\[2mm] \tau_{rT} & (s > s_{rT}) \end{cases} \tag{3-193}$$

$$s_{sT} = 0.0008 d k_{ST} \tag{3-194}$$

$$s_{crT} = 0.0240 d k_{ST} \tag{3-195}$$

$$s_{uT} = 0.0368 d k_{ST} \tag{3-196}$$

$$s_{rT} = 0.540 d k_{ST} \tag{3-197}$$

$$k_{1T} = \tau_{crT} - k_{2T} \sqrt[4]{s_{crT}} \tag{3-198}$$

$$k_{2T} = \frac{\tau_{crT} - \tau_{sT}}{\sqrt[4]{s_{crT}} - \sqrt[4]{s_{sT}}} \tag{3-199}$$

$$k_{3T} = \tau_{uT} - k_{4T} s_{uT} + k_{5T} s_{uT}^2 \tag{3-200}$$

$$k_{4T} = \frac{2s_{uT}(\tau_{uT} - \tau_{crT})}{(s_{uT} - s_{crt})^2} \tag{3-201}$$

$$k_{5T} = \frac{(\tau_{uT} - \tau_{crT})}{(s_{uT} - s_{crT})^2} \tag{3-202}$$

$$\tau_{sT} = 1.01 f_{ts} k_{\tau T} \tag{3-203}$$

$$\tau_{crT} = \left(1.01 + 1.54 \sqrt{\frac{c}{d}}\right) f_{ts} k_{\tau T} \tag{3-204}$$

$$\tau_{uT} = \left(1.01 + 1.54 \sqrt{\frac{c}{d}}\right)(1 + 8.5\rho_{sv}) f_{ts} k_{\tau T} \tag{3-205}$$

$$\tau_{rT} = \left(0.29 + 0.43 \sqrt{\frac{c}{d}}\right)(1 + 8.5\rho_{sv}) f_{ts} k_{\tau T} \tag{3-206}$$

$$f_{ts} = 0.19 f_{cu}^{\frac{3}{4}} \tag{3-207}$$

式中　τ——混凝土与热轧带肋钢筋之间的粘结应力（N/mm²）；

$\quad\;\; s$——混凝土与热轧带肋钢筋之间的相对滑移（mm）；

$\quad f_{ts}$——混凝土劈裂强度（N/mm²）；

$\quad\;\; d$——螺纹钢筋公称直径（mm）；

$\quad\;\; c$——钢筋混凝土保护层厚度（mm）；

$\quad f_{cu}$——混凝土立方体抗压强度（N/mm²）；

$\quad \rho_{sv}$——面积配箍率；

$\quad k_{\tau T}$——高温下（后）粘结强度变化系数，可按表 3-4 选取；

$\quad k_{ST}$——高温下（后）极限滑移量变化系数，可按表 3-4 选取。

系数 $k_{\tau T}$、k_{ST} 取值　　　　　　　　　　　　　　　表 3-4

系数	高温下		高温后	
	$0℃{\leqslant}T{\leqslant}400℃$	$400℃{<}T{\leqslant}700℃$	$0℃{\leqslant}T{\leqslant}400℃$	$400℃{<}T{\leqslant}700℃$
$k_{\tau T}$	$1+0.283\times10^{-3}T$	$1.925-2.03\times10^{-3}T$	$1-0.535\times10^{-3}T$	$1.581-1.987\times10^{-3}T$
k_{ST}	$1+3.376\times10^{-3}T$	$-1.205+8.887\times10^{-3}T$	$1+7.325\times10^{-3}T$	$-3.11+17.56\times10^{-3}T$

以 $d=20mm$，$c=30mm$，$f_{cu}=60N/mm^2$，$\rho_{sv}=0.13\%$ 为例，图 3-22 所示为高温下和高温后的钢筋和混凝土间的 $\tau\text{-}s$ 关系。

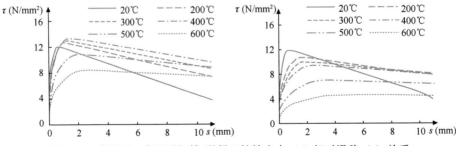

图 3-22　高温下、高温后钢筋-混凝土粘结应力（τ）-相对滑移（s）关系

思　考　题

1. 比较钢管混凝土中的核心混凝土与普通混凝土在收缩、徐变特性方面的异同。
2. 简述钢管混凝土的核心混凝土本构模型确定原则。
3. 简述钢管混凝土纤维模型法的基本原理和计算流程。
4. 简述钢管混凝土结构中各材料间的界面模型确定方法。

第4章 钢管混凝土构件承载力计算

本章要点及学习目标

本章要点：

本章论述了单一荷载与复杂受力、长期荷载、反复荷载作用下钢管混凝土构件承载力及竖向和侧向局部受压承载力的计算方法，尺寸效应影响，钢管初应力限值，核心混凝土脱空容限的概念及其确定方法。

学习目标：

掌握钢管混凝土构件的工作原理和在单一荷载作用下构件承载力计算方法。熟悉复杂受力、长期荷载、反复荷载作用下钢管混凝土构件的承载力计算方法。熟悉尺寸效应影响，钢管初应力限值、核心混凝土脱空容限的概念及其确定方法。了解单一荷载与复杂受力、长期荷载、反复荷载作用以及竖向和侧向局部受压下钢管混凝土构件的全过程受力特性。

4.1 引　　言

钢管混凝土构件承载力是钢管混凝土构件所能承受的最大内力，或达到不适于继续承载的变形时的内力。明确基于全寿命周期的钢管混凝土构件的力学性能与承载力计算方法是合理设计该类结构的基础。研究表明，钢管混凝土构件的力学性能变化与承受荷载的类型（短期荷载、长期荷载、反复荷载、局部受压等）、加载路径、截面尺寸效应、施工过程及结构初始缺陷等密切相关。本章阐述了单一荷载与复杂受力、长期荷载作用、反复荷载作用、局部受压下钢管混凝土构件的工作原理和承载力计算方法，论述了尺寸效应的影响、钢管初应力限值、核心混凝土脱空容限基本概念与确定原则。

4.2 单一荷载作用下构件承载力计算

4.2.1 轴心受压、受拉承载力

钢管混凝土构件轴心受压（轴心受拉）承载力是钢管混凝土构件所能承受的最大轴向压力（轴向拉力），或达到不适于继续承载的变形时的轴向压力（轴向拉力）。

（1）轴心受压强度承载力

对于钢管混凝土轴心受压短构件，图 4-1 给出典型的 σ_{sc}-ε 关系，其中，σ_{sc} 为钢管混凝土名义压应力（$=N/A_{sc}$，N 为轴压力值；$A_{sc}=A_s+A_c$，A_{sc} 为钢管混凝土的截面面积；A_s 和 A_c 分别为钢管和钢管内混凝土的截面面积）。研究结果表明，钢管混凝土构件的 σ_{sc}-ε 关系曲线基本形状与约束效应系数（ξ）密切相关。当 $\xi > \xi_o$（ξ_o 为约束效应系数界限

值）时，曲线具有强化段，且 ξ 越大，强化的幅度越大；当 ξ≈ξ。时，曲线后期基本趋于平缓；当 ξ＜ξ。时，曲线在达到某一峰值点后进入下降段，且 ξ 越小，下降的幅度越大，下降段出现的也越早。ξ。的大小与钢管混凝土的截面形状相关：对于圆形截面构件，ξ。≈1.0；对于方、矩形截面构件，ξ。≈4.5。

σ_{sc}-ε 关系曲线的特点如下：

1）弹性阶段（OA）：钢管和核心混凝土一般为单独受力，A 点大致相当于钢材进入弹塑性阶段的起点。

2）弹塑性阶段（AB）：核心混凝土在纵向压力作用下，微裂缝不断开展，使横向变形系数超过了钢管钢材泊松比，二者将产生相互作用力，即钢管对核心混凝土的约束作用，且随着纵向变形的增加，这种约束作用不断增加，B 点时钢材已进入弹塑性阶段，应力已达到屈服强度，混凝土的纵向压应力一般可达到峰值应力。

3）塑性强化阶段（BC）：强化段终点 C 和点 B 的距离与 ξ 有关，ξ 越小，B 点和 C 点越接近，甚至重合。只有当 ξ≥ξ。时，曲线强化段才能保持持续增长的趋势。

4）塑性阶段（CD）：对于 ξ＜ξ。的情况，曲线在达到峰值点 C 后就开始进入下降段，下降段的下降幅度与 ξ 值的大小有关，ξ 越小，下降幅度越大，反之则越小，下降段的后期曲线平缓。对于 ξ≥ξ。的情况，曲线可分为弹性（OA）、弹塑性（AB）、强化（BD）三个阶段，分析结果表明，σ_{sc}-ε 关系的强化段近似呈线性关系。

基于上述分析，对于不同的 ξ 值，σ_{sc}-ε 关系总体上呈上升、平缓或下降趋势。因此，存在轴压强度承载力如何定义的问题。综合考虑钢管混凝土轴心受压时的工作特性等因素，明确了钢管混凝土 σ_{sc}-ε 关系上轴压强度承载力指标的确定方法。钢管混凝土截面轴心抗压强度标准值对应的应变（ε_{scy}）的确定依据如下：

1）σ_{sc}-ε 关系曲线的弹塑性阶段在应变为 ε_{scy} 左右时基本结束；

2）钢管及其核心混凝土在应变为 ε_{scy} 时都基本达到了极限状态，即钢材应力达到其了屈服强度（f_y），混凝土应力也达到了峰值应力（σ_o）；

3）σ_{sc}-ε 关系在 ε_{scy} 前应力增加很快，

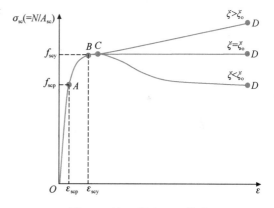

图 4-1　轴心受压 σ_{sc}-ε 关系

σ_{sc}—钢管混凝土名义压应力；ε_{scp}—钢管混凝土截面轴心抗压比例极限对应的应变；ε_{scy}—钢管混凝土截面轴心抗压强度标准值对应的应变；f_{scp}—钢管混凝土截面轴心抗压比例极限；f_{scy}—钢管混凝土截面轴心抗压强度标准值；ξ_o—约束效应系数界限值

应变增加相对缓慢；在 ε_{scy} 之后，应力增加缓慢，而应变则增加相对较快，σ_{sc}-ε 关系甚至会出现下降段。

通过对 σ_{sc}-ε 关系曲线的大量计算分析，得出的 ε_{scy} 计算公式如下：

1）对于圆形钢管混凝土：

$$\varepsilon_{scy} = 1300 + 12.5f'_c + (600 + 33.3f'_c) \cdot \xi^{0.2} \tag{4-1}$$

2）对于方、矩形钢管混凝土：

$$\varepsilon_{scy} = 1300 + 12.5f'_c + (570 + 31.7f'_c) \cdot \xi^{0.2} \tag{4-2}$$

式中　ε_{scy}——钢管混凝土截面轴心抗压强度标准值对应的应变（$\mu\varepsilon$）；

　　　　f'_c——混凝土圆柱体抗压强度（N/mm^2）；

　　　　ξ——约束效应系数，应按式（1-1）计算。

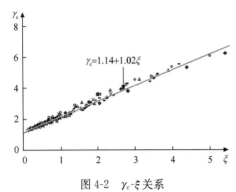

图 4-2　γ_c-ξ 关系

在工程常用约束效应系数范围，即 $\xi=0.2\sim5.0$ 内，发现近似可用直线来描述 $\gamma_c(=f_{scy}/f_{ck})$ 与 ξ 之间的关系。以圆形钢管混凝土为例，γ_c-ξ 关系如图 4-2 所示。

据此可确定钢管混凝土截面的轴心抗压强度标准值（f_{scy}），如式（3-2）所示为圆形钢管混凝土的轴心抗压强度标准值。进而可导出钢管混凝土轴压强度承载力计算公式为：

$$N_c = f_{sc}A_{sc} \tag{4-3}$$

$$A_{sc} = A_s + A_c \tag{4-4}$$

式中　N_c——钢管混凝土的截面受压承载力（N）；

　　　　f_{sc}——钢管混凝土截面的轴心抗压强度设计值（N/mm^2），应按式（3-1）计算；

　　　　A_{sc}——钢管混凝土的截面面积（mm^2）；

　　　　A_s——钢管的截面面积（mm^2）；

　　　　A_c——钢管内混凝土的截面面积（mm^2）。

（2）轴压稳定承载力

实际工程结构中采用的钢管混凝土柱的承载力往往取决于稳定。实际结构中钢管混凝土柱可能存在几何和力学缺陷。几何缺陷主要指杆件并非直杆，往往存在或多或少的初始弯曲，且截面往往也并非完全对称，制造和安装偏差也可能使荷载作用线偏离杆件轴线，从而形成初始偏心。力学缺陷包括屈服点在整个截面上并非均匀及可能存在的残余应力。

初始缺陷对钢管混凝土的影响可以综合为偏心较小的情况。在采用纤维模型法和有限元法对钢管混凝土轴心受压构件进行理论分析时，可考虑构件具有千分之一杆长的初挠度（即取初始偏心距 $e_o=L/1000$，L 为构件计算长度），按偏心受压构件的方法计算钢管混凝土构件轴心受压时的临界力 N_u，从而可求得稳定系数 $\varphi=N_u/N_c$（N_u 和 N_c 分别为钢管混凝土轴心受压构件的稳定承载力和强度承载力）。研究结果表明，稳定系数 φ 的主要影响因素有长细比（λ）、截面含钢率（α_s）、钢材屈服强度（f_y）和混凝土轴心抗压强度标准值（f_{ck}）。

钢管混凝土构件长细比（λ）的计算公式如下：

对于圆形钢管混凝土：

$$\lambda = \frac{4L}{D} \tag{4-5}$$

对于矩形钢管混凝土绕强轴弯曲时：

$$\lambda = \frac{2\sqrt{3}L}{D} \tag{4-6}$$

对于方形钢管混凝土或矩形钢管混凝土绕弱轴弯曲时：

$$\lambda = \frac{2\sqrt{3}L}{B} \tag{4-7}$$

式中　L——构件的计算长度（mm）；

　　　D——圆形钢管混凝土的钢管外径或矩形钢管混凝土的钢管长边外边长（mm）；

　　　B——方形钢管混凝土的钢管外边长或矩形钢管混凝土的钢管短边外边长（mm）。

根据《钢管混凝土结构技术规范》GB 50936—2014，钢管混凝土构件的容许长细比不宜大于表 4-1 的限值。

钢管混凝土构件的容许长细比　　　　　　　　　　表 4-1

序号	构件名称		长细比（λ）限值
1	房屋框架柱		80
2	框架-支撑结构中的钢管混凝土支撑		120
3	格构式柱受压腹杆		150
4	受拉构件		200
5	格构式构筑物	主杆或弦杆	120
		腹杆	200
		减小受压杆长细比的支承杆	250
		拉杆	400

钢管混凝土轴心受压柱典型的 φ-λ 关系如图 4-3所示，其总体上可分为三个阶段：1）当 $\lambda \leqslant \lambda_o$ 时，稳定系数 $\varphi=1.0$，构件属强度破坏；2）当 $\lambda_o<\lambda \leqslant \lambda_p$ 时，构件失去稳定时钢管混凝土截面处于弹塑性阶段；3）当 $\lambda > \lambda_p$ 时，构件属弹性失稳。通过回归分析，可得 φ-λ 曲线公式，如式（4-10），进而可确定钢管混凝土构件的轴心受压稳定承载力（N_u）。

根据《钢管混凝土混合结构技术标准》GB/T 51446—2021，不计入荷载长期作用影响时，圆形钢管混凝土构件轴心受压稳定承载力应符合式（4-8）的规定，且宜按式（4-9）计算：

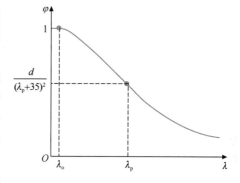

图 4-3　φ-λ 关系

φ—稳定系数；λ—钢管混凝土构件长细比；
λ_p—弹性失稳的界限长细比；
λ_o—弹塑性失稳的界限长细比

$$N \leqslant N_u \tag{4-8}$$

$$N_u = \varphi N_c \tag{4-9}$$

$$\varphi = \begin{cases} 1 & (\lambda \leqslant \lambda_o) \\ a\lambda^2 + b\lambda + c & (\lambda_o < \lambda \leqslant \lambda_p) \\ \dfrac{d}{(\lambda+35)^2} & (\lambda > \lambda_p) \end{cases} \tag{4-10}$$

$$a = \frac{1+(35+2\lambda_p-\lambda_o)e}{(\lambda_p-\lambda_o)^2} \tag{4-11}$$

$$b = e - 2a\lambda_p \tag{4-12}$$

$$c = 1 - a\lambda_o^2 - b\lambda_o \tag{4-13}$$

$$d = \left[13000+4657\ln\left(\frac{235}{f_y}\right)\right] \cdot \left(\frac{25}{f_{ck}+5}\right)^{0.3} \cdot \left(\frac{\alpha_s}{0.1}\right)^{0.05} \tag{4-14}$$

$$e = \frac{-d}{(\lambda_p + 35)^3} \qquad (4\text{-}15)$$

$$\lambda_p = \frac{1743}{\sqrt{f_y}} \qquad (4\text{-}16)$$

$$\lambda_o = \pi \sqrt{\frac{420\xi + 550}{(1.02\xi + 1.14)f_{ck}}} \qquad (4\text{-}17)$$

式中　N——轴向压力设计值（N）；

　　　N_u——轴心受压承载力（N）；

　　　N_c——钢管混凝土的截面受压承载力（N），应按式（4-3）计算；

　　　f_{ck}——混凝土的轴心抗压强度标准值（N/mm²）；

　　　f_y——钢管钢材的屈服强度（N/mm²）；

　　　ξ——约束效应系数，应按式（1-1）计算；

　　　λ——构件长细比，应按式（4-5）确定；

　　　λ_p——弹性失稳的界限长细比；

　　　λ_o——弹塑性失稳的界限长细比；

　　　φ——轴心受压构件的稳定系数。

为了便于设计，稳定系数 φ 值也可通过查表的方式确定，如以钢管采用 Q355 钢的圆形钢管混凝土构件为例，表 4-2 给出了其稳定系数 φ 值。

稳定系数 φ 值　　　　　　　　　　　　　　　　　表 4-2

钢材牌号	混凝土强度等级	截面含钢率 α_s	长细比 λ									
			10	20	30	40	50	60	70	80	90	100
Q355	C30	0.06	1.000	0.982	0.945	0.906	0.864	0.821	0.775	0.727	0.676	0.592
		0.08	1.000	0.983	0.949	0.912	0.872	0.830	0.785	0.737	0.686	0.600
		0.12	1.000	0.985	0.955	0.921	0.884	0.843	0.799	0.751	0.700	0.613
		0.16	1.000	0.987	0.959	0.928	0.893	0.853	0.810	0.762	0.710	0.622
		0.20	1.000	0.988	0.963	0.933	0.899	0.861	0.818	0.770	0.718	0.629
	C40	0.06	1.000	0.966	0.919	0.871	0.823	0.775	0.727	0.679	0.630	0.551
		0.08	1.000	0.968	0.923	0.877	0.831	0.784	0.736	0.688	0.639	0.559
		0.12	1.000	0.971	0.929	0.886	0.842	0.796	0.750	0.702	0.652	0.571
		0.16	1.000	0.972	0.933	0.892	0.850	0.805	0.759	0.711	0.662	0.579
		0.20	1.000	0.974	0.937	0.897	0.856	0.812	0.767	0.719	0.669	0.586
	C50	0.06	1.000	0.955	0.900	0.847	0.796	0.745	0.696	0.647	0.600	0.525
		0.08	1.000	0.956	0.905	0.853	0.803	0.753	0.704	0.656	0.609	0.533
		0.12	1.000	0.959	0.911	0.862	0.814	0.765	0.717	0.669	0.621	0.544
		0.16	1.000	0.961	0.915	0.868	0.821	0.774	0.727	0.679	0.630	0.552
		0.20	1.000	0.963	0.918	0.873	0.827	0.781	0.734	0.686	0.637	0.558

续表

钢材牌号	混凝土强度等级	截面含钢率 α_s	长细比 λ									
			10	20	30	40	50	60	70	80	90	100
Q355	C60	0.06	1.000	0.943	0.884	0.826	0.771	0.718	0.668	0.620	0.574	0.502
		0.08	1.000	0.945	0.888	0.832	0.778	0.726	0.676	0.628	0.582	0.509
		0.12	1.000	0.948	0.894	0.840	0.788	0.738	0.689	0.641	0.594	0.520
		0.16	1.000	0.950	0.898	0.846	0.796	0.746	0.697	0.649	0.602	0.527
		0.20	1.000	0.952	0.901	0.851	0.802	0.753	0.704	0.656	0.609	0.533
	C70	0.06	1.000	0.933	0.869	0.808	0.751	0.696	0.645	0.597	0.552	0.483
		0.08	1.000	0.935	0.873	0.814	0.758	0.704	0.653	0.605	0.560	0.490
		0.12	1.000	0.938	0.879	0.822	0.767	0.715	0.665	0.617	0.571	0.500
		0.16	1.000	0.941	0.883	0.828	0.775	0.723	0.673	0.626	0.580	0.507
		0.20	0.999	0.942	0.887	0.833	0.780	0.729	0.680	0.632	0.586	0.513
	C80	0.06	0.997	0.925	0.857	0.794	0.734	0.678	0.626	0.578	0.534	0.467
		0.08	0.996	0.927	0.861	0.799	0.741	0.686	0.634	0.586	0.542	0.474
		0.12	0.996	0.930	0.867	0.807	0.750	0.696	0.646	0.598	0.553	0.484
		0.16	0.996	0.932	0.871	0.813	0.757	0.704	0.654	0.606	0.561	0.491
		0.20	0.996	0.934	0.875	0.818	0.763	0.710	0.660	0.613	0.567	0.496

钢材牌号	混凝土强度等级	截面含钢率 α_s	长细比 λ									
			110	120	130	140	150	160	170	180	190	200
Q355	C30	0.06	0.513	0.449	0.396	0.352	0.315	0.284	0.257	0.233	0.213	0.195
		0.08	0.520	0.455	0.402	0.357	0.320	0.288	0.260	0.237	0.216	0.198
		0.12	0.531	0.465	0.410	0.365	0.326	0.294	0.266	0.242	0.221	0.202
		0.16	0.539	0.472	0.416	0.370	0.331	0.298	0.270	0.245	0.224	0.205
		0.20	0.545	0.477	0.421	0.374	0.335	0.301	0.273	0.248	0.226	0.207
	C40	0.06	0.478	0.418	0.369	0.328	0.294	0.264	0.239	0.217	0.198	0.182
		0.08	0.485	0.424	0.374	0.333	0.298	0.268	0.243	0.221	0.201	0.185
		0.12	0.495	0.433	0.382	0.340	0.304	0.274	0.248	0.225	0.205	0.188
		0.16	0.502	0.439	0.388	0.345	0.308	0.278	0.251	0.228	0.208	0.191
		0.20	0.508	0.444	0.392	0.348	0.312	0.281	0.254	0.231	0.211	0.193
	C50	0.06	0.455	0.398	0.352	0.312	0.280	0.252	0.228	0.207	0.189	0.173
		0.08	0.462	0.404	0.357	0.317	0.284	0.255	0.231	0.210	0.192	0.176
		0.12	0.471	0.412	0.364	0.324	0.289	0.261	0.236	0.214	0.196	0.179
		0.16	0.478	0.418	0.369	0.328	0.294	0.264	0.239	0.217	0.199	0.182
		0.20	0.483	0.423	0.373	0.332	0.297	0.267	0.242	0.220	0.201	0.184
	C60	0.06	0.435	0.381	0.336	0.299	0.267	0.241	0.218	0.198	0.181	0.166
		0.08	0.441	0.386	0.341	0.303	0.271	0.244	0.221	0.201	0.183	0.168
		0.12	0.450	0.394	0.348	0.309	0.277	0.249	0.225	0.205	0.187	0.171

续表

钢材牌号	混凝土强度等级	截面含钢率 α_s	长细比 λ									
			110	120	130	140	150	160	170	180	190	200
Q355	C60	0.16	0.457	0.400	0.353	0.314	0.281	0.253	0.229	0.208	0.190	0.174
		0.20	0.462	0.404	0.357	0.317	0.284	0.255	0.231	0.210	0.192	0.176
	C70	0.06	0.418	0.366	0.323	0.287	0.257	0.231	0.209	0.190	0.174	0.159
		0.08	0.425	0.372	0.328	0.291	0.261	0.235	0.212	0.193	0.176	0.162
		0.12	0.433	0.379	0.335	0.297	0.266	0.240	0.217	0.197	0.180	0.165
		0.16	0.440	0.385	0.339	0.302	0.270	0.243	0.220	0.200	0.183	0.167
		0.20	0.444	0.389	0.343	0.305	0.273	0.246	0.222	0.202	0.185	0.169
	C80	0.06	0.405	0.354	0.313	0.278	0.249	0.224	0.203	0.184	0.168	0.154
		0.08	0.411	0.360	0.317	0.282	0.252	0.227	0.206	0.187	0.171	0.156
		0.12	0.419	0.367	0.324	0.288	0.258	0.232	0.210	0.191	0.174	0.160
		0.16	0.425	0.372	0.328	0.292	0.261	0.235	0.213	0.193	0.177	0.162
		0.20	0.430	0.376	0.332	0.295	0.264	0.238	0.215	0.196	0.179	0.164

注：表内中间值按线性内插法确定。

（3）轴心受拉强度承载力

钢管混凝土一般用于主体结构的承重结构，处于受压状态。但在地震等工况下也可能出现受拉的情况。

钢管混凝土构件受拉破坏后，核心混凝土表面出现分布较为均匀的垂直于主拉应力方向的微裂缝（图4-4）。受拉作用下，钢管混凝土中核心混凝土保持着较好的整体性，钢材处于三向受拉，纵向应力提高，抗拉强度提高，钢管混凝土轴拉构件表现出良好的承载能力和延性。

图4-5给出了钢管混凝土构件在轴心拉力作用下典型的轴拉荷载（N_t）-纵向平均拉应变（ε）关系曲线。N_t-ε关系总体可分为三个阶段：

图 4-4　轴拉试件核心混凝土破坏形态
（裂缝宽度单位：mm）

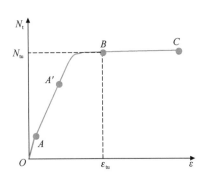

图 4-5　钢管混凝土构件的轴拉荷载
（N_t）-纵向平均拉应变（ε）关系

1）弹性阶段（OA）。在此阶段，钢管混凝土构件的 N_t 与 ε 呈线性关系。在 A 点处，混凝土的拉应力总体上达到了其峰值拉应力，但钢材应力一般未达到其比例极限。A 点后，混凝土承担的轴向拉力开始逐渐减小。2）弹塑性阶段（AB）。钢管混凝土构件的 N_t-ε 关系开始呈现非线性关系。B 点为钢材进入屈服阶段，A′ 点为钢材达到比例极限。3）塑性阶段（BC）。在此阶段钢管钢材发生塑流。

基于对钢管混凝土轴拉构件 N_t-ε 全过程关系的分析，定义钢材应变 $\varepsilon_y = 5000$ με 所对应的荷载为钢管混凝土的受拉承载力（N_{tu}）。

定义钢管混凝土轴拉承载力提高系数（k_t）为钢管混凝土轴心受拉强度承载力与相应空钢管承载力的比值。影响 k_t 的主要参数是截面含钢率（α_s），α_s 越小，k_t 越大，其原因为 α_s 越小，核心混凝土对钢管的支撑作用越强，因而对钢管混凝土轴拉承载力的提高程度越大。k_t 计算公式如下：

$$k_t = 1.1 - 0.4\alpha_s \tag{4-18}$$

式中　k_t——钢管混凝土轴拉承载力提高系数；

　　　α_s——截面含钢率，应按式（1-2）计算。

根据《钢管混凝土混合结构技术标准》GB/T 51446—2021，圆形钢管混凝土轴心受拉承载力应符合式（4-19）的规定，且宜按式（4-20）计算：

$$N_{td} \leqslant N_t \tag{4-19}$$
$$N_t = (1.1 - 0.4\alpha_s)fA_s \tag{4-20}$$

式中　N_{td}——钢管混凝土的轴向拉力设计值（N）；

　　　N_t——钢管混凝土的截面受拉承载力（N）；

　　　α_s——截面含钢率，应按式（1-2）计算；

　　　f——钢管钢材的抗拉、抗压和抗弯强度设计值（N/mm²）；

　　　A_s——钢管的截面面积（mm²）。

4.2.2　受弯承载力

钢管混凝土构件受弯承载力是钢管混凝土构件所能承受的最大弯矩，或达到不适于继续承载的变形时的弯矩。

图 4-6 所示为典型的钢管混凝土受弯构件弯矩（M）-曲率（ϕ）关系，其中，M_u 为钢管混凝土的受弯承载力，K_s 为构件在正常使用阶段的刚度。在加载初期试件处于弹性变形阶段，曲率的增长速度明显落后于外荷载的增长速度，中截面处的纵向应变稍有增大，但变化不大，表明中和轴基本上没有上升，拉区混凝土处于初始开裂阶段。当钢管最大纤维应变达到钢材的屈服应变以后，构件变形的增长速度要快于外荷载的增长速度，构件进入弹塑性阶段，但构件的承载力仍能继续增长，这主要是由于钢管和核心混凝土之间存在组合作用的缘故。当构件处于塑性阶段时，构件承受的外荷载仍能有所增长，表明钢管混凝土受弯构件具有很好的延性。

考虑到构件的受力状态和正常使用要求，以钢管最大纤维应变达到 10000 με 时的弯矩为受弯承载力（M_u）。研究结果表明，M_u 的主要影响因素有构件截面抗弯模量（W_{scl}）、约束效应系数（ξ）及钢管混凝土截面的轴心抗压强度标准值（f_{scy}）。

截面抗弯模量（W_{scl}）的计算方法如下：

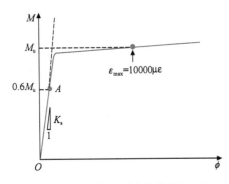

图 4-6　钢管混凝土受弯构件弯矩（M）-
曲率（ϕ）关系

对于圆形钢管混凝土：

$$W_{scl} = \frac{\pi D^3}{32} \tag{4-21}$$

对于方形钢管混凝土：

$$W_{scl} = \frac{B^3}{6} \tag{4-22}$$

对于矩形钢管混凝土绕强轴弯曲时：

$$W_{scl} = \frac{D^2 \cdot B}{6} \tag{4-23}$$

对于矩形钢管混凝土绕弱轴弯曲时：

$$W_{scl} = \frac{D \cdot B^2}{6} \tag{4-24}$$

式中　W_{scl}——钢管混凝土的截面抗弯模量（mm³）；

　　　　D——圆形钢管混凝土的钢管外径或矩形钢管混凝土的钢管长边外边长（mm）；

　　　　B——方形钢管混凝土的钢管外边长或矩形钢管混凝土的钢管短边外边长（mm）。

定义截面抗弯塑性发展系数 $\gamma_m = M_u / (W_{scl} \cdot f_{scy})$，以圆形钢管混凝土为例，计算表达式如式（4-27）所示。

根据《钢管混凝土混合结构技术标准》GB/T 51446—2021，圆形钢管混凝土受弯承载力应符合式（4-25）的规定，且宜按式（4-26）计算：

$$M_{cd} \leqslant M_{cu} \tag{4-25}$$

$$M_{cu} = \gamma_m W_{scl} f_{sc} \tag{4-26}$$

$$\gamma_m = 1.1 + 0.48\ln(\xi + 0.1) \tag{4-27}$$

式中　M_{cd}——钢管混凝土的弯矩设计值（N·mm）；

　　　　M_{cu}——钢管混凝土的截面受弯承载力（N·mm）；

　　　　γ_m——截面抗弯塑性发展系数；

　　　　ξ——约束效应系数，应按式（1-1）计算；

　　　W_{scl}——钢管混凝土的截面抗弯模量（mm³），应按式（4-21）计算；

　　　　f_{sc}——钢管混凝土的截面轴心抗压强度设计值（N/mm²），应按式（3-1）计算。

对于方、矩形钢管混凝土双向受弯构件，其 M_x/M_{ux}-M_y/M_{uy} 相关关系如图 4-7 所示，其承载力应符合式（4-28）的规定：

$$\left(\frac{M_x}{M_{ux}}\right)^{1.8} + \left(\frac{M_y}{M_{uy}}\right)^{1.8} \leqslant 1 \tag{4-28}$$

$$M_{ux} = \gamma_m f_{sc} \frac{B \cdot D^2}{6} \tag{4-29}$$

$$M_{uy} = \gamma_m f_{sc} \frac{D \cdot B^2}{6} \tag{4-30}$$

式中　M_x——方、矩形钢管混凝土绕强轴弯曲时的弯矩设计值（N·mm）；

M_y——方、矩形钢管混凝土绕弱轴弯曲
　　　时的弯矩设计值（N·mm）；

M_{ux}——方、矩形钢管混凝土绕强轴弯曲
　　　时的受弯承载力（N·mm）；

M_{uy}——方、矩形钢管混凝土绕弱轴弯曲
　　　时的受弯承载力（N·mm）；

γ_m——截面抗弯塑性发展系数；

f_{sc}——钢管的截面轴心抗压强度设计值
　　　（N/mm²），应按式（3-1）计算；

D——矩形钢管混凝土的钢管长边外边
　　　长（mm）；

B——方形钢管混凝土的钢管外边长或
　　　矩形钢管混凝土的钢管短边外边长（mm）。

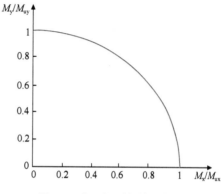

图 4-7　方、矩形钢管混凝土
M_x/M_{ux}-M_y/M_{uy} 关系

4.2.3　受扭承载力

钢管混凝土构件受扭承载力是钢管混凝土构件所能承受的最大扭矩，或达到不适于继续承载的变形时的扭矩。

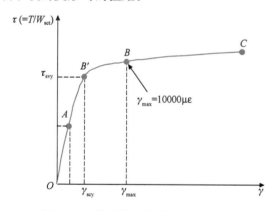

图 4-8　钢管混凝土受扭构件 τ-γ 关系

图 4-8 所示为典型的钢管混凝土受扭构件 $\tau(=T/W_{sct})$-γ 关系曲线，其中，τ 为截面平均剪应力，γ 为剪应变。τ-γ 关系总体上可分为三个阶段：

（1）弹性阶段（OA）：τ-γ 关系总体上呈线性关系，钢管和核心混凝土单独受力，无相互作用力产生。

（2）弹塑性阶段（AB）：随着扭矩的增加，钢管混凝土内部核心混凝土会逐渐发展微裂缝。微裂缝的扩展，使得混凝土的横向变形超过了钢管的横向变形，这样钢管及其核心混凝土之间会产生相互作用力，钢管和核心混凝土均处于复杂受力状态之下，且主要处于双向受剪的应力状态，其余应力分量相对较小。

（3）塑性强化阶段（BC）：当钢管屈服后，虽然核心混凝土已发展了裂缝，但由于受到外围钢管的约束，仍不会发生破碎。另外，核心混凝土的存在，也可有效地抑制钢管发生内凹的屈曲，从而使钢管混凝土的抗扭承载力可继续增长，构件表现出良好的塑性性能。

（1）抗扭强度

以 $\gamma_{scy}=1500+20f_{cu}+3500\sqrt{\alpha_s}$（με）对应的剪应力 τ 为钢管混凝土截面的抗扭强度标准值（τ_{svy}），即对应图 4-8 上的 B' 点。钢管混凝土达到 γ_{scy} 时，外钢管也达到了屈服强度。

τ_{svy}/f_{scy} 主要与截面含钢率（α_s）和约束效应系数（ξ）有关。研究结果表明，钢管混

凝土截面的抗扭强度设计值（τ_{sv}）与其抗剪强度设计值（f_{sv}）计算公式相一致，因此本书统一采用 f_{sv} 作为计算指标，应按式（3-3）计算。

（2）受扭承载力

定义构件边缘剪应变达 10000 $\mu\varepsilon$ 时对应的扭矩为受扭承载力（T_u）。钢管混凝土受扭承载力（T_u）的主要影响因素有抗扭强度标准值（τ_{svy}）、截面抗扭模量（$W_{sc,t}$）和约束效应系数（ξ）。

定义受扭承载力计算系数 $\gamma_t = T_u/(\tau_{svy} \cdot W_{sc,t})$，以圆形钢管混凝土为例，其计算公式如式（4-33）。

根据《钢管混凝土混合结构技术标准》GB/T 51446—2021，圆形钢管混凝土受扭承载力应符合式（4-31）的规定，且宜按式（4-32）计算：

$$T_{cd} \leqslant T_{cu} \tag{4-31}$$

$$T_{cu} = \gamma_t W_{sc,t} f_{sv} \tag{4-32}$$

$$\gamma_t = 1.294 + 0.267\ln\xi \tag{4-33}$$

$$W_{sc,t} = \frac{\pi D^3}{16} \tag{4-34}$$

式中　T_{cd}——钢管混凝土的扭矩设计值（N·mm）；

　　　T_{cu}——钢管混凝土的受扭承载力（N·mm）；

　　　f_{sv}——抗剪强度设计值（N/mm²），应按式（3-3）计算；

　　　ξ——约束效应系数，应按式（1-1）计算；

　　　γ_t——受扭承载力计算系数；

　　　$W_{sc,t}$——截面扭转抵抗矩（mm³）；

　　　D——钢管混凝土外径（mm）。

4.2.4　横向受剪承载力

剪跨比（m）为截面弯矩与剪力和有效高度乘积的比值。

$$m = \frac{M}{V \cdot h_0} \tag{4-35}$$

式中　m——剪跨比；

　　　M——截面弯矩（N·mm）；

　　　V——截面剪力（N）；

　　　h_0——截面有效高度（mm）。

对于圆形钢管混凝土构件，剪跨比 $m = 0.5H/D$，其中 H 为构件剪跨段的长度；D 为构件的钢管外径。图 4-9 为圆形钢管混凝土横向受剪试件破坏形态。当剪跨比（m）为 0.15 时，试件从加载点至端板处被斜向剪断，破坏模态属于剪切型破坏。当剪跨比（m）为 0.5 时，试件跨中钢管受拉开裂，同时剪跨区钢管出现斜向局部屈曲，表现为典型的弯剪型破坏；当剪跨比（m）为 0.75 时，试件的破坏表现为截面受压区钢管鼓凸，钢管和核心混凝土在受拉区断裂，试件丧失承载力，破坏时产生了显著的塑性变形。对试验后的试件在跨中截面附近将钢管剖开，观测到核心混凝土受拉区出现均匀分布的横向裂缝。

钢管混凝土横向受剪时的 τ-γ 关系与其受扭时相近，且各参数对横向受剪 τ-γ 关系的

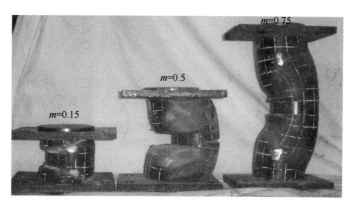

图 4-9　钢管混凝土受剪试件的破坏形态

影响与对其受扭时的影响规律也基本相同。

综合考虑钢管混凝土受剪切作用时材料的受力状态和构件变形程度等因素，取 τ-γ 关系上剪应变达 10000 $\mu\varepsilon$ 时的剪应力为抗剪强度 （f_{svy}），其确定方式与抗扭强度 （τ_{svy}）相同。

定义钢管混凝土受剪承载力计算系数 $\gamma_v = V_u / (f_{svy} A_{sc})$，其与截面约束效应系数 （$\xi$）相关。以圆形钢管混凝土为例，$\gamma_v$ 计算表达式如式 （4-38）所示。

根据《钢管混凝土混合结构技术标准》GB/T 51446—2021，圆形钢管混凝土受剪承载力应符合式 （4-36）的规定，且宜按式 （4-37）计算：

$$V_{cd} \leqslant V_{cu} \tag{4-36}$$

$$V_{cu} = \gamma_v A_{sc} f_{sv} \tag{4-37}$$

$$\gamma_v = 0.97 + 0.2\ln(\xi) \tag{4-38}$$

式中　V_{cd}——钢管混凝土的剪力设计值 （N）；

　　　V_{cu}——钢管混凝土的受剪承载力 （N）；

　　　γ_v——受剪承载力计算系数；

　　　ξ——约束效应系数，应按式 （1-1）计算；

　　　A_{sc}——钢管混凝土的截面面积 （mm²）；

　　　f_{sv}——抗剪强度设计值 （N/mm²），应按式 （3-3）计算。

4.3　复杂受力下构件承载力计算

实际工程结构中的钢管混凝土可能处于压 （拉） 弯、压扭、弯扭、压弯扭、压弯剪，甚至压弯扭剪或拉弯扭剪等复杂受力状态，有必要提供复杂受力状态下构件承载力计算方法。

4.3.1　压 （拉） 弯承载力

（1）压弯承载力

图 4-10 所示为钢管混凝土压弯构件受力示意图，边界条件为一端固定，一端自由，且在自由边界施加轴向压力和弯矩。作用在压弯构件上的压力和弯矩可以由不同的荷载引起，即压力和弯矩可以是两个独立的变量。图 4-11 所示为三种不同的加载路径，实际结构中的加载过程往往更为复杂。

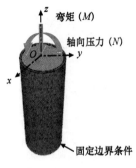

图 4-10　压弯构件

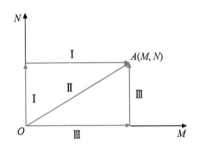

图 4-11　压弯构件加载路径

1）加载路径Ⅰ：先施加轴压力（N），然后保持 N 的大小和方向不变，再作用弯矩（M）。轴心受压柱在水平荷载作用下的工作情况即属此类。

2）加载路径Ⅱ：表示轴压力（N）和弯矩（M）按比例增加。实际工程结构中偏心受压柱的受力情况即属此类，这种加载路径在实际工程中较为常见。

3）加载路径Ⅲ：先作用弯矩（M），然后保持 M 的大小和方向不变，再施加轴压力（N）。这类加载过程在工程实际中不多见。

加载路径对钢管混凝土压弯构件承载力影响不大，这是因为钢管约束了核心混凝土，改善了混凝土的脆性，使得压弯构件的工作性能与弹塑性材料类似，表现出较好的延性。

下面以工程中常见的加载路径Ⅱ为例（如图 4-12 所示），进一步分析钢管混凝土压弯构件的工作机理。

构件在偏心压力作用下，一开始就发生侧向挠曲，且截面上的应力分布不均匀。当构件长细比和荷载偏心距均较小时，构件破坏时往往呈现出强度破坏的特征，其在达到承载力前全截面发展塑性。对于长细比较大的构件，其承载力常取决于稳定。

图 4-13 所示为偏心压力（N）-跨中挠度（u_m）的关系，由上升段和下降段组成。在上升段，构件处于稳定状态，若使构件跨中挠度增加，须增大荷载；下降段与之相反，此

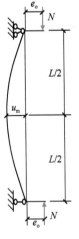

图 4-12　偏心受压构件

N—轴向压力；e_o—轴向荷载初始偏心距

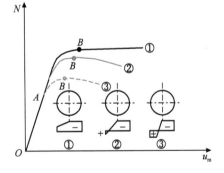

图 4-13　偏压构件荷载（N）-跨中挠度（u_m）关系

时跨中挠度不断发展，荷载却不断下降，构件失去了原有的平衡状态，随着跨中挠度的继续增加，最终导致构件发生破坏。

偏心压力（N）-跨中挠度（u_m）的关系曲线上的 OA 段为弹性阶段，超过 A 点之后，截面受压区不断发展塑性，钢管和受压区混凝土之间产生非均布的相互作用力，呈现出弹塑性工作特征。随着外荷载的继续增大，截面塑性区继续扩大，到达曲线最高点 B 点时，内外力不再保持平衡，构件丧失承载力，曲线开始下降，构件进入破坏阶段。当构件接近破坏时，外荷载增量很小，而变形却发展很快，曲线比较平缓，由此说明，钢管和核心混凝土之间的相互作用和共同工作，不仅使钢管混凝土压弯构件具有较高的承载力，而且还使其具有较好的延性。

图 4-13 所示为不同长细比和偏心率时偏心压力（N）-跨中挠度（u_m）的三条关系曲线。随着构件长细比和荷载偏心率的不同，当钢管混凝土压弯构件丧失稳定时，危险截面上钢管应力的分布也不同：全截面受压（曲线①）；受压区单侧发展塑性变形（曲线②）；压拉两侧都发展塑性变形（曲线③）。

钢管混凝土压弯构件的工作性能要比轴压构件复杂得多，主要表现为：

1）构件强度破坏时，截面全部发展为塑性。

2）构件稳定破坏时，危险截面的应力分布既有塑性区，又有弹性区。

3）危险截面上压应力的分布不均匀，且只分布在部分截面上，钢管和核心混凝土之间的相互作用力分布也不均匀。

4）危险截面上两种材料的变形模量不但随危险截面位置的变化而变化，而且沿其构件长度方向也是变化的。

影响钢管混凝土压弯构件 N/N_u-M/M_u 关系曲线的主要因素有：钢材和混凝土强度、含钢率和构件长细比。

典型的钢管混凝土 $N/N_u(\eta)$-$M/M_u(\zeta)$ 强度关系上存在一平衡点 A（如图 4-14 所示），这和钢筋混凝土压弯构件的受力特性类似。令 A 点的横、纵坐标值分别为 ζ_o 和 η_o。在其他条件相同的情况下，钢材屈服强度 f_y 和含钢率 α_s 越大，A 点越向里靠，即 ζ_o 和 η_o 都有减小的趋势；混凝土强度 f_{cu} 越高，A 点越向外移，即 ζ_o 和 η_o 都有增大的趋势。这是因为 f_y 和 α_s 越大，钢管混凝土中钢管"贡献"越大而混凝土"贡献"越小；f_{cu} 越高，钢管混凝土中混凝土"贡献"越大，此时钢管混凝土构件的力学性能和钢筋混凝土构件越相近。

图 4-15 所示为构件长细比（λ）对钢管混凝土压弯构件 N/N_u-M/M_u 关系的影响规律。随着 λ 的增大，钢管混凝土压弯构件的承载力呈现出逐渐降低的趋势，且随着 λ 的增大，二阶效应的影响逐渐变得显著，A 点逐渐向里靠，即 ζ_o 和 η_z 值呈现出逐渐减小的趋势；当 λ 增大到一定程度时，A 点在 N/N_u-M/M_u 关系上表现得不明显。

图 4-14 所示的钢管混凝土压弯构件典型的 N/N_u-M/M_u 关系大致分为两部分，可用两个数学表达式来描述：

1）C-D 段（即 $N/N_u \geq 2\eta_o$ 时）：N/N_u 和 M/M_u 可近似采用直线的函数形式描述，如式（4-39）；

2）C-A-B 段（即 $N/N_u < 2\eta_o$ 时）：N/N_u-M/M_u 可近似采用抛物线的函数形式描述，如式（4-40）。

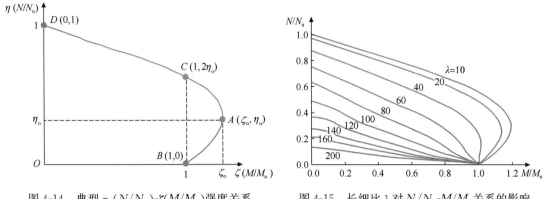

图 4-14　典型 η（N/N_u）-ζ（M/M_u）强度关系　　　图 4-15　长细比 λ 对 N/N_u-M/M_u 关系的影响

根据《钢管混凝土混合结构技术标准》GB/T 51446—2021，圆形钢管混凝土构件在一个平面内受压、弯荷载共同作用时，承载力宜符合下列规定：

当 $\dfrac{N_{cd}}{N_c} \geqslant 2\eta_o$ 时，则：

$$\frac{N_{cd}}{N_c} + \frac{aM_{cd}}{M_{cu}} \leqslant 1 \tag{4-39}$$

当 $\dfrac{N_{cd}}{N_c} < 2\eta_o$ 时，则：

$$\frac{-bN_{cd}^2}{N_c^2} - \frac{cN_{cd}}{N_c} + \frac{M_{cd}}{M_{cu}} \leqslant 1 \tag{4-40}$$

$$a = 1 - 2\eta_o \tag{4-41}$$

$$b = \frac{b - \zeta_o}{\eta_o^2} \tag{4-42}$$

$$c = \frac{2(\zeta_o - 1)}{\eta_o} \tag{4-43}$$

$$\eta_o = 0.1 + 0.14\xi^{-0.84} \tag{4-44}$$

$$\zeta_o = 1 + 0.18\xi^{-1.15} \tag{4-45}$$

式中　　　　N_{cd}——轴力设计值（N）；

　　　　　　M_{cd}——弯矩设计值（N·mm）；

　　　　　　N_c——截面受压承载力（N），宜按式（4-3）计算；

　　　　　　M_{cu}——截面受弯承载力（N·mm），宜按式（4-26）计算；

　　　　　　ξ——约束效应系数，应按式（1-1）计算；

a、b、c、η_o、ζ_o——系数。

圆形钢管混凝土在一个平面内受压、弯荷载共同作用时，稳定承载力宜符合下列规定：

当 $\dfrac{N_{cd}}{N_c} \geqslant 2\varphi^3\eta_o$ 时，则：

$$\frac{N_{cd}}{\varphi N_c} + \frac{a}{d} \cdot \frac{M_{cd}}{M_{cu}} \leqslant 1 \tag{4-46}$$

当 $\dfrac{N_{cd}}{N_c} < 2\varphi^3 \eta_o$ 时，则：

$$-\frac{bN_{cd}^2}{N_c^2} - \frac{cN_{cd}}{N_c} + \frac{1}{d} \cdot \frac{M_{cd}}{M_{cu}} \leqslant 1 \tag{4-47}$$

$$a = 1 - 2\varphi^2 \eta_o \tag{4-48}$$

$$b = \frac{1 - \zeta_o}{\varphi^3 \eta_c^2} \tag{4-49}$$

$$c = \frac{2(\zeta_o - 1)}{\eta_o} \tag{4-50}$$

$$d = 1 - 0.4\left(\frac{N_{cd}}{N_{cE}}\right) \tag{4-51}$$

$$N_{cE} = \frac{\pi^2 (EA)_c}{\lambda^2} \tag{4-52}$$

式中　N_{cE}——钢管混凝土的欧拉临界力（N）；

$(EA)_c$——钢管混凝土截面的弹性抗压刚度（N），应按式（3-4）计算；

λ——构件长细比，应按式（4-5）计算；

φ——弯矩作用平面内轴心受压构件的稳定系数，宜按式（4-10）计算。

（2）拉弯承载力

图 4-16 所示为钢管混凝土拉弯构件受力示意图，边界条件为一端固定，一端自由，且在自由边界施加轴向拉力和弯矩。采用钢管混凝土压弯构件的分析模型，改变加载方向，即可方便计算拉弯构件荷载-变形关系曲线。图 4-17 所示为钢管混凝土偏拉构件的荷载（N）-跨中截面挠度（u_m）关系，可总体分为三个阶段：

1）弹性阶段（OA）：N 与 u_m 基本呈线性关系，A 点处核心混凝土承担的轴向拉力达到峰值，但钢材处于弹性阶段，还未达到比例极限。

2）弹塑性阶段（AB）：核心混凝土承担的轴向拉力开始减小，钢材开始进入弹塑性阶段。

3）塑性阶段（BC）：最外边缘的钢材开始进入强化阶段，随着跨中截面挠度的不断增加，轴向拉力还能继续增加，但增长幅度不大。

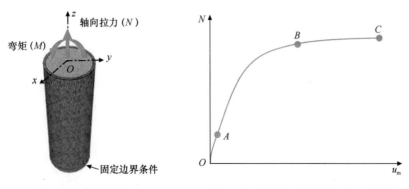

图 4-16　拉弯构件　　　　　图 4-17　偏拉构件典型的 N-u_m 关系

考虑到构件的受力状态和正常使用要求，取钢管混凝土受拉区钢材最大拉应变达10000 $\mu\varepsilon$ 时的轴向拉力为拉弯构件承载力（N_{tu}）。

研究结果表明，圆形钢管混凝土和方形钢管混凝土 N/N_{tu}-M/M_u 关系曲线差别很小，且钢材强度、混凝土强度及截面含钢率对其影响很小。

根据《钢管混凝土混合结构技术标准》GB/T 51446—2021，圆形钢管混凝土构件受拉、弯荷载共同作用时，承载力宜符合下列规定：

$$\frac{N_{td}}{(1.1-0.4\alpha_s)fA_s}+\frac{M_{cd}}{M_{cu}} \leqslant 1 \tag{4-53}$$

式中　　N_{td}——轴向拉力设计值（N）；

$\quad\quad\ M_{cd}$——弯矩设计值（N·mm）；

$\quad\quad\ M_{cu}$——截面受弯承载力（N·mm）；

$\quad\quad\ \alpha_s$——截面含钢率，应按式（1-2）计算；

$\quad\quad\ f$——钢管钢材抗拉、抗压和抗弯强度设计值（N/mm²）；

$\quad\quad\ A_s$——钢管的截面面积（mm²）。

4.3.2　压扭承载力

图 4-18 所示为钢管混凝土压扭构件受力示意图，边界条件为一端固定，一端自由，且在自由边界施加轴向压力和扭矩。作用在压扭构件上的压力和扭矩是不同的荷载引起的，即压力和扭矩是两个独立的变量，达到某一特定的压力值和扭矩值，对于不同结构中的压扭构件，就可能有不同的加载路径。即使对同一结构中的同一压扭构件，由于荷载组合的不同，也可能有不同的加载过程。

图 4-19 所示为压扭构件三种典型的加载路径，其具体可描述如下：

（1）加载路径Ⅰ：先作用扭矩（T），然后保持 T 的大小和方向不变，不断施加轴压力（N）。实际结构中的受扭构件在轴压力作用下属于此类。

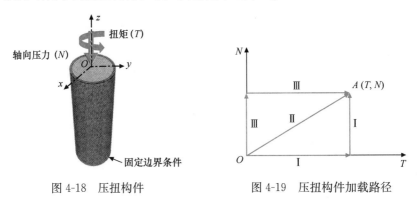

图 4-18　压扭构件　　　　　　　　图 4-19　压扭构件加载路径

（2）加载路径Ⅱ：表示扭矩（T）和轴压力（N）成比例线性施加，这种加载过程在实际结构中很少出现。

（3）加载路径Ⅲ：先作用轴压力（N），然后保持 N 的方向不变，再施加扭矩（T）。这是实际结构中最常见的一种加载过程，例如施加轴心预应力的钢管混凝土纯扭构件、地震作用下受扭矩的轴压柱均属于这种情况。

研究结果表明，加载路径对钢管混凝土压扭构件承载力影响不大，这是因为受力过程中，钢管约束了核心混凝土，改善了其脆性；核心混凝土的存在延缓或避免了钢管的局部屈曲，使得钢管混凝土压扭构件表现出较好的塑性性能，其破坏总体呈现出延性破坏的特征。

以加载路径Ⅰ为例，图 4-20 给出钢管混凝土压扭构件 N-ε 全过程关系（N 为轴压力，ε 为构件截面平均纵向应变）。N-ε 关系总体上可分为以下三个工作阶段：

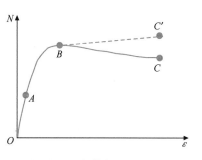

图 4-20　压扭构件的 N-ε 关系

（1）弹性段（OA）：在此阶段，若施加在构件上的扭矩值较小，钢管和核心混凝十一般都是单独受力，无相互作用；若施加在构件上的扭矩值较大，使得混凝土的横向变形超过了钢管的横向变形，钢管和核心混凝土之间则会产生相互作用力。A 点大致相当于钢管进入弹塑性阶段的起点。

（2）弹塑性段（AB）：在此阶段，核心混凝土开始发展微裂缝，当其横向变形超过钢管的横向变形，钢管会产生对核心混凝土沿径向分布的约束力。因而核心混凝土和钢管处于三向受压和双向受剪的复杂应力状态。B 点时，钢管达到了其屈服强度。

（3）塑性段（BC）：当钢管屈服后，随着变形的增加，N-ε 关系曲线开始进入下降段，但当钢管混凝土的约束效应系数（ξ）较大时，构件承载力仍可继续增大（如图 4-20 中的 BC' 段）。

研究结果表明，加载路径、钢材屈服强度（f_y）、混凝土强度（f_{cu}）以及截面含钢率（α_s）对钢管混凝土压扭构件 T/T_u-N/N_u 相关曲线影响不明显，而长细比（λ）的影响则较为显著。

根据《钢管混凝土混合结构技术标准》GB/T 51446—2021，圆形钢管混凝土构件受压、扭荷载共同作用时，截面承载力宜符合式（4-54）的规定，稳定承载力宜符合式（4-55）的规定。

$$\left(\frac{N_{cd}}{N_c}\right)^{2.4}+\left(\frac{T_{cd}}{T_{cu}}\right)^2 \leqslant 1 \tag{4-54}$$

$$\left(\frac{N_{cd}}{\varphi N_c}\right)^{2.4}+\left(\frac{T_{cd}}{T_{cu}}\right)^2 \leqslant 1 \tag{4-55}$$

式中　N_c——截面受压承载力（N），宜按式（4-3）计算；

　　　N_{cd}——轴力设计值（N）；

　　　φ——稳定系数，宜按式（4-10）计算；

　　　T_{cd}——钢管混凝土的扭矩设计值（N·mm）；

　　　T_{cu}——钢管混凝土的受扭承载力（N·mm），宜按式（4-32）计算。

4.3.3　弯扭承载力

图 4-21 所示为钢管混凝土弯扭构件受力示意图，边界条件为一端固定、一端自由，且在自由边界施加弯矩和扭矩。钢管混凝土同时受弯和受扭的情况在实际工程并不多见，但研究弯扭构件的工作性能会有助于对压弯扭构件与压弯扭剪构件性能的了解，因此仍有深入研究的必要。

图 4-22 所示为钢管混凝土弯扭构件三种典型的加载路径，实际结构中的加载路径往往还要复杂得多。

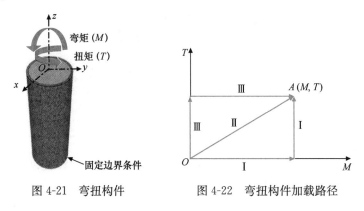

图 4-21　弯扭构件　　　　　　图 4-22　弯扭构件加载路径

（1）加载路径 Ⅰ：先作用弯矩（M），然后保持 M 的大小和方向不变；不断增加扭矩（T）。

（2）加载路径 Ⅱ：采用的加载方式是弯矩（M）和扭矩（T）按一定比例施加，即弯扭比（M/T）保持不变。

（3）加载路径 Ⅲ：先作用扭矩（T），保持扭矩（T）值不变，不断增加截面沿弯曲方向的转角（θ）。

加载路径对弯扭构件的承载力影响不大，这是因为钢管混凝土在弯扭荷载作用下，钢管约束了核心混凝土，改善了其脆性；而核心混凝土的存在可延缓或避免钢管发生局部屈曲，从而使得钢管混凝土弯扭构件表现出较好的塑性性能。

以加载路径 Ⅰ 为例，图 4-23 所示为 $T\text{-}\theta$ 关系全曲线，总体可分为三个工作阶段：

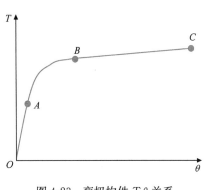

图 4-23　弯扭构件 $T\text{-}\theta$ 关系

（1）弹性阶段（OA）：A 点相当于钢管最大受力时纤维应力达比例极限。此时，受压区钢管与核心混凝土相互作用力很小，钢管和核心混凝土均为单向受压，双向受剪；受拉区钢管的横向变形受到核心混凝土的限制，其环向产生拉应力。

（2）弹塑性阶段（AB）：核心混凝土承受的纵向应力和剪应力继续增加，B 点相当于钢管在应力最大处开始屈服。

（3）塑性强化阶段（BC）：过 B 点后，受压区钢管开始屈服，且范围逐渐扩大。受压区核心混凝土在纵向应力作用下，横向变形不断增加，当超过钢管横向变形时，则开始产生明显的相互作用力。

加载路径对弯扭构件的 $T/T_u\text{-}M/M_u$ 关系影响不大，且钢材屈服强度（f_y）、混凝土强度（f_{cu}）以及截面含钢率（α_s）对 $T/T_u\text{-}M/M_u$ 关系的影响不明显。根据弯扭构件 $T/T_u\text{-}M/M_u$ 相关曲线的形状和计算结果，受弯、扭荷载共同作用下的承载力宜符合式（4-56）的规定：

$$\left(\frac{M_{cd}}{M_{cu}}\right)^{2.4} + \left(\frac{T_{cd}}{T_{cu}}\right)^{2} \leqslant 1 \tag{4-56}$$

式中　M_{cu}——截面受弯承载力（N・mm），宜按式（4-26）计算；

　　　　T_{cu}——截面受扭承载力（N・mm），宜按式（4-32）计算。

4.3.4　压弯扭承载力

图 4-24 所示为钢管混凝土压弯扭构件受力示意图，位移边界条件为一端固定、一端自由，且在自由边界施加轴向压力、弯矩和扭矩。由于荷载组合的不同，钢管混凝土压弯扭构件可能有不同的加载路径，例如达到图 4-25 上 A 点的受力状态（T，M，N）就可能有加载路径Ⅰ、Ⅱ、Ⅲ、Ⅳ和Ⅴ。而实际工程中的加载路径往往还复杂得多。下面就常见的加载路径Ⅰ和Ⅱ情况下压弯扭构件的荷载-变形关系曲线进行分析。

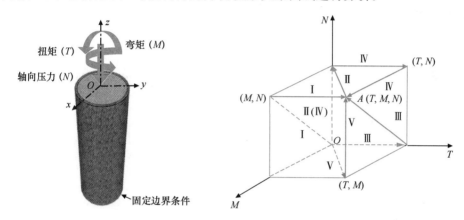

图 4-24　压弯扭构件　　　　　　　图 4-25　压弯扭构件加载路径

（1）加载路径Ⅰ：先对构件施加纵向偏心压力（N），然后保持 N 的大小及方向不变逐渐施加扭矩（T），这种加载路径实际上是对偏压构件逐步施加 T。这也是实际结构中最常见的一种加载路径。例如，承受偏心压力的钢管混凝土构件在地震作用下产生扭矩就属于这种加载路径，施加偏心预应力的受扭构件也属于这种加载路径。

（2）加载路径Ⅱ：先对构件施加轴向压力（N），然后保持 N 的大小及方向不变，再按比例施加扭矩（T）和弯矩（M）。钢管混凝土轴心受压柱在地震作用下有可能产生该路径下的受力状态。

以加载路径Ⅰ为例，图 4-26 为这种加载路径的典型 T-θ 关系曲线，大致可分为三个阶段：

（1）弹性阶段（OA）：在此阶段，钢管和混凝土一般为单独工作。A 点处受压区钢管最大纤维应力达钢材比例极限。

（2）弹塑性阶段（AB）：随着钢管受压最大纤维的屈服，核心混凝土也开始扩展微裂缝，B 点大致相当于受压区钢管最大纤维应力达屈服强度。

（3）塑性阶段：T-θ 关系过了 B 点后，随着钢

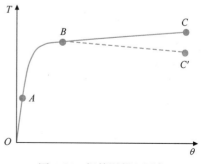

图 4-26　钢管混凝土压弯
扭构件 T-θ 关系

管屈服区域由外向内扩展，抗扭承载力仍可稍有增加，对于长细比较大或约束效应系数较小的构件，有可能出现下降段，即 BC' 段。在 C 点钢管并不一定全部发展塑性，C 点应力状态取决于构件长细比和约束效应系数等因素。

研究结果表明，加载路径对钢管混凝土压弯扭构件的 N/N_u-M/M_u-T/T_u 包络面影响总体上不显著。图 4-27 给出了计算获得的不同 T/T_u 情况下钢管混凝土压弯扭构件的 N/N_u-M/M_u 相关曲线。可见，随着 T/T_u 的增加，压弯扭构件的承载力不断减小，但随着 T/T_u 的变化，N/N_u-M/M_u 相关曲线的形状基本类似。

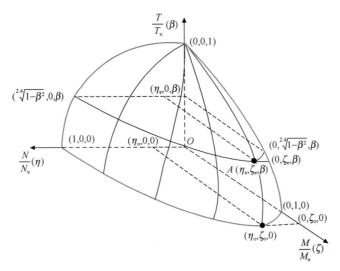

图 4-27　压弯扭构件 $\dfrac{N}{N_u}(\eta)$-$\dfrac{M}{M_u}(\zeta)$-$\dfrac{T}{T_u}(\beta)$ 关系

根据《钢管混凝土混合结构技术标准》GB/T 51446—2021，圆形钢管混凝土构件受压、弯、扭荷载共同作用时，承载力宜符合下列规定：

当 $N_{cd}/N_c \geqslant 2\varphi^3 \eta_o \left[1-\left(\dfrac{T_{cd}}{T_{cu}}\right)^2\right]^{0.417}$ 时，则：

$$\left(\frac{1}{\varphi} \cdot \frac{N_{cd}}{N_c} + \frac{a}{d} \cdot \frac{M_{cd}}{M_{cu}}\right)^{2.4} + \left(\frac{T_{cd}}{T_{cu}}\right)^2 \leqslant 1 \tag{4-57}$$

当 $N_{cd}/N_c < 2\varphi^3 \eta_o \left[1-\left(\dfrac{T_{cd}}{T_{cu}}\right)^2\right]^{0.417}$ 时，则：

$$\left[-b\left(\frac{N_{cd}}{N_c}\right)^2 - c\left(\frac{N_{cd}}{N_c}\right) + \frac{1}{d} \cdot \frac{M_{cd}}{M_{cu}}\right]^{2.4} + \left(\frac{T_{cd}}{T_{cu}}\right)^2 \leqslant 1 \tag{4-58}$$

$$a = 1 - 2\varphi^2 \eta_o \tag{4-59}$$

$$b = \frac{1-\zeta_e}{\varphi^3 \eta_e^2} \tag{4-60}$$

$$c = \frac{2(\zeta_e - 1)}{\eta_e} \tag{4-61}$$

$$d = 1 - 0.4\left(\frac{N_{cd}}{N_{cE}}\right) \tag{4-62}$$

$$\eta_e = (1-\beta^2)^{0.417} \eta_o \tag{4-63}$$

$$\zeta_e = (1-\beta^2)^{0.417}\zeta_o \tag{4-64}$$

$$\beta = \frac{T_{cd}}{T_{cu}} \tag{4-65}$$

式中　　　　　　　M_{cd}——弯矩设计值（N·mm）；

　　　　　　　　　M_{cu}——截面受弯承载力（N·mm），宜按式（4-26）计算；

　　　　　　　　　η_o——系数，应按式（4-44）计算；

a、b、c、d、η_e、ζ_e、β——系数；

　　　　　　　　　ζ_o——系数，应按式（4-45）计算；

　　　　　　　　　N_{cE}——欧拉临界力（N），应按式（4-52）计算。

4.3.5　压弯剪承载力

图 4-28 给出一种压弯剪构件受力示意图，即构件首先轴心受压，然后再横向受剪的受力状态，构件的边界条件为一端固定、一端自由，典型的压弯剪构件的水平力（P）-横向位移（Δ）关系如图 4-29 所示，总体上可分为三个阶段：

（1）弹性阶段（OA）：P-Δ 关系总体上呈直线关系，截面的一部分受压区处于卸载状态，核心混凝土的刚度较大，A 点处，压区钢管最外纤维处开始屈服，卸载区钢管出现拉应力。随着横向位移的增大，截面中和轴不断上移，混凝土受拉区面积也逐渐增加。

（2）弹塑性阶段（AB）：在此阶段，P-Δ 关系曲线不再呈线性关系。随着横向位移的增加，混凝土截面受拉区和钢管受压区域的面积不断增加，构件刚度不断下降。B 点处，压、拉区钢管都开始进入屈服阶段。对于圆形钢管混凝土，在混凝土截面受压区，截面边缘混凝土应变较大，已经进入软化段，但截面中心处应变较小，还处于上升段，且受到周围混凝土的约束，因此其纵向应力较大；对于方钢管混凝土，在截面受压区出现应力集中现象。

（3）塑性阶段：横向剪力增加到一定程度后，内弯矩的增长抵消不了压弯剪构件二阶效应的影响，表现为构件承受的横向剪力开始减小（BC 段）。对于轴压比较小或截面约束效应系数（ξ）较大的构件，当"二阶效应"影响较小或外钢管在受压区对核心混凝土提供了更强的约束时，P-Δ 关系曲线往往不会出现下降段，表现出强化特征（BC' 段）。

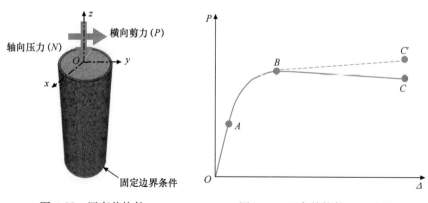

图 4-28　压弯剪构件　　　　　　　　图 4-29　压弯剪构件 P-Δ 关系

图 4-30 给出了钢管混凝土压弯剪构件典型破坏模态，构件破坏表现出弯曲和剪切破

坏的特征，最终由钢管发生局部向外鼓屈而破坏。钢管混凝土压弯剪构件中核心混凝土由于受到钢管的约束，可有效地改善其脆性。钢管由于内填混凝土的存在，使其在受力过程避免或延缓了屈曲失稳的发生，使得钢管的材料性能得到更为充分的发挥。因此，钢管与核心混凝土之间的相互作用，协同工作，使得钢管混凝土压弯剪构件具有较好的塑性性能。

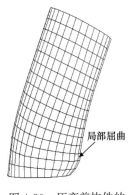

局部屈曲

图 4-30　压弯剪构件的
破坏形态

影响钢管混凝土压弯剪构件 $P\text{-}\Delta$ 关系的因素有：轴压比（n）、剪跨比（m）、混凝土强度（f_{cu}）、钢材屈服强度（f_y）和截面含钢率（α_s）。下面以轴压比（n）、剪跨比（m）为例，论述其对钢管混凝土压弯剪构件的影响。

轴压比（n）为作用在钢管混凝土构件上的轴向压力与构件轴压承载力的比值。

$$n = \frac{N}{N_u} \tag{4-66}$$

式中　n——轴压比；

　　　N——轴向压力设计值（N）；

　　　N_u——钢管混凝土构件的轴心受压承载力（N），应按式（4-9）计算。

轴压比（n）在 0.2 前，随着横向位移的增加，钢管承受的剪力逐渐增加，在后期剪力变化不大，对于圆形钢管混凝土构件出现了强化段；n 在 0.4 左右时，随着横向位移的增加，钢管承受的剪力逐渐增加，随着横向位移的继续增加，钢管的 $P\text{-}\Delta$ 关系曲线出现明显的下降段。出现以上不同现象的原因在于：

（1）当 n 较小时，钢管和核心混凝土的纵向应变较小，随着横向位移的增加，钢管和核心混凝土承受的剪力逐渐增加，核心混凝土由于受到外钢管的约束，其抗剪强度得到较大提高，脆性性能得到改善，此时压弯剪构件的 $P\text{-}\Delta$ 关系曲线一般不出现下降段，表现出一定的强化性质。

（2）当 n 较大时，钢管和核心混凝土的纵向应变较大，随着横向位移的增加，受压混凝土的横向变形迅速增加，径向挤压钢管，使得钢管很快达到其抗剪强度。核心混凝土由于受到外钢管的约束，其抗剪强度还能继续增加。随着横向位移的继续增加，核心混凝土进入软化段，抗剪强度开始下降，压弯剪构件的 $P\text{-}\Delta$ 关系曲线也随之进入下降段。

（3）当 n 继续增大时，在轴压力作用下，钢管就可能进入屈服阶段，随着横向位移的增加，钢管很快失去抗剪承载能力。

剪跨比（m）的定义如 4.2.4 节所述。当 m 较小时，核心混凝土沿对角线方向应变较大，且分布大致均匀，而在相反对角线方向的应变很小，说明在承载力时，核心混凝土处于复杂受力状态，显现出斜压柱的传力性质，此时构件的破坏表现为钢管的剪切滑移和核心混凝土的斜向压溃。当 m 较大时，混凝土端部横向应变远大于其他区域应变，这表明钢管混凝土的破坏性质发生了很大变化，由剪切型破坏转变为弯曲型破坏。

钢管混凝土构件在压弯剪的受力状态下，在其截面也会引起正应力（由轴力 N 和弯矩 M 引起）和剪应力（由剪力 V 引起），类似于钢管混凝土压弯扭构件的受力状态。因此，在压弯剪的受力状态下，钢管混凝土构件的承载力同样应近似地遵循式（4-57）和

式 (4-58) 给出的条件，只将式中的参数 (T_{cd}/T_{cu}) 改成 (V_{cd}/V_{cu}) 即可。

根据《钢管混凝土混合结构技术标准》GB/T 51446—2021，圆形钢管混凝土构件受压、弯、剪荷载共同作用时，承载力宜符合下列规定：

当 $N_{cd}/N_c \geqslant 2\varphi^3 \eta_o \left[1 - \left(\dfrac{V_{cd}}{V_{cu}}\right)^2\right]^{0.417}$ 时，则：

$$\left(\frac{1}{\varphi} \cdot \frac{N_{cd}}{N_c} + \frac{a}{d} \cdot \frac{M_{cd}}{M_{cu}}\right)^{2.4} + \left(\frac{V_{cd}}{V_{cu}}\right)^2 \leqslant 1 \tag{4-67}$$

当 $N_{cd}/N_c < 2\varphi^3 \eta_o \left[1 - \left(\dfrac{V_{cd}}{V_{cu}}\right)^2\right]^{0.417}$ 时，则：

$$\left[-b\left(\frac{N_{cd}}{N_c}\right)^2 - c\left(\frac{N_{cd}}{N_c}\right) + \frac{1}{d} \cdot \frac{M_{cd}}{M_{cu}}\right]^{2.4} + \left(\frac{V_{cd}}{V_{cu}}\right)^2 \leqslant 1 \tag{4-68}$$

式中　　N_{cd}——轴力设计值（N）；

　　　　N_c——截面受压承载力（N），宜按式 (4-3) 计算；

　　　　M_{cd}——弯矩设计值（N·mm）；

　　　　M_{cu}——截面受弯承载力（N·mm），宜按式 (4-26) 计算；

　　　　V_{cd}——剪力设计值（N）；

　　　　V_{cu}——受剪承载力（N），宜按式 (4-37) 计算；

a、b、c、d——系数，应按式 (4-59)～式 (4-62) 计算。

4.3.6　压弯扭剪承载力

图 4-31 给出一种钢管混凝土构件在压弯扭剪作用下的受力示意图。构件边界条件为一端固定、一端自由，且在自由边界施加轴力、剪力和扭矩。作用在压弯扭剪构件上的轴力、弯矩、剪力和扭矩是不同的荷载引起的，就可能有不同的加载路径。实际工程中的加载路径往往比较复杂，为了说明问题，下面就如下四种加载路径进行分析，即：

(1) 加载路径 I：先作用扭矩 T，并保持 T 的大小和方向不变；然后施加轴力 N 并保持轴力的大小和方向不变，最后施加横向剪力 P。

(2) 加载路径 II：先作用轴压力 N，并保持 N 的方向不变；然后施加扭矩 T 并保持扭矩的大小和方向不变，最后施加横向剪力。

(3) 加载路径 III：先作用扭矩 T，并保持 T 的大小和方向不变；然后施加横向剪力和弯矩并保持其大小和方向不变，最后施加轴力 N。

(4) 加载路径 IV：先作用横向剪力和弯矩并保持其大小和方向不变，然后施加扭矩 T，然后保持 T 的大小和方向不变，最后施加轴力 N。

图 4-32 给出了加载路径 I 下钢管混凝土压弯扭剪构件典型的荷载-变形关系，可见，该加载路径下压弯扭剪构件的 P-Δ 关系与压弯剪构件基本类似，总体上可分为以下几个阶段：

(1) 弹性阶段（OA）：在此阶段，P-Δ 关系曲线基本上呈线性，在 A 点，混凝土受压区的最大纵向应力基本达到圆柱体抗压强度，受压区钢管也开始屈服。

(2) 弹塑性阶段（AB）：在此阶段，截面总体处于弹塑性状态，随着横向位移的增加，混凝土截面受拉区域的面积不断增加，钢管受压区屈服区域不断增加，构件刚度不断下降。

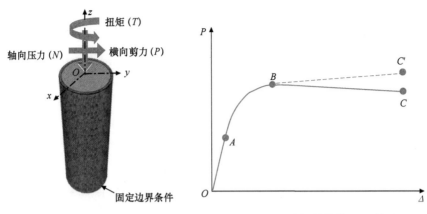

图 4-31 压弯扭剪构件 　　　图 4-32 压弯扭剪构件 P-Δ 关系

（3）下降段（BC）：横向剪力达到峰值以后，内弯矩的增长抵消不了压弯扭剪构件二阶效应的影响，表现为构件承受的剪力开始减小。

总之，与压弯、压扭、弯扭、压弯扭和压弯剪构件类似，在工程常用参数范围内，钢管混凝土压弯扭剪构件的工作总体上表现出较好的塑性性能，呈现出延性破坏的特征，因此，加载路径对其承载力影响不显著。

在其他参数一定的情况下，钢管混凝土压弯扭剪构件的承载力随 T/T_u 和 V/V_u 的变化规律基本相同，且压弯扭剪构件 N/N_u-M/M_u 关系与压弯扭构件 N/N_u-M/M_u 关系变化规律基本类似。

根据《钢管混凝土混合结构技术标准》GB/T 51446—2021，圆形钢管混凝土构件受压、弯、扭、剪荷载共同作用时，承载力宜符合下列规定：

当 $N_{cd}/N_c \geqslant 2\varphi^3 \eta_o \left[1 - \left(\dfrac{T_{cd}}{T_{cu}}\right)^2 - \left(\dfrac{V_{cd}}{V_{cu}}\right)^2\right]^{0.417}$ 时，则：

$$\left(\frac{1}{\varphi} \cdot \frac{N_{cd}}{N_c} + \frac{a}{d} \cdot \frac{M_{cd}}{M_{cu}}\right)^{2.4} + \left(\frac{V_{cd}}{V_{cu}}\right)^2 + \left(\frac{T_{cd}}{T_{cu}}\right)^2 \leqslant 1 \tag{4-69}$$

当 $N_{cd}/N_c < 2\varphi^3 \eta_o \left[1 - \left(\dfrac{T_{cd}}{T_{cu}}\right)^2 - \left(\dfrac{V_{cd}}{V_{cu}}\right)^2\right]^{0.417}$ 时，则：

$$\left[-b\left(\frac{N_{cd}}{N_c}\right)^2 - c\left(\frac{N_{cd}}{N_c}\right) + \frac{1}{d} \cdot \frac{M_{cd}}{M_{cu}}\right]^{2.4} + \left(\frac{V_{cd}}{V_{cu}}\right)^2 + \left(\frac{T_{cd}}{T_{cu}}\right)^2 \leqslant 1 \tag{4-70}$$

式中　　　　T_{cd}——扭矩设计值（N·mm）；

T_{cu}——受扭承载力（N·mm），宜按式（4-32）计算；

a、b、c、d——系数，应按式（4-59）～式（4-62）计算。

式（4-69）和式（4-70）的特点是，当左边某一项比值为 0 时，即为另外三种荷载作用下的承载力极限状态；当某两项比值为 0 时，即为另外两种荷载作用下的承载力极限状态；当某三项比值为 0 时，即为单一荷载作用下的承载力计算公式。例如，没有剪力或扭矩作用时，式（4-69）和式（4-70）即退化为式（4-57）和式（4-58）或式（4-67）和式（4-68）。

4.4 长期荷载作用下构件承载力计算

与钢筋混凝土类似，长期荷载作用下组成钢管混凝土的核心混凝土的变形包括收缩和徐变。但和普通钢筋混凝土结构中的混凝土相比，长期荷载作用下，组成钢管混凝土的核心混凝土的工作具有如下特点：

（1）核心混凝土处于密闭状态，和周围环境基本没有湿度交换；

（2）核心混凝土沿钢管混凝土构件轴向收缩将受到其外包钢管的限制；

（3）受力过程中，核心混凝土和其外包钢管存在相互作用问题，钢管混凝土构件在长期荷载作用下，由于钢管内混凝土会发生徐变和收缩变形，进而产生内力重分布现象，使钢材和混凝土的应力发生变化。

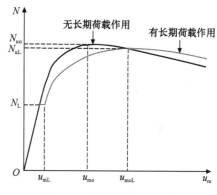

图 4-33 所示为有无长期荷载作用时钢管混凝土压弯构件典型的 N-u_m 关系，其中，N_{uo} 和 u_{mo} 分别为无长期荷载作用时构件的承载力及其对应的轴压变形；N_{uL} 和 u_{moL} 分别为有长期荷载作用时构件的承载力及其对应的轴压变形。两种情况下构件 N-u_m 关系的变化规律基本类似，只是在有长期荷载作用时，构件的承载力有所降低、对应的变形值也有所增大。

图 4-33 压弯构件 N-u_m 关系

定义长期荷载影响系数 k_{cr} 的表达式如下：

$$k_{cr} = \frac{N_{uL}}{N_u} \tag{4-71}$$

式中 k_{cr}——长期荷载影响系数；

       N_u——无长期荷载作用时钢管混凝土构件的承载力（N）；

       N_{uL}——有长期荷载作用时钢管混凝土构件的承载力（N）。

影响长期荷载作用下钢管混凝土构件承载力和变形的主要因素有长期荷载比（n）、截面含钢率（α_s）、钢材屈服强度（f_y）、混凝土强度（f_{cu}）、长细比（λ）、荷载偏心率（e/r）等。

根据《钢管混凝土混合结构技术标准》GB/T 51446—2021，对于圆形钢管混凝土构件，当永久荷载引起的钢管混凝土轴向压力占其全部轴向压力的 50% 及以上时，应计入荷载长期作用对构件稳定承载力的影响。计入荷载长期作用影响时，圆形钢管混凝土构件的轴心受压承载力应符合式（4-72）的规定，且长期荷载影响系数宜按式（4-73）计算：

$$N \leqslant k_{cr} N_u \tag{4-72}$$

$$k_{cr} = \begin{cases} (0.2a^2 - 0.4a + 1)b^{2.5a}k_{nL} & (a \leqslant 0.4) \\ (0.2a^2 - 0.4a + 1)bk_{nL} & (0.4 < a \leqslant 1.2) \\ 0.808bk_{nL} & (a > 1.2) \end{cases} \tag{4-73}$$

$$a = \frac{\lambda}{100} \tag{4-74}$$

$$b = \xi^{0.05} \tag{4-75}$$

$$k_{nL} = \begin{cases} 1 - 0.07n_L & (a \leqslant 0.4) \\ 0.98 - 0.07n_L + 0.05a & (a > 0.4) \end{cases} \tag{4-76}$$

$$n_L = \frac{N_L}{N_u} \tag{4-77}$$

式中　　N——轴向压力设计值（N）；

k_{cr}——长期荷载影响系数，当 k_{cr} 计算值大于 1.0 时，取 1.0；

N_u——钢管混凝土构件的轴心受压承载力（N），应按式（4-9）计算；

k_{nL}——长期荷载比调整系数，当 k_{nL} 计算值大于 1.0 时，取 1.0；

λ——构件的长细比，应按式（4-5）计算；

ξ——约束效应系数，应按式（1-1）计算；

n_L——长期荷载比；

N_L——作用于钢管混凝土构件的长期轴向压力（N），应按荷载的准永久组合确定。

4.5　钢管混凝土构件恢复力模型

地震是钢管混凝土结构在服役全寿命中可能遭受的荷载作用。深入研究钢管混凝土构件的弯矩（M）-曲率（ϕ）和水平荷载（P）-水平位移（Δ）滞回关系特性，确定其恢复力模型是进行钢管混凝土结构弹塑性地震反应分析的重要前提之一。

进行反复荷载作用下钢管混凝土弯矩（M）-曲率（ϕ）和水平荷载（P）-水平位移（Δ）滞回关系曲线全过程分析的必要前提是确定钢材和核心混凝土在反复荷载作用下的应力-应变关系模型，如 3.5 节和 3.6 节所述。

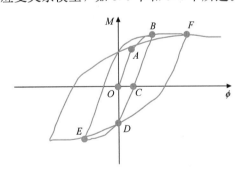

图 4-34　压弯构件 M-ϕ 滞回关系

（1）弯矩（M）-曲率（ϕ）滞回性能

图 4-34 所示为常轴压力作用下钢管混凝土压弯构件典型的弯矩（M）-曲率（ϕ）滞回曲线，该曲线大致可分为以下几个阶段：

1）OA 段。在此阶段，M-ϕ 基本上呈线性，截面的一部分受压区处于卸载状态，混凝土刚度较大；处于加载状态的混凝土，由于其应力接近混凝土的轴压强度，已有约束效应产生。当轴压比（n）较小时，钢管往往处于弹性受力状态。在 A 点，压区钢管最外纤维开始屈服，卸载区开始出现拉应力。

2）AB 段。M-ϕ 关系呈非线性，截面总体处于弹塑性状态，随着外加弯矩的增加，钢管受压区屈服的面积不断增加，刚度不断下降。

3）BC 段。从 B 点开始卸载，M-ϕ 基本呈线性，卸载刚度与 OA 段的刚度基本相同。截面由于卸载而处于受拉状态的部分转为受压状态，而原来加载的部分现处于受压卸载状态。在 C 点截面卸载到弯矩为零，但由于轴向力作用，整个截面上钢管和混凝土均有应力存在，由于钢和混凝土都发生了塑性变形导致残余应变，在 C 点时截面上有残余正向曲率产生。

4）CD 段。截面开始反向加载，M-ϕ 仍基本呈线性，钢管均处于弹性状态。D 点受压区钢管最外纤维开始屈服，截面部分混凝土开始出现拉应力。

5）DE 段。截面处于弹塑性阶段，随受压区钢管屈服面积的不断增加，截面刚度开始逐渐降低。

6）EF 段。工作情况类似于 BE 段，M-ϕ 斜率很小。虽然这时截面上仍然不断有新的区域进入塑性状态，但由于这部分区域离形心较近，对截面刚度影响不大。钢材进入强化阶段仍具有一定的刚度，受压区的混凝土由于约束效应的影响，也具有一定的刚度，所以整个截面仍可保持一定的刚度。

钢管混凝土压弯构件 M-ϕ 骨架曲线的特点是无陡的下降段，转角延性好，其形状与不发生局部失稳钢构件的性能类似，这是因为钢管混凝土构件中的混凝土受到了钢管的约束，在受力过程中不会发生因混凝土过早地被压碎而导致构件破坏的情况。此外，由于混凝土的存在可以避免或延缓钢管过早地发生局部屈曲，这样，由于组成钢管混凝土的钢管和其核心混凝土之间相互贡献、协同互补、共同工作的优势，可保证钢材和混凝土材料性能的充分发挥，其 M-ϕ 滞回曲线表现出良好

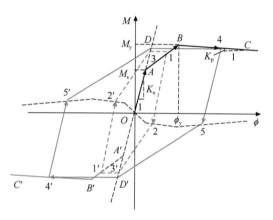

图 4-35　弯矩（M）- 曲率（ϕ）滞回模型

的稳定性，曲线图形饱满，刚度退化和捏缩现象不明显，耗能性能良好。

圆形钢管混凝土构件的 M-ϕ 滞回模型可采用图 4-35 所示的三线性模型，模型中有五个参数需要确定：弹性段刚度（K_e），屈服弯矩（M_y），A 点对应的弯矩（M_s），屈服曲率（ϕ_y）和第三段刚度（K_p）。

1）弹性段刚度（K_e）

弹性段刚度 K_e 可近似按下式计算：

$$K_e = E_s I_s + 0.6 E_c I_c \tag{4-78}$$

式中　K_e——弹性段刚度（N·mm²）；

　　　E_s——钢材的弹性模量（N/mm²）；

　　　I_s——钢管的截面惯性矩（mm⁴）；

　　　E_c——混凝土的弹性模量（N/mm²）；

　　　I_c——钢管内混凝土的截面惯性矩（mm⁴）。

2）屈服弯矩（M_y）

圆形钢管混凝土构件 M-ϕ 关系的特点是：当轴压比较小时，曲线有强化现象，而在其他情况下，曲线可能出现下降段，此时其 M_y 的取值即为峰值点处的弯矩值，如图 4-36 所示，图中虚线为数值计算结果。

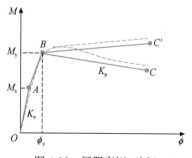

图 4-36　屈服弯矩（M_y）
的确定方法

圆形钢管混凝土构件 M-ϕ 关系上的屈服弯矩主要与截面含钢率（α_s）、混凝土强度（f_{cu}）和轴压比（n）有关，表达式如下：

$$M_y = \frac{A_1 \cdot c + B_1}{(A_1 + B_1) \cdot (p \cdot n + q)} \cdot M_{cu} \tag{4-79}$$

$$A_1 = \begin{cases} -0.137 & (b \leqslant 1) \\ 0.118b - 0.255 & (b > 1) \end{cases} \tag{4-80}$$

$$B_1 = \begin{cases} -0.468b^2 + 0.8b + 0.874 & (b \leqslant 1) \\ 1.306 - 0.1b & (b > 1) \end{cases} \tag{4-81}$$

$$p = \begin{cases} 0.566 - 0.789b & (b \leqslant 1) \\ -0.11b - 0.113 & (b > 1) \end{cases} \tag{4-82}$$

$$q = \begin{cases} 1.195 - 0.34b & (b \leqslant 0.5) \\ 1.025 & (b > 0.5) \end{cases} \tag{4-83}$$

式中　M_{cu}——受弯承载力（N·mm），宜按式（4-26）确定；

　　　b——系数，取 $\alpha_s/0.1$；

　　　c——系数，取 $f_{cu}/60$，f_{cu} 为混凝土立方体抗压强度（N/mm²）。

3）A 点对应的弯矩（M_s）

A 点对应的弯矩 M_s 的表达式如下：

$$M_s = 0.6M_y \tag{4-84}$$

4）曲率（ϕ_y）

屈服弯矩（M_y）对应的曲率（ϕ_y）主要与 f_{cu} 和 n 有关，表达式如下：

$$\phi_y = 0.0135(c + 1) \cdot (1.51 - n) \tag{4-85}$$

式中　ϕ_y——屈服弯矩（M_y）对应的曲率；

　　　c——系数，取 $f_{cu}/60$，f_{cu} 为混凝土立方体抗压强度（N/mm²）；

　　　n——轴压比，应按式（4-66）计算。

5）第三段刚度（K_p）

计算结果表明，圆形钢管混凝土构件弯矩-曲率关系的第三段刚度（K_p）分为大于零（正刚度）和小于零（负刚度）两种情况。参数分析结果表明，影响 K_p 的参数主要包括：约束效应系数（ξ）、轴压比（n）和混凝土强度（f_{cu}）。通过对数值结果的回归分析，给出 K_p 的表达式如下：

$$K_p = \alpha_{do} \cdot K_e \tag{4-86}$$

$$\alpha_{do} = \frac{\alpha_d}{1000} \tag{4-87}$$

系数 α_d 的确定方法如下：

当约束效应系数 $\xi > 1.1$ 时：

$$\alpha_d = \begin{cases} 2.2\xi + 7.9 & (n \leqslant 0.4) \\ (7.7\xi + 11.9) \cdot n - 0.88\xi + 3.14 & (n > 0.4) \end{cases} \tag{4-88}$$

式中　n——轴压比，应按式（4-66）计算；

　　　ξ——约束效应系数，应按式（1-1）计算。

当约束效应系数 $\xi \leqslant 1.1$ 时：

$$\alpha_{\mathrm{d}} = \begin{cases} A \cdot n + B & (n \leqslant n_{\mathrm{o}}) \\ C \cdot n + D & (n > n_{\mathrm{o}}) \end{cases} \tag{4-89}$$

$$n_{\mathrm{o}} = (0.245\xi + 0.203) \cdot c^{-0.513} \tag{4-90}$$

$$A = 12.8c \cdot (\ln\xi - 1) - 5.4\ln\xi - 11.5 \tag{4-91}$$

$$B = c \cdot (0.6 - 1.1\ln\xi) - 0.7\ln\xi + 10.3 \tag{4-92}$$

$$C = (68.5\ln\xi - 32.6) \cdot \ln c + 46.8\xi - 67.3 \tag{4-93}$$

$$D = 7.8\xi^{-0.8078} \cdot \ln c - 10.2\xi + 20 \tag{4-94}$$

式中　c——系数，取 $f_{\mathrm{cu}}/60$，f_{cu} 为混凝土立方体抗压强度（N/mm²）；

　　　n——轴压比，应按式（4-66）计算；

　　　ξ——约束效应系数，应按式（1-1）计算。

6）模型软化段

图 4-35 所示的圆形钢管混凝土构件弯矩-曲率滞回模型中，当从 1 点或 4 点卸载时，卸载线将按弹性刚度 K_{e} 进行卸载，并反向加载至 2 点或 5 点，2 点和 5 点纵坐标荷载值分别取 1 点和 4 点纵坐标弯矩值的 0.2 倍；继续反向加载，模型进入软化段 $23'$ 或 $5D'$，$3'$ 点和 D' 点均在 OA 线的延长线上，其纵坐标值分别与 1（或 3）点和 4（或 D）点相同。随后，加载路径沿 $3'1'2'3$ 或 $D'4'5'D$ 进行，软化段 $2'3$ 和 $5'D$ 的确定办法分别与 $23'$ 和 $5D'$ 类似。

（2）水平荷载（P)-水平位移（Δ）滞回性能

图 4-37 为圆形钢管混凝土试件水平荷载（P)-水平位移（Δ）滞回性能典型的破坏形

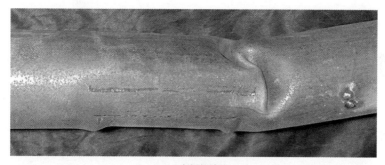

(a) 空钢管试件

(b) 钢管混凝土试件

图 4-37　空钢管试件、钢管混凝土试件的破坏形态

态。图 4-37（a）所示空钢管试件在反复荷载作用下钢管发生明显的内凹、外凸屈曲现象。图 4-37（b）所示钢管混凝土试件破坏形态为压弯破坏，在反复荷载作用下截面上下部位发生外凸鼓曲变形。

图 4-38 为不同轴压比（n）情况下圆形钢管混凝土试件实测的 P-Δ 滞回关系。当 n 较小时，滞回曲线的骨架线在加载后期基本保持水平，不出现明显下降段；当 n 较大时，则出现较明显的下降段，说明试件的延性随轴压比的增大而呈降低趋势。P-Δ 滞回关系都较为饱满，没有明显捏缩现象。

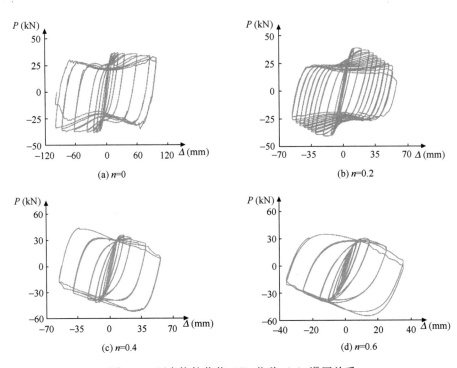

(a) $n=0$ (b) $n=0.2$

(c) $n=0.4$ (d) $n=0.6$

图 4-38   压弯构件荷载（P）-位移（Δ）滞回关系

P-Δ 滞回模型可采用图 4-39 所示的三线性模型，其中，A 点为骨架线弹性阶段的终点，B 点为骨架线峰值点，其水平荷载值为 P_y，A 点的水平荷载大小取 $0.6P_y$。模型中尚需考虑再加载时的软化问题，模型参数包括：弹性阶段的刚度（K_a）、最大水平荷载（P_y）及其对应的位移（Δ_p）、BC 段刚度（K_T）。

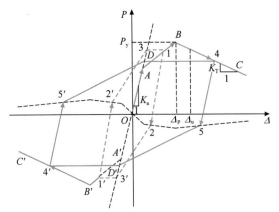

图 4-39   水平荷载（P）-水平位移（Δ）滞回模型

1）弹性刚度（K_a）

由于轴压比（n）对压弯构件弹性阶段的刚度影响很小，圆形钢管混凝土压弯构件在弹性阶段的刚度可按与其相对应的纯弯构件刚度计算方法确定，弹性阶段刚度 K_a 的表达式如下：

$$K_a = \frac{3K_e}{L_1^3} \tag{4-95}$$

式中　K_a——压弯构件弹性刚度（N/mm）；

　　　K_e——纯弯构件弹性刚度（N·mm²），应按式（4-78）计算；

　　　L_1——计算长度（mm），取 $L/2$。

2）最大水平荷载（P_y）及其对应的位移（Δ_p）

P_y 的数值主要与轴压比（n）和约束效应系数（ξ）有关，即：

$$P_y = \begin{cases} 1.05a \cdot \dfrac{M_{cu}}{L_1} & (1 < \xi \leqslant 4) \\[2mm] a \cdot (0.2\xi + 0.85) \cdot \dfrac{M_{cu}}{L_1} & (0.2 \leqslant \xi \leqslant 1) \end{cases} \tag{4-96}$$

$$a = \begin{cases} 0.96 - 0.002\xi & (0 \leqslant n \leqslant 0.3) \\ (1.4 - 0.34\xi) \cdot n + 0.1\xi + 0.54 & (0.3 < n < 1) \end{cases} \tag{4-97}$$

式中　M_{cu}——构件受弯承载力（N·mm），宜按式（4-26）确定；

　　　ξ——约束效应系数，应按式（1-1）计算。

最大水平荷载对应的位移（Δ_p）主要与钢材屈服强度（f_y）、长细比（λ）及轴压比（n）有关，具体表达式如下：

$$\Delta_p = \frac{6.74\big[(\ln r)^2 - 1.08\ln r + 3.33\big] \cdot f_1(n)}{(8.7 - s)} \cdot \frac{P_y}{K_a} \tag{4-98}$$

$$f_1(n) = \begin{cases} 1.336n^2 - 0.044n + 0.804 & (0 \leqslant n \leqslant 0.5) \\ 1.126 - 0.02n & (0.5 < n < 1) \end{cases} \tag{4-99}$$

$$s = \frac{f_y}{345} \tag{4-100}$$

$$r = \frac{\lambda}{40} \tag{4-101}$$

式中　Δ_p——最大水平荷载对应的位移（mm）；

　　　P_y——最大水平荷载（N），应按式（4-96）计算；

　　　K_a——弹性阶段刚度（N/mm），应按式（4-95）计算；

　　　f_y——钢材屈服强度（N/mm²）；

　　　n——轴压比，应按式（4-66）计算；

　　　λ——构件长细比，应按式（4-5）确定。

3）BC 段刚度（K_T）

BC 段刚度 K_T 的表达式如下：

$$K_T = \frac{0.03f_2(n) \cdot f(r, \alpha_s) \cdot K_a}{(c^2 - 3.39c + 5.41)} \tag{4-102}$$

$$c = \frac{f_{cu}}{60} \tag{4-103}$$

$$f_2(n) = \begin{cases} 3.043n - 0.21 & (0 \leqslant n \leqslant 0.7) \\ 0.5n + 1.57 & (0.7 < n < 1) \end{cases} \tag{4-104}$$

$$f(r, \alpha_s) = \begin{cases} (8\alpha_s - 8.6)r + 6\alpha_s + 0.9 & (r \leqslant 1) \\ (15\alpha_s - 13.8)r + 6.1 - \alpha_s & (r > 1) \end{cases} \tag{4-105}$$

式中　K_a——弹性刚度（N/mm），应按式（4-95）计算；

f_{cu}——混凝土立方体抗压强度（N/mm²）；

n——轴压比，应按式（4-66）计算；

r——系数，应按式（4-101）计算；

α_s——截面含钢率，应按式（1-2）计算。

4）模型软化段

图 4-39 所示的 P-Δ 滞回模型中，当从 1 点或 4 点卸载时，卸载线将按弹性刚度 K_a 进行卸载，并反向加载至 2 点或 5 点，2 点和 5 点纵坐标荷载值分别取 1 点和 4 点纵坐标荷载值的 0.2 倍；继续反向加载，模型进入软化段 23′或 5D′，3′点和 D′点均在 OA 线的延长线上，其纵坐标值分别与 1（或 3）点和 4（或 D）点相同。随后，加载路径沿 3′1′2′3 或 D′4′5D 进行，软化段 2′3 和 5′D 的确定方法分别与 23′和 5D′类似。

5）构件位移延性系数（μ）

钢管混凝土构件的位移延性系数可定义为：

$$\mu = \frac{\Delta_u}{\Delta_y} \tag{4-106}$$

式中　μ——位移延性系数；

Δ_y——屈服位移（mm）；

Δ_u——极限位移（mm）。

钢管混凝土构件 P-Δ 曲线没有明显的屈服点，屈服位移（Δ_y）取 P-Δ 骨架线弹性段延线与过峰值点的切线交点处的位移。极限位移（Δ_u）取承载力下降到峰值承载力的 85％时对应的位移，如图 4-40 所示。

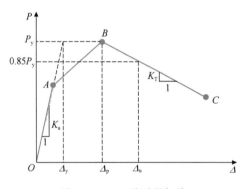

图 4-40　P-Δ 关系骨架线

Δ_y 和 Δ_u 的计算公式如下：

$$\Delta_y = \frac{P_y}{K_a} \tag{4-107}$$

$$\Delta_u = \Delta_p - 0.15 \frac{P_y}{K_T} \tag{4-108}$$

式中　Δ_y——屈服位移（mm）；

Δ_p——最大水平荷载对应的位移（mm）；

Δ_u——极限位移（mm）；

K_a——弹性阶段刚度（N/mm），应按式（4-95）计算；

K_T——BC 段刚度（N/mm），应按式（4-102）计算。

钢管混凝土构件的位移延性系数（μ）与材料强度、轴压比、长细比和截面含钢率有关，即随着钢管混凝土轴压比、长细比或混凝土立方体抗压强度的增大，位移延性系数逐渐减小；随着截面含钢率的增大，位移延性系数有逐渐增大的趋势。在常见参数范围内，钢管混凝土柱的位移延性系数一般均大于 3，且大多数在 4 以上。

4.6　局部受压承载力计算

4.6.1　竖向局部受压

局部受压（简称局压）是工程结构中一种常见的受力情况，即力作用的面积小于支承构件的截面面积或底面积。例如承重结构的支座、装配式柱的接头、刚架、网架或拱结构的铰支座及后张法预应力混凝土构件锚固区，甚至受弯构件开裂后的截面受压区等均存在局部受压现象。

图 4-41 为钢管混凝土局部受压示意图，其中，N 为轴向压力，A_L 为局部受压面积，A_c 为钢管内混凝土的截面面积。

局压面积比定义为：

$$\beta = \frac{A_c}{A_L} \tag{4-109}$$

式中　β——局压面积比；

　　A_c——钢管内混凝土的截面面积（mm^2）；

　　A_L——局部受压面积（mm^2）。

局压荷载作用下，钢管混凝土中的钢管可对其核心混凝土提供一定的约束作用，从而改善核心混凝土的脆性，使得钢管混凝土试件的破坏模态与素混凝土不同。对于钢管混凝土，加载板会出现连续下陷的过程，沿加荷板周边的混凝土被剪坏，骨料受挤压破碎，核心混凝土内部的裂缝发展较为充分，端面加载板周围的混凝土破碎隆起。而素混凝土试件的裂缝发展则较为集中，脆性破坏特征明显。

图 4-42 所示为计算获得的典型的钢管混凝土局压 N_{LC}-Δ 关系，其中 N_{LC} 为钢管混凝土局压力，Δ 为局压区的纵向变形。

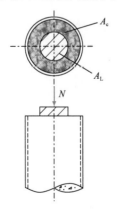

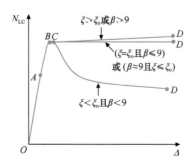

图 4-41　竖向局部受压　　　　　图 4-42　局部受压 N_{LC}-Δ 关系

钢管混凝土局部受压 N_{LC}-Δ 关系的基本形状除与约束效应系数（ξ）有关外，还与局压面积比（β）有很大关系。随着 β 的增加，曲线的下降段幅度减小，下降段出现得更晚，甚至不出现下降段。从素混凝土和钢管混凝土的局压试验研究可见，当 $\beta>9$ 时，试件局压承载力几乎不出现下降段。

局部受压 N_{LC}-Δ 关系的特点如下：

（1）弹性阶段（OA）：钢管和核心混凝土处于弹性阶段。在此阶段，钢管对其核心混凝土基本没有约束力产生。A 点时，钢材达到了其比例极限。

（2）弹塑性段（AB）：进入此阶段后，核心混凝土在纵向压力作用下，微裂缝会逐渐开展，横向变形系数有所增加，钢管对核心混凝土的约束作用会逐渐增强。B 点时局压区的钢管通常已进入塑性阶段，混凝土的纵向压应力也达到峰值。

（3）塑性强化段（BC）：BC 段主要与约束情况有关，ξ 或 β 越小，B、C 点越接近。当 ξ 较大或 β 较大时，曲线强化阶段能保持持续增长的趋势。

（4）下降段（CD）：β 越大，曲线的下降段越平缓，甚至不出现下降段。图 4-42 中，ξ_o 的大小与钢管混凝土的截面形状有关：对于圆形截面构件，$\xi_o \approx 1$。

钢管混凝土局压承载力折减系数（K_{LC}）定义为钢管混凝土局压承载力（N_{uLC}）与钢管混凝土轴压承载力（N_u）的比值：

$$K_{LC} = \frac{N_{uLC}}{N_u} \tag{4-110}$$

式中　K_{LC}——局压承载力折减系数；

　　　N_{uLC}——钢管混凝土局压承载力（N）；

　　　N_u——钢管混凝土轴压承载力（N）。

（1）无端板钢管混凝土

图 4-43 所示为局压垫板附近的混凝土裂缝开展情况。可见，混凝土裂缝基本上均匀分布。随着局压面积比的减小，端部局压区附近混凝土的裂缝变得细密，表明约束作用的发挥更为充分；局压面积比越大，破坏时的裂缝变得少而粗，与素混凝土的开裂情况越接近。但从图中局压面积比为 25 的试件破坏形态来看，即使局压面积已经比较小且局压区离钢管距离较远，混凝土仍未像素混凝土那样形成劈裂破坏，说明钢管对核心混凝土的约束作用仍是有效的。

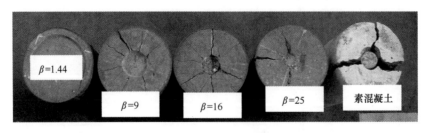

图 4-43　局压试件端面破坏形态

无端板圆形钢管混凝土的局压承载力折减系数计算公式如下：

$$K_{LC} = A_0 \cdot \beta + B_0 \cdot \beta^{0.5} + C_0 \tag{4-111}$$

$$A_0 = (-0.18\xi^3 + 1.95\xi^2 - 6.89\xi + 6.94) \cdot 10^{-2} \tag{4-112}$$

$$B_0 = (1.36\xi^3 - 13.92\xi^2 + 45.77\xi - 60.55) \cdot 10^{-2} \tag{4-113}$$

$$C_0 = (-\xi^3 + 10\xi^2 - 33.2\xi + 150) \cdot 10^{-2} \tag{4-114}$$

式中　A_0、B_0 和 C_0——系数，可按表 4-3 确定；

　　　　ξ——约束效应系数，应按式（1-1）计算；

　　　　β——局压面积比，应按式（4-109）计算。

系数 A_0、B_0、C_0 值　　　　　　　　　　表 4-3

ξ		0.5	1	1.5	2	2.5	3	3.5	4	4.5	5
	A_0	0.040	0.018	0.004	−0.005	−0.009	−0.010	−0.010	−0.009	−0.010	−0.013
系数	B_0	−0.410	−0.273	−0.186	−0.138	−0.119	−0.118	−0.126	−0.132	−0.125	−0.097
	C_0	1.358	1.258	1.193	1.156	1.139	1.134	1.134	1.132	1.120	1.090

注：表内中间值可按线性内插法确定。

（2）带端板钢管混凝土

在钢管混凝土构件端部设置一定刚度的端板可以提高钢管混凝土的整体受力性能。端板对钢管混凝土局压承载力的影响主要体现在两个方面，一是约束钢管端部的变形，有利于提高钢管的约束效果；二是端板对局部压力的扩散作用，使传至构件顶端的力更为均匀，增大了构件实际承载面积，钢管约束作用也更显著，从而提高承载力。

图 4-44 所示为带端板的钢管混凝土试件局压荷载（N）-位移（Δ）关系。可见，随着端板厚度（t_a）的增加，试件的局压承载力有增大的趋势。对于局压面积比（β）和截面形状不同的

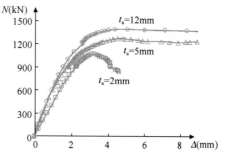

图 4-44　局压荷载（N）-位移（Δ）
关系（带端板）

试件，其局压承载力随端板刚度的变化规律有差异。端板厚度（t_a）的增加对试件局压刚度的影响不明显。

带端板圆形钢管混凝土局压承载力折减系数 K_{LC} 的计算公式如下：

$$K_{LC} = (A_0 \cdot \beta + B_0 \cdot \beta^{0.5} + C_0) \cdot (D_0 \cdot n_r^2 + E_0 \cdot n_r + 1) \leqslant 1 \tag{4-115}$$

$$n_r = 1.1 \cdot \left(\frac{E_s \cdot t_a^3}{\overline{E} \cdot D^3} \right)^{0.25} \tag{4-116}$$

$$A_0 = (-0.17\xi^3 + 1.9\xi^2 - 6.84\xi + 7) \cdot 10^{-2} \tag{4-117}$$

$$B_0 = (1.35\xi^3 - 14\xi^2 + 46\xi - 60.8) \cdot 10^{-2} \tag{4-118}$$

$$C_0 = (-1.08\xi^3 + 10.95\xi^2 - 35.1\xi + 150.9) \cdot 10^{-2} \tag{4-119}$$

$$D_0 = (-0.53\beta - 54\beta^{0.5} + 46) \cdot 10^{-2} \tag{4-120}$$

$$E_0 = (6\beta + 62\beta^{0.5} - 67) \cdot 10^{-2} \tag{4-121}$$

$$\overline{E} = \frac{E_s A_s + E_c A_c}{A_{sc}} \tag{4-122}$$

式中　　　A_c——钢管内混凝土的截面面积（mm^2）；

A_s——钢管的截面面积（mm^2）；

A_{sc}——钢管混凝土的截面面积（mm^2）；

D——钢管混凝土外径（mm）；

t_a——端板厚度（mm）；

E_s——钢材的弹性模量（N/mm^2）；

E_c——混凝土的弹性模量（N/mm^2）；

A_0、B_0和C_0——系数，可按表4-4确定；

D_0和E_0——系数，可按表4-5确定；

β——局压面积比，应按式（4-109）计算；

ξ——约束效应系数，应按式（1-1）计算。

系数 A_0、B_0、C_0 值　　　　　　　　　　　　　　　表 4-4

	ξ	0.5	1	1.5	2	2.5	3	3.5	4	4.5	5
系数	A_0	0.040	0.019	0.004	−0.004	−0.009	−0.010	−0.010	−0.008	−0.008	−0.010
	B_0	−0.411	−0.275	−0.187	−0.140	−0.122	−0.124	−0.134	−0.144	−0.143	−0.121
	C_0	1.360	1.257	1.192	1.159	1.147	1.150	1.159	1.166	1.163	1.142

注：表内中间值可按线性内插法确定。

系数 D_0、E_0 值　　　　　　　　　　　　　　　表 4-5

	β	2	4	6	8	10	12	14	16
系数	D_0	−0.314	−0.641	−0.895	−1.110	−1.301	−1.474	−1.635	−1.785
	E_0	0.327	0.810	1.209	1.564	1.891	2.198	2.490	2.770

注：表内中间值可按线性内插法确定。

由此，钢管混凝土局压承载力（N_{uLC}）应符合式（4-123）规定，且宜按式（4-124）计算：

$$N_{Ld} \leqslant N_{uLC} \tag{4-123}$$

$$N_{uLC} = K_{LC} \cdot N_u \tag{4-124}$$

式中　N_{Ld}——钢管混凝土局压设计值（N）；

N_{uLC}——钢管混凝土局压承载力（N）；

K_{LC}——带端板圆形钢管混凝土局压承载力折减系数，应按式（4-115）计算；

N_u——钢管混凝土轴压强度承载力（N），应按式（4-9）计算。

4.6.2　侧向局部受压

钢管混凝土桁式混合结构 K 形节点弦杆和腹杆连接部位可能出现混凝土局部受压破坏。

图 4-45 所示为腹杆传递来的侧向局部压力在钢管混凝土弦杆中的传力路径。对于弦杆、腹杆均为圆形截面的情况，侧向局部压应力沿弦杆横向的传递路径受圆形截面边缘与腹杆钢管与弦杆钢管的管径比（腹杆钢管外径与弦杆钢管外径的比值）控制，在腹杆钢管与弦杆钢管的管径比相对较大时，压应力将较快达到弦杆混凝土与钢管的边缘；因此，在

传力示意图中偏于安全地将其忽略,仅考虑侧向局部压应力沿弦杆轴向的传递路径。此外,随着腹杆钢管与弦杆钢管夹角 θ 的变化,侧向局部压应力在弦杆混凝土中的传递方向和斜率会有变化;相关的试验研究与有限元分析表明,可将应力传递方向偏安全地简化为按 $2:1$(水平:竖直)的斜率对称传递。

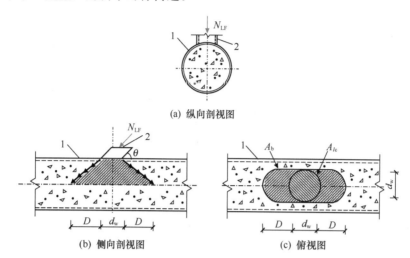

(a) 纵向剖视图

(b) 侧向剖视图　　　　　(c) 俯视图

图 4-45　节点区管内混凝土侧向局部受压传力路径

1—钢管混凝土弦杆;2—钢管腹杆;N_{LF}—作用在节点区弦杆的侧向局部压力设计值;D—承受侧向力的弦杆外径;d_w—传递侧向力的腹杆外径;A_b—侧向局部受压的计算底面积;A_{lc}—侧向局部受压面积,可取为外径相等的实心腹杆的截面面积;θ—传递侧向局部压力的腹杆与弦杆的夹角

　　侧向局部荷载作用下钢管混凝土的受力性能较为复杂。研究结果表明,钢管混凝土节点区局部受压的典型破坏形态为钢管塑性破坏和核心混凝土压溃;由于钢管及其核心混凝土之间的组合作用,侧向局压荷载作用下的钢管混凝土表现出良好的承载能力和延性。图 4-46 所示为钢管混凝土与空钢管侧向局压破坏形态对比。

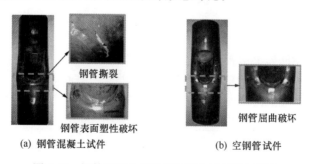

钢管撕裂

钢管表面塑性破坏　　　　　钢管屈曲破坏

(a) 钢管混凝土试件　　　　　(b) 空钢管试件

图 4-46　钢管混凝土与空钢管侧向局压破坏形态

　　图 4-47 所示为侧向局压荷载作用下钢管混凝土与相应的空钢管、素混凝土试件典型破坏形态的对比。

　　根据《钢管混凝土混合结构技术标准》GB/T 51446—2021,钢管混凝土桁式混合结构 K 形节点弦杆和圆形截面腹杆连接部位的侧向局部受压承载力应符合式(4-125)规定,并宜按式(4-126)计算:

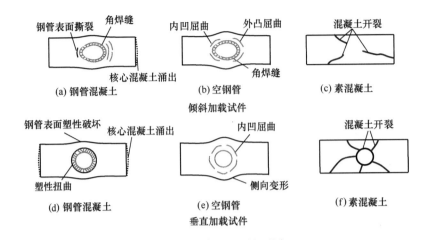

图 4-47　试件局压破坏形态

$$N_{\mathrm{LF}} \leqslant N_{\mathrm{uLF}} \tag{4-125}$$

$$N_{\mathrm{uLF}} = \beta_{\mathrm{c}} \beta_{l} f_{\mathrm{c}} \frac{A_{lc}}{\sin\theta} \tag{4-126}$$

$$\beta_{l} = \sqrt{\frac{A_{\mathrm{b}}}{A_{lc}}} \tag{4-127}$$

$$A_{lc} = \frac{\pi d_{\mathrm{w}}^{2}}{4} \tag{4-128}$$

$$A_{\mathrm{b}} = \frac{A_{lc}}{\sin\theta} + 2d_{\mathrm{w}}D \tag{4-129}$$

式中　N_{LF}——作用在节点区弦杆的侧向局部压力设计值（N）；

　　　N_{uLF}——弦杆的侧向局部受压承载力（N）；

　　　f_{c}——混凝土轴心抗压强度设计值（N/mm²）；

　　　θ——传递侧向局部压力的腹杆与弦杆的夹角；

　　　β_{l}——侧向局部受压混凝土强度提高系数；

　　　A_{lc}——侧向局部受压面积，可取为外径相等的实心腹杆的截面面积（mm²）；

　　　D——承受侧向力的弦杆外径（mm）；

　　　d_{w}——传递侧向力的腹杆外径（mm）；

　　　A_{b}——侧向局部受压的计算底面积（mm²）；

　　　β_{c}——侧向局部受压混凝土强度影响系数，应按表 4-6 确定。

侧向局部受压混凝土强度影响系数表　　　　　　　　　　　　表 4-6

$\sqrt{\dfrac{A_{lc}}{A_{\mathrm{b}}}}\dfrac{f_{\mathrm{y}}}{f_{\mathrm{ck}}}$	0.4	0.8	1.2	1.6	2.0	≥3.0
β_{c}	1.07	1.22	1.47	1.67	1.87	2.00

注：表内中间值按线性内插法确定。

4.7　尺寸效应的影响

为了说明 4.2 和 4.3 节分别给出的钢管混凝土轴压、压弯构件承载力计算公式在计算大截面尺寸情况下的适用性，将收集的国内外不同研究者的试验结果进行计算分析。

图 4-48 给出了圆形钢管混凝土轴压构件试验结果的 $D\text{-}k$ 关系，其中，$k = N_{ue}/N_{uc}$，N_{ue} 为试验值，N_{uc} 为计算值（式 4-9），计算时材料强度采用标准值。构件截面外直径的变化范围为 76.4～1020mm。可见，大部分试验数据集中在截面外直径为 200mm 以下的区域。截面外直径（D）在 76.4～200mm 之间时，k 值基本在 0.95～1.25 之间变化，截面外直径（D）在 200～1020mm 之间时，k 值基本在 1.0～1.1 之间变化，所有试验结果与计算结果比值的平均值和均方差分别为 1.065 和 0.095，截面外直径（D）在 250mm 以上数据的平均值和均方差分别为 1.084 和 0.058。从图 4-48 的比较可见，计算结果与试验结果总体上吻合且偏于安全。

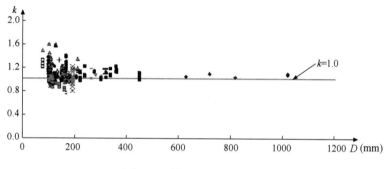

图 4-48 轴压构件 $D\text{-}k$ 关系

对于钢管混凝土压弯构件，$D\text{-}k$ 关系如图 4-49 所示，$k = N_{ue}/N_{uc}$，其中 N_{ue} 为试验值，N_{uc} 为计算值，按式（4-46）、式（4-47）确定。图 4-49 给的 $D\text{-}k$ 关系，试件截面外直径的变化范围为 76～450mm。所有试验数据的 k 值基本在 0.9～1.2 之间，k 值的平均值和均方差分别为 1.072 和 0.159；截面外直径在 200mm 以上数据的平均值和均方差分别为 1.159 和 0.150，计算结果总体偏于安全。

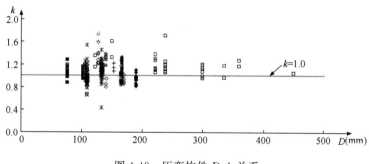

图 4-49 压弯构件 $D\text{-}k$ 关系

4.8 钢管初应力限值

基于全寿命周期的钢管混凝土结构设计方法中需综合考虑结构施工阶段和使用阶段的荷载作用效应。

以实际多、高层建筑中采用钢管混凝土柱为例，一般是先安装空钢管，然后再安装

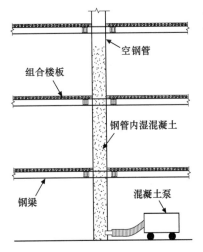

图 4-50　核心混凝土泵送浇筑示意

梁，并进行楼板的施工。为了加快施工进度，提高工作效率，通常是先安装空钢管柱，然后再在空钢管中浇灌混凝土。图 4-50 所示为一种典型的多、高层建筑中钢管混凝土柱施工方式示意。这样，在混凝土凝固并与其外包钢管共同组成钢管混凝土之前，施工荷载和湿混凝土自重等会在钢管内产生沿纵向的初压应力（以下简称钢管初应力）。钢管混凝土拱桥施工时，往往也是先安装空钢管拱肋，然后再浇筑钢管内的混凝土，同样也会产生钢管初应力。合理确定钢管初应力对钢管混凝土构件力学性能的影响，对于安全合理地应用钢管混凝土结构非常重要。

钢管初应力为钢管混凝土构件在钢管与混凝土共同工作前的钢管应力。初应力影响系数（β）如式（4-130）所示。

$$\beta = \frac{\sigma_{so}}{\varphi_s \cdot f_y} \tag{4-130}$$

$$\sigma_{so} = \frac{N_p}{A_s} \tag{4-131}$$

式中　σ_{so}——钢管初应力（N/mm^2）；

　　　N_p——作用在钢管上的初始荷载（N）；

　　　A_s——钢管的截面面积（mm^2）；

　　　φ_s——空钢管构件轴心受压稳定系数，可按《钢结构设计标准》GB 50017—2017的有关规定确定。

图 4-51 所示为是否考虑钢管初应力影响时钢管混凝土压弯构件典型的 N-u_m 关系，其中，N_{uo} 和 u_{mu} 分别为无钢管初应力时构件的承载力及其对应的变形；N_{up} 和 u_{mup} 分别为有钢管初应力时构件的承载力及其对应的变形。由图 4-51 可见，在有钢管初应力时，构件的承载力有所降低，对应的变形值也有所增大，构件在弹性阶段的刚度也有所降低。

钢管初应力对钢管混凝土构件的承载力有影响。钢管初应力的存在可使钢管混凝土构件的承载

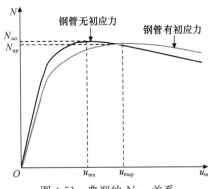

图 4-51　典型的 N-u_m 关系

力最大降低 20% 左右，因此应合理考虑钢管初应力对钢管混凝土构件承载力的影响。

影响承载力系数（k_p）变化的主要参数是钢管初应力系数（β）、构件长细比（λ）和荷载偏心率（e/r），k_p 的计算公式如下：

$$k_p = 1 - f(\lambda) \cdot f\left(\frac{e}{r}\right) \cdot \beta \tag{4-132}$$

$$f(\lambda) = \begin{cases} 0.17\lambda_\circ - 0.02 & (\lambda_\circ \leqslant 1) \\ -0.13\lambda_\circ^2 + 0.35\lambda_\circ - 0.07 & (\lambda_\circ > 1) \end{cases} \tag{4-133}$$

$$\lambda_\circ = \frac{\lambda}{80} \tag{4-134}$$

$$f\left(\frac{e}{r}\right) = \begin{cases} 0.75\left(\frac{e}{r}\right)^2 - 0.05\left(\frac{e}{r}\right) + 0.9 & \left(\frac{e}{r} \leqslant 0.4\right) \\ -0.15\left(\frac{e}{r}\right) + 1.06 & \left(\frac{e}{r} > 0.4\right) \end{cases} \tag{4-135}$$

式中　　$f(\lambda)$——考虑构件长细比（λ）影响的函数；

　　　　$f(e/r)$——考虑构件荷载偏心率（e/r）影响的函数；

　　　　　β——初应力影响系数，应按式（4-130）计算；

　　　　　λ——构件长细比，应按式（4-5）确定；

　　　　e/r——荷载偏心率，对于圆形钢管混凝土，$r = D/2$。

根据《钢管混凝土混合结构技术标准》GB/T 51446—2021，钢管混凝土构件由施工过程引起的钢管初应力限值应为空钢管承载力对应临界应力值的 35%。当钢管混凝土中由施工过程引起的钢管初应力小于限值时，可忽略施工过程对成型后结构承载力计算的影响。当钢管混凝土中由施工过程引起的钢管初应力大于或等于限值时，应计入施工过程对成型后结构承载力计算的影响。

根据管内混凝土施工阶段的荷载计算空钢管构件的应力，这种初始应力对钢管混凝土结构的最终截面受压承载力影响不大。但由于初应力的存在会使钢管混凝土桁式混合结构的弹塑性阶段提前，改变弹塑性阶段的组合切线模量，从而影响结构的稳定承载力。空钢管承载力对应的临界应力为 $\varphi_s f$，φ_s 为空钢管构件的稳定系数，f 为钢管材料强度设计值。当钢管混凝土中由施工荷载引起的钢管初应力等于或大于限值时，施工荷载引起的钢管初应力和初变形对成型后结构承载力的影响不可忽略。

4.9　核心混凝土脱空容限

对于实际工程中的钢管混凝土构件，由于混凝土材料制备、浇筑工艺及质量控制等各方面的原因，钢管混凝土结构中核心混凝土可能出现脱空现象，将不同程度地影响钢管及其核心混凝土的相互作用和共同工作性能，进而影响钢管混凝土结构的承载能力。

实际工程中，由于混凝土收缩和施工等因素的影响，竖向构件截面可能会产生环形脱空（图 4-52a）；水平构件可能会产生偏于截面顶部的球冠形脱空（图 4-52b）。

在脱空率相同的情况下，环形脱空对于钢管混凝土构件承载力和刚度的影响较球冠形

(a) 环形脱空　　　　　　　　　　　(b) 球冠形脱空

图 4-52　核心混凝土脱空形式示意

1—环形脱空；2—球冠形脱空；3—钢管；4—钢管内混凝土

脱空显著。当脱空处于容许值范围内时，脱空对结构整体承载能力的影响较小，可忽略不计，为此提出了钢管内混凝土脱空容限的概念。

（1）钢管内的混凝土不得出现沿周边连贯的环形脱空。当钢管内混凝土发生局部环形脱空时（图 4-53a），脱空率容限应为 0.025%。发生环形脱空的钢管混凝土构件脱空率应按下式计算：

$$\chi_r = \frac{d_r}{D} \tag{4-136}$$

式中　χ_r——环形脱空的脱空率；

　　　　d_r——环形脱空的平均距离（mm）；

　　　　D——钢管外径（mm）。

试验研究表明，对于发生环形脱空的钢管混凝土受压构件，当脱空率小于 0.025% 时，脱空引起的承载力降低很小，可按无脱空构件进行承载力计算。当脱空率大于或等于 0.025% 时，钢管与混凝土之间的组合作用不能保证充分发挥，应进行补强处理，以保证钢管和混凝土能够共同工作。

（2）当钢管内混凝土发生局部球冠形脱空时（图 4-53b），脱空率容限应为 0.6%，且脱空高度不应大于 5mm。发生球冠形脱空的钢管混凝土构件脱空率应按下式计算：

$$\chi_s = \frac{d_s}{D} \tag{4-137}$$

式中　χ_s——球冠形脱空的脱空率；

　　　　d_s——球冠形脱空的最大高度（mm）；

　　　　D——钢管外径（mm）。

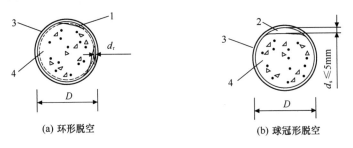

图 4-53　核心混凝土脱空尺寸

1—环形脱空；2—球冠形脱空；3—钢管；4—钢管内混凝土

当球冠形脱空率大于 0.6% 时，管内混凝土支撑钢管的作用减弱，对钢管混凝土承载能力影响较大，应对发生混凝土脱空的部位进行补灌；当钢管混凝土脱空率小于 0.6%，但钢管混凝土脱空高度大于 5mm 时，也应对发生混凝土脱空的部位进行补灌。

《钢管混凝土混合结构技术标准》GB/T 51446—2021 给出了考虑混凝土球冠形脱空影响的钢管混凝土构件承载力计算方法。发生球冠形脱空的钢管混凝土截面受压承载力可按下列公式进行计算：

$$N_{ug} = K_d N_c \tag{4-138}$$

$$K_d = 1 - f(\xi)\chi_s \tag{4-139}$$

$$f(\xi) = \begin{cases} 1.42\xi + 0.44 & (\xi \leqslant 1.24) \\ 4.66 - 1.97\xi & (\xi > 1.24) \end{cases} \tag{4-140}$$

式中　　N_{ug}——考虑脱空影响的单肢钢管混凝土截面受压承载力（N）；

$\quad\quad N_c$——钢管混凝土的截面受压承载力（N），应按式（4-3）计算；

$\quad\quad K_d$——脱空折减系数，当 K_d 计算值大于 1.0 时，取 1.0；

$\quad\quad \chi_s$——球冠形脱空的脱空率，应按式（4-137）计算。

以某实际工程中采用的圆形钢管混凝土柱为例进行验算。该工程采用了外直径（D）为 1600mm 的钢管混凝土柱。工程实体检测发现钢管和混凝土发生了局部小范围的脱空，且最大脱空距离 $d_r = 0.05 \sim 0.1$mm。根据式（4-136），脱空率 $\chi_r = 0.00313\% \sim 0.00625\%$，小于 0.025% 的脱空限值，满足要求，该钢管混凝土柱满足承载力要求。

图 4-54 所示为结合某实际工程进行的钢管-核心混凝土界面性能模型试验后，将钢管混凝土横向切割后的情形。钢管最大截面为 $\phi1600 \times 60$，内填充 C60 普通混凝土。该工程采用泵送顶升法进行钢管混凝土的施工，混凝土最大泵送高度 265.15m。实测结果表明，核心混凝土密实度界面接触良好，界面处仅在局部小范围观测到 0.1mm 的间隙。

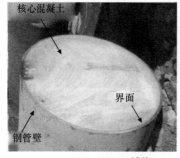
(a) D=1300mm试件

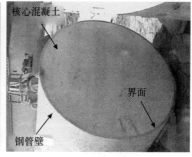
(b) D=1600mm试件

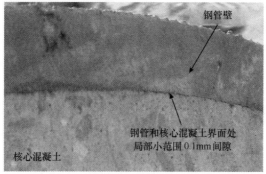
(c) 局部0.1mm的间隙（D=1300mm）

图 4-54　钢管-核心混凝土界面

思 考 题

1. 简述轴压荷载作用下钢管混凝土短柱的应力-应变关系特征，并分析约束效应系数的影响规律。

2. 简述影响钢管混凝土压弯构件轴力-弯矩相关关系的主要因素及其影响规律。

3. 简述钢管混凝土构件恢复力模型的确定原则。

4. 简述钢管混凝土构件的钢管初应力、核心混凝土脱空容限的概念及其确定方法。

第5章 钢管混凝土混合结构承载力计算

本章要点及学习目标

本章要点：

本章阐述了钢管混凝土桁式混合结构和钢管混凝土加劲混合结构的工作机理，介绍了钢管混凝土混合结构的承载力计算方法。

学习目标：

掌握钢管混凝土桁式混合结构和钢管混凝土加劲混合结构的全过程受力特性和典型破坏形态。熟悉钢管混凝土桁式混合结构和钢管混凝土加劲混合结构的承载力计算方法。了解钢管混凝土混合结构的构造要求。

5.1 引　　言

近年来，钢管混凝土混合结构正成为大型基础设施的优选结构形式之一。为了在钢管混凝土混合结构工程中贯彻执行国家的技术经济政策，做到安全适用、技术先进、经济合理、确保质量，《钢管混凝土混合结构技术标准》GB/T 51446—2021 中、英文版已制定完成，并于 2021 年颁布实施。该标准适用于房屋建筑、公路、电力、港口等工程中钢管混凝土混合结构的设计、施工和验收。基于该标准，本章论述钢管混凝土混合结构的基本工作原理和设计方法。

5.2 钢管混凝土桁式混合结构

钢管混凝土桁式混合结构是由圆形钢管混凝土弦杆与空钢管、钢管混凝土或其他型钢腹杆混合组成的桁式结构。钢管混凝土桁式混合结构的弦杆通常对称布置，肢数可为二肢、三肢、四肢或六肢等，如图 1-16 所示。

相比于空钢管桁式结构，钢管混凝土桁式混合结构具有整体性好、承载力高、空间刚度大、抗变形能力强、稳定性能好、造价经济以及便于防火等优势。因此，钢管混凝土桁式混合结构在海洋工程、桥梁工程和建筑结构中得到广泛应用。

根据《钢管混凝土混合结构技术标准》GB/T 51446—2021，钢管混凝土桁式混合结构中，弦杆的容许长细比应按现行国家标准《钢管混凝土结构技术规范》GB 50936—2014 的有关规定确定，腹杆的容许长细比应按现行国家标准《钢结构设计标准》GB 50017—2017 的有关规定确定。

偏心受压的钢管混凝土桁式混合结构宜采用斜腹杆形式；当弦杆间距较小或有使用要求时，也可采用平腹杆形式。钢管混凝土桁式混合结构腹杆的构造应符合下列规定：

（1）腹杆宜采用圆形钢管或钢管混凝土，也可采用其他型钢；

（2）斜腹杆轴线宜交于节点中心；当杆件偏心不可避免时，应满足 6.3.3 节（2）的要求；采用间隙 K 形连接节点时，腹杆端部净距不宜小于两腹杆壁厚之和；

（3）平腹杆中心距离不宜大于弦杆中心距的 4 倍；腹杆空钢管截面积不宜小于单根弦杆钢管截面积的 1/5；

（4）腹杆和弦杆宜焊接连接，腹杆与弦杆的相贯焊缝，应沿全周连续焊接并平滑过渡，且不应将腹杆穿入弦杆内；

（5）腹杆与弦杆连接的其他构造要求、焊缝计算及弦杆在连接处的受拉承载力计算应按现行国家标准《钢结构设计标准》GB 50017—2017 的有关规定执行。

钢管混凝土桁式混合结构腹杆形式如图 5-1 所示。根据工程需求，腹杆钢管中也可以浇筑混凝土。平腹杆桁式混合结构的构造规定是为保证腹杆有一定的线刚度。

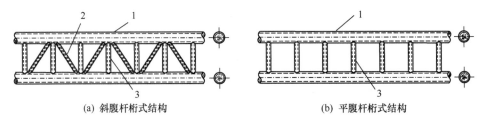

(a) 斜腹杆桁式结构　　　　　　　　　　　(b) 平腹杆桁式结构

图 5-1　钢管混凝土桁式混合结构腹杆形式

1—钢管混凝土弦杆；2—斜腹杆；3—平腹杆

钢管混凝土桁式混合结构的承载力设计应分别对结构整体承载力和单根弦杆、腹杆的承载力进行计算。结构的换算长细比应通过结构整体分析确定，轴心受压结构的换算长细比也可按现行国家标准《钢管混凝土结构技术规范》GB 50936—2014 确定。此外，结构的承载力也可通过结构整体分析确定。

5.2.1　受压、受弯承载力计算

（1）轴心受压承载力

二肢、三肢钢管混凝土桁式混合结构的受压破坏形态如图 5-2（a）和图 5-2（b）所示，试件均未发生面外失稳，总体表现出较好的协同工作性能。平腹杆试件在端部的腹杆与弦杆连接截面处出现受力破坏，而斜腹杆体系试件则表现为中部节间的弦杆达到受压承载力而发生破坏。图 5-2（c）为钢管混凝土和空钢管弦杆的破坏形态，弦杆发生了明显的局部屈曲。相比于弦杆为空钢管的试件，钢管中填充混凝土后，试件的承载力提高 60% 以上，且具有更高的弹性刚度。

根据《钢管混凝土混合结构技术标准》GB/T 51446—2021，弦杆相同的钢管混凝土桁式混合结构的轴心受压承载力应符合下列规定：

1）不计入荷载长期作用影响时，钢管混凝土桁式混合结构的轴心受压承载力应符合式（5-1）的规定，且宜按式（5-2）计算。

$$N \leqslant N_u \tag{5-1}$$

$$N_u = \varphi \sum N_c \tag{5-2}$$

(a)平腹杆结构整体破坏

(b)斜腹杆结构整体破坏

钢管混凝土

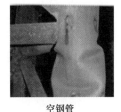
空钢管

(c)弦杆破坏

图 5-2　钢管混凝土桁式混合结构受压破坏形态

式中　N——轴向压力设计值（N）；

$\quad\quad$ N_u——轴心受压承载力（N）；

$\quad\quad$ N_c——单肢弦杆的截面受压承载力（N），应按式（4-3）计算；

$\quad$ ΣN_c——弦杆的截面受压承载力之和（N）；

$\quad\quad$ φ——轴心受压结构的稳定系数，取截面两主轴稳定系数的较小者，应根据钢管混凝土桁式混合结构的换算长细比按式（4-10）计算。

2）当永久荷载引起的单肢钢管混凝土弦杆轴向压力占其全部轴向压力的 50% 及以上时，应计入荷载长期作用对结构稳定承载力的影响。在荷载长期作用下，管内混凝土会发生徐变和收缩变形，进而产生钢材和混凝土间的应力重分布现象。此外，二阶效应对弯矩具有放大作用，进而使结构的极限承载能力有所下降，其下降幅度与结构长细比和长期荷载比有关。计入荷载长期作用影响时，钢管混凝土桁式混合结构的轴心受压承载力应符合式（5-3）的规定，且长期荷载影响系数宜按式（5-4）计算：

$$N \leqslant k_{cr} N_u \tag{5-3}$$

$$k_{cr} = \begin{cases} (0.2a^2 - 0.4a + 1)b^{2.5a} k_{nL} & (a \leqslant 0.4) \\ (0.2a^2 - 0.4a + 1)bk_{nL} & (0.4 < a \leqslant 1.2) \\ 0.808bk_{nL} & (a > 1.2) \end{cases} \tag{5-4}$$

$$a = \frac{\lambda}{100} \tag{5-5}$$

$$b = \xi^{0.05} \tag{5-6}$$

$$k_{nL} = \begin{cases} 1 - 0.07n_L & (a \leqslant 0.4) \\ 0.98 - 0.07n_L + 0.05a & (a > 0.4) \end{cases} \tag{5-7}$$

$$n_L = \frac{N_L}{N_u} \tag{5-8}$$

式中 N——轴向压力设计值（N）；

    k_{cr}——长期荷载影响系数，当 k_{cr} 计算值大于 1.0 时，取 1.0；

    N_u——钢管混凝土桁式混合结构的轴心受压承载力（N）；

    k_{nL}——长期荷载比调整系数，当 k_{nL} 计算值大于 1.0 时，取 1.0；

    λ——结构的换算长细比，应通过结构整体分析确定；

    ξ——约束效应系数，应按式（1-1）计算；

    n_L——长期荷载比；

    N_L——作用于钢管混凝土桁式混合结构的长期轴向压力（N），应按荷载的准永久
组合确定。

（2）受弯承载力

研究结果表明，不带混凝土结构板的钢管混凝土桁式混合结构受弯试件总体上出现两
类破坏形态：1）梁弯曲破坏：试件整体发生较大挠曲，表现出良好的延性和整体性，节
点无局部破坏特征；2）弯剪段节点破坏：除整体挠曲外，随着荷载增加，试件最终在剪
跨区发生节点破坏，包括受拉节点处焊缝撕裂或弦杆撕裂以及受压节点区域弦杆屈曲等。
两类破坏形态分别如图 5-3（a）和图 5-3（b）所示。

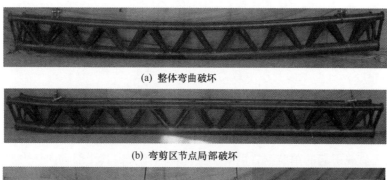

(a) 整体弯曲破坏

(b) 弯剪区节点局部破坏

(c) 带钢筋混凝土板试件弯曲破坏

图 5-3   钢管混凝土桁式混合结构受弯试件的破坏形态

图 5-4 所示的钢管混凝土桁式混合结构受弯全过程荷载（M）-跨中挠度（u_m）关系可
总体上分为三个阶段：

1）弹性阶段（OA）

此阶段钢管混凝土桁式混合结构的 M-u_m 关系基本呈线
性，整个截面的受力接近线弹性。当截面下弦受拉钢管的
下表面外侧边缘纵向最大纤维应变达到钢材的比例应变时，
截面达到弹性与塑性的临界状态（A 点），相应弯矩值称为
弹性弯矩（M_e）。

2）弹塑性阶段（AB）

当截面弯矩达到 $0.4M_u \sim 0.5M_u$ 左右时，M-u_m 关系进

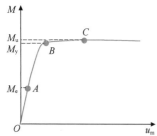

图 5-4   受弯荷载（M）-跨中
挠度（u_m）关系

入弹塑性阶段，不再呈现线性关系，构件的截面抗弯刚度逐渐变小。随着荷载的增大，构件整体变形不断发展，下弦受拉钢管逐渐进入屈服段，但构件跨中最大挠度仍相对较小。当截面上下弦钢管应变均达到钢材的屈服应变时，此时弹塑性阶段结束（B 点），其相应弯矩值称为屈服弯矩（M_y）。

3）塑性阶段（BC）

随着荷载的继续增大，构件跨中下弦钢管逐渐进入强化阶段，截面抗弯刚度迅速减小。M-u_m 关系处于平台阶段，构件承载力变化不大，而整体变形迅速发展，塑性变形明显。当截面下弦受拉钢管的下表面外侧边缘纵向最大纤维应变达到 ε_u（为避免过大的塑性应变，取 $\varepsilon_u = 0.01$），此后构件进入破坏阶段，C 点相应弯矩值称为极限弯矩（M_u）。此时，上弦受压混凝土外侧边缘纵向最大纤维应变达到或超过混凝土的极限压应变（ε_{cu}）。

基于试验研究、有限元计算与理论分析确定了钢管混凝土桁式混合结构的受弯承载力计算方法。基本假定包括：1）忽略弦杆内受拉混凝土对整体受弯承载力的直接贡献；2）忽略腹杆对整体受弯承载力的直接贡献；3）中和轴位于腹杆高度范围内。

根据《钢管混凝土混合结构技术标准》GB/T 51446—2021，不带混凝土结构板且受压弦杆相同的钢管混凝土桁式混合结构的受弯承载力应符合式（5-9）的规定，且宜按式（5-10）计算：

$$M \leqslant M_u \tag{5-9}$$

$$M_u = \min\{\varphi \sum N_c, \sum N_t\} h_i \tag{5-10}$$

式中　　M——弯矩设计值（N·mm）；

　　　　M_u——受弯承载力（N·mm）；

　　$\varphi \sum N_c$——弦杆的轴心受压稳定承载力之和（N）；

　　$\sum N_t$——弦杆的截面受拉承载力之和（N）；

　　　　N_t——单肢弦杆的截面受拉承载力（N），应按式（4-20）计算；

　　　　h_i——沿截面高度方向受压和受拉弦杆形心的距离（mm）。

对上弦带钢筋混凝土板的钢管混凝土桁式混合结构进行了试验研究，试件典型的破坏形态如图 5-3（c）所示。钢筋混凝土板与钢管混凝土桁式混合结构在受力全过程中保持共同工作。由于钢筋混凝土板的存在改变了剪力的传递路径，腹杆应变发展更为充分，因此桁式混合结构整体刚度和承载力均有明显提高，在正弯矩作用下的承载力提高约 16%～20%；达到承载力时，其截面中和轴位置可达到上弦钢管的内部。

对于带混凝土结构板的钢管混凝土桁式混合结构，混凝土结构板和桁式混合结构之间应有效连接并共同工作。为了保证钢管混凝土桁式混合结构与混凝土结构板的共同受力，需根据二者之间剪力大小，进行相应的计算，并采取相应的构造措施，如受压弦杆嵌入混凝土结构板，或采用抗剪连接件。抗剪连接件宜采用焊钉，也可采用开孔板、槽钢连接件或有可靠依据的其他类型连接件。混凝土结构板也可施加预应力保证与桁式主梁的整体作用。

带混凝土结构板的钢管混凝土桁式混合结构截面划分为两类，并分别给出其受弯承载力的计算方法。截面类型的划分依据可理解为：在正弯矩作用区段，随着截面弯矩的增大，带混凝土结构板的钢管混凝土桁式混合结构的截面中和轴不断上移。当中和轴处于腹杆高度范围内时，上弦钢管混凝土承受压力，可以充分发挥钢管混凝土受压性能好的优势，此时为第一类截面形式；当中和轴上移至受压弦杆上部时，钢管混凝土弦杆主要承受拉力，钢管混凝土受压性能好的优势不能得到充分发挥，此时为第二类截面形式。

带混凝土结构板的钢管混凝土桁式混合结构在正弯矩作用下的承载力设计宜考虑混凝土结构板与桁式混合结构的组合作用；在负弯矩作用区段，可根据工程实际需求考虑板内钢筋对承载力的贡献。

在试验研究和理论分析基础上，可得到带混凝土结构板且受压、受拉弦杆分别相同的钢管混凝土桁式混合结构的受弯承载力计算方法。根据《钢管混凝土混合结构技术标准》GB/T 51446—2021，其应符合下列规定：

1）正弯矩作用区段的结构受弯承载力计算应符合下列规定：

a）当满足下列条件时，宜按图 5-5（a）所示第一类截面计算结构的受弯承载力：

$$\varphi_c(\sum b_e h_b f_c + A'_l f'_l) + \varphi_{sc} f_{sc} \sum A_{sc} \leqslant (1.1 - 0.4\alpha_s) f \sum A_s \tag{5-11}$$

式中　　φ_c——混凝土结构板的受压稳定系数，应按现行国家标准《混凝土结构设计规范》GB 50010—2010（2015 年版）计算，计算长度宜按节间长度 l_1 取值；

b_e——单肢弦杆梁对应的混凝土结构板翼缘计算宽度（mm），应按现行国家标准《混凝土结构设计规范》GB 50010—2010（2015 年版）计算；

$\sum b_e$——混凝土结构板翼缘计算宽度之和（mm），计算宽度重叠的部分不应重复计算；

h_b——截面受压区混凝土结构板厚度（mm）；

f_c——混凝土结构板中混凝土的轴心抗压强度设计值（N/mm²）；

A'_l——纵向受压钢筋的截面总面积（mm²）；

f'_l——纵筋的抗压强度设计值（N/mm²）；

φ_{sc}——受压弦杆的稳定系数，计算长度宜按节间长度的 90% 取值；

f_{sc}——受压弦杆的截面轴心抗压强度设计值（N/mm²）；

$\sum A_{sc}$——受压弦杆的截面面积之和（mm²）；

f——受拉弦杆钢管钢材的抗压、抗拉和抗弯强度设计值（N/mm²）；

$\sum A_s$——受拉弦杆钢管的截面面积之和（mm²）。

b）当不满足式（5-11）的条件时，宜按图 5-5（b）所示第二类截面计算结构的受弯承载力。

2）负弯矩作用区段的结构受弯承载力计算宜计入板内钢筋的承载力影响，也可按式（5-10）计算。

3）带混凝土结构板且受压、受拉弦杆分别相同的钢管混凝土桁式混合结构第一类截面的受弯承载力宜按下列公式计算：

$$M_u = \varphi_c(\sum b_e h_b f_c + A'_l f'_l)\left(H - \frac{D_t}{2} - \frac{h_b}{2}\right) + \varphi_{sc} f_{sc} \sum A_{sc} h_i \tag{5-12}$$

式中　　M_u——受弯承载力（N·mm）；

f_c——混凝土结构板中混凝土的轴心抗压强度设计值（N/mm²）；

A'_l——纵向受压钢筋的截面总面积（mm²）；

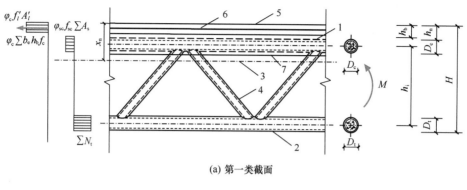

(a) 第一类截面

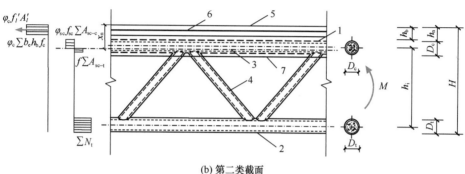

(b) 第二类截面

图 5-5　带混凝土结构板的钢管混凝土桁式混合结构截面

1—受压弦杆；2—受拉弦杆；3—中和轴；4—腹杆；

5—混凝土结构板；6—纵筋；7—弦杆外包混凝土

f'_l——纵筋的抗压强度设计值（N/mm^2）；

H——截面高度（mm）；

D_t——受拉弦杆钢管外径（mm）；

h_b——截面受压区混凝土结构板厚度（mm）；

f_{sc}——受压弦杆截面的轴心抗压强度设计值（N/mm^2）；

$\sum A_{sc}$——受压弦杆的截面面积之和（mm^2）；

h_i——沿截面高度方向受压和受拉弦杆形心的距离（mm）。

4）带混凝土结构板且受压、受拉弦杆分别相同的钢管混凝土桁式混合结构第二类截面的受弯承载力宜按下列公式计算：

$$M_u = (1.1 - 0.4\alpha_s) f \sum A_s \left(H - \frac{D_t}{2} - x_n \right) + \frac{1}{2} \sigma_s \sum A_{sc\text{-}t} (h_n + D_c - x_n)$$

$$+ \varphi_c (\sum b_e h_b f_c + A'_l f'_l) \left(x_n - \frac{h_b}{2} \right) + \frac{1}{2} \varphi_{sc} \sigma_{sc} \sum A_{sc\text{-}c} (x_n - h_n) \tag{5-13}$$

$$\varphi_c (\sum b_e h_b f_c + A'_l f'_l) + \varphi_{sc} f_{sc} \sum A_{sc\text{-}c} = (1.1 - 0.4\alpha_s) f \sum A_s + f \sum A_{sc\text{-}t} \tag{5-14}$$

$$h_n = H - h_i - \frac{D_c}{2} - \frac{D_t}{2} \tag{5-15}$$

当 $h_n < x_n \leqslant h_n + \dfrac{D_c}{2}$ 时，则：

$$A_{sc\text{-}c} = \frac{D_c^2}{4} \arccos \frac{\dfrac{D_c}{2} + h_n - x_n}{\dfrac{D_c}{2}} - \left(\frac{D_c}{2} + h_n - x_n \right) \tag{5-16}$$

$$\sqrt{\left(\frac{D_c}{2} \right)^2 - \left(\frac{D_c}{2} + h_n - x_n \right)^2}$$

$$A_{sc\text{-}t} = \left[\pi - \arccos \frac{\dfrac{D_c}{2} + h_n - x_n}{\dfrac{D_c}{2}} \right] D_c t \tag{5-17}$$

当 $h_n + \dfrac{D_c}{2} < x_n < h_n + D_c$ 时，则：

$$A_{sc\text{-}c} = \frac{D_c^2}{4} \left[\pi - \arccos \frac{x_n - \dfrac{D_c}{2} - h_n}{\dfrac{D_c}{2}} \right] + \left(x_n - \frac{D_c}{2} - h_n \right) \tag{5-18}$$

$$\sqrt{\left(\frac{D_c}{2} \right)^2 - \left(\frac{D_c}{2} + h_n - x_n \right)^2}$$

$$A_{sc\text{-}t} = \arccos \frac{x_n - \dfrac{D_c}{2} - h_n}{\dfrac{D_c}{2}} D_c t \tag{5-19}$$

$$\sigma_{sc} = \frac{1}{2} E_{scp} \frac{\varepsilon_{cu}}{x_n} (x_n - h_n) \tag{5-20}$$

$$\sigma_s = \frac{1}{2} E_s \frac{\varepsilon_{cu}}{x_n} (h_n + D_c - x_n) \leqslant f \tag{5-21}$$

$$E_{scp} = \frac{\left[0.192 \left(\dfrac{f}{235} \right) + 0.488 \right] f_{sc}}{3.25 \times 10^{-6} f} \tag{5-22}$$

式中 α_s——截面含钢率，应按式（1-2）计算；

D_c——受压弦杆的钢管外径（mm）；

H——截面高度（mm）；

φ_{sc}——受压弦杆的稳定系数，宜按式（4-10）计算，计算长度宜按节间长度的 90%
取值；

h_n——受压弦杆上顶点到混凝土结构板上表面的距离（mm）；

x_n——结构上表面到中和轴的高度（mm）；

E_s——钢材的弹性模量（N/mm²）；

ε_{cu}——混凝土的极限压应变，应按现行国家标准《混凝土结构设计规范》GB
50010—2010（2015 年版）取值；

t——受压弦杆的钢管壁厚（mm）；

f——钢管钢材的抗拉、抗压和抗弯强度设计值（N/mm²）。

（3）压弯承载力

根据《钢管混凝土混合结构技术标准》GB/T 51446—2021，弦杆相同的钢管混凝土桁式混合结构承受压、弯荷载共同作用时，弯矩作用平面内的稳定承载力宜符合下列规定：

$$N_B = \varphi \sum N_c - \sum N_t \tag{5-23}$$

$$M_B = \varphi \sum N_c r_c + \sum N_t r_t \tag{5-24}$$

$$r_c = \frac{N_{uc2}}{N_{uc1} + N_{uc2}} h_i \tag{5-25}$$

$$r_t = \frac{N_{uc1}}{N_{uc1} + N_{uc2}} h_i \tag{5-26}$$

1) 当 $\dfrac{M}{N} \leqslant \dfrac{M_B}{N_B}$ 时，则：

$$\frac{N}{\varphi f_{sc} \sum A_{sc}} + \frac{M}{W_{sc}\left(1 - \varphi \dfrac{N}{N_E}\right) f_{sc}} \leqslant 1 \tag{5-27}$$

$$N_E = \frac{\pi^2 \sum (EA)_c}{\lambda^2} \tag{5-28}$$

2) 当 $\dfrac{M}{N} > \dfrac{M_B}{N_B}$ 时，则：

$$-N + \frac{M}{r_c\left(1 - \dfrac{N}{N_E}\right)} \leqslant (1.1 - 0.4\alpha_s) \sum A_s f \tag{5-29}$$

式中　N——轴力设计值（N）；

M——弯矩设计值（N・mm）；

N_B——承载力 N-M 相关曲线中拉压界限平衡点对应的轴力（N）；

M_B——承载力 N-M 相关曲线中拉压界限平衡点对应的弯矩（N・mm）；

r_c——截面重心至压区弦杆形心轴的距离（mm）；

r_t——截面重心至拉区弦杆形心轴的距离（mm）；

N_{uc1}、N_{uc2}——分别为钢管混凝土桁式混合结构中压区弦杆和拉区弦杆的轴心受压承载力之和（N）；

φ——轴心受压结构的稳定系数，应根据钢管混凝土桁式混合结构的换算长细比按式（4-10）计算；

$\sum A_{sc}$——所有弦杆的截面面积之和（mm²）；

$\sum A_s$——所有弦杆的钢管部分截面面积之和（mm²）；

N_c——单肢弦杆的截面受压承载力（N）；

$\sum N_c$——受压弦杆的截面受压承载力之和（N）；

N_t——单肢弦杆的截面受拉承载力（N）；

$\sum N_t$——受拉弦杆的截面受拉承载力之和（N）；

W_{sc}——结构的截面抗弯模量（mm³）；

f_{sc}——单肢弦杆的截面轴心抗压强度设计值（N/mm²），应按式（3-1）计算；

N_E——由结构换算长细比计算得到的欧拉临界力（N）；

$(EA)_c$——单肢受压弦杆截面的抗压刚度（N）；

λ——结构的换算长细比。

3）换算长细比大于 120 的钢管混凝土桁式混合结构的弯矩作用平面内整体稳定承载力计算尚宜满足下式要求：

$$\frac{N}{\varphi f_{sc} \sum A_{sc}} + \frac{M}{r_c(1.1 - 0.4\alpha_s) f \sum A_s \left(1 - \dfrac{N}{N_E}\right)} \leqslant 1 \tag{5-30}$$

（4）曲线形钢管混凝土桁式混合结构的承载力

根据《钢管混凝土混合结构技术标准》GB/T 51446—2021，曲线形钢管混凝土桁式混合结构（图 5-6）在两端承受轴压荷载时的承载力宜符合式（5-27）、式（5-29）和式（5-30）的规定，由于结构的初始弯曲度引起的弯矩设计值宜按下式计算：

$$M = Nu_0 \tag{5-31}$$

式中　M——弯矩设计值（N·mm）；

　　　N——轴力设计值（N）；

　　　u_0——曲线形桁式混合结构的初始弯曲度（mm），即中截面形心到两端截面形心连线的垂直距离。

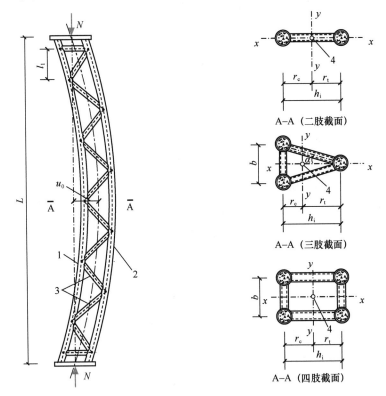

图 5-6　曲线形压弯钢管混凝土桁式混合结构

1—压区弦杆；2—拉区弦杆；3—腹杆；4—截面重心；L—两端截面中心点的直线距离；
u_0—初始弯曲度；h_i—结构沿截面高度方向受压和受拉弦杆形心的距离；
b—在弯矩作用平面外的弦杆中心距；l_1—节间长度；r_c、r_t—分别为截面重心至压区弦杆和拉区弦杆形心轴的距离；α—腹杆在弦杆截面平面投影夹角的一半

对于两端受压的曲线形钢管混凝土桁式混合结构，其跨中节间受轴力二阶效应的影响最为显著；同时由于端部节间受剪力影响最大，该剪力也会在弦杆内引起内力。因此，需

要对跨中和端部节间的弦杆同时进行承载力验算。对于平腹杆式结构，如果忽略跨中节间附近的剪力，则其各弦杆将和斜腹式体系结构的弦杆一样基本处于轴心受力状态，因而二者都可按杆件长度和节间宽度相等的轴心受力结构进行承载力验算。

弦杆相同的曲线形钢管混凝土桁式混合结构弦杆的轴力和弯矩设计值宜符合下列规定：

1）平腹杆与斜腹杆曲线形钢管混凝土桁式混合结构在两端受轴向荷载时，跨中节间的弦杆轴力设计值宜按下列公式计算，并应满足受压承载力和压弯承载力的要求：

$$N_{\mathrm{cd},1} = \begin{cases} \dfrac{N_{1t}}{n_1} & (n_1 > 0) \\ 0 & (n_1 = 0) \end{cases} \tag{5-32}$$

$$N_{\mathrm{cd},2} = \begin{cases} \dfrac{N_{2t}}{n_2} & (n_2 > 0) \\ 0 & (n_2 = 0) \end{cases} \tag{5-33}$$

$$N_{1t} = \frac{Nr_t}{h} + \frac{Nu_0}{h\left(1 - \dfrac{N}{N_E}\right)} \tag{5-34}$$

$$N_{2t} = \frac{Nr_c}{h} - \frac{Nu_0}{h\left(1 - \dfrac{N}{N_E}\right)} \tag{5-35}$$

式中　N——曲线形结构所受轴力设计值（N），受压为正值，受拉为负值；

$N_{\mathrm{cd},1}$——曲线形结构中压区单肢弦杆的轴力设计值（N）；

$N_{\mathrm{cd},2}$——曲线形结构中拉区单肢弦杆的轴力设计值（N）；

N_{1t}——曲线形结构中压区弦杆的总轴力设计值（N）；

N_{2t}——曲线形结构中拉区弦杆的总轴力设计值（N）；

n_1、n_2——分别为曲线形结构中压区和拉区的弦杆数；

h——弦杆中心距（mm）；

N_E——由结构换算长细比计算得到的欧拉临界力（N），应按式（5-28）计算；

r_c、r_t——分别为曲线形结构中截面重心至压区弦杆和拉区弦杆形心轴的距离（mm）；

u_0——曲线形结构的初始弯曲度（mm），即中截面形心到两端截面形心连线的垂直距离。

2）平腹杆曲线形钢管混凝土桁式混合结构在两端受轴向荷载时，端部弦杆的轴力设计值和弯矩设计值宜按下列公式计算：

$$N_{\mathrm{cd}} = \frac{N}{n} \tag{5-36}$$

$$M_{\mathrm{cd}} = \frac{l_1}{m_b} \cdot \frac{\pi}{L} \cdot \frac{Nu_0}{1 - \dfrac{N}{N_E}} \tag{5-37}$$

式中　N_{cd}——曲线形结构中端部单肢弦杆轴力设计值（N）；

M_{cd}——曲线形结构中端部单肢弦杆弯矩设计值（N·mm）；

N——曲线形结构轴力设计值（N）；

n——弦杆总数；

l_1——节间长度（mm）；

m_b——与肢数有关的参数，对于二肢、四肢、六肢结构，m_b分别为 2、4 和 6；对于三肢结构，m_b 为 $4\cos\alpha$，其中，α 为腹杆在弦杆截面平面投影夹角的一半（图 5-6）；

L——曲线形结构两端截面中心点的直线距离（mm）；

u_0——曲线形结构的初始弯曲度（mm），即中截面形心到两端截面形心连线的垂直距离。

3）斜腹杆曲线形钢管混凝土桁式混合结构在两端受轴向荷载时，端部弦杆轴力设计值宜按下式计算：

$$N_{cd} = \frac{N}{n} + \frac{2\pi}{L\tan\theta} \cdot \frac{Nu_0}{1 - \dfrac{N}{N_E}}$$ (5-38)

式中　N_{cd}——端部弦杆轴力设计值（N）；

θ——斜腹杆与弦杆的夹角。

相对于直线形钢管混凝土桁式混合结构，曲线形钢管混凝土桁式混合结构的受力更为复杂，其精确的内力应通过结构整体计算分析得到。

（5）腹杆承载力

当腹杆直径较小或节间数目较少时，曲线形钢管混凝土结构的腹杆有可能先于弦杆达到承载力而出现强度破坏，从而导致结构提前发生破坏。为此，有必要进行腹杆的承载力验算。

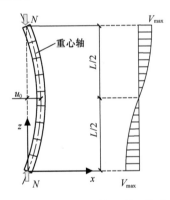

图 5-7　曲线形钢管混凝土桁式
混合结构的剪力分布

轴心受压直线形钢管混凝土桁式混合结构的剪力由承受该剪力的腹杆面共同分担，计算参考了现行国家标准《钢结构设计标准》GB 50017—2017 的有关规定。假定曲线形钢管混凝土桁式混合结构在端部受压产生挠曲的过程中，其挠曲线近似为正弦半波曲线，从而推导得出两端的最大剪力（图 5-7），所有腹杆按最不利条件设计。

钢管混凝土桁式混合结构的腹杆承载力设计应符合现行国家标准《钢结构设计标准》GB 50017—2017 的有关规定。承受轴压荷载且弦杆相同的钢管混凝土桁式混合结构腹杆分担的荷载可按下列公式计算：

1）直线形钢管混凝土桁式混合结构在两端承受轴压荷载时的腹杆剪力可按下式计算：

$$V = \frac{\sum(A_{sc} f_{sc})}{85}$$ (5-39)

式中　V——腹杆剪力设计值之和（N）；

f_{sc}——单肢钢管混凝土弦杆截面的轴心抗压强度设计值（N/mm²）；

A_{sc}——受压弦杆的截面面积（mm²）。

2）曲线形钢管混凝土桁式混合结构在两端承受轴压荷载时，腹杆的最大剪力设计值可按下式计算：

$$V_{wm} = \frac{\pi}{L} \cdot \frac{Nu_0}{1 - \dfrac{N}{N_E}} \tag{5-40}$$

式中　V_{wm}——腹杆的最大剪力设计值（N）；

　　　L——曲线形钢管混凝土桁式混合结构两端截面中心点的直线距离（mm），如图 5-6 所示；

　　　N——轴力设计值（N）；

　　　N_E——由结构换算长细比计算得到的欧拉临界力（N），应按式（5-28）计算；

　　　u_0——初始弯曲度（mm），即结构中截面的形心到两端截面形心连线的垂直距离，如图 5-6 所示。

3）平腹杆曲线形钢管混凝土桁式混合结构在两端承受轴压荷载时，腹杆的最大弯矩设计值可按下式计算：

$$M_{wd} = \frac{l_1}{m_b} \cdot V_{wm} \tag{5-41}$$

式中　M_{wd}——腹杆的最大弯矩设计值（N·mm）；

　　　l_1——节间长度（mm）；

　　　m_b——与肢数有关的参数，对于二肢、四肢、六肢结构，m_b 分别为 2、4 和 6；对于三肢结构，m_b 为 $4\cos\alpha$，其中，α 为腹杆在弦杆截面平面投影夹角的一半（图 5-6）。

4）斜腹杆曲线形钢管混凝土桁式混合结构在两端承受轴压荷载时，腹杆的最大轴力设计值可按下式计算：

$$N_{wd} = \frac{1}{m\sin\theta} \cdot V_{wm} \tag{5-42}$$

式中　N_{wd}——腹杆的最大轴力设计值（N）；

　　　θ——腹杆轴线与弦杆轴线的夹角；

　　　m——与肢数有关的参数，对于二肢、三肢、四肢、六肢结构，m 分别为 1、$2\cos\alpha$、2 和 3，其中，α 为腹杆在弦杆截面平面投影夹角的一半（图 5-6）。

5.2.2　受剪承载力

根据《钢管混凝土混合结构技术标准》GB/T 51446—2021，钢管混凝土桁式混合结构受剪承载力应符合下列规定：

$$V \leqslant V_u \tag{5-43}$$

式中　V——剪力设计值（N）；

　　　V_u——钢管混凝土桁式混合结构的受剪承载力（N）。

对于平腹杆钢管混凝土桁式混合结构，当受到外部剪力作用时，对应的破坏模式主要有腹杆弯剪破坏和弦杆受剪破坏两种。结构整体受剪承载力由两种破坏模式中的较小受剪承载力控制。腹杆弯剪破坏情况下，结构承载力主要由腹杆承载力控制，其承载力计算应符合现行国家标准《钢结构设计标准》GB 50017—2017 的有关规定。弦杆受剪破坏情况下，结构受剪承载力可按下式计算：

$$V_u = 0.9\sum V_{cu} \tag{5-44}$$

式中　　V_{cu}——单肢钢管混凝土弦杆的受剪承载力（N），应按式（4-37）计算。

本书 5.2.1 节（5）中给出了腹杆设计中的剪力值，但其仅为限制结构的单肢失稳破坏的剪力值；当有外部剪力时，腹杆剪力应通过整体计算得到。

对于斜腹杆钢管混凝土桁式混合结构，受到的外部剪力作用主要由腹杆承担，其受剪承载力由腹杆的拉、压承载力决定，而非各弦杆的受剪承载力控制。腹杆的承载力计算应符合现行国家标准《钢结构设计标准》GB 50017—2017 的有关规定。

5.3　钢管混凝土加劲混合结构

钢管混凝土加劲混合结构是由内置圆形钢管混凝土部分与钢管外包钢筋混凝土部分等混合而成的结构。钢管混凝土加劲混合结构内置的钢管混凝土通常对称布置，肢数可为单肢或多肢，如图 1-18 所示。钢管混凝土加劲混合结构可用作柱或拱形结构等。

基于试验研究和理论分析，揭示了钢管混凝土加劲混合结构在压（拉）、弯、扭、剪及复杂受力、长期荷载、反复荷载和撞击荷载作用下的损伤机制和破坏特征，提出了复杂受力状态、长期荷载作用下结构承载力计算方法、抗震和抗撞击设计方法，为科学地设计钢管混凝土加劲混合结构提供了技术依据。

钢管混凝土加劲混合结构应符合如下规定：

（1）钢管混凝土加劲混合结构的计算长度应按现行国家标准《混凝土结构设计规范》GB 50010—2010（2015 年版）的有关规定确定，截面回转半径计算宜按组合截面确定。钢管混凝土加劲混合结构整体的长细比不应大于 60。钢管混凝土加劲混合结构整体的长细比计算可采用相应钢筋混凝土结构的计算方法。为简化计算，可忽略内置钢管混凝土部分腹杆的贡献。

（2）钢管内混凝土的施工阶段，由施工荷载引起的钢管最大压应力值不应超过空钢管稳定承载力对应临界应力值的 35%。

（3）钢管外包混凝土的保护层厚度应符合现行国家标准《混凝土结构设计规范》GB 50010—2010（2015 年版）的有关规定。

（4）钢管外包混凝土的纵向受力钢筋的配筋率应按式（5-45）计算，并应根据工程类别，符合现行国家标准《混凝土结构设计规范》GB 50010—2010（2015 年版）、《建筑抗震设计规范》GB 50011—2010（2016 年版）、《铁路工程抗震设计规范》GB 50111—2006（2009 年版）或《公路桥梁抗震设计规范》JTG/T 2231-01—2020 的有关规定。

$$\rho = \frac{A_l}{A_{oc}} \tag{5-45}$$

式中　　ρ——纵向受力钢筋的配筋率；

　　　　A_l——纵向受力钢筋的截面总面积（mm^2）；

　　　　A_{oc}——钢管外包混凝土的截面面积（mm^2）。

纵筋配筋率计算时扣除了钢管混凝土部分。工程实践表明，由于钢管混凝土部分的存在，钢管外包混凝土中的纵筋配筋率可低于普通钢筋混凝土构件，因此纵筋配筋率可控制在 5% 以内。现行国家标准《建筑抗震设计规范》GB 50011—2010（2016 年版）中抗震等级为四级的框架结构柱最小配筋率为 0.5%；现行国家标准《铁路工程抗震设计规范》

GB 50111—2006（2009 年版）中钢筋混凝土桥墩最小配筋率为 0.5％；现行国家标准《公路桥梁抗震设计规范》JTG/T 2231-01—2020 中最小配筋率为 0.6％。当内置钢管混凝土占比较高时，需进行专门研究确定适当的配筋率。

（5）钢管外包混凝土的箍筋直径、间距和体积配箍率应根据工程类别，符合现行国家标准《混凝土结构设计规范》GB 50010—2010（2015 年版）、《建筑抗震设计规范》GB 50011—2010（2016 年版）、《铁路工程抗震设计规范》GB 50111—2006（2009 年版）或《公路桥梁抗震设计规范》JTG/T 2231-01—2020 的有关规定。计算截面配箍率时，箍筋约束混凝土截面面积宜取箍筋内区域钢管外包混凝土的截面面积。研究结果表明，外包混凝土的箍筋布置，应满足现行国家标准《混凝土结构设计规范》GB 50010—2010（2015 年版）的相关规定；抗震设计时，尚应满足现行国家标准《建筑抗震设计规范》GB 50011—2010（2016 年版）和《公路桥梁抗震设计规范》JTG/T 2231-01—2020 的有关规定。

（6）钢管混凝土加劲混合结构中的钢腹杆截面外尺寸和布置应符合外包混凝土部分保护层厚度的要求。

（7）多于六肢或其他复杂情况的钢管混凝土加劲混合结构，可通过结构整体分析确定结构的承载力，如通过建立整体纤维模型等方法分析结构的承载力，钢材和混凝土的本构模型可通过第 3 章给出的相应模型确定。

（8）单肢钢管混凝土加劲混合结构中钢管混凝土的钢管外径（D）与结构外截面宽度（B）的比值不宜小于 0.5，且不宜大于 0.75；多肢钢管混凝土加劲混合结构中角部钢管混凝土部分的钢管外径（D）与结构外截面宽度（B）的比值不宜小于 0.15，且不宜大于 0.25。

5.3.1 综合考虑施工全过程影响的受力特性

钢管混凝土加劲混合结构受结构自重、施工顺序和施工过程荷载的影响，其内部钢管、核心混凝土和外部钢筋混凝土中易产生初应力，初应力会影响截面内各部件的应力水平和分布。钢管混凝土加劲混合结构的施工过程可总体上分为如下过程：

（1）安装钢管骨架；

（2）浇筑钢管内核心混凝土，形成钢管混凝土骨架；

（3）施工钢管混凝土的外包钢筋混凝土。

混凝土的浇筑顺序可分为两种，一种为分步浇筑，即在完成钢管混凝土结构施工后，绑扎钢筋笼并浇筑外包混凝土；另一种为绑扎钢筋笼后同时浇筑钢管内核心混凝土和外包混凝土。外包混凝土施工结束后，形成钢管混凝土加劲混合结构。在这一过程中，必须保证"两阶段"结构的安全性，即 1）施工阶段：施工荷载和结构自重等施工阶段荷载作用下的钢管骨架、钢管混凝土骨架结构的安全性；2）正常使用阶段：结构自重、使用荷载和灾害性荷载等正常使用阶段荷载作用下钢管混凝土加劲混合结构的安全性。

施工全过程对钢管混凝土加劲混合结构的影响不仅体现在施工过程中，还使结构在使用寿命内始终受到施工荷载的影响。由于混凝土材料具有较强的非线性，钢管和箍筋会对混凝土提供约束作用，可改善混凝土在长期荷载下的收缩和徐变性能；钢筋和钢管在使用阶段基本处于线弹性阶段，混凝土本构模型受长期荷载影响较小，但由于混凝土的收缩和徐变而使得部分荷载转移至钢筋和钢管，进一步增大了钢筋和钢管在使用阶段的变形。由于钢管混凝土加劲混合结构中存在钢和混凝土两种材料，混凝土材料又根据约束程度分为三个区域（如图 3-8 所示），即钢管内核心混凝土、钢管外且箍筋内的约束混凝土、箍筋外的非约束混凝土。因此，钢管混凝土加劲混合结构在施工全过程下的力学性能定量分析尤为复杂。

以轴心受压荷载作用下的钢管混凝土加劲混合结构为例，其受力过程可概述为：

（1）安装空钢管并浇筑钢管内核心混凝土（图 5-8a），钢管承受自重、施工荷载和核心混凝土的湿重，在该阶段，钢管中会产生初应力，因此应验算钢管结构的稳定性；

（2）核心混凝土初凝后，形成钢管混凝土骨架结构，共同承受外包钢筋混凝土施工过程中产生的荷载（图 5-8b，图 5-8c），在该阶段应验算钢管混凝土骨架结构的稳定性；

（3）浇筑外包混凝土后，形成钢管混凝土加劲混合结构，内置钢管混凝土部分与外部钢筋混凝土部分共同承受正常使用阶段的荷载作用（图 5-8d）。

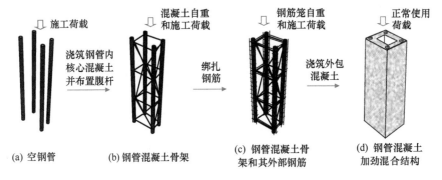

图 5-8　钢管混凝土加劲混合结构施工过程示意

图 5-9 所示为是否考虑施工全过程及长期荷载作用影响的轴压荷载（N）-轴压应变（ε）-持荷时间（t）过程关系的对比。图中，曲线 $OABCDEF$ 为综合考虑施工全过程及长期荷载作用影响的情况：

（1）OA 段：结构承受自重和使用荷载等的作用，基本处于弹性阶段。

（2）AB 段：正常使用阶段，结构承受的荷载保持不变，但其纵向应变随着持荷时间（t）的推移而逐渐增大。由于混凝土材料的时变特性和钢管约束的影响，其收缩和徐变应变在持荷阶段呈非线性增大，持荷约 90d 内的增加速度较快，之后增加速度逐渐降低。

（3）$BCDEF$ 段：即破坏阶段，荷载逐渐增加直至达到结构承载力（C 点），之后由于外包混凝土的压溃和纵筋的屈曲，外包钢筋混凝土部分逐渐失去承载能力，使结构进入承载力下降阶段（CD 段），下降至 D 点后，结构承载力主要由内置钢管混凝土部分承担，形成平台段（DE）；随着内置钢管混凝土部分发生破坏，结构承载力进一步下降并发生最终破坏（F 点）。

图 5-9 中，曲线 $OAC'D'E'F'$ 是没有考虑施工全过程及长期荷载作用影响的情况。通过对比可以发现，综合考虑施工全过程及长期荷载作用后，钢管混凝土加劲混合结构的承载力（N_{ul}）和结构刚度均有所降低。当混凝土加载龄期较短时（如核心混凝土浇筑后养护时间少于 7d），施工全过程及长期荷载作用的影响则更为显著，会导致更大的徐变变形，从而更为显著地降低正常使用阶段的刚度。因此，施工全过程及长期荷载作用的影响

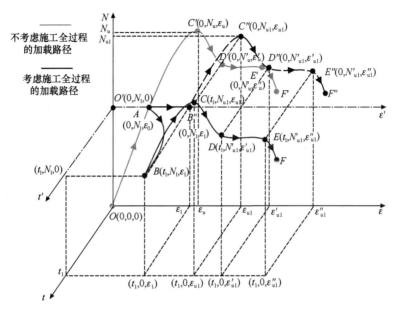

图 5-9　轴压荷载（N）-轴压应变（ε）-持荷时间（t）路径

N—轴压荷载；ε—轴压应变；ε_1—结构在正常使用阶段的轴压应变；ε_u—未考虑施工全过程及长期
荷载作用影响时结构承载力所对应的轴压应变；ε_{u1}—综合考虑施工全过程及长期荷载作用影响时结
构承载力所对应的轴压应变；t—持荷时间；t_1—结构在正常使用阶段的持荷时间；N_1—结构所承
受的自重和正常使用荷载；N_u—未考虑施工全过程及长期荷载作用影响时结构的承载力；N_{u1}—综
合考虑施工全过程及长期荷载作用影响时结构的承载力

在钢管混凝土加劲混合结构的设计中不容忽视，同时实现考虑施工全过程影响的钢管混凝
土加劲混合结构精细化模拟和分析，得到可为施工设计及运维提供定量化依据的计算结
果，是保证包括施工全过程及结构受力全过程的全寿期安全性的技术关键。

5.3.2　单肢结构正截面承载力

单肢钢管混凝土加劲混合结构的正截面示意如图 1-18（a）所示。

（1）轴压性能

图 5-10 给出了单肢钢管混凝土加劲混合结构典型轴压破坏形态示意图，外围钢筋混
凝土在中部发生外鼓，纵筋在相应部位发生屈曲；内置钢管混凝土也在中部鼓曲，但外鼓
程度没有外围钢筋混凝土显著。

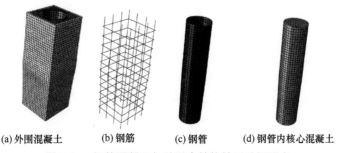

(a)外围混凝土　　　(b)钢筋　　　(c)钢管　　　(d)钢管内核心混凝土

图 5-10　钢管混凝土加劲混合结构轴压破坏形态

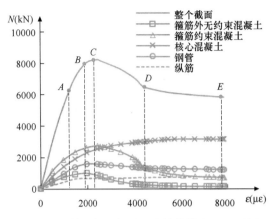

图 5-11　钢管混凝土加劲混合结构轴力（N）-轴向
应变（ε）关系

图 5-11 给出了单肢钢管混凝土加劲混合结构典型的轴力（N）-轴向应变（ε）关系曲线以及各部件内力分布。整个曲线可以根据 5 个特征点分成 5 个阶段，5 个特征点分别为：A 点，钢管开始进入弹塑性阶段；B 点，箍筋外无约束混凝土达到峰值强度；C 点，整个截面达到极限荷载（N_u）；D 点，轴力开始由下降转向平稳；E 点，由于轴力持续平稳停止计算。

（2）压弯性能

受压弯作用的单肢钢管混凝土加劲混合结构主要发生小偏心受压和大偏心受压两种破坏类型。当外围钢筋混凝土压溃时钢管受拉边缘纤维已经屈服，此时为大偏心受压破坏；当外围钢筋混凝土压溃时钢管受拉边缘纤维没有屈服，此时为小偏心受压破坏。对于发生小偏心受压破坏的单肢钢管混凝土加劲混合结构，在轴力接近极限荷载（N_u）时，受拉区混凝土开始出现裂缝，且集中在中部，如图 5-12（a）所示。对于发生大偏心受压破坏的单肢钢管混凝土加劲混合结构，在轴力达到 $0.2N_u$ 左右时，受拉区混凝土开始出现裂缝，裂缝均匀地分布在受拉区，且裂缝分布范围比相应的小偏心受压破坏大，但受压区混凝土压溃范围比相应的小偏心受压破坏小，如图 5-12（b）所示。

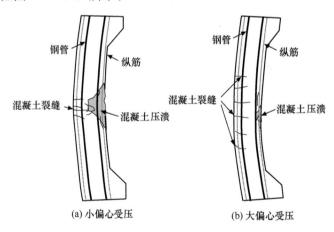

图 5-12　钢管混凝土加劲混合结构受压弯破坏形态

如图 5-13 所示，单肢钢管混凝土加劲混合结构的 N/N_u-M/M_u 相关关系可总体上分为两个阶段：1）小偏心受压破坏，构件随 N/N_u 减小，M/M_u 增大；2）大偏心受压破坏，随 N/N_u 减小，M/M_u 减小。对比钢筋混凝土结构的 N/N_u-M/M_u 相关曲线，二者的形状一致，但界限破坏时，单肢钢管混凝土加劲混合结构的 N_b/N_u 和 M_b/M_u 比相应的钢筋混凝土结构小。

（3）受弯性能

单肢钢管混凝土加劲混合结构受弯构件的典型破坏形态为弯曲破坏，混凝土裂缝以竖

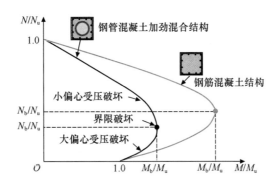

图 5-13　钢管混凝土加劲混合结构的 N/N_u-M/M_u 关系

N—压弯构件的受压承载力；M—与 N 对应的弯矩 $[=N(e+u_m)$，e 为初始偏心距，u_m 为达到 N 时构件的跨中挠度$]$；N_u—轴心受压承载力；M_u—受弯承载力；N_b—界限破坏时压弯构件的受压承载力；M_b—界限破坏时与 N_b 对应的弯矩

向弯曲裂缝为主。图 5-14 给出了单肢钢管混凝土加劲混合结构典型的弯矩（M）-曲率（ϕ）关系，总体上分三个阶段：

1) 弹性阶段（OA）。在此阶段，构件处于弹性工作，A 点时外围混凝土开始出现明显竖向弯曲裂缝，构件刚度开始降低。

2) 弹塑性阶段（ABC）。B 点对应的受拉纵筋达到屈服，构件刚度进一步降低；接近 C 点时，钢管受拉边缘开始屈服。

3) 塑性阶段（CDE）。D 点时，钢管受压边缘开始屈服。E 点时，钢管受拉边缘应变达到 0.01，弯矩基本不变，因此将 E 点对应的弯矩作为单肢钢管混凝土加劲混合结构的极限弯矩。

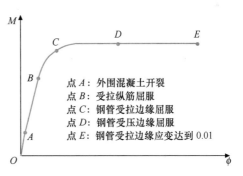

点 A：外围混凝土开裂
点 B：受拉纵筋屈服
点 C：钢管受拉边缘屈服
点 D：钢管受压边缘屈服
点 E：钢管受拉边缘应变达到 0.01

图 5-14　单肢钢管混凝土加劲混合结构的典型弯矩（M）-曲率（ϕ）关系

（4）轴拉性能

图 5-15 所示为钢管混凝土构件、钢筋混凝土构件和钢管混凝土加劲混合结构在轴拉荷载下典型的破坏形态。钢管混凝土加劲混合结构受拉破坏时表现为外部混凝土被全截面

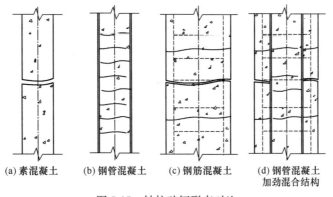

(a) 素混凝土　　(b) 钢管混凝土　　(c) 钢筋混凝土　　(d) 钢管混凝土加劲混合结构

图 5-15　轴拉破坏形态对比

拉裂、钢管受拉开裂和内部混凝土受拉开裂。相比于钢筋混凝土构件，钢管混凝土加劲混合结构的混凝土裂缝分布更为均匀。

图 5-16 为实测的钢管混凝土加劲混合结构试件受拉荷载（N）-应变（ε）关系。可见，相比于钢管混凝土试件（cfst）和钢筋混凝土试件（rc），钢管混凝土加劲混合结构试件（cecfst）的受拉承载力显著提高。

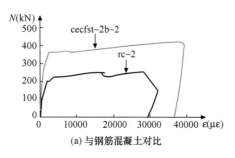
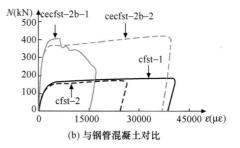

(a) 与钢筋混凝土对比　　　　　　　　(b) 与钢管混凝土对比

图 5-16　受拉荷载（N）-应变（ε）关系

（5）承载力计算公式

《钢管混凝土混合结构技术标准》GB/T 51446—2021 给出了如下规定：

1）单肢钢管混凝土加劲混合结构的截面受压承载力应符合式（5-46）的规定，并宜按式（5-47）计算：

$$N \leqslant N_0 \tag{5-46}$$

$$N_0 = 0.9(N_{\mathrm{rc}} + N_{\mathrm{cfst}}) \tag{5-47}$$

$$N_{\mathrm{rc}} = f_{\mathrm{c,oc}}A_{\mathrm{oc}} + f'_l A_l \tag{5-48}$$

$$N_{\mathrm{cfst}} = f_{\mathrm{sc}}A_{\mathrm{sc}} \tag{5-49}$$

式中　N——钢管混凝土加劲混合结构的截面轴向压力设计值（N）；

N_0——钢管混凝土加劲混合结构的截面受压承载力（N）；

N_{cfst}——内置钢管混凝土部分的截面受压承载力（N）；

N_{rc}——钢管外包混凝土部分的截面受压承载力（N）；

$f_{\mathrm{c,oc}}$——钢管外包混凝土的轴心抗压强度设计值（N/mm²）；

A_{oc}——钢管外包混凝土部分的截面面积（mm²）；

f'_l——纵筋的抗压强度设计值（N/mm²）；

A_l——纵筋的截面面积（mm²）；

f_{sc}——内置钢管混凝土部分的截面轴心抗压强度设计值（N/mm²）；

A_{sc}——内置钢管混凝土部分的截面面积（mm²）。

2）当中和轴位于截面高度范围内时，轴压力和弯矩共同作用下单肢钢管混凝土加劲混合结构的截面承载力应满足下列公式要求：

$$N \leqslant N'_{\mathrm{rc}} + N'_{\mathrm{cfst}} \tag{5-50}$$

$$M \leqslant M_{\mathrm{rc}} + M_{\mathrm{cfst}} \tag{5-51}$$

式中　N——钢管混凝土加劲混合结构的截面轴向压力设计值（N）；

M——钢管混凝土加劲混合结构的截面弯矩设计值（N·mm）；

N'_{rc}——轴压力和弯矩共同作用下外包混凝土部分的截面受压承载力（N）；

M_{rc}——轴压力和弯矩共同作用下外包混凝土部分的截面受弯承载力（N·mm）；

N'_{cfst}——轴压力和弯矩共同作用下内置钢管混凝土部分的截面受压承载力（N）；

M_{cfst}——轴压力和弯矩共同作用下内置钢管混凝土部分的截面受弯承载力（N·mm）。

轴压力和弯矩共同作用下，计算假定包括：①截面应变分布保持平面；②正截面混凝土的极限压应变 ε_{cu}，当钢管外包混凝土强度等级不超过 C50 时，取为 0.0033，否则，取为 0.0033 （$f_{cu,oc}$ — 50）× 10^{-5}，$f_{cu,oc}$ 为钢管外包混凝土的立方体抗压强度标准值（N/mm²）；③不考虑混凝土的抗拉强度；④纵筋和钢管的极限应变不应超过 0.01；⑤纵筋和钢管的纵向应力取其应变与弹性模量的乘积，且应满足下列公式要求：

$$|\sigma_l| \leqslant f_l \tag{5-52}$$

$$|\sigma_s| \leqslant f \tag{5-53}$$

式中　σ_l——纵筋的纵向应力（N/mm²）；

σ_s——钢管的纵向应力（N/mm²）；

f——钢材的抗拉、抗压和抗弯强度设计值（N/mm²）；

f_l——纵筋的抗拉强度设计值（N/mm²）。

3）单肢钢管混凝土加劲混合结构中的外包混凝土部分（图 5-17）的截面受压承载力和相应的截面受弯承载力宜按下列公式计算：

$$N'_{rc} = \alpha_1 f_{c,oc} A_{e,oc} + \sum \sigma_{li} A_{li} \tag{5-54}$$

$$M_{rc} = \alpha_1 f_{c,oc} A_{e,oc} \left(\frac{H}{2} - x_{e,oc} \right) + \sum \sigma_{li} A_{li} \left(\frac{H}{2} - x_{li} \right) \tag{5-55}$$

$$\sigma_{li} = E_s \varepsilon_{cu} \frac{c - x_{li}}{c} \tag{5-56}$$

$$|\sigma_{li}| \leqslant f_l \tag{5-57}$$

式中　N'_{rc}——轴压力和弯矩共同作用下钢管外包混凝土部分的截面受压承载力（N）；

M_{rc}——轴压力和弯矩共同作用下钢管外包混凝土部分的截面受弯承载力（N·mm）；

$A_{e,oc}$——钢管外包混凝土等效应力块面积（mm²）（图 5-17a），等效应力块高度为受压区高度 $\beta_1 c$，β_1 为钢管外包混凝土等效应力块高度系数，当混凝土强度等级不超过 C50 时，取 0.80；当混凝土强度等级为 C80 时，取 0.74；C50～C80 中间值按线性内插法确定；

A_{li}——第 i 根纵筋的截面面积（mm²）；

ε_{cu}——受压边缘混凝土的极限压应变；

c——中和轴距受压边缘距离（mm）；

$x_{e,oc}$——钢管外包混凝土等效应力块形心到受压边缘距离（mm）；

x_{li}——第 i 根纵筋到受压边缘距离（mm）；

σ_{li}——第 i 根纵筋应力（N/mm²），受压为正，受拉为负；

f_l——纵筋的抗拉强度设计值（N/mm²）；

α_1——钢管外包混凝土等效应力块强度系数，当混凝土强度等级不超过 C50 时，取 1.0；当混凝土强度等级为 C80 时，取 0.94，C50～C80 中间值按线性内插法确定。

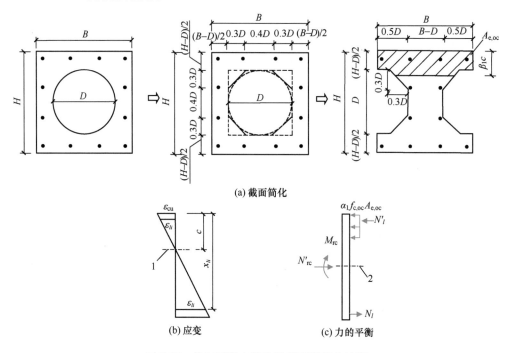

(a) 截面简化

(b) 应变   (c) 力的平衡

图 5-17　外包混凝土部分的截面承载力计算

1—中和轴；2—形心轴；B—截面宽度；c—中和轴距受压边缘距离；H—截面高度；

N_l—受拉区纵筋轴力；N'_l—受压区纵筋轴力；ε_{li}—第 i 根纵筋应变；ε_{cu}—混凝土极限压应变

计算过程中，可统一按受压应力为正，受拉应力为负进行计算，根据钢筋所处的位置确定应力的正负值。

4）单肢钢管混凝土加劲混合结构中的内置钢管混凝土部分的截面受压承载力和相应的截面受弯承载力宜按下列公式计算：

$$N'_{cfst} = N'_c + N'_s \tag{5-58}$$

$$M_{cfst} = M_c + M_s \tag{5-59}$$

式中　　N'_{cfst}——轴压力和弯矩共同作用下内置钢管混凝土部分的截面受压承载力（N）；

M_{cfst}——轴压力和弯矩共同作用下内置钢管混凝土部分的截面受弯承载力（N·mm）；

N'_c——轴压力和弯矩共同作用下钢管内混凝土截面的受压承载力（N）；

M_c——轴压力和弯矩共同作用下钢管内混凝土截面的受弯承载力（N·mm）；

N'_s——轴压力和弯矩共同作用下钢管截面的受压承载力（N）；

M_s——轴压力和弯矩共同作用下钢管截面的受弯承载力（N·mm）。

a）钢管内混凝土截面的受压承载力和相应的受弯承载力宜按下列公式计算：

$$N'_c = \alpha_{co} A_{c,c} \sigma_{e,c} \tag{5-60}$$

$$M_c = \alpha_{co} A_{c,c} \sigma_{e,c} (0.5H - x_{e,c}) \tag{5-61}$$

$$\alpha_{co} = \begin{cases} 0.12 \dfrac{c - 0.5(H - D_i)}{D_i} + 0.73 & 0.5(H - D_i) \leqslant c < 0.5(H + D_i) \\[2mm] -0.3 \dfrac{H - c}{H - D_i} + 1 & 0.5(H + D_i) \leqslant c \leqslant H \end{cases} \tag{5-62}$$

$$\frac{\sigma_{e,c}}{\sigma_o} = 2\left(\frac{\varepsilon_{e,c}}{\varepsilon_o}\right) - \left(\frac{\varepsilon_{e,c}}{\varepsilon_o}\right)^2 \tag{5-63}$$

$$\varepsilon_{e,c} = \varepsilon_{cu} \frac{c - x_{e,c}}{c} \tag{5-64}$$

$$x_{e,c} = \begin{cases} \left(-0.04 \dfrac{c - 0.5H + 0.5D_i}{D_i} + 0.46\right)(c - 0.5H + 0.5D_i) + \dfrac{H - D_i}{2} \\[3mm] \hspace{5cm} 0.5(H - D_i) \leqslant c < 0.5(H + D_i) \\[3mm] \left(-0.16 \dfrac{H - c}{H - D_i} + 0.5\right)D_i + \dfrac{H - D_i}{2} \hspace{1cm} 0.5(H + D_i) \leqslant c \leqslant H \end{cases}$$

$$\tag{5-65}$$

式中　N'_c——轴压力和弯矩共同作用下钢管内混凝土截面的受压承载力（N）；

　　　M_c——轴压力和弯矩共同作用下钢管内混凝土截面的受弯承载力（N·mm）；

　　　$A_{c,c}$——钢管内混凝土受压区面积（mm²），$0 \leqslant A_{c,c} \leqslant A_c$；

　　　$\sigma_{e,c}$——等效点 A 处混凝土纤维应力（N/mm²），$\sigma_{e,c} \leqslant \sigma_o$；

　　　$x_{e,c}$——受压区等效点 A 距受压边缘距离（mm）（图 5-18）；

　　　α_{co}——受压区高度系数；

　　　D_i——钢管内混凝土直径（mm）；

　　　$\varepsilon_{e,c}$——等效点 A 处混凝土纤维应变；

　　　ε_{cu}——受压边缘混凝土极限压应变；

　　　σ_o——钢管内混凝土单轴峰值压应力（N/mm²），应按表 5-1 确定；

　　　ε_o——钢管内混凝土单轴峰值压应变，应按表 5-2 确定。

　b) 钢管截面的受压承载力和相应的受弯承载力宜按下列公式计算：

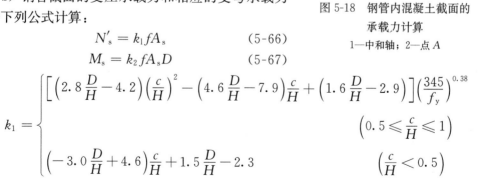

图 5-18　钢管内混凝土截面的承载力计算

1—中和轴；2—点 A

$$N'_s = k_1 f A_s \tag{5-66}$$

$$M_s = k_2 f A_s D \tag{5-67}$$

$$k_1 = \begin{cases} \left[\left(2.8\dfrac{D}{H} - 4.2\right)\left(\dfrac{c}{H}\right)^2 - \left(4.6\dfrac{D}{H} - 7.9\right)\dfrac{c}{H} + \left(1.6\dfrac{D}{H} - 2.9\right)\right]\left(\dfrac{345}{f_y}\right)^{0.38} \\[3mm] \hspace{6cm} \left(0.5 \leqslant \dfrac{c}{H} \leqslant 1\right) \\[3mm] \left(-3.0\dfrac{D}{H} + 4.6\right)\dfrac{c}{H} + 1.5\dfrac{D}{H} - 2.3 \hspace{1cm} \left(\dfrac{c}{H} < 0.5\right) \end{cases}$$

$$\tag{5-68}$$

$$k_2 = m_1 \left(\frac{c}{H}\right)^2 + m_2 \frac{c}{H} + m_3 \tag{5-69}$$

$$m_1 = \begin{cases} -5.3\left(\dfrac{D}{H}\right)^2 + 6.7\dfrac{D}{H} - 1.8 & \left(0.5 \leqslant \dfrac{c}{H} \leqslant 1\right) \\ -22.2\left(\dfrac{D}{H}\right)^2 + 29.4\dfrac{D}{H} - 12 & \left(\dfrac{c}{H} < 0.5\right) \end{cases} \tag{5-70}$$

$$m_2 = \begin{cases} 9.1\left(\dfrac{D}{H}\right)^2 - 11.8\dfrac{D}{H} + 0.6\dfrac{345}{f_y} + 2.3 & \left(0.5 \leqslant \dfrac{c}{H} \leqslant 1\right) \\ 13.7\left(\dfrac{D}{H}\right)^2 - 19.4\dfrac{D}{H} - 0.76\dfrac{345}{f_y} + 9.7 & \left(\dfrac{c}{H} < 0.5\right) \end{cases} \tag{5-71}$$

$$m_3 = \begin{cases} -3.9\left(\dfrac{D}{H}\right)^2 + 5.3\dfrac{D}{H} - 0.46\dfrac{345}{f_y} - 0.7 & \left(0.5 \leqslant \dfrac{c}{H} \leqslant 1\right) \\ -2.1\left(\dfrac{D}{H}\right)^2 + 3.5\dfrac{D}{H} + 0.22\dfrac{345}{f_y} - 1.9 & \left(\dfrac{c}{H} < 0.5\right) \end{cases} \tag{5-72}$$

式中　　N'_s——轴压力和弯矩共同作用下钢管截面的受压承载力（N）；

M_s——轴压力和弯矩共同作用下钢管截面的受弯承载力（N·mm）；

k_1、k_2——计算系数，当 k_1 计算值大于 1.0 时，取 1.0，小于 -1.0 时，取 -1.0；当 k_2 计算值小于 0 时，取 0；

A_s——钢管的截面面积（mm^2）；

f——钢管钢材的抗拉、抗压和抗弯强度设计值（N/mm^2）；

f_y——钢管钢材的屈服强度（N/mm^2）。

钢管内混凝土单轴峰值压应力 σ_0 值（N/mm^2）　　　　表 5-1

混凝土强度等级	约束效应系数 ξ							
	0.6	1	1.5	2	2.5	3	3.5	4
C30	20.9	23.1	25.4	27.1	28.5	29.4	29.8	29.8
C40	28.1	30.6	33.4	35.5	37.1	38.1	38.6	38.6
C50	34.4	37.2	40.3	42.7	44.5	45.7	46.3	46.3
C60	42.1	45.4	48.9	51.6	53.6	54.9	55.6	55.6
C70	49.1	52.6	56.4	59.4	61.6	63.1	63.8	63.8
C80	56.8	60.7	64.8	68.1	70.4	72.1	72.8	72.8

注：表内中间值按线性内插法确定。

钢管内混凝土单轴峰值压应变 ε_0 值（με）　　　　表 5-2

混凝土强度等级	约束效应系数 ξ							
	0.6	1	1.5	2	2.5	3	3.5	4
C30	2900	3000	3100	3200	3300	3300	3400	3500
C40	3200	3400	3600	3700	3800	3800	3900	4000
C50	3600	3800	3900	4100	4200	4300	4300	4400
C60	4000	4200	4400	4600	4700	4800	4900	5000
C70	4400	4700	4900	5000	5200	5300	5400	5500
C80	4800	5100	5400	5500	5700	5800	5900	6000

注：表内中间值按线性内插法确定。

5）当中和轴位于截面高度范围外时，轴压力和弯矩共同作用下单肢钢管混凝土加劲混合结构的截面受弯承载力应符合下列公式规定：

$$M \leqslant M_{u,N} \tag{5-73}$$

$$M_{u,N} = \frac{N_0 - N}{N_0 - N_{u,H}} M_{u,H} \tag{5-74}$$

式中　$M_{u,N}$——轴压力 N 作用下截面受弯承载力（N·mm）；

$N_{u,H}$——当中和轴距受压边缘距离 c 等于截面高度 H 时的截面受压承载力（N），应按式（5-50）确定；

$M_{u,H}$——当中和轴距受压边缘距离 c 等于截面高度 H 时的截面受弯承载力（N·mm），应按式（5-51）确定；

N_0——截面受压承载力（N），应按式（5-47）计算。

参照现行国家标准《混凝土结构设计规范》GB 50010—2010（2015 年版）对混凝土强度计算的处理方式，即等效应力块方法，对管内混凝土和钢管的轴力和弯矩贡献进行等效，通过机理分析确定混凝土的等效合力作用点 A 距受压边缘距离，受压区高度系数以及钢管的计算系数，便于采用简化公式进行计算。

通过假设有效受压面积下的截面受压承载力等于轴向压力设计值，可以计算得到中和轴距受压边缘距离 c。按中和轴位置不同，分为中和轴位于结构截面内（$c \leqslant H$）和截面外（$c > H$）两种工况。

对于第一种工况（$c \leqslant H$），基于平截面假定，推导出钢管混凝土加劲混合结构截面的压弯承载力，包括外包混凝土部分和内置钢管混凝土部分。前者按照钢筋混凝土结构截面压弯承载力的方法进行计算；后者中管内混凝土部分的承载力通过等效应力面积进行计算，式（5-63）中的峰值压应力和压应变 σ_0 和 ε_0 分别由表 5-1 和表 5-2 给出，所计算的管内混凝土应力已考虑了材料分项系数。

对于第二种工况（$c > H$），为简化计算，将 N-M 相关曲线（图 5-19）中对应 $c > H$ 的部分近似为直线。

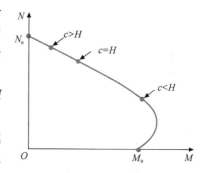

图 5-19　N-M 相关关系

6）单肢钢管混凝土加劲混合结构的截面受拉承载力可不计入外部混凝土的影响，将钢管混凝土加劲混合结构的受拉承载力视为钢管混凝土和纵筋的受拉承载力的叠加，应符合下列公式规定：

$$N \leqslant N_{rc,t} + N_{cfst,t} \tag{5-75}$$

$$N_{rc,t} = f_l A_l \tag{5-76}$$

$$N_{cfst,t} = (1.1 - 0.4\alpha_s) A_s f \tag{5-77}$$

式中　N——钢管混凝土加劲混合结构的截面轴向拉力设计值（N）；

$N_{rc,t}$——外包混凝土部分的截面受拉承载力（N）；

$N_{cfst,t}$——内置钢管混凝土部分的截面受拉承载力（N）；

A_l——纵筋的截面面积（mm²）；

A_s——钢管的截面面积（mm²）；

α_s——内置钢管混凝土部分的截面含钢率，应按式（1-2）计算；

f_l——纵筋的抗拉强度设计值（N/mm²）；

f——钢管钢材的抗拉强度设计值（N/mm²）。

5.3.3 四肢结构正截面承载力

四肢钢管混凝土加劲混合结构的截面示意如图 1-18（b）所示。四肢钢管混凝土加劲混合结构在轴压荷载下，其破坏形态一般表现为外包混凝土压溃和剥落，并伴有混凝土剥落（如图 5-20a 所示），与钢筋混凝土试件的破坏形态相似（如图 5-20b 所示）。同时给出了内部空心的破坏形态，表现为中间部分混凝土压溃，而其他部位完好。在外包混凝土剥落部位，钢管发生弯曲，而核心混凝土由于钢管的约束，保持完好。受力全过程中，混凝土、纵筋和钢管的纵向变形协调一致。

空心部分

（a）钢管混凝土加劲混合结构　　　　　　（b）钢筋混凝土结构

图 5-20　轴压破坏形态对比

钢管混凝土加劲混合结构在压弯荷载作用下发生破坏时，表现为混凝土弯曲裂缝和压溃现象，如图 5-21 所示。内置钢管混凝土发生明显的弯曲变形，但由于外包混凝土的约束和其核心混凝土的支撑作用，钢管并没有发生局部屈曲；由于钢管的约束作用，核心混凝土处于围压状态，核心混凝土至试件发生破坏仍保持完好，内置钢管混凝土和其外包钢筋混凝土能保持共同工作直至试件破坏。

（a）外包混凝土压溃　　　　　　（b）内置钢管　　　　（c）内置钢管混凝土的核心混凝土

图 5-21　压弯破坏形态

《钢管混凝土混合结构技术标准》GB/T 51446—2021 给出了如下规定：

（1）四肢钢管混凝土加劲混合结构的截面轴心受压承载力按外包混凝土部分和内置钢管混凝土部分二者轴压承载力叠加的方法进行计算，应符合式（5-78）的规定，并宜按式（5-79）计算。四肢结构正截面承载力的计算假定与单肢截面构件相同。

$$N \leqslant N_0 \tag{5-78}$$

$$N_0 = 0.9(N_{rc} + N_{cfst}) \tag{5-79}$$

$$N_{rc} = f_{c,oc}A_{oc} + f'_l A_l \tag{5-80}$$

$$N_{cfst} = \sum f_{sc,i}A_{sc,i} \tag{5-81}$$

式中　N——钢管混凝土加劲混合结构的截面轴向压力设计值（N）；

　　　N_0——钢管混凝土加劲混合结构的截面受压承载力（N）；

　　　N_{rc}——外包混凝土部分的截面受压承载力（N）；

　　　N_{cfst}——内置钢管混凝土部分的截面受压承载力（N）；

　　　$f_{c,oc}$——钢管外包混凝土的轴心抗压强度设计值（N/mm²）；

　　　A_{oc}——钢管外包混凝土的截面面积（mm²）；

　　　f'_l——纵筋的抗压强度设计值（N/mm²）；

　　　A_l——纵筋的截面面积（mm²）；

　　　$f_{sc,i}$——第 i 个内置钢管混凝土构件的截面轴心抗压强度设计值（N/mm²）；

　　　$A_{sc,i}$——第 i 个内置钢管混凝土构件的截面面积（mm²）。

（2）当中和轴位于截面高度范围内时，轴压力和弯矩共同作用下四肢钢管混凝土加劲混合结构的截面承载力应符合下列公式：

$$N \leqslant N'_{rc} + N'_{cfst} \tag{5-82}$$

$$M \leqslant M_{rc} + M_{cfst} \tag{5-83}$$

式中　N——钢管混凝土加劲混合结构的截面轴向压力设计值（N）；

　　　M——钢管混凝土加劲混合结构的截面弯矩设计值（N·mm）；

　　　N'_{rc}——轴压力和弯矩共同作用下外包混凝土部分的截面受压承载力（N）；

　　　N'_{cfst}——轴压力和弯矩共同作用下内置钢管混凝土部分的截面受压承载力（N）；

　　　M_{rc}——轴压力和弯矩共同作用下外包混凝土部分的截面受弯承载力（N·mm）；

　　　M_{cfst}——轴压力和弯矩共同作用下内置钢管混凝土部分的截面受弯承载力（N·mm）。

四肢结构正截面承载力的计算假定与 5.3.2 节（5）相同。

（3）四肢钢管混凝土加劲混合结构中的外包混凝土部分（图 5-22）的截面受压承载力和相应的截面受弯承载力宜按下列公式计算：

$$N'_{rc} = \alpha_1 f_{c,oc}A_{e,oc} + \sum \sigma_{li}A_{li} \tag{5-84}$$

$$M_{rc} = \alpha_1 f_{c,oc}A_{e,oc}\left(\frac{H}{2} - x_{e,oc}\right) + \sum \sigma_{li}A_{li}\left(\frac{H}{2} - x_{li}\right) \tag{5-85}$$

$$\sigma_{li} = E_s \varepsilon_{cu} \frac{c - x_{li}}{c} \tag{5-86}$$

$$|\sigma_{li}| \leqslant f_l \tag{5-87}$$

式中　N'_{rc}——轴压力和弯矩共同作用下钢管外包混凝土部分的截面受压承载力（N）；

　　　M_{rc}——轴压力和弯矩共同作用下钢管外包混凝土部分的截面受弯承载力（N·mm）；

　　　$A_{e,oc}$——钢管外包混凝土等效应力块面积（mm²）（图 5-22a），等效应力块高度为受压区高度 $\beta_1 c$；β_1 为钢管外包混凝土等效应力块高度系数，当混凝土强度等级不超过 C50 时，取 0.80；当混凝土强度等级为 C80 时，取 0.74；C50～C80 中间值按线性内插法确定；

A_{li}——第 i 根纵筋的截面面积（mm^2）；

ε_{cu}——受压边缘混凝土极限压应变；

c——中和轴距受压边缘距离（mm）；

$x_{e,oc}$——钢管外包混凝土等效应力块形心到受压边缘距离（mm）；

x_{li}——第 i 根纵筋形心到受压边缘距离（mm）；

σ_{li}——第 i 根纵筋应力（$\mathrm{N/mm}^2$），受压为正，受拉为负；

α_1——钢管外包混凝土等效应力块强度系数，当混凝土强度等级不超过 C50 时，取 1.0；当混凝土强度等级为 C80 时，取 0.94；C50～C80 中间值按线性内插法确定。

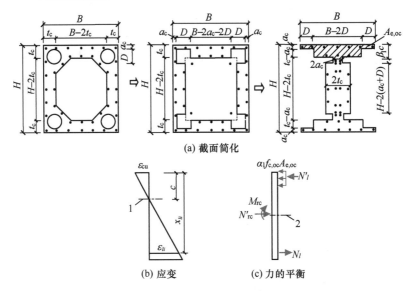

(a) 截面简化

(b) 应变　　(c) 力的平衡

图 5-22　外包混凝土部分的截面承载力计算

1—中和轴；2—形心轴；B—截面宽度；c—中和轴距受压边缘距离；H—截面高度；
N_l—受拉区纵筋轴力；N_l'—受压区纵筋轴力；t_c—空心边缘到混凝土外表面的距离；
a_c—钢管外边线到混凝土外表面的距离；ε_{li}—第 i 根纵筋应变；ε_{cu}—混凝土极限压应变

（4）对称布置的四肢钢管混凝土加劲混合结构中的内置钢管混凝土部分（图 5-23）的截面受压承载力和相应的截面受弯承载力宜按式（5-88）和式（5-89）计算，并应符合下列规定：

$$N'_{cfst} = N'_c + N'_s \tag{5-88}$$

$$M_{cfst} = M_c + M_s \tag{5-89}$$

式中　N'_{cfst}——轴压力和弯矩共同作用下内置钢管混凝土部分的截面受压承载力（N）；

M_{cfst}——轴压力和弯矩共同作用下内置钢管混凝土部分的截面受弯承载力（N·mm）；

N'_c——轴压力和弯矩共同作用下钢管内混凝土截面的受压承载力（N）；

N'_s——轴压力和弯矩共同作用下钢管截面的受压承载力（N）；

M_c——轴压力和弯矩共同作用下钢管内混凝土截面的受弯承载力（N·mm）；

M_s——轴压力和弯矩共同作用下钢管截面的受弯承载力（N·mm）。

1）钢管截面的受压承载力和相应的受弯承载力宜分别按式（5-90）和式（5-91）计算（图 5-23）：

$$N'_s = 2\sigma_{s1}A_{s1} + 2\sigma_{s2}A_{s2} \tag{5-90}$$

$$M_s = 2\sigma_{s1}A_{s1}(0.5H - x_{s1}) + 2\sigma_{s2}A_{s2}(0.5H - x_{s2}) \tag{5-91}$$

式中　N'_s——轴压力和弯矩共同作用下钢管截面的受压承载力（N）；

　　　M_s——轴压力和弯矩共同作用下钢管截面的受弯承载力（N·mm）；

　　　A_{s1}——靠近受压边缘的钢管截面面积（mm²）；

　　　A_{s2}——远离受压边缘的钢管截面面积（mm²）；

　　　x_{s1}——靠近受压边缘的钢管形心到受压边缘距离（mm）；

　　　x_{s2}——远离受压边缘的钢管形心到受压边缘距离（mm）；

　　　σ_{s1}——靠近受压边缘的钢管形心处钢管应力（N/mm²），受压为正，受拉为负；

　　　σ_{s2}——远离受压边缘的钢管形心处钢管应力（N/mm²），受压为正，受拉为负。

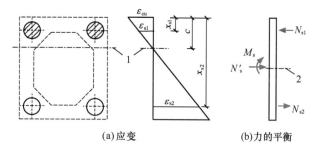

(a) 应变　　　　　　　　　(b) 力的平衡

图 5-23　钢管截面的承载力计算

1—中和轴；2—形心轴；N_{s1}—靠近受压边缘的钢管轴力；N_{s2}—远离受压边缘的钢管轴力；

ε_{s1}—靠近受压边缘的钢管形心应变；ε_{s2}—远离受压边缘的钢管形心应变；ε_{cu}—混凝土极限压应变

2）以中和轴分别穿过靠近和远离受压边缘的钢管内混凝土为界，管内混凝土截面的受压承载力和相应的受弯承载力宜符合下列规定：

a）当 $(H - a_{ci}) \leqslant c \leqslant H$ 时，全部管内混凝土均处于受压状态（图 5-24），宜按下列公式计算：

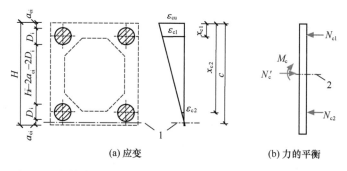

(a) 应变　　　　　　　　　(b) 力的平衡

图 5-24　钢管内混凝土截面的承载力计算 $[(H - a_{ci}) \leqslant c \leqslant H]$

1—中和轴；2—形心轴；H—截面高度；a_{ci}—管内混凝土外边缘到混凝土外表面的距离；c—中和轴
距受压边缘距离；N_{c1}—靠近受压边缘的管内混凝土轴力；N_{c2}—远离受压边缘的管内混凝土轴力；

ε_{c1}—靠近受压边缘的管内混凝土形心应变；ε_{c2}—远离受压边缘的管内混凝土形心应变；ε_{cu}—混凝土
极限压应变

$$N'_c = 2\sigma_{c1}A_{c1} + 2\sigma_{c2}A_{c2} \tag{5-92}$$

$$M_c = 2\sigma_{c1}A_{c1}(0.5H - x_{c1}) + 2\sigma_{c2}A_{c2}(0.5H - x_{c2}) \tag{5-93}$$

式中　N'_c——轴压力和弯矩共同作用下钢管内混凝土截面的受压承载力（N）；

　　　M_c——轴压力和弯矩共同作用下钢管内混凝土截面的受弯承载力（N·mm）；

　　　A_{c1}——靠近受压边缘的管内混凝土面积（mm^2）；

　　　A_{c2}——远离受压边缘的管内混凝土面积（mm^2）；

　　　x_{c1}——靠近受压边缘的管内混凝土形心到受压边缘距离（mm）；

　　　x_{c2}——远离受压边缘的管内混凝土形心到受压边缘距离（mm）；

　　　σ_{c1}——靠近受压边缘的管内混凝土形心处应力（N/mm^2），应按式（5-63）计算；

　　　σ_{c2}——远离受压边缘的管内混凝土形心处应力（N/mm^2），应按式（5-63）计算。

　　b）当$(H-D_i-a_{ci}) < c < (H-a_{ci})$时，中和轴穿过远离受压边缘的管内混凝土，远离受压边缘的管内混凝土受拉区域不宜计入内力贡献（图5-25），宜按下列公式计算：

$$N'_c = 2\sigma_{c1}A_{c1} + 2\sigma_{e,c2}A_{c,c2} \tag{5-94}$$

$$M_c = 2\sigma_{c1}A_{c1}(0.5H - x_{c1}) + 2\sigma_{e,c2}A_{c,c2}(0.5H - x_{e,c2}) \tag{5-95}$$

$$x_{e,c2} = 0.54c + 0.46H - 0.5D_i - 0.46a_{ci} \tag{5-96}$$

式中　$A_{c,c2}$——远离受压边缘的管内混凝土受压面积（mm^2）；

　　　$x_{e,c2}$——远离受压边缘的管内混凝土等效点A到受压边缘距离（mm）；

　　　$\sigma_{e,c2}$——远离受压边缘的管内混凝土等效点A处应力（N/mm^2），应按式（5-63）计算。

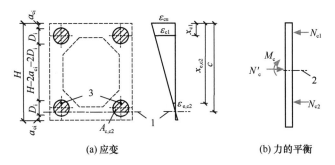

(a) 应变　　　　　　　　　　　(b) 力的平衡

图5-25　钢管内混凝土截面的承载力计算$[(H-D_i-a_{ci}) < c < (H-a_{ci})]$

1—中和轴；2—形心轴；3—等效点A；H—截面高度；a_{ci}—管内混凝土外边缘到混凝土外表面的距离；c—中和轴距受压边缘距离；ε_{c1}—靠近受压边缘的管内混凝土形心应变；$\varepsilon_{e,c2}$—远离受压边缘的管内混凝土等效点A处应变；ε_{cu}—混凝土极限压应变

　　c）当$(D_i+a_{ci}) \leqslant c \leqslant (H-D_i-a_{ci})$时，中和轴位于远离和靠近受拉边缘的管内混凝土之间，不宜计入远离受压区的管内混凝土的内力贡献（图5-26），宜按下列公式计算：

$$N'_c = 2\sigma_{c1}A_{c1} \tag{5-97}$$

$$M_c = 2\sigma_{c1}A_{c1}(0.5H - x_{c1}) \tag{5-98}$$

式中　A_{c1}——靠近受压边缘的管内混凝土面积（mm^2）；

　　　x_{c1}——靠近受压边缘的管内混凝土形心到受压边缘距离（mm）；

　　　σ_{c1}——靠近受压边缘的管内混凝土形心处应力（N/mm^2），应按式（5-63）计算。

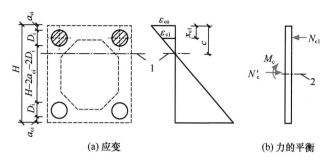

(a) 应变　　　　　　　　　**(b) 力的平衡**

图 5-26　钢管内混凝土截面的承载力计算$[(D_i+a_{ci}) \leqslant c \leqslant (H-D_i-a_{ci})]$

1—中和轴；2—形心轴；H—截面高度；a_{ci}—管内混凝土外边缘到混凝土外表面的距离；

c—中和轴距受压边缘距离；ε_{c1}—靠近受压边缘的管内混凝土形心应变；ε_{cu}—混凝土极限压应变

d）当 $a_{ci}<c<(D_i+a_{ci})$ 时，中和轴穿过靠近受压边缘的管内混凝土，不宜计入靠近受压边缘的管内混凝土受拉区域的内力贡献（图 5-27），宜按下列公式计算：

$$N'_c = 2\sigma_{e,c1}A_{c,c1} \tag{5-99}$$

$$M_c = 2A_{c,c1}\sigma_{e,c1}(0.5H - x_{e,c1}) \tag{5-100}$$

$$x_{e,c1} = 0.46c + 0.04D_i + 0.54a_{ci} \tag{5-101}$$

式中　$A_{c,c1}$——靠近受压边缘的管内混凝土受压面积（mm^2）；

$\quad\quad x_{e,c1}$——靠近受压边缘的管内混凝土等效点 B 到受压边缘距离（mm）；

$\quad\quad \sigma_{e,c1}$——靠近受压边缘的管内混凝土等效点 B 处应力（N/mm^2），应按式（5-63）计算。

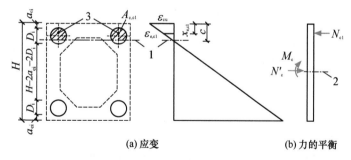

(a) 应变　　　　　　　　　**(b) 力的平衡**

图 5-27　钢管内混凝土截面的承载力计算$[a_{ci}<c<(D_i+a_{ci})]$

1—中和轴；2—形心轴；3—点 B；H—截面高度；a_{ci}—管内混凝土外边缘到

混凝土外表面的距离；c—中和轴距受压边缘距离；$\varepsilon_{e,c1}$—靠近受压边缘的管

内混凝土等效点 B 处应变；ε_{cu}—混凝土极限压应变

（5）当中和轴在截面高度范围外时，轴压力和弯矩共同作用下四肢钢管混凝土加劲混合结构的截面受弯承载力应满足式（5-102）的要求，并宜按式（5-103）计算：

$$M \leqslant M_{u,N} \tag{5-102}$$

$$M_{u,N} = \frac{N_0 - N}{N_0 - N_{u,H}}M_{u,H} \tag{5-103}$$

式中 $N_{u,H}$——当中和轴受压边缘距离 c 等于截面高度 H 时，按 5.3.3 节（2）计算的截面的受压承载力（N）；

  $M_{u,H}$——当中和轴受压边缘距离 c 等于截面高度 H 时，按 5.3.3 节（2）计算的截面受弯承载力（N·mm）；

  $M_{u,N}$——轴压力 N 作用下截面受弯承载力（N·mm）；

  N_0——按 5.3.3 节（1）计算的截面受压承载力（N）。

（6）进行正截面压弯承载力验算时，可通过轴向压力设计值等于截面受压承载力的假设得到中和轴受压边缘距离（c）。若 $c \leqslant H$，宜按 5.3.3 节（2）计算截面受弯承载力（M_u）；若 $c > H$，宜按 5.3.3 节（5）计算截面受弯承载力（M_u）。

5.3.4 六肢结构正截面承载力

六肢钢管混凝土加劲混合结构的截面示意如图 1-18（c）所示。轴压荷载下六肢钢管混凝土加劲混合结构的典型破坏形态如图 5-28 所示，试件的外围混凝土基本在跨中截面压溃，外表面和内表面均有部分混凝土剥落，这与传统钢筋混凝土轴心受压试件的破坏形态一致。将试件的外围混凝土剖开，发现内部纵筋和钢管出现受压屈曲的现象。管内核心混凝土由于受到钢管的约束作用，没有出现压溃现象，基本保持完整。

(a) 外包混凝土压溃　　　(b) 内置纵筋和钢管屈曲

图 5-28　六肢钢管混凝土加劲混合结构轴压试件破坏形态

对于六肢钢管混凝土加劲混合结构受弯构件，如图 5-29 所示，在纯弯段的底部分布有明显的受弯竖向裂缝并伴有混凝土剥落，在弯剪段的底部分布有剪切斜裂缝但没有贯通，同时位于纯弯段顶部的混凝土压溃剥落。下弦钢管的底部受拉屈服并在跨中位置附近断裂；由于混凝土的约束作用，所有钢管没有出现明显的局部屈曲，以整体弯曲变形为主。

(a) 外包混凝土

(b) 内置钢管　　　(c) 内置钢管混凝土的核心混凝土

图 5-29　六肢钢管混凝土加劲混合结构受弯试件破坏形态

六肢钢管混凝土加劲混合结构受弯构件跨中截面外围混凝土应变、钢管应变和钢筋应变沿截面高度的分布如图 5-30 所示，可见跨中截面应变分布基本符合平截面假定。因此，可基于平截面假定，确定六肢钢管混凝土加劲混合结构的受弯承载力计算方法。

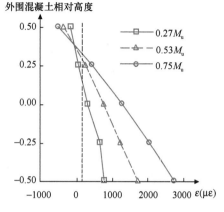

图 5-30　外围混凝土应变沿截面高度分布

《钢管混凝土混合结构技术标准》GB/T 51446—2021 给出了如下规定：

（1）六肢钢管混凝土加劲混合结构的截面轴心受压承载力应符合 5.3.3 节（1）的规定。

（2）当中和轴位于截面高度范围内时，轴压力和弯矩共同作用下六肢钢管混凝土加劲混合结构的截面承载力应符合下列公式规定：

$$N \leqslant N'_{rc} + N'_{cfst} \tag{5-104}$$

$$M \leqslant M_{rc} + M_{cfst} \tag{5-105}$$

式中　N——钢管混凝土加劲混合结构的截面轴向压力设计值（N）；

M——钢管混凝土加劲混合结构的截面弯矩设计值（N·mm）；

N'_{rc}——轴压力和弯矩共同作用下外包混凝土部分的截面受压承载力（N）；

N'_{cfst}——轴压力和弯矩共同作用下内置钢管混凝土部分的截面受压承载力（N）；

M_{rc}——轴压力和弯矩共同作用下外包混凝土部分的截面受弯承载力（N·mm）；

M_{cfst}——轴压力和弯矩共同作用下内置钢管混凝土部分的截面受弯承载力（N·mm）。

六肢结构正截面承载力的计算假定与 5.3.2 节（5）相同。

（3）六肢钢管混凝土加劲混合结构中的外包混凝土部分（图 5-31）的截面受压承载力和相应的截面受弯承载力宜按下列公式计算：

$$N'_{rc} = \alpha_1 f_{c,oc} A_{e,oc} + \sum \sigma_{li} A_{li} \tag{5-106}$$

$$M_{rc} = \alpha_1 f_{c,oc} A_{e,oc} (0.5H - x_{e,oc}) + \sum \sigma_{li} A_{li} (0.5H - x_{li}) \tag{5-107}$$

$$\sigma_{li} = E_s \varepsilon_{cu} \frac{c - x_{li}}{c} \tag{5-108}$$

$$|\sigma_{li}| \leqslant f_l \tag{5-109}$$

式中　N'_{rc}——轴压力和弯矩共同作用下钢管外包混凝土部分的截面受压承载力（N）；

M_{rc}——轴压力和弯矩共同作用下钢管外包混凝土部分的截面受弯承载力（N·mm）；

$A_{e,oc}$——钢管外包混凝土等效应力块面积（mm²）（图 5-31a），等效应力块高度为受压区高度 $\beta_1 c$，β_1 为钢管外包混凝土等效应力块高度系数，当混凝土强度等级不超过 C50 时，取 0.80；当混凝土强度等级为 C80 时，取 0.74；C50～C80 中间值按线性内插法确定；

A_{li}——第 i 根纵筋的截面面积（mm²）；

ε_{cu}——受压边缘混凝土极限压应变；

c——中和轴距受压边缘距离（mm）；

$x_{e,oc}$——钢管外包混凝土等效应力块形心到受压边缘距离（mm）；

x_{li}——第 i 根纵筋形心到受压边缘距离（mm）；

σ_{li}——第 i 根纵筋应力（N/mm²），受压为正，受拉为负；

α_1——钢管外包混凝土等效应力块强度系数，当混凝土强度等级不超过 C50 时，取 1.0；当混凝土强度等级为 C80 时，取 0.94；C50～C80 中间值按线性内插法确定。

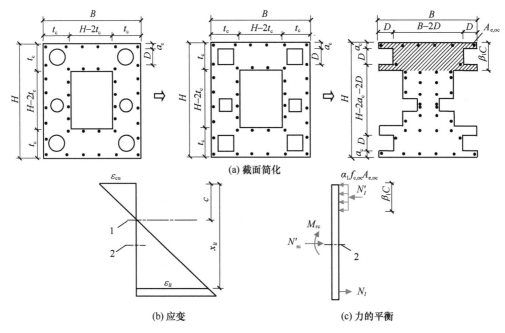

图 5-31　外包混凝土部分的截面承载力计算

1—中和轴；2—形心轴；B—截面宽度；c—中和轴距受压边缘距离；H—截面高度；N_l—受拉区纵筋轴力；N'_l—受压区纵筋轴力；t_c—空心边缘到混凝土外表面的距离；a_c—钢管外边缘到混凝土外表面的距离；ε_{li}—第 i 根纵筋应变；ε_{cu}—混凝土极限压应变

　（4）对称布置的六肢钢管混凝土加劲混合结构中的内置钢管混凝土部分的截面受压承载力和相应的截面受弯承载力宜按式（5-110）和式（5-111）计算，并应符合下列规定：

$$N'_{cfst} = N'_c + N'_s \qquad (5\text{-}110)$$

$$M_{cfst} = M_c + M_s \qquad (5\text{-}111)$$

式中　N'_{cfst}——轴压力和弯矩共同作用下内置钢管混凝土部分的截面受压承载力（N）；

　　　M_{cfst}——轴压力和弯矩共同作用下内置钢管混凝土部分的截面受弯承载力（N·mm）；

　　　N'_c——轴压力和弯矩共同作用下钢管内混凝土截面的受压承载力（N）；

　　　N'_s——轴压力和弯矩共同作用下钢管截面的受压承载力（N）；

　　　M_c——轴压力和弯矩共同作用下钢管内混凝土截面的受弯承载力（N·mm）；

　　　M_s——轴压力和弯矩共同作用下钢管截面的受弯承载力（N·mm）。

　1）钢管截面的受压承载力和相应的受弯承载力宜按下列公式计算（图 5-32）：

$$N'_s = 2\sigma_{s1}A_{s1} + 2\sigma_{s2}A_{s2} + 2\sigma_{s3}A_{s3} \qquad (5\text{-}112)$$

$$M_s = 2\sigma_{s1}A_{s1}(0.5H - x_{s1}) + 2\sigma_{s2}A_{s2}(0.5H - x_{s2}) + 2\sigma_{s3}A_{s3}(0.5H - x_{s3}) \quad (5\text{-}113)$$

式中　　N'_s——轴压力和弯矩共同作用下钢管截面的受压承载力（N）；

　　　　M_s——轴压力和弯矩共同作用下钢管截面的受弯承载力（N·mm）；

　　　　A_{s1}——靠近受压边缘的钢管截面面积（mm²）；

　　　　A_{s2}——远离受压边缘的钢管截面面积（mm²）；

　　　　A_{s3}——腰部钢管的截面面积（mm²）；

　　　　x_{s1}——靠近受压边缘的钢管形心到受压边缘距离（mm）；

　　　　x_{s2}——远离受压边缘的钢管形心到受压边缘距离（mm）；

　　　　x_{s3}——腰部钢管形心到受压边缘距离（mm）；

　　　　σ_{s1}——靠近受压边缘的钢管形心处钢管应力（N/mm²），受压为正，受拉为负；

　　　　σ_{s2}——远离受压边缘的钢管形心处钢管应力（N/mm²），受压为正，受拉为负；

　　　　σ_{s3}——腰部钢管形心处钢管应力（N/mm²），受压为正，受拉为负。

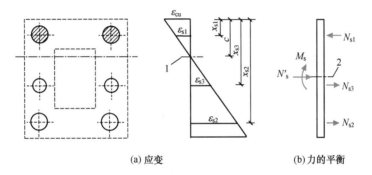

(a) 应变　　　　　　　　　　　(b) 力的平衡

图 5-32　钢管截面的承载力计算

1—中和轴；2—形心轴；N_{s1}—靠近受压边缘的钢管轴力；N_{s2}—远离受压边缘
的钢管轴力；N_{s3}—腰部钢管轴力；N'_s—钢管轴力；M_s—钢管弯矩；ε_{s1}—靠近
受压边缘的钢管形心应变；ε_{s2}—远离受压边缘的钢管形心应变；ε_{s3}—腰部钢管
形心应变；ε_{cu}—混凝土极限压应变

2）钢管内混凝土截面的受压承载力和相应的受弯承载力宜按下列公式计算：

$$N'_c = \sum \sigma_{ci}A_{ci} \quad (5\text{-}114)$$

$$M_c = \sum \sigma_{ci}A_{ci}(0.5H - x_{ci}) \quad (5\text{-}115)$$

式中　　N'_c——轴压力和弯矩共同作用下钢管内混凝土截面的受压承载力（N）；

　　　　M_c——轴压力和弯矩共同作用下钢管内混凝土截面的受弯承载力（N·mm）；

　　　　A_{ci}——钢管内混凝土纤维的面积（mm²）；

　　　　σ_{ci}——钢管内混凝土纤维的应力（N/mm²），应按式（5-63）计算；

　　　　x_{ci}——钢管内混凝土纤维形心到受压边缘距离（mm）。

（5）当中和轴位于截面高度范围外时，轴压力和弯矩共同作用下六肢钢管混凝土加劲混合结构的截面受弯承载力应符合式（5-116）的规定，并宜按式（5-117）计算：

$$M \leqslant M_{u,N} \quad (5\text{-}116)$$

$$M_{u,N} = \frac{N_0 - N}{N_0 - N_{u,H}} M_{u,H} \quad (5\text{-}117)$$

式中 $N_{u,H}$——当中和轴距受压边缘距离 c 等于截面高度 H 时，按 5.3.4 节（2）计算的截面受压承载力（N）；

$M_{u,H}$——当中和轴距受压边缘距离 c 等于截面高度 H 时，按 5.3.4 节（2）计算的截面受弯承载力（N·mm）；

$M_{u,N}$——轴压力 N 作用下截面受弯承载力（N·mm）；

N_0——按 5.3.4 节（1）计算的截面受压承载力（N）。

（6）进行正截面压弯承载力验算时，可通过轴向压力设计值等于截面受压承载力的假设得到中和轴距受压边缘距离（c）。若 $c \leqslant H$，宜按 5.3.4 节（2）计算截面受弯承载力（M_u）；若 $c > H$，宜按 5.3.4 节（5）计算截面受弯承载力（M_u）。

5.3.5 长细比影响下正截面承载力

《钢管混凝土混合结构技术标准》GB/T 51446—2021 给出如下规定：

（1）轴压荷载作用下，长细比影响下正截面受压承载力宜按下式计算：

$$N_u = 0.9\varphi(N_{rc} + N_{cfst}) \tag{5-118}$$

式中 N_u——钢管混凝土加劲混合结构轴心受压承载力（N）；

N_{rc}——外包混凝土部分的截面受压承载力（N）；

N_{cfst}——内置钢管混凝土部分的截面受压承载力（N）；

φ——钢管混凝土加劲混合结构的稳定系数，应根据结构长细比按现行国家标准《混凝土结构设计规范》GB 50010—2010（2015 年版）计算。

（2）轴压力和弯矩共同作用下，结构长细比（λ）宜按式（5-119）计算。当结构长细比（λ）满足式（5-120）要求时，可不计入轴向压力在该方向挠曲杆件中产生的附加弯矩的影响，其他情况宜按 5.3.5 节（3）计入附加弯矩的影响。

$$\lambda = \frac{l_0}{i} \tag{5-119}$$

$$\lambda \leqslant 34 - 12\frac{M_1}{M_2} \tag{5-120}$$

式中 M_1、M_2——已计入侧移影响的压弯构件两端截面按结构弹性分析确定的对同一主轴的组合弯矩设计值（N·mm），绝对值较小端为 M_1，绝对值较大端为 M_2，当结构按单曲率弯曲时，M_1/M_2 取正值，否则取负值；

l_0——结构计算长度（mm），应按现行国家标准《混凝土结构设计规范》GB 50010—2010（2015 年版）的有关规定确定；

i——偏心方向的截面回转半径（mm）。

计算结果表明，当长细比 λ 满足式（5-120）的要求时，考虑二阶效应的 N_u 与不考虑二阶效应的 N_u 相比，降低程度在 10% 以内。

（3）偏心受压结构考虑轴向压力在挠曲杆件中产生的二阶效应后控制截面的弯矩设计值，宜按下列公式计算：

$$M = C_m \eta_c M_2 \tag{5-121}$$

$$C_{\mathrm{m}} = 0.7 + 0.3 \frac{M_1}{M_2} \tag{5-122}$$

$$\eta_{\mathrm{c}} = 1 + \frac{1}{1300 \frac{e_{\mathrm{i}}}{h_0}} \left(\frac{l_0}{H}\right)^2 \zeta_{\mathrm{c}} \tag{5-123}$$

$$\zeta_{\mathrm{c}} = \begin{cases} \dfrac{0.5(f_{\mathrm{c,oc}} A_{\mathrm{oc}} + f_{\mathrm{c,c}} A_{\mathrm{c}})}{N_{\mathrm{u}}} + \dfrac{13.6 e_{\mathrm{i}}}{l_0} + 0.1 & \text{（单肢截面）} \\[3mm] \dfrac{0.5[f_{\mathrm{c,oc}} A_{\mathrm{oc}} + \Sigma(f_{\mathrm{c,c}} A_{\mathrm{c}})]}{N_{\mathrm{u}}} + \dfrac{6.7 e_{\mathrm{i}}}{l_{\mathrm{U}}} + 0.1 & \text{（四肢和六肢截面）} \end{cases} \tag{5-124}$$

式中　　M——控制截面的弯矩设计值（N·mm）；

M_1、M_2——已计入侧移影响的压弯构件两端截面按结构弹性分析确定的对同一主轴的组合弯矩设计值（N·mm），绝对值较小端为 M_1，绝对值较大端为 M_2，当结构按单曲率弯曲时，M_1/M_2 取正值，否则取负值；

C_{m}——结构端截面偏心距调节系数，当计算值小于 0.7 时，取 0.7；

η_{c}——弯矩增大系数；

e_{i}——计入附加偏心距 e_{a} 后的初始偏心距（mm），即 $e_{\mathrm{i}} = e_{\mathrm{a}} + \dfrac{M_2}{N}$，$N$ 为与弯矩设计值 M_2 相应的轴向压力设计值（N）；

e_{a}——附加偏心距（mm），取 20mm 和弯矩作用方向截面最大尺寸的 1/30 两者中的较大值；

H——截面高度（mm）；

h_0——沿弯矩作用方向截面计算高度（mm），纵向受拉钢筋合力点至受压边缘的距离；

ζ_{c}——曲率调整系数，当计算值大于 1.0 时取 1.0；

A_{c}——钢管内混凝土的截面面积（mm^2）；

A_{oc}——钢管外包混凝土的截面面积（mm^2）；

$f_{\mathrm{c,c}}$——钢管内混凝土的轴心抗压强度设计值（N/mm^2）；

$f_{\mathrm{c,oc}}$——钢管外包混凝土的轴心抗压强度设计值（N/mm^2）；

$\Sigma(f_{\mathrm{c,c}} A_{\mathrm{c}})$——四肢和六肢截面的钢管内混凝土受压承载力之和（N）。

按照偏心距增大法考虑二阶效应影响，与钢筋混凝土构件不同之处在于曲率调整系数。

5.3.6　长期荷载作用下正截面承载力

实际工程中钢管混凝土加劲混合结构往往常处于承重状态，由于混凝土发生收缩、徐变而引起结构变形的增大和承载能力的降低等不容忽视。

通过对比单调短期加载下轴心受压承载力相同的钢管混凝土、钢筋混凝土和钢管混凝土加劲混合结构三类试件在长期荷载下的内力和变形的变化规律，明晰了钢管混凝土加劲混合结构在长期荷载加载阶段和破坏阶段的内力和变形发展过程。图 5-33 所示为考虑初始加载阶段（OA）、长期加载阶段（AB）和破坏加载阶段（BCD）的全过程荷载（N）-应变（ε）关系。

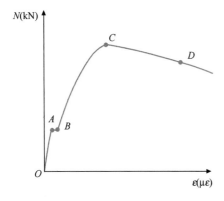

图 5-33　有长期荷载作用的荷载(N)-
应变(ε)关系

由于混凝土的收缩和徐变特性，钢管混凝土加劲混合结构在长期荷载作用阶段的变形大于相应的钢管混凝土结构，并且承载力低于相应的钢管混凝土结构。混凝土在长期荷载作用下向外发生膨胀变形，而箍筋和钢管对混凝土存在约束作用，使混凝土处于三向受压的受力状态，因此，可降低长期荷载对混凝土弹性模量的影响。相比于具有相同轴压承载力的钢筋混凝土结构，钢管混凝土加劲混合结构在长期荷载作用阶段的变形有所降低。

有长期荷载作用的钢管混凝土加劲混合结构在轴压荷载作用下发生破坏时，其内置钢管混凝土的外包混凝土被压碎，并发生剥落现象，纵筋被压屈，而内置钢管混凝土的完整性保持良好。

在长期荷载作用下，由于钢管外包混凝土和管内混凝土会发生徐变和收缩变形，进而产生内力重分布现象，使钢材和混凝土的应力发生变化。此外，二阶效应对弯矩具有放大作用，进而使结构的极限承载能力有所下降。其下降幅度与结构的计算长细比、钢管混凝土截面含钢率、外包混凝土配筋率、荷载偏心率和钢管外包混凝土强度有关。根据试验研究和有限元分析结果，可得到复杂受力状态下钢管混凝土加劲混合结构承载力计算方法，并提出长期荷载影响系数 k_{cr} 计算表格（表 5-3）。

《钢管混凝土混合结构技术标准》GB/T 51446—2021 给出如下规定：

（1）长期荷载作用下钢管混凝土加劲混合结构的轴心受压承载力宜按下式计算：

$$N_{uL} = k_{cr}N_u \tag{5-125}$$

式中　N_{uL}——长期荷载影响下结构的轴心受压承载力（N）；

　　　　N_u——长细比影响下钢管混凝土加劲混合结构的轴心受压承载力（N），宜按
　　　　　　5.3.5 节（1）计算；

　　　　k_{cr}——长期荷载影响系数。

（2）长期荷载影响系数（k_{cr}）宜按表 5-3～表 5-5 取值。

1）单肢钢管混凝土加劲混合结构的长期荷载影响系数宜按表 5-3 取值。

单肢钢管混凝土加劲混合结构的长期荷载影响系数 k_{cr}　　　　　　　　表 5-3

钢管外包混凝土强度等级 C30									
长细比 λ	钢管直径与截面宽度比 D/B	荷载相对偏心率 e/r_0							
		0			0.5			1		
		纵筋配筋率 ρ（%）							
		1	3	5	1	3	5	1	3	5
20	0.50	1.000	1.000	1.000	0.996	1.000	1.000	0.973	0.982	0.998
	0.63	1.000	1.000	1.000	1.000	1.000	1.000	1.000	1.000	1.000
	0.75	1.000	1.000	1.000	1.000	1.000	1.000	1.000	1.000	1.000

长细比 λ	钢管直径与截面宽度比 D/B	荷载相对偏心率 e/r_0								
		0			0.5			1		
		纵筋配筋率 ρ（%）								
		1	3	5	1	3	5	1	3	5
40	0.50	0.808	0.877	0.936	0.772	0.848	0.905	0.808	0.880	0.927
	0.63	0.829	0.904	0.960	0.790	0.871	0.926	0.835	0.905	0.947
	0.75	0.864	0.929	0.976	0.820	0.903	0.955	0.872	0.934	0.965
60	0.50	0.625	0.701	0.765	0.669	0.740	0.798	0.756	0.824	0.879
	0.63	0.647	0.733	0.789	0.697	0.768	0.823	0.781	0.858	0.905
	0.75	0.682	0.773	0.829	0.723	0.796	0.858	0.815	0.887	0.940

钢管外包混凝土强度等级 C30（上表表头）

钢管外包混凝土强度等级 C60

长细比 λ	钢管直径与截面宽度比 D/B	荷载相对偏心率 e/r_0								
		0			0.5			1		
		纵筋配筋率 ρ（%）								
		1	3	5	1	3	5	1	3	5
20	0.50	0.953	0.968	0.997	0.905	0.943	0.985	0.882	0.902	0.941
	0.63	0.985	0.992	0.999	0.924	0.972	0.997	0.912	0.933	0.959
	0.75	0.989	0.998	1.000	0.942	0.986	0.999	0.917	0.951	0.976
40	0.50	0.699	0.769	0.824	0.673	0.745	0.798	0.705	0.779	0.820
	0.63	0.715	0.795	0.845	0.693	0.769	0.819	0.732	0.802	0.837
	0.75	0.751	0.819	0.864	0.724	0.797	0.845	0.764	0.826	0.857
60	0.50	0.538	0.610	0.665	0.575	0.644	0.698	0.661	0.729	0.783
	0.63	0.566	0.641	0.691	0.604	0.668	0.723	0.691	0.757	0.806
	0.75	0.591	0.676	0.729	0.629	0.698	0.761	0.717	0.787	0.841

钢管外包混凝土强度等级 C80

长细比 λ	钢管直径与截面宽度比 D/B	荷载相对偏心率 e/r_0								
		0			0.5			1		
		纵筋配筋率 ρ（%）								
		1	3	5	1	3	5	1	3	5
20	0.50	0.952	0.968	0.997	0.904	0.942	0.984	0.881	0.901	0.940
	0.63	0.985	0.992	0.999	0.923	0.971	0.996	0.911	0.932	0.958
	0.75	0.989	0.998	1.000	0.941	0.985	0.999	0.916	0.950	0.975
40	0.50	0.677	0.746	0.800	0.651	0.723	0.773	0.683	0.755	0.794
	0.63	0.693	0.771	0.820	0.672	0.745	0.794	0.708	0.778	0.811
	0.75	0.728	0.795	0.838	0.702	0.773	0.820	0.740	0.801	0.831
60	0.50	0.499	0.567	0.619	0.535	0.598	0.648	0.614	0.677	0.727
	0.63	0.526	0.596	0.643	0.561	0.620	0.672	0.642	0.702	0.748
	0.75	0.549	0.629	0.678	0.584	0.649	0.708	0.665	0.730	0.781

注：e 为荷载偏心距，当绕强轴弯曲时，$r_0 = H/2$；当绕弱轴弯曲时，$r_0 = B/2$。表内中间值按线性内插法确定。

2）内置钢管混凝土相同的四肢钢管混凝土加劲混合结构的长期荷载影响系数宜按表 5-4 取值。

四肢钢管混凝土加劲混合结构的长期荷载影响系数 k_{cr} 　　　　　表 5-4

钢管外包混凝土强度等级 C30										
长细比 λ	钢管直径与截面宽度比 D/B	荷载相对偏心率 e/r_0								
		0			0.5			1		
		纵筋配筋率 ρ（%）								
		1	3	5	1	3	5	1	3	5
20	0.15	1.000	1.000	1.000	1.000	1.000	1.000	0.971	0.971	1.000
	0.20	1.000	1.000	1.000	1.000	1.000	1.000	0.970	0.976	1.000
	0.25	1.000	1.000	1.000	1.000	1.000	1.000	1.000	1.000	1.000
40	0.15	0.862	0.902	0.949	0.835	0.889	0.935	0.830	0.882	0.946
	0.20	0.866	0.904	0.952	0.837	0.890	0.936	0.833	0.888	0.948
	0.25	0.877	0.929	0.976	0.854	0.909	0.954	0.878	0.929	0.964
60	0.15	0.692	0.762	0.850	0.683	0.767	0.846	0.733	0.811	0.887
	0.20	0.701	0.768	0.853	0.691	0.770	0.849	0.744	0.816	0.891
	0.25	0.722	0.811	0.888	0.720	0.805	0.880	0.776	0.861	0.921
钢管外包混凝土强度等级 C60										
长细比 λ	钢管直径与截面宽度比 D/B	荷载相对偏心率 e/r_0								
		0			0.5			1		
		纵筋配筋率 ρ（%）								
		1	3	5	1	3	5	1	3	5
20	0.15	0.956	0.972	1.000	0.927	0.939	1.000	0.874	0.882	0.950
	0.20	0.962	0.974	1.000	0.932	0.941	1.000	0.877	0.883	0.954
	0.25	1.000	1.000	1.000	0.953	1.000	1.000	0.943	0.945	0.977
40	0.15	0.764	0.811	0.886	0.728	0.786	0.859	0.729	0.785	0.853
	0.20	0.770	0.813	0.889	0.736	0.788	0.861	0.733	0.791	0.856
	0.25	0.801	0.859	0.907	0.758	0.831	0.889	0.779	0.836	0.878
60	0.15	0.592	0.665	0.746	0.583	0.668	0.742	0.634	0.715	0.789
	0.20	0.601	0.667	0.748	0.593	0.672	0.743	0.641	0.722	0.790
	0.25	0.623	0.711	0.780	0.627	0.704	0.775	0.682	0.762	0.815
钢管外包混凝土强度等级 C80										
长细比 λ	钢管直径与截面宽度比 D/B	荷载相对偏心率 e/r_0								
		0			0.5			1		
		纵筋配筋率 ρ（%）								
		1	3	5	1	3	5	1	3	5
20	0.15	0.957	0.974	1.000	0.928	0.939	1.000	0.874	0.883	0.951
	0.20	0.961	0.978	1.000	0.932	0.941	1.000	0.877	0.884	0.953
	0.25	1.000	1.000	1.000	0.954	1.000	1.000	0.944	0.945	0.980

续表

钢管外包混凝土强度等级 C80									
长细比 λ	钢管直径与截面宽度比 D/B	荷载相对偏心率 e/r_0							
		0			0.5			1		
		纵筋配筋率 ρ (%)								
		1	3	5	1	3	5	1	3	5
40	0.15	0.750	0.795	0.869	0.713	0.770	0.843	0.713	0.768	0.835
	0.20	0.758	0.797	0.872	0.720	0.773	0.845	0.718	0.773	0.838
	0.25	0.785	0.843	0.891	0.744	0.815	0.871	0.762	0.818	0.860
60	0.15	0.563	0.633	0.711	0.553	0.635	0.706	0.600	0.679	0.749
	0.20	0.571	0.635	0.712	0.563	0.639	0.707	0.608	0.685	0.752
	0.25	0.592	0.677	0.743	0.595	0.670	0.738	0.646	0.723	0.775

注：e 为荷载偏心距，当绕强轴弯曲时，$r_0 = H/2$；当绕弱轴弯曲时，$r_0 = B/2$。表内中间值按线性内插法确定。

3）内置钢管混凝土相同的六肢钢管混凝土加劲混合结构的长期荷载影响系数宜按表 5-5 取值。

六肢钢管混凝土加劲混合结构的长期荷载影响系数 k_{cr} 　　　　　表 5-5

钢管外包混凝土强度等级 C30									
长细比 λ	钢管直径与截面宽度比 D/B	荷载相对偏心率 e/r_0							
		0			0.5			1		
		纵筋配筋率 ρ (%)								
		1	3	5	1	3	5	1	3	5
20	0.15	1.000	1.000	1.000	0.999	1.000	1.000	0.949	0.961	1.000
	0.20	1.000	1.000	1.000	0.999	1.000	1.000	0.950	0.965	1.000
	0.25	1.000	1.000	1.000	0.999	1.000	1.000	0.934	1.000	1.000
40	0.15	0.851	0.900	0.953	0.816	0.876	0.934	0.816	0.876	0.943
	0.20	0.855	0.902	0.954	0.818	0.879	0.942	0.820	0.881	0.951
	0.25	0.871	0.927	0.979	0.831	0.906	0.955	0.838	0.922	0.965
60	0.15	0.681	0.760	0.858	0.674	0.763	0.851	0.723	0.808	0.892
	0.20	0.690	0.766	0.860	0.682	0.766	0.854	0.734	0.813	0.894
	0.25	0.712	0.808	0.893	0.710	0.801	0.881	0.768	0.855	0.921

钢管外包混凝土强度等级 C60									
长细比 λ	钢管直径与截面宽度比 D/B	荷载相对偏心率 e/r_0							
		0			0.5			1		
		纵筋配筋率 ρ (%)								
		1	3	5	1	3	5	1	3	5
20	0.15	0.938	0.967	1.000	0.908	0.934	1.000	0.854	0.876	0.952
	0.20	0.942	0.969	1.000	0.910	0.936	1.000	0.856	0.877	0.954
	0.25	1.000	1.000	1.000	0.941	0.990	1.000	0.925	0.933	0.971

续表

钢管外包混凝土强度等级 C60									
长细比 λ	钢管直径与截面宽度比 D/B	荷载相对偏心率 e/r_0							
		0			0.5			1	
		纵筋配筋率 ρ（%）							
		1	3	5	1	3	5	1	3	5
40	0.15	0.750	0.808	0.890	0.716	0.783	0.863	0.717	0.781	0.855
	0.20	0.755	0.810	0.893	0.722	0.785	0.865	0.721	0.786	0.857
	0.25	0.789	0.853	0.909	0.748	0.825	0.887	0.769	0.828	0.874
60	0.15	0.581	0.663	0.753	0.575	0.666	0.745	0.625	0.713	0.792
	0.20	0.591	0.666	0.754	0.584	0.668	0.745	0.633	0.718	0.794
	0.25	0.615	0.707	0.783	0.617	0.701	0.778	0.675	0.755	0.814

钢管外包混凝土强度等级 C80									
长细比 λ	钢管直径与截面宽度比 D/B	荷载相对偏心率 e/r_0							
		0			0.5			1	
		纵筋配筋率 ρ（%）							
		1	3	5	1	3	5	1	3	5
20	0.15	0.939	0.968	1.000	0.909	0.935	1.000	0.856	0.877	0.954
	0.20	0.943	0.971	1.000	0.911	0.937	1.000	0.857	0.878	0.956
	0.25	1.000	1.000	1.000	0.942	0.992	1.000	0.926	0.935	0.972
40	0.15	0.736	0.792	0.873	0.701	0.767	0.846	0.701	0.764	0.837
	0.20	0.741	0.794	0.874	0.708	0.770	0.848	0.706	0.769	0.840
	0.25	0.774	0.835	0.885	0.734	0.809	0.869	0.752	0.810	0.855
60	0.15	0.554	0.632	0.717	0.546	0.633	0.710	0.592	0.676	0.752
	0.20	0.562	0.634	0.718	0.556	0.636	0.711	0.600	0.682	0.755
	0.25	0.586	0.675	0.746	0.587	0.667	0.740	0.639	0.718	0.773

注：e 为荷载偏心距，当绕强轴弯曲时，$r_0 = H/2$；当绕弱轴弯曲时，$r_0 = B/2$。表内中间值按线性内插法确定。

5.3.7　斜截面受剪承载力

　　钢管混凝加劲混合结构的斜截面受剪承载力由外包混凝土部分和内置钢管混凝土部分叠加组成。外包混凝土部分与普通钢筋混凝土的受剪能力相似。钢管混凝土对于受剪承载力的贡献包括：（1）钢管混凝土自身提供的受剪承载力；（2）钢管混凝土具有连续性，因此与纵筋类似，产生了销栓作用；（3）钢管混凝土可以抵抗竖向剪力，与箍筋类似，可以有效抑制混凝土裂缝的产生和发展，提高钢管外包混凝土的骨料咬合力。

　　钢管混凝土加劲混合结构在弯矩和剪力作用下的破坏形态可分为三种：

　　（1）斜压破坏（如图 5-34a 所示），对应剪跨比 $a_v/B = 0.75$（a_v 为弯剪段长度，B 为截面宽度），破坏特征表现为沿加载点和支座连线方向，混凝土斜向压溃，如同斜向受压小短柱，荷载主要由混凝土压应力控制，呈受压脆性破坏。

（2）剪压破坏（如图 5-34b 所示），对应剪跨比 $a_v/B=1.2\sim2$，破坏特征表现为弯剪段出现贯通剪切斜裂缝，在加载点附近，斜裂缝顶端的混凝土在剪力和压力共同作用下压溃，呈剪切脆性破坏，而纯弯段竖向弯曲裂缝发展缓慢。

（3）弯曲破坏（如图 5-34c 所示），对应剪跨比 $a_v/B=3$，在纯弯段有明显的受弯竖向裂缝分布，受压区顶部混凝土压溃，在弯剪段，没有形成贯通的剪切斜裂缝。

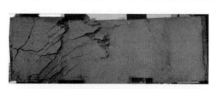

(a) 斜压破坏($a_v/B=0.75$)

(b) 剪压破坏($a_v/B=1.5$)

(c) 弯曲破坏($a_v/B=3$)

图 5-34　弯矩和剪力作用下试件破坏形态

试件截面如图 1-18（b）所示，外包混凝土截面为方形，边长为 300mm，内置钢管外径 60mm，壁厚 3mm。内置钢管为 Q355 钢，内置钢管混凝土中核心混凝土为 C60，外包混凝土为 C30。图 5-35 给出了剪力（V）-加载点处挠度（u_p）关系，所对应的破坏形态分别为斜压破坏、剪压破坏和弯曲破坏。对于斜压破坏试件（$a_v/B=0.75$），点 A_1 为弯剪段开始出现可见斜裂缝，点 B_1 为纯弯段开始出现竖向裂缝，点 C_1 为荷载达到 V_u。对于剪压破坏试件（$a_v/B=1.5$），点 A_2 为弯剪段开始出现可见斜裂缝，点 B_2 为弯剪段形成贯通斜裂缝，此时刚度降低，C_2 为荷载达到 V_u。对于弯曲破坏试件（$a_v/B=3$），点 A_3 为纯弯段开始出现可见竖向弯曲裂缝，点 B_3 为纯弯段受拉钢管达到屈服，点 C_3 为荷载达到 V_u。

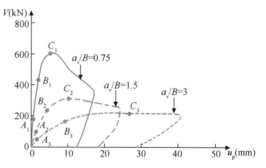

图 5-35　不同剪跨比（a_v/B）下典型 V-u_p 关系

a_v—弯剪段长度；B—截面宽度；V—剪力；

u_p—加载点处挠度

《钢管混凝土混合结构技术标准》GB/T 51446—2021 给出如下规定：

（1）受弯钢管混凝土加劲混合结构的斜截面受剪承载力由外包混凝土部分和内置钢管混凝土部分叠加组成，应满足下式要求：

$$V \leqslant V_{rc} + V_{cfst} \tag{5-126}$$

式中　V——剪力设计值（N）；

V_{rc}——外包混凝土部分的受剪承载力（N）；

V_{cfst}——内置钢管混凝土部分的受剪承载力（N）。

式（5-126）给出了仅配置箍筋的受弯钢管混凝土加劲混合结构的斜截面受剪承载力计算；对于结构在偏心受压、偏心受拉等工况下的斜截面受剪承载力，应通过专门的计算进行确定。

（2）外包混凝土部分的受剪承载力应符合现行国家标准《公路钢筋混凝土及预应力混凝土桥涵设计规范》JTG 3362—2018、《铁路桥涵设计规范》TB 10002—2017 的有关规定。外包混凝土部分的受剪承载力宜按下式计算：

$$V_{rc} = 0.45 A_{oc}\sqrt{(2+60\rho)\sqrt{f_{cu,oc}}\rho_{sv}f_v}$$ （5-127）

$$\rho_{sv} = \frac{A_{sv}}{sB}$$ （5-128）

式中　V_{rc}——外包混凝土部分的受剪承载力（N）；

A_{oc}——钢管外包混凝土的截面面积（mm²）；

ρ——斜截面纵向受拉钢筋的配筋率，当 $\rho>2.5\%$ 时，取 $\rho=2.5\%$；

$f_{cu,oc}$——钢管外包混凝土的立方体抗压强度标准值（N/mm²）；

ρ_{sv}——斜截面内箍筋配筋率；

A_{sv}——箍筋的截面面积（mm²）；

s——箍筋间距（mm）；

B——截面宽度（mm）；

f_v——箍筋抗拉强度设计值（N/mm²）。

（3）偏安全地考虑钢管混凝土对于钢管混凝土加劲混合结构受剪承载力的贡献，计算中忽略钢管混凝土部分的销栓作用和抑制裂缝发展作用。内置钢管混凝土部分的受剪承载力宜按下式计算：

$$V_{cfst} = \sum 0.9(0.97+0.2\ln\xi_i)A_{sc,i}f_{sv,i}$$ （5-129）

式中　V_{cfst}——内置钢管混凝土部分的受剪承载力（N）；

ξ_i——第 i 个内置钢管混凝土构件的约束效应系数；

$A_{sc,i}$——第 i 个内置钢管混凝土构件的截面面积（mm²）；

$f_{sv,i}$——第 i 个内置钢管混凝土构件的截面抗剪强度设计值（N/mm²）。

（4）由于钢管的连续性，能够同时抵抗竖向剪力和纵向拉（或压）力，有效抵抗剪力，使得钢管混凝土加劲混合结构的抗剪能力显著提高。研究结果表明，在工程常用参数范围内，单肢钢管混凝土加劲混合结构承受弯矩、轴力和剪力共同作用时，当计算截面的剪跨比 m（如式4-35）不小于1.5，钢管的外径与结构外截面宽度的比值（D/B）不小于0.5，且外包混凝土部分配筋符合现行国家标准《建筑抗震设计规范》GB 50011—2010（2016 年版）的有关规定时，可忽略剪力对压弯承载力降低的影响。

5.3.8 拱形结构承载力

拱形结构是由拱作为承重体系的结构。拱形结构传力机制明确、结构简洁明快、经济效益显著，已经在实际工程中得到广泛应用。

图 5-36 为拱形钢管混凝土加劲混合结构的施工过程。首先施工钢管桁架拱，再浇筑

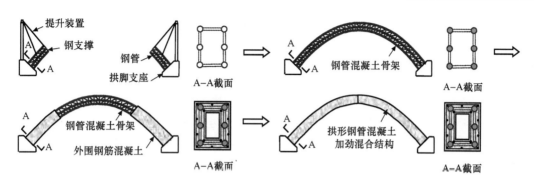

图 5-36　拱形钢管混凝土加劲混合结构施工过程示意

管内混凝土，形成钢管混凝土骨架，最后施工外围钢筋混凝土。

　　为研究拱形钢管混凝土加劲混合结构受力性能，清华大学进行了拱形钢管混凝土加劲混合结构模型的试验研究，模型采用变截面无铰拱的形式，轴线选型为悬链线，矢高 f 为 2.5m，跨径 L 为 10m，矢跨比为 1/4（图 5-37）。外包钢筋混凝土采用单箱单室截面，外截面与空心截面均为矩形，随着外截面位置的升高，外截面宽度保持为 120mm 不变，外截面高度由 220mm（拱脚）逐渐减小至 137mm（拱顶）。外包钢筋混凝土统一采用 C50 混凝土，保护层厚度保证为 5mm。纵筋和箍筋采用 $\phi4$ 冷拔钢筋，纵筋布置内外两层，箍筋布置间距为 50mm，加载端加密区布置间距为 25mm。内置钢管混凝土的角部 4 根和腰部 2 根圆形钢管混凝土的外径均为 12mm，壁厚均为 2mm，钢管内灌高强水泥砂浆。拱形钢管混凝土加劲混合结构的受力全过程曲线总体上分为四个阶段（如图 5-37 所示）：

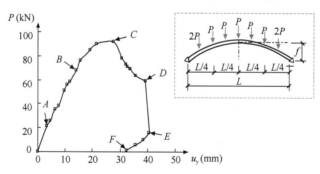

图 5-37　实测荷载（P)-竖向位移（u_y）关系

　　（1）弹性阶段（A 点前）：处于加载初期，结构呈线弹性，A 点时混凝土开始出现裂缝；

　　（2）弹塑性阶段（AB 段）：结构刚度有所降低，混凝土裂缝不断出现并发展，裂缝宽度逐渐变大，B 点时钢管进入屈服；

　　（3）塑性强化阶段（BC 段）：结构竖向位移迅速增大，C 点为承载能力极限状态，外围钢筋混凝土和内部钢管混凝土共同工作；

　　（4）下降阶段（CD 段）：荷载下降、结构位移增加，外围混凝土不断压溃剥落，内力重分布至内置钢管混凝土中。D 点为破坏状态，外围混凝土彻底压溃，且内置钢管混凝土屈服，结构整体失效。

拱形钢管混凝土加劲混合结构模型在 C 点以前处于荷载上升阶段，此时结构外围混凝土表面不断出现裂缝并发展，在 CD 阶段处于稳定下降阶段，此时结构表现出一定延性。在受力全过程中，外围钢筋混凝土与内置钢管混凝土可以协同工作，且内置钢管混凝土提高了整体结构的延性。

如图 5-38 所示，拱形钢管混凝土加劲混合结构模型在 1/8 跨加载点左侧附近位置，外围混凝土压溃、剥落，纵筋屈曲，内置钢管混凝土明显屈曲，管内混凝土保持完整，外围钢筋混凝土与内置钢管混凝土之间未发生明显滑移。由于内置钢管混凝土和外包钢筋混凝土可以协同工作，且内置钢管混凝土对外包钢筋混凝土裂缝发展有抑制作用，拱形钢管混凝土加劲混合结构模型呈延性破坏特征。

图 5-38　拱形钢管混凝土加劲混合结构的破坏形态

基于试验研究和有限元计算，确定了拱形钢管混凝土加劲混合结构承载力计算方法。《钢管混凝土混合结构技术标准》GB/T 51446—2021 给出如下规定：

（1）拱形结构应验算平面内和平面外整体稳定性。计算拱结构的平面内整体稳定承载力时，可采用等效梁柱法分析拱结构的稳定性。对于钢管混凝土加劲混合结构主拱，应根据现行国家标准《钢管混凝土拱桥技术规范》GB 50923—2013 中相关规定，将拱肋的平面内整体稳定承载力等效成梁柱进行计算。控制截面一般包括拱顶、3/8 拱跨、1/4 拱跨和拱脚等位置；特大跨及变截面等复杂拱桥，还需依据结构整体分析确定控制截面，并据此进行相应的计算。

（2）对于无铰拱、双铰拱和三铰拱，等效梁柱的计算长度应分别取拱轴线长度（S）的 36%、54% 和 58%。等效梁柱的两端作用力和验算截面尺寸应分别取控制截面的内力及截面尺寸。特大跨及变截面等复杂拱结构，可采用拱的等代换算截面作为验算截面，并应根据结构整体分析确定拱结构等效梁柱的计算长度及内力。

拱形钢管混凝土加劲混合结构平面内稳定承载力计算方法可归纳如下：

（1）确定荷载作用的形式，进行一阶弹性分析。

（2）选择最不利截面作为控制截面，进行承载力验算。

（3）利用等效梁柱法逐一验算每个控制截面的压弯承载能力，等效梁柱的截面与该控制截面相同，依次判断每个控制截面是否满足下式：

$$N \leqslant \varphi N_u \tag{5-130}$$

$$\eta_c M \leqslant M_u \tag{5-131}$$

式中　N_u——等效梁柱的轴压承载力；

　　　φ——稳定系数；

　　　M_u——等效梁柱的抗弯承载力；

　　　η_c——弯矩增大系数。

（4）验算控制截面的抗剪承载能力，依次判断每个控制截面是否满足下式：

$$V \leqslant V_u \tag{5-132}$$

式中　V_u——等效梁柱的受剪承载力。

思 考 题

1. 简述钢管混凝土混合结构的概念与主要截面形式。

2. 简述钢管混凝土混合结构中的"混合作用"机制。

3. 简述钢管混凝土桁式混合结构的设计要点。

4. 简述钢管混凝土加劲混合结构的设计要点。

5. 以钢管混凝土加劲混合结构为例，简述施工过程对钢管混凝土混合结构受力性能的影响规律。

第6章 钢管混凝土结构节点设计

本章要点及学习目标

本章要点：

本章介绍了钢管混凝土结构中梁-柱连接节点、钢管混凝土弦杆-钢管腹杆连接节点的设计原理与方法，基础与支承节点构造，以及节点抗疲劳设计方法。

学习目标：

掌握钢管混凝土结构中梁-柱连接节点、钢管混凝土弦杆-钢管腹杆连接节点的设计原理与方法。熟悉节点抗疲劳设计方法。了解钢管混凝土结构中梁-柱连接节点、钢管混凝土弦杆-钢管腹杆连接节点的类型和构造形式，以及基础及支承节点构造细节。

6.1 引 言

合理地确定关键连接节点力学指标计算方法与构造措施对钢管混凝土结构设计非常重要。钢管混凝土结构中的连接节点，包括梁-柱连接节点、钢管混凝土弦杆-钢管腹杆连接节点、基础连接节点等。钢管混凝土混合结构中的连接节点设计应满足强度、刚度、稳定性和抗震等要求，节点和连接的设计应保证力的传递、钢与混凝土共同工作，并应便于制作、安装和混凝土施工。

6.2 节 点 类 型

6.2.1 柱-梁连接节点

根据受力特点，钢管混凝土框架结构中的梁-柱连接节点主要分为以下几类：

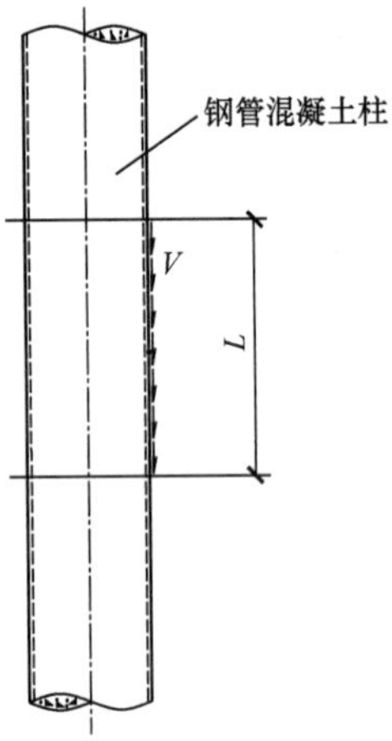

图 6-1 垂直剪力传递

(1) 铰接节点：梁只传递支座反力给钢管混凝土柱；

(2) 半刚接节点：受力过程中梁和钢管混凝土柱轴线的夹角发生改变，即二者之间有相对转角位移，进而可能引起内力重分布；

(3) 刚接节点：受力过程中，梁和钢管混凝土柱轴线的夹角保持不变。

以铰接节点为例，因为梁只传递支座反力给钢管混凝土柱，因此需设置牛腿传递剪力。进行铰接节点的设计时，梁端剪力通过腹板焊缝或焊在柱上的垂直钢板的焊缝传给钢管混凝土柱，如图 6-1 所示，其中，L 为垂直焊缝长度；当横梁为工字钢梁时，L 取为钢梁腹板的高度；当焊于管壁的牛腿被用来传递剪力时，L 取为牛腿肋板的高度；V 为节点剪力。

图 6-2 给出了两种铰接节点的构造形式。

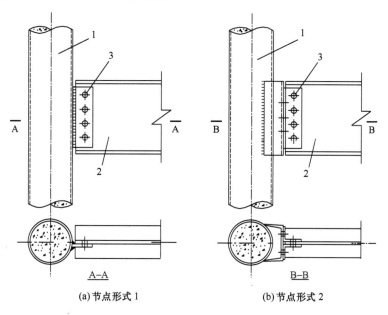

(a) 节点形式 1　　　　　　　　　　　　(b) 节点形式 2

图 6-2　铰接节点形式
1—钢管混凝土；2—钢梁；3—螺栓

对于半刚接节点，由于受力过程中梁和轴线的夹角发生改变，会引起结构内力重分布，结构受力比较复杂，且变形较大，实际工程应用时需进行专门的分析。

刚接节点是在我国建筑工程中应用最为广泛的一种节点形式，该类节点构造的设计要点是：在受力过程中，梁和钢管混凝土柱轴线的夹角要始终保持不变，梁端的弯矩、轴力和剪力通过合理的构造措施安全可靠地传给钢管混凝土柱身。

6.2.2　钢管混凝土弦杆-钢管腹杆连接节点

常见的钢管混凝土桁式混合结构 K 形搭接节点、K 形间隙节点、KT 形节点、空间 TT 形节点和空间 KK 形节点如图 6-3 所示。

K 形连接节点常见于钢管混凝土桁式混合结构，该类节点构造宜简单，结构受力应明确，受力杆件的形心线宜汇交于一点。

该类节点按照初始转动刚度可分为铰接节点、刚性节点和半刚性节点。铰接节点不传递弯矩，在设计荷载范围内腹杆和弦杆连接区允许发生转动；刚性节点能够充分传递弯矩和轴力等荷载，节点区初始转动刚度远大于杆件刚度；半刚性节点则介于上述两者之间。

根据《钢管混凝土混合结构技术标准》GB/T 51446—2021，采用焊缝连接的钢管混凝土桁式混合结构相贯节点（图 6-3），腹杆钢管沿着相贯线应采用坡口对接焊缝或角焊缝进行连接，且焊条型号应与钢管钢材牌号匹配。钢管混凝土桁式混合结构相贯节点的焊缝设计可按相应空钢管结构相贯节点的焊缝设计方法进行。当腹杆和弦杆夹角小于 60°时，采用角焊缝连接方式往往难以保证焊接质量，故角度小于 60°时，宜采用开坡口的对接焊缝。对于腹杆搭接的平面 K 形和 N 形节点，当两个腹杆直径不相同时，直径较大的腹杆应直接焊接到弦杆上，直径较小的腹杆应搭接到直径较大的腹杆上；当两个腹杆直径

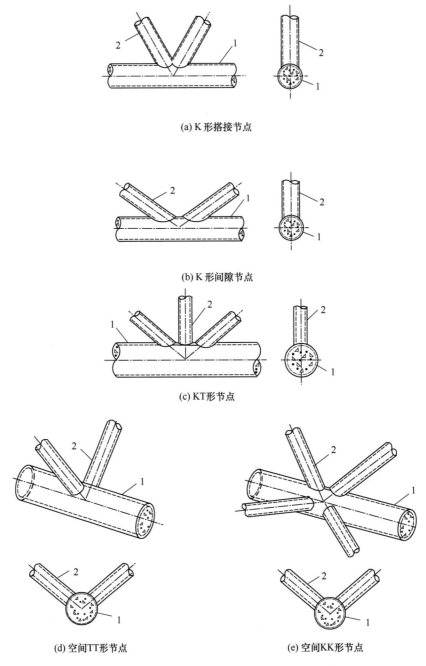

(a) K 形搭接节点

(b) K 形间隙节点

(c) KT 形节点

(d) 空间 TT 形节点

(e) 空间 KK 形节点

图 6-3　钢管混凝土桁式混合结构常用的节点形式
1—钢管混凝土弦杆；2—钢管腹杆

相同时，承受较大荷载的腹杆应直接焊接到弦杆上，承受较小荷载的腹杆应搭接到承受较大荷载的腹杆上。

　　在一些塔架结构中，钢管混凝土桁式混合结构节点中腹杆和弦杆常因地制宜地采用节点板与螺栓连接，形成管板节点，此时腹杆端部的插板可采用 U 形板、槽形板、T 形板或十字形板（图 6-4），其中 U 形板开口间隙可比节点板的厚度大 2～3mm。插板插入钢管的焊接长度应按内力计算确定。

　　为防止节点发生面外失稳，并增强节点承载力，钢管混凝土桁式混合结构中的管板节点可在节点板两侧设置环形或扇形加劲板（图 6-5），环形或扇形加劲板所对应的圆心角不宜小于 30°，位于同一平面内的相邻加劲板应连成整体。当节点板自由边的长度与厚度之比值大于 $60\sqrt{235/f_y}$ 时，宜卷边或设置纵向加劲板。节点板的承载力计算应符合现行国家标准《钢结构设计标准》GB 50017—2017 和现行行业标准《架空输电线路杆塔结构设计技术规程》DL/T 5486—2020 的有关规定。

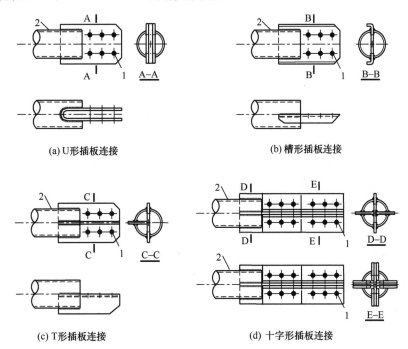

(a) U 形插板连接　　　　　　　(b) 槽形插板连接

(c) T 形插板连接　　　　　　　(d) 十字形插板连接

图 6-4　不同类型的腹杆端部插板连接构造形式

1—螺栓；2—腹杆

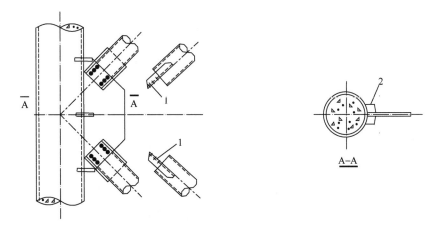

图 6-5　节点板连接构造形式

1—插板；2—加劲板

6.3 节点设计方法

6.3.1 钢管混凝土柱-梁连接节点

采用加强环构造措施是常见的一种钢管混凝土柱-梁连接节点形式，如图 6-6 所示。该类节点形式安全可靠，便于混凝土浇灌施工。实践证明，加强环可与钢管混凝土柱共同工作，能可靠地将梁的内力传给柱。而且由于加强环的存在，管壁受力均匀，防止了局部应力集中，改善了节点受力性能，同时也增强了节点和构件水平方向的刚度。

当横梁为工字形焊接钢梁时，梁端上下翼缘板在接近柱时逐渐加宽，再与柱连接共同将柱包围，形成加强环。梁端的弯矩和轴力由上、下加强环承担，剪力靠腹板通过焊缝传给柱。为便于现场装配连接，将梁端连同加强环与柱段一起加工焊好，形成小段钢梁。现场施工时，二者等强焊接。为便于施工，腹板可采用高强螺栓连接。当钢管直径较大时，也可因地制宜地采用内加强环的构造形式。

根据《钢-混凝土组合结构设计规程》DL/T 5085—2021 和《钢管混凝土结构技术规程》DBJ/T 13-51—2010，圆形钢管混凝土结构的刚接节点加强环板的平面类型一般有四种形式，如图 6-6（a）所示；方形钢管混凝土的刚接节点加强环板的平面类型一般有三种

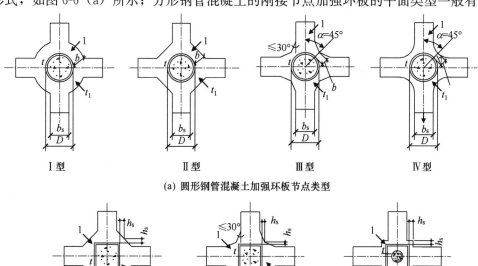

（a）圆形钢管混凝土加强环板节点类型

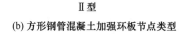

（b）方形钢管混凝土加强环板节点类型

图 6-6　钢管混凝土柱-钢梁加强环板节点

1—加强环板；D—圆形钢管混凝土的钢管外径或矩形钢管混凝土的钢管长边外边长；
B—方形钢管混凝土的钢管外边长或矩形钢管混凝土的钢管短边外边长；b—加强
环板控制截面宽度；b_s—钢梁翼缘宽度；h_s—矩形钢管混凝土加劲环板的
平面尺寸；t_1—加强环板厚度；t_f—钢梁翼缘厚度

形式，如图 6-6（b）所示。

图 6-6（a）所示的Ⅲ、Ⅳ型和图 6-6（b）所示Ⅱ型加强环板，其外形曲线光滑，无明显应力集中点。实际工程中，应保证节点环板的加工和焊接质量，减少残余应力和缺陷影响，避免应力集中。

梁端受弯破坏和柱端压弯破坏是钢管混凝土柱-钢梁连接节点试件在反复荷载作用下的典型破坏形态，分别如图 6-7（a）、（b）和图 6-8（a）、（b）所示。图 6-7（c）、（d）和图 6-8（c）、（d）所示分别为相应实测的节点荷载（P)-位移（Δ）关系。梁端发生破坏的节点在达到峰值荷载时，钢梁下翼缘出现屈曲，在达到峰值荷载后承载力开始下降，下降的程度和钢梁的屈曲程度相关；柱端发生破坏的节点在达到峰值荷载后，受压钢管壁出现鼓曲变形，节点的承载力开始平缓下降，钢管壁反复鼓曲和拉直，试件发生明显的弯曲变形。

(a) 钢管周围混凝土压碎、楼板混凝土开裂　　　(b) 下翼缘和环板屈曲、腹板出现滑移线或屈曲、焊缝断裂

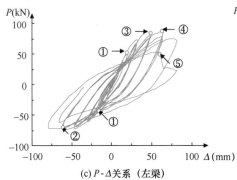

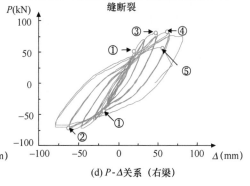

(c) P-Δ 关系（左梁）　　　　　　　　　(d) P-Δ 关系（右梁）

图 6-7　梁端受弯破坏及相应的荷载（P)-位移（Δ）关系

①—钢梁翼缘屈服；②　钢梁下翼缘屈曲；③—楼板混凝土压碎；④—钢梁翼缘-环板焊缝开裂；
⑤—钢梁腹板撕裂

当横梁为预制钢筋混凝土梁时，可采用图 6-9 所示的节点形式。其中，加强环板应能承受梁端弯矩及轴向力，钢牛腿（或腹板）应能承受梁端剪力，加强环板应与梁端预埋钢板或梁内主筋直接焊接。

当横梁为钢筋混凝土时，可根据工程具体情况，或采用连续双梁，或采用将梁端局部加宽、使纵向钢筋连续绕过钢管的构造来实现。明牛腿节点在梁端荷载作用下，上加强环一般承受拉力，牛腿承受剪力。节点也可采用暗牛腿（腹板）形式，传力方式与明牛腿节点相同。

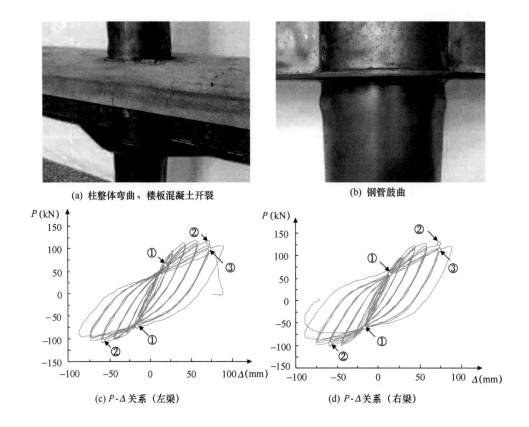

(a) 柱整体弯曲、楼板混凝土开裂　　　　　　　　(b) 钢管鼓曲

(c) P-Δ 关系（左梁）　　　　　　　　　　(d) P-Δ 关系（右梁）

图 6-8　节点试件柱端压弯破坏及相应的荷载（P）-位移（Δ）关系
①—柱管壁屈服；②—柱管壁鼓曲；③—柱弯曲变形

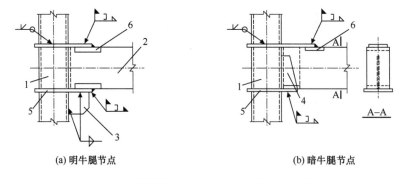

(a) 明牛腿节点　　　　　　　　　　　　(b) 暗牛腿节点

图 6-9　钢管混凝土柱-钢筋混凝土梁加强环节点
1—钢管混凝土柱；2—钢筋混凝土梁；3—明牛腿；4—暗牛腿；
5—外加强环板；6—预埋钢板

　　当采用钢梁节点或钢筋混凝土梁节点时，在满足计算和梁端构造要求的前提下，与钢筋混凝土框架节点相比，其在低周反复荷载作用下的滞回特性、延性系数和强度储备均高得多，而且节点核心区通常不会发生破坏，梁端塑性铰位置易于控制。因此，采用钢管混凝土柱和钢梁或钢筋混凝土梁加强环节点组成的框架，更便于实现"强柱弱梁，节点更强"的抗震设计要求。

对于钢筋混凝土梁节点，在保证梁内主筋与环板可靠焊接锚固的前提下，梁端配筋设计应满足现行国家标准《混凝土结构设计规范》GB 50010—2010（2015 年版）的要求。

位于地震区的框架结构节点设计，应符合下列要求：

（1）采用图 6-6（a）所示的Ⅲ型和Ⅳ型或图 6-6（b）所示的Ⅱ型钢梁加强环节点或带内隔板节点。

（2）采用混凝土梁节点时，梁端设计应符合现行国家标准《建筑抗震设计规范》GB 50011—2010（2016 年版）和《混凝土结构设计规范》GB 50010—2010（2015 年版）的有关要求。

（3）加强环板的抗震验算可参考现行国家标准《建筑抗震设计规范》GB 50011—2010（2016 年版）对钢结构的有关规定进行。

（4）节点应符合下列规定：

1）加强环板的加工应保证外形曲线光滑，无裂纹、刻痕；

2）节点管段与钢管混凝土柱间的水平焊缝应与母材等强；

3）加强环板与钢梁翼缘的对接焊接，应采用坡口焊。

（5）可能产生塑性铰的最大应力区内，避免布置焊接焊缝。

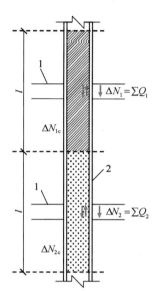

图 6-10　应力传递路径
1—梁；2—柱

实际进行钢管混凝土结构节点的设计时，总体上可分为如下过程：节点设计原则的确定、节点形式的选用、节点计算和节点构造措施的选取等。其中，节点的计算一般包括：

（1）节点连接强度的计算；

（2）节点本身的抗弯和抗剪强度验算；

（3）节点板件（例如加强环板等）的计算；

（4）节点区钢管和其核心混凝土之间粘结强度的验算等。

加强环板的构造要求如下：

（1）$0.25 \leqslant b_s / D\,(B) \leqslant 0.75$；

（2）对于圆形钢管混凝土（如图 6-6 所示）：$0.1 \leqslant b/D \leqslant 0.35$，$b/t_1 \leqslant 10$；

（3）对于方形钢管混凝土（如图 6-6 所示）：$t_1 \geqslant t_f$；此外，对于Ⅰ型加强环板，$h_s/B \geqslant 0.15 t_f/t_1$；对于Ⅱ型加强环板，$h_s/B \geqslant 0.1 t_f/t_1$，$t_f$ 为和环板连接的钢梁翼缘厚度。

其中，D 为圆形钢管混凝土的钢管外径；B 为方形钢管混凝土的钢管外边长；b 为加强环板控制截面宽度；b_s 为加强环板宽度；h_s 为矩形钢管混凝土加劲环板的平面尺寸；t_1 为加强环板厚度；t_f 为钢梁翼缘厚度。

为了保证梁端剪力能够有效地由钢管传递给核心混凝土，必须保证钢管和混凝土之间有足够的粘结强度。假设在上下楼层柱中点间的范围内，粘结应力是均匀分布的，如图 6-10 所示，根据 AIJ（2008），验算公式为：

$$\Delta N_{iC} \leqslant \psi \cdot l \cdot f_a \tag{6-1}$$

式中　ΔN_{iC}——与柱相连的第 i 层楼面梁传给柱的轴向力由核心混凝土承担的部分，按照钢管混凝土构件的轴力-弯矩曲线确定（N）；

ψ——钢管内表面截面周长（mm）；

l——上下楼层柱中点间的长度（mm）；

f_a——钢管和混凝土之间粘结强度设计值（N/mm²），对于圆形钢管混凝土，$f_a=0.225\text{N/mm}^2$；对于方、矩形钢管混凝土，$f_a=0.15\text{N/mm}^2$。

ΔN_{iC} 的确定方法如下：

假设梁端剪力的合力为 ΔN_1，N_1 为作用在柱上的轴向压力：

（1）当 $N_1 \geqslant 0.85 f_c A_c$ 时，梁端剪力由钢管承担，不需验算钢管与混凝土之间的粘结强度；

（2）当 $N_1 < 0.85 f_c A_c$，但 $N_1 + \Delta N_1 > 0.85 f_c A_c$ 时，

$$\Delta N_{iC} = (N_1 + \Delta N_1) - 0.85 f_c A_c \tag{6-2}$$

（3）当 $N_1 + \Delta N_1 < 0.85 f_c A_c$ 时，

$$\Delta N_{iC} = \Delta N_1 \tag{6-3}$$

实际计算时，如果粘结强度不满足要求，可根据需要在节点区的钢管内壁设置内隔板或栓钉等措施，以保证梁端剪力的有效传递。

6.3.2　钢管混凝土加劲混合结构柱-梁连接节点

钢管混凝土加劲混合结构柱可与钢梁或钢筋混凝土梁形成连接节点。基于钢管混凝土加劲混合结构柱-钢筋混凝土梁连接节点的试验研究，其破坏形态可以分为四类，如图 6-11(a)～(d)所示，分别为：（1）钢筋混凝土梁端弯曲破坏；（2）钢筋混凝土梁端剪切破坏；（3）钢管混凝土加劲混合结构柱端压弯破坏；（4）节点核心区剪切破坏。梁端弯曲破坏形态下，梁端受压区混凝土出现压碎现象，梁纵筋受压弯曲，承载力发生明显下降；梁端剪切破坏形态下，梁端出现主斜裂缝，并且反向加载时裂缝不能完全闭合；柱端压弯破坏形态下，柱端混凝土出现剥落现象，且形成水平贯通裂缝；核心区剪切破坏形态下，核心区混凝土发生明显的起皮、剥落现象。

对应四种典型破坏形态下的梁端荷载（P）-位移（Δ）关系也分别如图 6-11(a)～(d)所示。由施加轴力开始至梁端荷载加载至屈服荷载，$P\text{-}\Delta$ 曲线基本呈线性关系，此阶段楼板表面出现多条横向裂缝，反向加载时裂缝能够闭合。加载至弹塑性阶段时，与破坏形态相对应的位置出现明显的混凝土裂缝，并伴随着混凝土剥落现象，钢筋发生屈服，$P\text{-}\Delta$ 曲线的加载刚度发生一定程度降低。达到峰值荷载后结构进入破坏阶段，不同加载循环下承载力、刚度发生明显下降，核心区剪切破坏和梁端剪切破坏的节点试件损伤退化较快，反向加载时裂缝无法闭合。

钢管混凝土加劲混合结构柱-梁连接节点核心区抗震性能的恢复力模型，包括骨架线和滞回准则两部分，如图 6-12 所示。

其骨架线的关键参数按下列公式计算。下降段刚度（K_d）与初始加载刚度存在比例关系，该比例（K_d/K_a）约为 0.01。

$$K_a = K_{core} + K_{out} + K_s \tag{6-4}$$

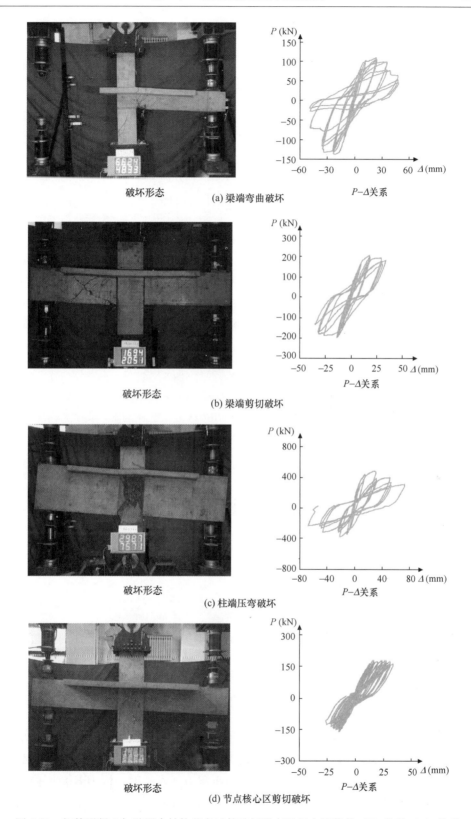

图 6-11 钢管混凝土加劲混合结构节点试件破坏形态及相应的荷载（P）-位移（Δ）关系

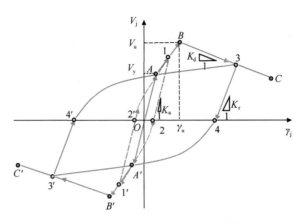

图 6-12　节点核心区 V_j-γ_j 恢复力模型

$$K_{core} = (0.26\xi + 0.47)(\rho_{v,j} + 0.12)G_{core}A_{core} \tag{6-5}$$

$$K_{out} = (2.7\rho_{v,j} + 0.1)G_{out}A_{out} \tag{6-6}$$

$$K_s = 0.35G_sA_{s,v} \tag{6-7}$$

$$V_y = 0.7V_u \tag{6-8}$$

$$\gamma_u = (-17\rho_{v,j} + 1)\sin(2\theta_p)(1300 + 12.5f_c' + 800\xi^{0.2}) \times 10^{-6} \tag{6-9}$$

式中　　　K_a——核心区初始加载刚度（N/mm）；

K_{core}——核心混凝土初始加载刚度（N/mm）；

K_{out}——外包混凝土初始加载刚度（N/mm）；

K_s——钢管初始加载刚度（N/mm）；

A_{core}——核心混凝土横截面积（mm²）；

A_{out}——外包混凝土横截面积（mm²）；

$A_{s,v}$——翅片抗剪截面面积（mm²）；

G_{core}——核心混凝土剪切模量（N/mm²）；

G_{out}——外包混凝土剪切模量（N/mm²）；

G_s——钢管壁剪切模量（N/mm²）；

$\rho_{v,j}$——核心区体积配箍率；

V_y——屈服剪力（N）；

V_u——受剪承载力（N）；

γ_u——极限剪切变形；

θ_p——核心区钢管内核心混凝土斜对角线和水平线的夹角；

ξ——约束效应系数，应按式（1-1）计算。

图 6-12 所示的滞回准则中需要定义卸载和再加载过程。当核心区受到剪力小于屈服剪力（V_y）时，即 $A'A$ 范围内，核心区按照初始加载刚度（K_a）线性加载和卸载；当核心区受到剪力大于屈服剪力（V_y），且小于抗剪承载力（V_u）时，即 $B'B$ 范围内，核心区卸载刚度（K_r）与初始加载刚度（K_a）相同，按线性卸载至剪力为 0 后，再加载过程按抛物线加载（如 $121'2'$）；再次，当核心区剪切变形大于极限剪切变形（γ_u）时，即承载

力按下降段刚度（K_d）降低，卸载刚度（K_r）按卸载点剪切变形折减，再加载过程按抛物线加载，指向反方向历史最大荷载点（如 $343'4'$）。之后，如果继续加载，按骨架线加载；如果卸载，则按式（6-10）所计算的卸载刚度线性卸载。

$$K_r = \begin{cases} K_a & |\gamma_r| \leqslant |\gamma_u| \\ \left(\dfrac{\gamma_u}{\gamma_r}\right)^{\zeta} K_a & |\gamma_r| > |\gamma_u| \end{cases} \qquad (6\text{-}10)$$

式中　K_r——核心区卸载刚度（N）；

$\quad\quad$ K_a——核心区初始加载刚度（N）；

$\quad\quad$ γ_r——卸载点剪切变形；

$\quad\quad$ γ_u——极限剪切变形；

$\quad\quad$ ζ——修正卸载损伤的参数，取 1.0。

根据《钢管混凝土混合结构技术标准》GB/T 51446—2021，框架结构中钢管混凝土加劲混合结构柱与工字形截面钢梁刚性连接节点应符合下列规定：

（1）宜采用环板连接；

（2）环板翼缘和竖向加劲板的外伸长度应满足钢梁连接施工的要求；

（3）钢梁翼缘和腹板在现场应分别与环板和竖向加劲板连接（图 6-13）。

梁柱刚性节点可采用图 6-13 所示的钢梁环板连接节点形式。梁柱刚性节点采用加强环形式安全可靠，也便于管内混凝土浇筑施工。有关钢管混凝土的工程实践证明，加强环能和柱协同工作，可靠地将梁的内力传给钢管，进而传递给整个柱。而且加强环的存在使得管壁受力均匀，防止了局部应力集中，改善了节点受力性能，同时也增强了节点的刚度。

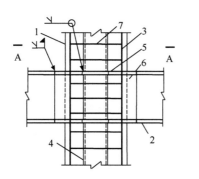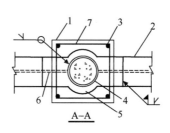

图 6-13　钢梁环板连接节点

1—柱；2—钢梁；3—纵筋；4—钢管；5—环板；6—竖向加劲板；7—箍筋

框架结构中钢管混凝土加劲混合结构柱与钢筋混凝土梁刚性连接节点应符合下列规定：

（1）当梁两侧纵筋间距大于钢管外径时，宜采用节点加强环板和加劲工字钢的连接构造，如图 6-14（a）所示；

（2）当梁两侧纵筋间距小于钢管外径时，宜使纵筋绕过钢管；当采用节点加强环板连接，如图 6-14（b）所示，宜将环板预制在钢管上，施工时应将钢筋混凝土梁内纵筋焊接于环板表面。

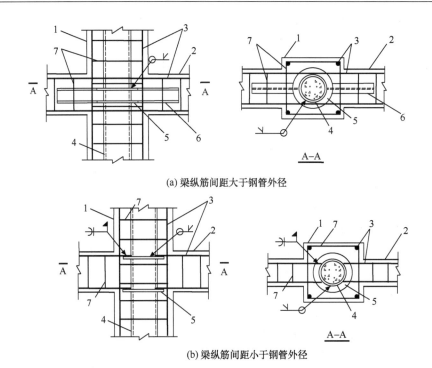

(a) 梁纵筋间距大于钢管外径

(b) 梁纵筋间距小于钢管外径

图 6-14　柱与钢筋混凝土梁连接节点

1—柱；2—钢筋混凝土梁；3—纵筋；4—钢管；5—加强环板；6—加劲工字钢；7—箍筋

梁柱刚性节点，当框架梁为钢筋混凝土梁时，为保证力可靠地传递给内置钢管混凝土，可采用加劲工字钢的构造形式，加劲工字钢可使梁端塑性铰外移，从而有效地保护节点区。钢管混凝土加劲混合结构柱-钢筋混凝土梁节点的试验结果表明：加强环板连接节点能有效地将荷载由纵筋传递至钢管，在合理的参数范围内，不会发生节点构造破坏的情况。

节点设计是钢管混凝土加劲混合框架结构抗震设计的关键。在框架结构中，钢梁节点和钢筋混凝土梁节点均应满足承载力计算和构造的要求，保证节点核心区不会过早发生破坏。抗震设计的梁柱连接节点应符合下列规定：

（1）采用钢梁时，梁端截面设计应符合现行国家标准《建筑抗震设计规范》GB 50011—2010（2016 年版）、《钢结构设计标准》GB 50017—2017 和现行行业标准《高层民用建筑钢结构技术规程》JGJ 99—2015 的有关规定；

（2）采用钢筋混凝土梁时，加强环板的抗震验算应符合现行国家标准《建筑抗震设计规范》GB 50011—2010（2016 年版）对钢结构的有关规定；

（3）加强环板的外形应曲线光滑，无裂纹、刻痕；节点管段与柱肢钢管间的水平焊缝应与母材等强；加强环板与钢梁翼缘的对接焊接应采用熔透的坡口焊；

（4）节点内箍筋直径及箍筋间距应符合现行国家标准《建筑抗震设计规范》GB 50011—2010（2016 年版）的有关规定；

（5）连接节点中的环板厚度应大于 10mm 和钢管厚度二者的较小值，环板宽度应大于 40mm 并应满足钢筋焊接长度要求，环板钢材屈服强度不应小于钢管钢材屈服强度，同时不宜小于 355N/mm²。焊接工艺应符合现行行业标准《钢筋焊接及验收规程》JGJ

18—2012 的有关规定；

（6）梁纵筋与钢管采用钢筋连接器连接时，梁纵筋在钢筋连接器中的连接长度不应小于梁纵筋的直径，机械连接工艺应符合现行行业标准《钢筋机械连接技术规程》JGJ 107—2016 的有关规定。

多肢钢管混凝土加劲混合结构柱内钢管之间横向连接件应满足相应的构造要求。内置钢管混凝土节点板宜采用焊接，节点板与横撑之间宜采用螺栓连接，如图 6-15 所示。

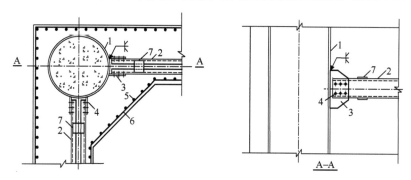

图 6-15　多肢柱内钢管连接节点
1—钢管；2—横撑；3—节点板；4—拼接螺栓；5—纵筋；6—箍筋；7—缀板

多肢钢管混凝土加劲混合结构的钢管混凝土部分与横撑连接构造设计应满足结构的刚度要求，不应出现混凝土浇筑死角。多肢钢管混凝土加劲混合结构柱的连接节点的设计、加工、制造、拼接和验收须符合相关规范的规定。工厂内分段加工钢管立柱与连接件，完成节段预拼装后，拆分成安装节段或单元件，运输至现场进行安装。节点板宜在厂内组拼，与螺栓节点板预拼装后出厂。

6.3.3　钢管混凝土弦杆-钢管腹杆连接节点

钢管混凝土弦杆-钢管腹杆连接节点（如 K 形、N 形、T 形、Y 形、X 形节点等）是钢管混凝土桁式混合结构体系受力的关键。由于在弦杆的钢管中填充了核心混凝土，钢管及其核心混凝土协调互补、共同工作，可有效避免空钢管节点中常见的冲剪破坏和弦杆表面塑性破坏。

（1）K 形、N 形节点

空钢管 K 形节点主要表现出两种破坏形态：1）弦杆表面塑性破坏，即受压腹杆处弦杆内凹失效；2）弦杆冲剪破坏，即受拉腹杆处弦杆表面钢管发生拉伸冲剪。K 节点中弦杆填充核心混凝土可有效减小弦杆钢管的内凹变形，并将腹杆传来的侧向荷载有效地传递到更大范围，延缓了弦杆表面的塑性变形发展，钢管混凝土节点试件的承载能力和延性得到有效提高。

钢管混凝土弦杆-钢管腹杆 K 形节点总体上呈现出五种典型的破坏形态，即弦杆表面塑性破坏、弦杆表面冲剪破坏、受拉腹杆拉伸破坏、受压腹杆局部屈曲和核心混凝土局部承压破坏，如图 6-16 所示。

对于图 6-16（a）、图 6-16（d）和图 6-16（e）所示的破坏形态，节点的承载力计算方法如表 6-1 所示。对于图 6-16（b）和图 6-16（c）所示的破坏形态，由于核心混凝土可以

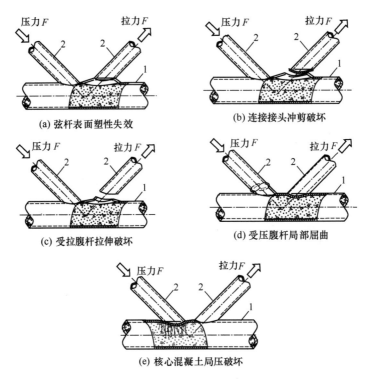

图 6-16　K 形节点的典型破坏形态
1—钢管混凝土弦杆；2—空钢管腹杆

有效约束弦杆受拉塑性变形，将空钢管桁架节点的腹杆、焊缝受拉断裂的计算规定应用到相应的钢管混凝土节点偏于安全，可依据现行国家标准《钢结构设计标准》GB 50017—2017 中的有关规定进行。

钢管混凝土弦杆-钢管腹杆连接节点设计方法　　　　　　　　　表 6-1

破坏形态	承载力计算方法	构造范围
弦杆表面塑性失效	$N_{uc} = 2k_s f_{ck} \dfrac{A_1}{\sin\theta} \sqrt{\dfrac{A_2}{A_1}}$	$0.8 < \beta \leqslant 1.5$；$50 < \gamma \leqslant 100$
受压腹杆局部屈曲	$N_{uc} = k_w f_{yw} \pi t_w (d_w - t_w)$	$0.2 \leqslant \beta \leqslant 0.8$；$10 \leqslant \gamma \leqslant 50$
核心混凝土局压破坏	$N_{uc} = 2 f_{ck} \dfrac{A_1}{\sin\theta} \sqrt{\dfrac{A_2}{A_1}}$	$\gamma > 50$

注：N_{uc}—由计算确定的构件极限承载力（N/mm²）；A_1—组合构件的侧向受压杆面积（mm²）；A_2—组合构件的侧向受压计算底面积（mm²）；d_w—钢管腹杆的外直径（mm）；f_{ck}—混凝土轴心抗压强度标准值（N/mm²）；f_{yw}—腹杆钢管钢材的屈服强度（N/mm²）；k_s—弦杆表面塑性失效时的承载力折减系数；k_w—受压腹杆局部屈曲时的承载力折减系数；t_w—腹杆钢管的壁厚（mm）；θ—腹杆与弦杆的夹角（°）；β—腹杆和弦杆的钢管外径比值；γ—弦杆的钢管外径及其壁厚比值。

　　根据《钢管混凝土混合结构技术标准》GB/T 51446—2021，为了保证节点的焊接方便、施工质量以及实现计算规定的各种性能，钢管混凝土桁式混合结构平面 K 形和 N 形相贯焊接节点的构造应符合下列规定：

　　1）在弦杆与腹杆的连接处不应将腹杆插入弦杆内。

2）腹杆与弦杆的连接节点处宜避免偏心；偏心不可避免时，偏心距应满足下列公式的要求（图 6-17）：

$$-0.55 \leqslant \frac{e}{D} \leqslant 0.25 \tag{6-11}$$

式中　e——偏心距（mm），见图 6-17；

　　　　D——弦杆钢管外径（mm）。

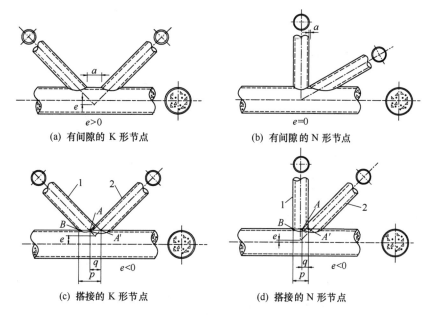

(a) 有间隙的 K 形节点　　　　　　　(b) 有间隙的 N 形节点

(c) 搭接的 K 形节点　　　　　　　(d) 搭接的 N 形节点

图 6-17　平面 K 形和 N 形节点的偏心和间隙

1—搭接腹杆；2—被搭接腹杆；a—间隙

钢管混凝土桁式混合结构在一定条件下可近似按铰接杆件体系进行内力分析，因此节点连接处应尽可能避免偏心。当偏心不可避免但未超过式（6-11）限制时，在计算节点和受拉弦杆承载力时，可不考虑偏心引起的弯矩作用，在计算受压弦杆承载力时应考虑偏心弯矩的影响；搭接连接时，应符合现行国家标准《钢结构设计标准》GB 50017—2017 的有关规定。

3）腹杆搭接的平面 K 形、N 形节点的搭接率（η_{ov}）可按下式计算，且不应小于 25％，并不应大于 100％。

$$\eta_{ov} = \frac{q}{p} \times 100\% \tag{6-12}$$

式中　q——搭接腹杆与弦杆理论上相交的冠点（A'）与被搭接腹杆与弦杆表面相交的冠趾（A）之间的直线距离 AA'（mm）（图 6-17）；

　　　　p——搭接腹杆与弦杆理论上相交的冠点（A'）与搭接腹杆与弦杆表面相交的冠跟（B）之间的直线距离 $A'B$（mm）（图 6-17）。

4）对于平面 K 形、N 形间隙节点，在弦杆表面焊接的相邻腹杆的间隙不应小于两腹杆钢管壁厚之和。

5）腹杆与弦杆的相贯焊缝应沿全周连续焊接并平滑过渡；腹杆互相搭接处，搭接腹杆沿搭接边应与被搭接腹杆焊接连接。弦杆与腹杆的连接焊缝应符合现行国家标准《钢结构设计标准》GB 50017—2017 的有关规定，应采取有效措施防止焊缝先于节点其他部位发生破坏。

6）钢管混凝土桁式混合结构用于桥梁工程时，弦杆的钢管混凝土分阶段形成，弦杆混凝土浇筑前后，其节点破坏行为各不相同。在弦杆钢管内混凝土浇筑前，节点为空心焊接相贯节点，破坏形式主要是弦杆的塑性失效或冲剪破坏。因此，需要控制腹杆内力的大小，对空心节点进行承载力验算。钢管混凝土桁式混合结构在浇筑混凝土前的空心平面 K 形节点的受压腹杆和受拉腹杆在节点处的承载力应按现行国家标准《钢结构设计标准》GB 50017—2017 的有关规定进行验算。

7）节点的弦杆填充混凝土后可显著增大节点刚度和受压承载力。图 6-16 给出了 K 形节点五种典型破坏形态，当腹杆壁厚较小时，腹杆可能发生屈服失效，因此对钢管混凝土桁式混合结构 K 形节点受拉腹杆的轴心受拉承载力取弦杆冲剪破坏和腹杆屈服失效两种承载力的较小值，如式（6-13）所示。

受拉圆形截面空钢管腹杆的轴心受拉承载力宜按下式计算：

$$N_{\mathrm{tw}} = \min\left(f_{\mathrm{v}}t\pi d_{\mathrm{w}}\,\frac{1+\sin\theta}{2\sin^2\theta},\, f_{\mathrm{w}}A_{\mathrm{w}}\right) \tag{6-13}$$

式中　　N_{tw}——圆形受拉腹杆轴心受拉承载力（N）；

　　　　f_{v}——弦杆钢管钢材的抗剪强度设计值（N/mm²）；

　　　　f_{w}——腹杆钢管钢材的抗拉、抗压和抗弯强度设计值（N/mm²）；

　　　　t——弦杆钢管壁厚（mm）；

　　　　d_{w}——受拉圆腹杆钢管外径（mm）；

　　　　θ——受拉腹杆与弦杆间夹角；

　　　　A_{w}——受拉圆腹杆的截面面积（mm²）。

受压腹杆对弦杆的压力主要由混凝土承受，弦杆一般不会发生失效，但腹杆受压容易产生屈曲，故受压腹杆的承载力按屈曲失效临界荷载计算。腹杆受压屈曲失效按现行国家标准《钢结构设计标准》GB 50017—2017 中轴心受压构件的承载力进行计算。当腹杆无削弱时，可只进行稳定性验算。

考虑到 N 形钢管混凝土节点属于 K 形节点一种特殊形式，上述公式也可用于 N 形节点腹杆承载力计算。

8）钢管混凝土桁式混合结构 K 形节点弦杆和腹杆连接部位可能出现混凝土局部承压破坏。试验结果表明，腹杆传递来的侧向局部压力可以在弦杆混凝土中有效延伸传递，如图 4-45 所示。对于弦杆、腹杆均为圆形截面的情况，侧向局部压应力沿弦杆横向的传递路径受圆形截面边缘与腹弦杆管径比控制，在腹弦杆管径比相对较大时将较快达到弦杆混凝土与钢管的边缘；因此，在传力示意图中偏于安全地将其忽略，仅考虑侧向局部压应力沿弦杆轴向的传递路径。此外，随着腹弦杆夹角（θ）的变化，侧向局部压应力在弦杆混凝土中的传递方向和斜率会有变化；经试验与有限元分析，将应力传递方向偏安全地简化为按 2：1（水平：竖直）的斜率对称传递。

钢管混凝土桁式混合结构 K 形节点弦杆和圆形截面腹杆连接部位的侧向局部受压承载力应符合式（6-14）规定，并宜按式（6-15）计算：

$$N_{LF} \leqslant N_{uLF} \tag{6-14}$$

$$N_{uLF} = \beta_c \beta_l f_c \frac{A_{lc}}{\sin\theta} \tag{6-15}$$

$$\beta_l = \sqrt{\frac{A_b}{A_{lc}}} \tag{6-16}$$

$$A_{lc} = \frac{\pi d_w^2}{4} \tag{6-17}$$

$$A_b - \frac{A_{lc}}{\sin\theta} + 2d_w D \tag{6-18}$$

式中　N_{LF}——作用在节点区弦杆的侧向局部压力设计值（N）；

　　　N_{uLF}——弦杆的侧向局部受压承载力（N）；

　　　f_c——混凝土轴心抗压强度设计值（N/mm²）；

　　　θ——传递侧向局部压力的腹杆与弦杆的夹角；

　　　β_l——侧向局部受压时混凝土强度提高系数；

　　　A_{lc}——局部受压面积，可取为外径相等的实心腹杆的截面面积（mm²）；

　　　D——承受侧向力的弦杆外径（mm）；

　　　d_w——传递侧向力的腹杆外径（mm）；

　　　A_b——侧向局部受压的计算底面积（mm²）；

　　　β_c——侧向局部受压时的混凝土强度影响系数，应按表 6-2 确定。

侧向局部受压时的混凝土强度影响系数表　　　　　　　　　　表 6-2

$\sqrt{\dfrac{A_{lc}}{A_b}}\dfrac{f_y}{f_{ck}}$	0.4	0.8	1.2	1.6	2.0	≥3.0
β_c	1.07	1.22	1.47	1.67	1.87	2.00

注：表内中间值可采用内插法确定。

（2）T 形、Y 形和 X 形节点

弦杆内填混凝土后，弦杆刚度得到显著提高，弦杆变形得到有效限制，因此不同类型节点的腹杆失效模式类似，主要是受压屈曲和受拉断裂或冲剪破坏。故对钢管混凝土桁式混合结构平面 T 形、Y 形和 X 形节点（图 6-18）承载力计算可采用相同的公式。因此，钢管混凝土桁式混合结构平面 T 形、Y 形和 X 形连接节点的构造和计算应符合下列规定：

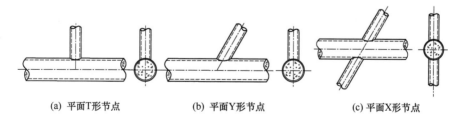

(a) 平面T形节点　　　　　(b) 平面Y形节点　　　　　(c) 平面X形节点

图 6-18　钢管混凝土桁式混合结构平面 T 形、Y 形和 X 形节点

1）钢管混凝土桁式混合结构 T 形、Y 形和 X 形平面连接节点的构造应符合 6.3.3 节（1）的规定；

2）钢管混凝土桁式混合结构在浇筑混凝土前的空心平面 T 形、Y 形和 X 形连接节点的受压腹杆和受拉腹杆在节点处的承载力，应按现行国家标准《钢结构设计标准》GB 50017—2017 的有关规定进行验算；

3）钢管混凝土桁式混合结构平面 T 形、Y 形和 X 形连接节点中受压和受拉腹杆的承载力计算应满足下列要求：

    a）轴心受拉腹杆的承载力宜按式（6-13）计算；

    b）轴心受压腹杆的承载力计算应符合 6.3.3 节（1）中的规定。

4）当钢管混凝土桁式混合结构平面 T 形、Y 形和 X 形连接节点区承受侧向局部压力作用时，应按 6.3.3 节（1）进行侧向局部受压承载力验算，其中平面 T 形节点腹杆与钢管混凝土弦杆的夹角 θ 应取为 90°。

实际工程中，钢管混凝土桁式混合结构常出现空间节点形式，其钢结构构造应符合现行国家标准《钢结构设计标准》GB 50017—2017 的有关规定。腹杆在节点处的承载力，应按相应的平面连接节点承载力乘以空间调整系数计算。空间调整系数的取值应按现行国家标准《钢结构设计标准》GB 50017—2017 的有关规定执行。

6.3.4 基础及支承节点

钢管混凝土柱与基础的连接分为铰接和刚接两种形式：对于铰接柱脚，可按照现行国家标准《钢结构设计标准》GB 50017—2017 进行设计；对于刚接柱脚，根据《钢-混凝土组合结构设计规程》DL/T 5085—2021 和《钢管混凝土结构技术规程》DBJ/T 13-51—2010 分为插入杯口式和锚固式两种。

（1）对于插入杯口式柱脚，基础杯口的设计同钢筋混凝土。柱肢插入深度 h 应符合如下规定：

1）当圆形钢管外直径或矩形钢管边长 $D \leqslant 400\text{mm}$ 时，h 取（2～3）D；

2）$D \geqslant 1000\text{mm}$ 时，h 取（1～2）D；

3）$400\text{mm} < D < 1000\text{mm}$ 时，h 取中间值。

当柱肢出现拉力时，应按下式验算混凝土的抗剪强度（图 6-19）：

$$N \leqslant Chf_{\text{t}} \tag{6-19}$$

式中 f_{t}——混凝土抗拉强度设计值；

      C——周长，对于圆形钢管混凝土，$C = \pi D$，对于矩形钢管混凝土，$C = 2$（$B + D$），见图 6-20；

      h——柱肢插入杯口深度。

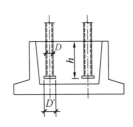

图 6-19 插入式柱脚

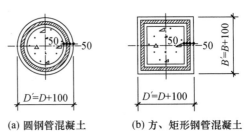

(a) 圆钢管混凝土   (b) 方、矩形钢管混凝土

图 6-20 柱脚环板（尺寸单位：mm）

（2）对于钢板或钢靴锚固式柱脚，其设计可按照现行国家标准《钢结构设计标准》GB 50017—2017 进行。埋入土中部分的柱肢，应以混凝土包覆，厚度不小于 50mm，高出地面不小于 200mm。

当不满足式（6-19）的要求时，宜优先采用在钢管外壁加焊栓钉或短粗锚筋的措施。

钢管混凝土桁式混合结构的弦杆与基础可采用端承式连接、埋入式连接或外包式连接。端承式连接主要用于基础连接承受压、弯作用的情况，外包式连接主要用于基础连接承受较大拉力的情况。根据《钢管混凝土混合结构技术标准》GB/T 51446—2021，应符合下列规定：

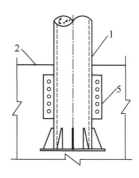

图 6-21　端承式连接
1—弦杆；2—基础；3—承压板；
4—锚栓

（1）端承式连接（图 6-21）的承压板直径或边长宜为（1.5～2.0）D（D 为弦杆钢管外径），厚度不宜小于 25mm；

（2）埋入式连接（图 6-22）的弦杆埋入深度应大于 1.5D 且不应小于 1.0m，在预埋段应设置分布环向筋、焊钉或开孔板连接件等锚固构造；

（3）外包式连接（图 6-23）宜沿外包段管身纵向设置锚固环板，锚固环板可加劲，钢管底部可设置端板。

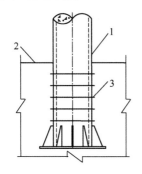

图 6-22　埋入式连接
1—弦杆；2—基础；3—贴焊钢筋环；4—圆头焊钉；5—开孔板连接件

对设置加劲焊接锚固环板的外包式连接，应符合下列规定：

（1）插入钢管应埋入基础底板，对承受较大拉力的外包式连接，弦杆埋入基础深度不宜小于 2.5D（D 为弦杆钢管外径）；

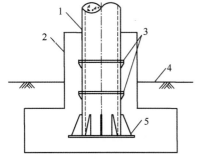

图 6-23　外包式连接
1—弦杆；2—基础立柱及底板；3—锚固环板和加劲肋；4—地面；5—底部端板和加劲肋

（2）锚固环板宜按小而多的模式布置，锚固环板宽度（b_p）和数量应根据承载力要求、锚固环板布置间距、基础立柱长度及底板厚度等条件优化确定，锚固环板宽度（b_p）不宜大于 0.1D；

（3）锚固环板宜沿插入钢管纵向等间距布置，第一块锚固环板距离立柱混凝土顶面的距离不宜小于 10b_p，锚固环板间距不宜小于 10b_p，底部端板与上方邻近锚固环板的距离不宜小于 5B_p（B_p 为端板宽度）和 8b_p 的较大值，且宜大于加劲肋板高度；

（4）基础立柱对插入钢管的外包混凝土厚度不应小于 $4b_p$；

（5）对基础立柱，插入钢管外围的竖向钢筋、箍筋的配置应符合现行国家标准《混凝土结构设计规范》GB 50010—2010（2015 年版）、《建筑抗震设计规范》GB 50011—2010（2016 年版）和《钢结构设计标准》GB 50017—2017 的有关规定；

（6）插入钢管底部应设置固定措施，应分别针对初始安装和长期使用状态下的受力情况，校验固定措施强度和地基承载力。

曲线形钢管混凝土桁式混合结构与基础的连接构造，宜采用埋入式连接。预埋钢管与主管节段应采用焊接对接接头。预埋钢管底部应设置承压板，承压板下应设置不少于三层钢筋网，在钢管周边应设置分布环向筋或焊钉等锚固构造。承压板与管壁间应按构造要求设置带孔加劲肋板（图 6-24）。

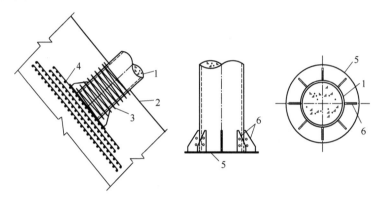

图 6-24　曲线形结构与基础的连接构造
1—弦杆；2—基础；3—螺旋钢筋；4—钢筋网片；5—承压板；6—加劲肋

钢管混凝土桁式墩与钢管混凝土桁式主梁间宜采取设置加劲肋板的支座进行连接（图 6-25），支座尺寸应根据上部结构主梁的荷载进行确定。

钢管混凝土加劲混合结构的柱脚分为埋入式和非埋入式两类（图 6-26）。钢管混凝土加劲混合结构的柱脚应满足强度、刚度、稳定性和抗震的要求，并应保证上部荷载的有效传递。考虑地震作用组合的偏心受压柱宜采用埋入式柱脚；不考虑地震作用组合的偏心受压柱可采用埋入式柱脚，也可采用非埋入式柱脚；偏心受拉柱应采用埋入式柱脚。

对于柱肢的对接，《钢-混凝土组合结构设计规程》DL/T 5085—2021 和《钢管混凝土结构技术规程》DBJ/T 13-51—2010 给出了六种构造措施（如图 6-27 所示）。实际工程中仍会有其他的连接方式，但所有形式都应保证对接件的轴线对中。六种对接形式中，图 6-27（a）和（e）所示的形式节约钢材，外形好，适合工厂对接；图 6-27（b）和（d）所示的形式中，构件对位容易，适合现场操作；图 6-27（c）所示的形式无需焊接，适合室外小直径架构柱肢或预制柱肢连接；图 6-27（f）所示的形式适合大直径直缝焊管连接。

对于由柱顶承受集中荷载的钢管混凝土柱，要保证钢管和管内混凝土共同受力，应采取两个措施：（1）加厚柱顶板、增设肩梁和加劲肋，保证柱头刚度；（2）柱头盖板留设注浆孔，进行压浆保证管中混凝土与柱顶板紧密接触。对于双肢柱，当集中力作用在两肢之

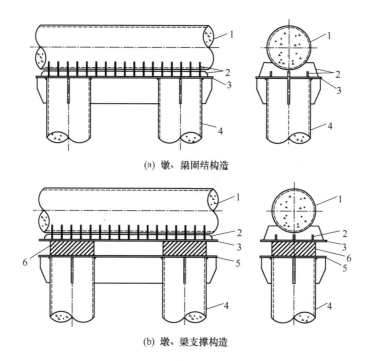

(a) 墩、梁固结构造

(b) 墩、梁支撑构造

图 6-25　墩、桁式主梁连接构造

1—桁梁弦杆；2—加劲肋板；3—底座钢板；4—墩柱；5—墩顶盖板；6—支座

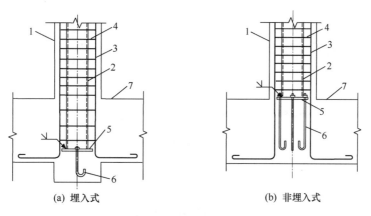

(a) 埋入式　　　　　　　　(b) 非埋入式

图 6-26　钢管混凝土加劲混合结构柱脚构造

1—钢管混凝土加劲混合结构柱；2—钢管；3—纵筋；4　箍筋；5　端部底板；

6—锚栓；7—基础

间时，可采用穿过（或不穿过）钢管的肩梁，将力传给柱肢。柱顶构造由加强环、肩梁和加劲肋组成刚接节点。这种节点根据试验结果以及荆门电厂炉架的实际工程经验（肩梁不穿过钢管），证明其能保证钢管和混凝土共同工作。

柱顶直接承受压力的钢管混凝土柱，柱顶板宜加厚，厚度不小于 16mm，并应设置肩梁板和加劲肋，顶板应留有 $\phi 50$ 的压浆孔（如图 6-28 所示）。

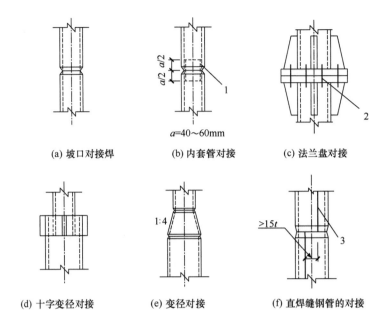

(a) 坡口对接焊 (b) 内套管对接 (c) 法兰盘对接

(d) 十字变径对接 (e) 变径对接 (f) 直焊缝钢管的对接

图 6-27 钢管混凝土构件常用的对接形式
1—内套管；2—螺栓；3—钢管直焊缝

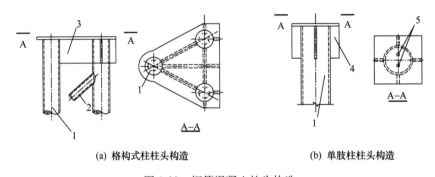

(a) 格构式柱柱头构造 (b) 单肢柱柱头构造

图 6-28 钢管混凝土柱头构造
1—钢管混凝土；2—腹杆；3—肋板；4—加劲肋；5—二次压浆孔

6.4 节点抗疲劳设计

疲劳是指结构构件或连接在循环应力下产生累积损伤而导致材料破坏的现象。

相对于空钢管连接节点，在钢管弦杆中填充混凝土可有效提高节点的承载能力，并使弦杆的整体和局部刚度增大。在相同外荷载作用下，钢管混凝土弦杆-钢管腹杆连接节点的变形更小，产生的局部应力更小。有关钢管混凝土桁式混合结构桥梁工程实体观测、结构模型试验及理论分析研究均表明，钢管混凝土弦杆-钢管腹杆连接节点的疲劳性能优于相同尺寸和加载工况的空钢管节点。试验结果表明（如图 6-29 所示），在承受相同荷载时，钢管混凝土弦杆的局部变形和应力集中系数显著小于空钢管主管；相贯焊连接节点的裂缝通常萌生于弦杆冠点或鞍点焊缝附近位置；混凝土受拉部分通常会出现较明显的裂纹。

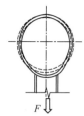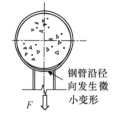

(a) 空钢管弦杆节点　　　(b) 钢管混凝土弦杆节点

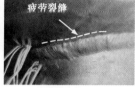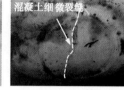

T 形节点　　　　　　　节点区域的焊缝区　　　　试验后剥离外钢管后混
凝土的情形

(c) 钢管混凝土弦杆节点试验照片

图 6-29　节点疲劳试验试件破坏形态

钢结构疲劳设计国内外通常采用基于名义应力幅的构造分类法，即根据各种具体的、不同的构造细节，提出相应的 *S-N* 曲线（疲劳强度-寿命）计算方法。对于钢管结构的疲劳设计，国际上早期也是采用构造分类法。随着钢管桁架结构的应用日益广泛，节点形式众多，几何参数又不尽相同，国际上开始研究并采用热点应力幅法。热点应力是指钢管相贯焊接在弦杆或腹杆焊趾处的最大的几何应力，其计入节点几何形状和荷载的影响，但不计入由于施工形成的焊缝几何形状（平、凸、凹）和焊趾局部状况（焊趾半径、咬边等）的影响，图 6-30 为弦杆焊趾处的热点应力示意图。热点应力的位置就是钢管节点容易疲劳开裂的位置。热点应力幅法就是根据节点的热点应力集中系数公式计算出节点的热点应力幅，应用基于热点应力幅的 *S-N* 关系可计算节点

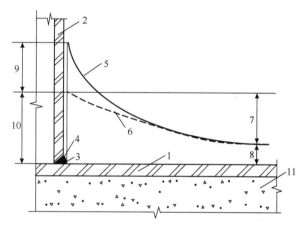

图 6-30　弦杆应力分布与热点应力

1—弦杆管壁；2—腹杆管壁；3—焊趾；4—焊缝；5—弦杆实际应力变化；6—几何应力外推到焊趾的曲线；7—由几何形状引起的应力升高；8—弦杆名义应力；9—由焊缝几何形状、焊趾缺陷等其他因素引起的应力升高；10—弦杆热点应力或称几何应力；11—弦杆内混凝土

的疲劳强度或疲劳寿命。热点应力集中系数计算公式通过试验、有限元数值分析等方法回归得到。国际焊接协会 International Institute of Welding（IIW）和国际管结构发展与研究协会 Committee for International Development and Education on Construction of Tublar Structures（CIDECT）都给出了空钢管节点基于热点应力幅法的疲劳计算方法。

钢管混凝土桁式混合结构相贯焊接 T 形和 K 形节点疲劳性能的试验和有限元数值分

析研究结果表明，在钢管相同几何参数的情况下，钢管混凝土节点的热点应力集中系数显著小于空钢管节点；混凝土强度等级对节点的热点应力集中系数没有明显影响。这一特性源于弦杆内填充的混凝土不仅提高了空钢管的节点刚度，而且使节点应力分布变得均匀。相比受压部位，受拉部位的热点应力集中系数相对更大一些。

根据《钢管混凝土混合结构技术标准》GB/T 51446—2021 规定，直接承受动力荷载重复作用的钢管混凝土桁式混合结构焊接节点，当应力变化的循环次数不小于 5×10^4 次时，应进行疲劳计算。此规定不适用于特殊条件下（如结构表面温度大于 150℃，处于海水腐蚀环境，焊后消除残余应力以及低周-高应变疲劳条件等）钢管混凝土桁式混合结构焊接节点的疲劳计算。

需计算疲劳的钢管混凝土桁式混合结构所用钢材的质量、节点构造及焊接等，应符合现行国家标准《钢结构设计标准》GB 50017—2017 的有关规定，同时尚需满足下列要求：

(1) 相贯焊接节点空钢管腹杆和弦杆外径之比不应小于 0.4，壁厚之比不应大于 1，弦杆的外径和壁厚之比不应小于 40；

(2) 相贯焊接节点空钢管腹杆的长度和外径之比不应大于 40；

(3) 相贯焊接节点不应采用加劲板或外包式节点板的连接形式；

(4) 采用节点板连接的节点不应在连接处采用外包式焊缝、T 形或十字形焊接接头；

(5) 焊接接头不应采用间断、超间隙和塞焊的焊缝；

(6) 相贯焊接节点应采用相贯线切割机开制相贯线坡口，并采用全熔透焊缝连接；钢管与节点板焊接连接接头应采用坡口全熔透焊缝；钢管对接接头应采用全熔透焊缝；管端坡口应满足工艺模型试验的要求；

(7) 相贯焊缝与钢管纵、环焊缝不应相交；

(8) 连接部位可采用打磨焊缝、重熔焊趾、喷丸或锤击等措施改善疲劳性能。

钢管混凝土桁式混合结构连接节点的疲劳计算宜采用基于名义应力的容许应力法。对相贯焊接节点也可采用热点应力法，《钢管混凝土混合结构技术标准》GB/T 51446—2021 中给出了相应的计算方法。

思 考 题

1. 工程中常用的钢管混凝土结构节点类型有哪些？
2. 简述钢管混凝土结构节点设计包含的主要内容。
3. 简述钢管混凝土弦杆-空钢管腹杆连接节点的设计原则和要点。
4. 简述钢管混凝土柱脚的设计原则和要点。

第7章 钢管混凝土结构防护设计

本章要点及学习目标

本章要点：

本章阐述了荷载-温度-时间耦合作用下钢管混凝土结构抗火设计原理与防火设计方法，论述了钢管混凝土结构防腐蚀、防撞击设计原理及方法。

学习目标：

掌握钢管混凝土防腐和防火设计的基本原理和原则。熟悉腐蚀作用和撞击荷载下钢管混凝土构件的承载力计算方法。熟悉钢管混凝土构件的耐火极限和火灾后承载力计算方法。了解钢管混凝土防火设计的构造要求。

7.1 引　　言

钢管混凝土结构服役过程中，可能遭受腐蚀、火灾、撞击等灾害作用，从而对结构的安全与耐久性带来威胁，严重时可能引起结构倒塌破坏。因此，进行科学合理的防护设计，是保证钢管混凝土结构在全寿期安全服役的关键。本章论述钢管混凝土结构防腐、防火和抗撞击设计的基本原理和方法。

7.2 防　腐　设　计

结构的耐久性能是其抵抗荷载和环境长期耦合作用的能力，一直是土木工程技术人员关注的重点问题。对于在海洋环境或近海环境中服役的钢管混凝土桥梁、塔架等结构，氯离子腐蚀会导致钢管的横截面积减小，钢管对核心混凝土的约束作用也会随着腐蚀进程的发展而有所降低，因此，荷载和氯离子腐蚀的共同作用直接影响结构的长期工作性能。

7.2.1 基本要求

根据《钢管混凝土混合结构技术标准》GB/T 51446—2021，钢管混凝土结构的防腐设计应遵循安全可靠、经济合理的原则，并按下列要求进行：

（1）防腐设计年限应根据建筑物的重要性、环境腐蚀条件、施工和维修条件等要求确定；

（2）防腐设计应符合环保节能的要求；

（3）除必须采取防腐蚀措施外，尚应避免包括容易导致水积聚，或者不能使水正常干燥的凹槽、死角、焊缝缝隙等加速腐蚀的不良设计；

（4）防腐设计应便于结构全寿期内的检查、维护和大修；

（5）钢管混凝土结构防腐设计尚应符合现行国家标准《钢结构设计标准》GB

50017—2017、《混凝土结构设计规范》GB 50010—2010（2015 年版）、《工业建筑防腐蚀设计标准》GB/T 50046—2018 和《混凝土结构耐久性设计标准》GB/T 50476—2019 中的有关规定。

在上述防腐设计要求的基础上，钢管混凝土结构的防腐构造措施还应符合下列规定：

（1）应根据结构防腐蚀重点、工艺要求，避免出现易于积水集污的死角、未封闭焊缝及难以实施涂装施工等不良细节；

（2）焊条、螺栓、垫圈、节点板等连接材料的耐腐蚀性能，不应低于主材材料；螺栓直径不应小于 12mm，垫圈不应采用弹簧垫圈；螺栓、螺母和垫圈防护应采用镀锌等方法，安装后应再采用与主体结构相同的防腐蚀方案；

（3）设计工作年限大于或等于 25 年的房屋建筑、桥梁、电力塔架等，对不易维修的结构应加强防护；

（4）钢管混凝土结构的钢管外表皮应采取除锈后涂覆涂料或金属镀层的防腐措施，防锈和防腐蚀采用的涂料、钢材表面的除锈等级以及防腐蚀对钢结构的构造要求等，应符合现行国家标准《工业建筑防腐蚀设计标准》GB/T 50046—2018、《涂覆涂料前钢材表面处理 表面清洁度的目视评定 第 1 部分：未涂覆过的钢材表面和全面清除原有涂层后的钢材表面的锈蚀等级和处理等级》GB/T 8923.1—2011 和行业标准《建筑钢结构防腐蚀技术规程》JGJ/T 251—2011 的有关规定。

7.2.2　腐蚀作用下构件的承载力

通过对钢管混凝土构件在氯离子腐蚀和长期荷载共同作用下的试验研究（腐蚀时长为 120d），对比试件破坏形态发现，空钢管构件的钢管外壁发生内凹和外凸鼓曲（图 7-1a）；钢管混凝土构件钢管外壁发生外凸屈曲，其相比于空钢管具有更好的延性（图 7-1b），这是因为钢管混凝土中核心混凝土可有效分担由于其外钢管壁受腐蚀而"卸"下的荷载，同时也可避免钢管过早地发生局部屈曲，两种材料在构件的受力全过程中体现了协同互补、共同工作。圆形钢管混凝土构件在氯离子腐蚀和长期荷载的作用下的破坏形态与相应的一次加载作用下的破坏形态基本一致，但氯离子腐蚀和长期荷载作用下的荷载重分布效应使得构件的局部屈曲更为明显。

图 7-2 给出了钢管混凝土短柱试件在三种不同工况下的典型轴向荷载（N)-轴向位移（Δ）关系。三种工况分别为：短期加载（$OABC$ 关系曲线）、长期荷载作用（$OAA_1B_1C_1$

(a) 空钢管试件全高腐蚀　　　　全高腐蚀　　　长期+全高腐蚀　　　对比试件

(b) 钢管混凝土试件

图 7-1　轴压短试件典型破坏形态

关系曲线)、长期荷载和氯离子腐蚀（$OAA_2B_2C_2$ 关系曲线）共同作用。曲线 $OAA_2B_2C_2$ 为长期荷载和氯离子腐蚀共同作用下构件的 N-Δ 关系，总体上可分为四个阶段。

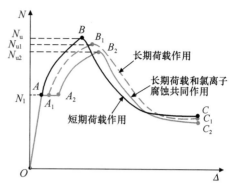

图 7-2　长期荷载和氯离子腐蚀共同作用下轴向荷载（N）-轴向位移（Δ）关系

阶段 1（OA）：在进入腐蚀之前，长期荷载值 N_1 缓慢加载至钢管混凝土短柱，试件的荷载-变形关系大致呈线性。

阶段 2（AA_2）：保持长期荷载值 N_1，并将构件置于氯离子腐蚀环境中。此阶段，在长期荷载和氯离子腐蚀共同作用下，构件的钢管腐蚀，引起钢管及其核心混凝土之间的内力重分布。相比于仅有长期荷载作用的工况（AA_1），钢管混凝土构件在长期荷载和氯离子腐蚀共同作用下的变形量更大，构件的变形增量大小与荷载比、时间以及腐蚀因素均相关。

阶段 3（A_2B_2）：轴向荷载持续增加，直至达到极限荷载（N_{u2}），构件发生塑性变形。相比于曲线 $OAA_1B_1C_1$，此阶段由于氯离子腐蚀作用的影响，构件承载力下降明显。

阶段 4（B_2C_2）：在荷载-变形曲线到达顶点后，随着变形的持续发展，轴向荷载逐渐下降，下降段与腐蚀的程度及钢管混凝土构件的组合作用相关。在腐蚀轻微、组合作用仍较强的情况下，下降段 B_2C_2 仍较为平滑。

在腐蚀环境中发生钢管壁均匀腐蚀的钢管混凝土结构，腐蚀后的承载力应按腐蚀后钢管的有效截面计算。该计算方法适用于钢管混凝土结构遭受均匀腐蚀或近似均匀腐蚀的工况，即钢管腐蚀表面无明显的局部坑蚀，腐蚀后钢管的平均壁厚损失通过实际量测确定。

腐蚀后圆形钢管混凝土结构的计算参数可按下列公式计算：

$$\xi_e = \frac{A_{se}f_y}{A_c f_{ck}} = \alpha_e \frac{f_y}{f_{ck}} \tag{7-1}$$

$$\alpha_e = \frac{A_{se}}{A_c} \tag{7-2}$$

$$A_{se} = \frac{\pi}{4}\left[D_e^2 - (D_e - 2t_e)^2\right] \tag{7-3}$$

$$D_e = D - 2\Delta t \tag{7-4}$$

$$t_e = t - \Delta t \tag{7-5}$$

式中　ξ_e——腐蚀后名义约束效应系数；

$\quad\ f_y$——钢管钢材的屈服强度（N/mm^2）；

$\quad\ f_{ck}$——混凝土的轴心抗压强度标准值（N/mm^2）；

$\quad\ \alpha_e$——腐蚀后名义截面含钢率；

$\quad A_{se}$——腐蚀后钢管的截面面积（mm^2）；

$\quad\ A_c$——钢管内混凝土的截面面积（mm^2）；

$\quad\ D_e$——腐蚀后钢管外径（mm）；

$\quad\ t_e$——腐蚀后钢管壁厚（mm）；

　　D——圆形钢管混凝土的钢管外径（mm）；

　　Δt——腐蚀后钢管的平均壁厚损失值（mm）；

　　t——钢管壁厚（mm）。

7.3　防　火　设　计

　　由于组成钢管混凝土结构的钢管及其核心混凝土之间具有相互贡献、协同互补和共同工作的优势，钢管混凝土结构具有较好的耐火性能及火灾后可修复性。火灾后，随着外界温度的降低，钢管混凝土结构已屈服截面处钢管的强度可以得到不同程度的恢复，截面的力学性能比高温下有所改善，结构的整体性比火灾中也将有所提高，这不仅为结构的加固补强提供了一个较为安全的工作环境，也可减少补强工作量、降低维修费用。本节在论述钢管混凝土结构防火设计原理以及火灾后力学性能变化规律的基础上，给出钢管混凝土柱耐火极限、防火保护层厚度、火灾后承载力的实用计算方法，并将其进一步扩展到钢管混凝土混合结构的研究和计算。

7.3.1　抗火设计基本原理

　　建筑物室内火灾的温度-时间曲线有一定的随机性，这是因为室内可燃物的燃烧性能、数量（火灾荷载）、分布以及房间开口的面积和形状等因素都会影响火灾温度曲线。目前，在进行结构构件耐火性能的研究和设计时，常采用 ISO-834 标准升（降）温曲线（如图 7-3 所示），我国《建筑构件耐火试验方法　第 1 部分：通用要求》GB/T 9978.1—2008采用了类似的升温曲线。图 7-3 中，B 点为升温和降温的转折点，AB 段为升温段，BC 段为降温段，t_p代表外界温度降至室温的时刻。

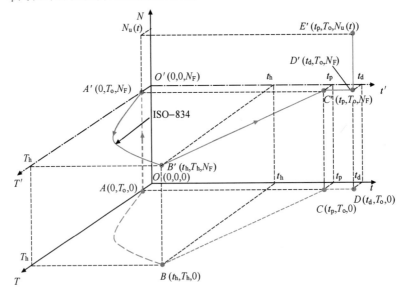

图 7-3　轴压荷载（N）-温度（T）-时间（t）路径

T_o—室温；T_h—最高温度；t_h—升、降温临界时间；N_F—结构所承受的外部荷载；t_p—结构
经历升温（$T_o \to T_h$）和降温（$T_h \to T_o$）所对应的时间；$N_u(t)$—经历火灾后的结构承载力

实际结构中的钢管混凝土柱都会承受外部荷载（N_F），火灾发生时，随着温度（T）的升高，钢材和核心混凝土的温度膨胀变形快速增加，且材料力学性能的持续劣化，也会导致钢管混凝土柱产生变形。随着可燃物逐渐燃烧殆尽，即进入降温段，此时，随着受火时间（t）的增长，室内温度不断降低。如果钢管混凝土柱在升温或降温过程中没有失去稳定性，当其表面的温度开始降低时，钢管的强度可逐渐得到不同程度的恢复，截面的力学性能会比高温下有所改善，火灾下钢管混凝土柱的变形也可能得到一定程度的恢复。随着时间的推移，柱截面上的温度会恢复到常温状态。这时，需要了解火灾对柱结构的影响，包括承载力、刚度、位移延性等力学性能的变化。

研究火灾对钢管混凝土柱影响的过程相对比较复杂，需要综合考虑力、温度和时间路径。考虑到实际可能发生的情况，可近似把这一过程总体上分成四个阶段（如图 7-3 所示）：

（1）常温段（AA'）：时间 t 为 0 时刻（$t=0$），温度 T 为室温 T_o（$T=T_o$），荷载 N 增至设计值 N_F（$N{\rightarrow}N_F$）。

（2）升温段（$A'B'$）：时间 t 从 0 时刻增至设定时刻 t_h（$t=0{\rightarrow}t_h$），环境温度 T 按 ISO-834 标准升温曲线上升至 T_h（$T=T_o{\rightarrow}T_h$），荷载 N_F 保持不变（$N=N_F$）。

（3）降温段（$B'C'D'$）：时间 t 从 t_h 时刻增至 t_p（$t=t_h{\rightarrow}t_p$），温度 T 按 ISO-834 标准降温曲线下降至室温 T_o（$T=T_h{\rightarrow}T_o$），荷载 N 保持设计值 N_F 不变（$N=N_F$），如图 7-3 中 $C'D'$ 段所示。

（4）火灾后段（$D'E'$）：温度 T 保持室温 T_o 不变（$T=T_o$），继续施加外荷载直至构件破坏 $[N_F{\rightarrow}N_u(t)]$。

7.3.2　钢管混凝土构件的耐火极限

现行国家标准《建筑设计防火规范》GB 50016—2014（2018 年版）中定义，耐火极限是指在标准耐火试验条件下，建筑构件、配件或结构从受到火的作用时起，至失去承载能力、完整性或隔热性时止所用时间。

实际结构中的钢管混凝土柱以活载为主时，如教室、会议室等，火灾时人群自动疏散，有效荷载小，构件耐火稳定性好；当构件以恒荷载为主时，如仓库等，火灾时存贮物品不能主动疏散，有效荷载大，构件耐火性能差。因此，确定作用在构件上的有效荷载的大小（以下简称为"有效荷载"）是钢管混凝土柱耐火极限计算的关键。

图 7-4 所示为钢管混凝土轴心受压柱耐火极限（t_R）随荷载的变化规律。可见在火灾情况下，钢管混凝土柱承受的荷载对其耐火极限有很大影响，作用在柱子上的荷载大，耐火极限低；荷载小，耐火极限则高。火灾有效荷载的作用下，截面周长、长细比和防火保护层厚度是影响钢管混凝土柱耐火极限的主要因素。

（1）截面周长（C）

钢管混凝土柱截面周长（C）的大小对其耐火极限的影响很大，C 越小，核心混凝土的尺寸越小、热容越小，吸热能力越差，耐火极限越低；

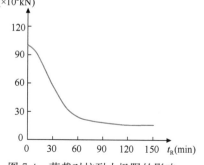

图 7-4　荷载对柱耐火极限的影响

反之，C 越大，核心混凝土尺寸越大、核心混凝土热容越大，吸热能力越好，耐火极限也随之增大。

（2）长细比（λ）

长细比（λ）对钢管混凝土柱耐火极限的影响是，当 λ 在 40～60 之间时，随着 λ 的增大，耐火极限有增大的趋势，但增加的幅度不大；随后，随着 λ 的增大，耐火极限逐渐降低。

（3）防火保护层厚度（a）

钢管混凝土柱在火灾有效荷载作用下，为了使其达到所要求的耐火极限，常需对其进行防火保护，采用防火涂料是目前最为常用的防火保护措施。

图 7-5 所示为轴压荷载和火灾共同作用下钢管混凝土构件的破坏形态，构件表现出整体弯曲的破坏特征。

 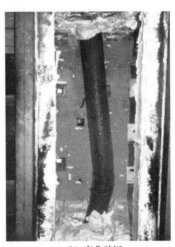

(a) 压曲破坏　　　　　　　　　　　　(b) 弯曲破坏

图 7-5　轴压荷载和火灾共同作用下钢管混凝土构件的破坏形态

7.3.3　钢管混凝土混合结构的耐火极限

（1）钢管混凝土桁式混合结构

图 7-6 所示为三肢钢管混凝土桁式混合结构与单肢钢管混凝土构件在火灾下破坏形态的对比，试验中作用在构件上的火灾荷载相同。相比于单肢钢管混凝土柱（图 7-6a），三肢钢管混凝土桁式混合结构由于钢缀管的混合作用，火灾下的整体屈曲破坏情况得到改善（图 7-6b）。图 7-6（b）所示为试件破坏后，移除外围钢管的核心混凝土的情况，其表面有较多裂缝，但没有在钢管内壁或混凝土表面上观察到明显的滑移痕迹，表明钢管及其核心混凝土在火灾下可以共同工作。

基于三肢钢管混凝土桁式混合结构的耐火极限试验研究和理论分析，换算长细比（λ）、弦杆外径（D）、荷载比（R）对结构的耐火极限影响明显。

弦杆相同的三肢钢管混凝土桁式混合结构，无防火保护时的耐火极限可按下式计算：

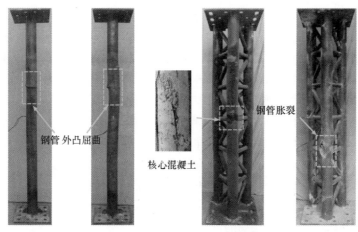

钢管外凸屈曲

核心混凝土

钢管胀裂

(a) 单肢钢管混凝土构件　　　　(b) 三肢钢管混凝土桁式混合结构

图 7-6　火灾下钢管混凝土结构破坏形态

$$t_R = \left(0.7\frac{f_{ck}}{20} + 6.3\right) \cdot (1.7D + 0.35)R^{(-1.577+0.021\lambda)} \tag{7-6}$$

式中　t_R——耐火极限（min）；

$\quad\quad f_{ck}$——混凝土轴心抗压强度标准值（N/mm²）；

$\quad\quad R$——火灾下钢管混凝土桁式混合结构的荷载比；

$\quad\quad \lambda$——结构的换算长细比；

$\quad\quad D$——弦杆钢管的外径（m）。

式（7-6）的适用范围为：荷载比 0.15～0.6；换算长细比 5～30；弦杆外径 0.2～0.5m；腹杆钢管与弦杆钢管的管径比 0.2～0.5。

（2）钢管混凝土加劲混合结构

钢管混凝土加劲混合结构在竖向荷载和全过程火灾共同作用下的典型破坏形态如图7-7 所示。构件的破坏形态均为整体弯曲，呈延性破坏的特点。在升降温过程中混凝土没

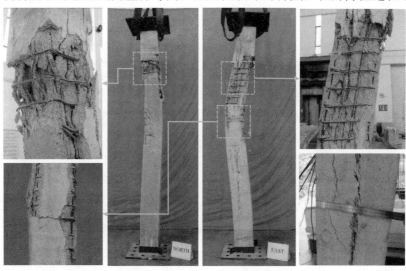

图 7-7　火灾下钢管混凝土加劲混合结构的破坏形态

有发生明显的爆裂，但截面角部和表面剪应力较大的区域易发生混凝土剥落。构件表面裂缝分为纵向裂缝和横向裂缝。主纵向裂缝伴随着构件的整体弯曲而出现，其余纵向裂缝多为局部应力导致，如横截面角部的两侧存在较多的纵向裂缝。横向裂缝主要出现在弯曲截面的受拉侧，但横向裂缝数量较少。内置钢管混凝土的骨架作用，使得钢管混凝土加劲混合结构具有良好的火灾后可修复性。

在钢管混凝土加劲混合结构作为主要承重构件的框架结构中，火灾下节点区钢管混凝土加劲混合结构截面的平均温度一般低于非节点区，节点区材料劣化程度较低，可有效约束钢管混凝土加劲混合柱。因此，对火灾下受压钢管混凝土加劲混合结构耐火极限进行验算时，宜对柱的有效长度进行相应折减，可按下列规定执行：

1）有支撑框架中间层柱的有效长度可取柱高的 50%；

2）顶层柱的有效长度可取柱高的 50%～70%。

单肢钢管混凝土加劲混合结构耐火性能研究结果表明，截面宽度（B）、长细比（λ）、内置钢管混凝土部分的承载力系数（n_{cfst}）和荷载比（R）是影响钢管混凝土加劲混合结构耐火极限的主要因素，在试验研究和理论分析的基础上，确定了工程中常用参数范围内的设计要求：

1）当钢管混凝土加劲混合结构的设计火灾不同于标准火灾时，受火时间应取等效曝火时间，等效曝火时间可按现行国家标准《建筑钢结构防火技术规范》GB 51249—2017的相关规定计算。

2）当钢管混凝土加劲混合结构的混凝土保护层厚度大于或等于现行国家标准《混凝土结构设计规范》GB 50010—2010（2015 年版）中规定的最小值时，钢管混凝土加劲混合结构的耐火极限可依据 n_{cfst}（应按式 7-7 计算）的取值分别按表 7-1～表 7-3 确定。对于超出该表参数范围的情况，需进一步研究以确定其耐火极限。

3）当不满足耐火极限要求时，可适当增加截面尺寸或采取防火保护措施，提高结构的耐火性能。

内置钢管混凝土部分的承载力系数 n_{cfst} 反映其对钢管混凝土加劲混合结构轴心受压承载力的贡献，可按下式计算：

$$n_{cfst} = \frac{N_{cfst}}{N_0} \tag{7-7}$$

式中　n_{cfst}——内置钢管混凝土部分的承载力系数；

　　　N_{cfst}——常温下内置钢管混凝土部分的截面受压承载力（N），按式（5-49）计算；

　　　N_0——钢管混凝土加劲混合结构的截面受压承载力（N），按式（5-47）计算。

单肢钢管混凝土加劲混合结构的耐火极限 t_R　（$n_{cfst}=0.30$，单位：h）　表 7-1

长细比 λ	截面宽度 B（mm）	荷载比 R			
		0.3	0.4	0.5	0.6
22	300	>3.00	>3.00	>3.00	2.47
	600	>3.00	>3.00	>3.00	>3.00
	900	>3.00	>3.00	>3.00	>3.00
	1500	>3.00	>3.00	>3.00	>3.00

续表

长细比 λ	截面宽度 B (mm)	荷载比 R			
		0.3	0.4	0.5	0.6
44	300	1.57	1.00	0.70	0.48
	600	>3.00	1.85	1.15	0.80
	900	>3.00	>3.00	1.73	1.13
	1500	>3.00	>3.00	>3.00	>3.00

注：表内中间值按线性内插法确定。

单肢钢管混凝土加劲混合结构的耐火极限 t_R（$n_{cfst}=0.50$，单位：h）　表 7-2

长细比 λ	截面宽度 B (mm)	荷载比 R			
		0.3	0.4	0.5	0.6
22	300	>3.00	>3.00	>3.00	2.45
	600	>3.00	>3.00	>3.00	>3.00
	900	>3.00	>3.00	>3.00	>3.00
	1500	>3.00	>3.00	>3.00	>3.00
44	300	1.95	1.24	0.87	0.62
	600	>3.00	2.83	1.93	1.24
	900	>3.00	>3.00	2.81	1.70
	1500	>3.00	>3.00	>3.00	>3.00

注：表内中间值按线性内插法确定。

单肢钢管混凝土加劲混合结构的耐火极限 t_R（$n_{cfst}=0.70$，单位：h）　表 7-3

长细比 λ	截面宽度 B (mm)	荷载比 R			
		0.3	0.4	0.5	0.6
22	300	>3.00	>3.00	>3.00	1.63
	600	>3.00	>3.00	>3.00	>3.00
	900	>3.00	>3.00	>3.00	>3.00
	1500	>3.00	>3.00	>3.00	>3.00
44	300	1.95	1.22	0.87	0.65
	600	>3.00	>3.00	1.65	1.17
	900	>3.00	>3.00	>3.00	1.87
	1500	>3.00	>3.00	>3.00	>3.00

注：表内中间值按线性内插法确定。

7.3.4　火灾作用下构件的承载力

火灾下钢管混凝土结构的荷载比（R）表征受火过程中作用在构件上的荷载水平，荷载比（R）是影响钢管混凝土结构耐火极限的重要参数。根据现行国家标准《建筑钢结构防火技术规范》GB 51249—2017，火灾下钢管混凝土构件的荷载比应按式（7-8）计算：

$$R = \frac{N}{N_u} \tag{7-8}$$

式中　R——火灾下钢管混凝土构件的荷载比；

　　　N——火灾下钢管混凝土构件的轴心压力设计值（N）；

　　　N_u——常温下受长细比影响的钢管混凝土构件的轴压承载力（N）。

火灾下钢管混凝土柱的承载力系数（k_T），是指火灾下无防火保护钢管混凝土柱的抗压承载力与其常温下抗压承载力的比值。当荷载比（R）小于k_T时，无防火保护的钢管混凝土柱在火灾下不会发生破坏；当荷载比（R）大于k_T时，火灾下钢管混凝土柱所能提供的抗力已不足以抵抗外荷载作用，需进行防火保护。

火灾作用下钢管混凝土柱承载力系数（k_T）的表达式为：

$$k_T = \frac{N_u(t)}{N_u} \tag{7-9}$$

式中　k_T——火灾作用下钢管混凝土柱承载力系数；

　　　N_u——钢管混凝土柱在常温下的承载力（N/mm²）；

　　$N_u(t)$——钢管混凝土柱火灾下柱的承载力（N/mm²）。

在标准火灾作用下，影响钢管混凝土柱承载力的因素主要为受火时间（t）、柱长细比（λ）和截面周长（C）。为便于工程设计，对无防火保护钢管混凝土柱在标准火灾作用下的承载力系数（k_T）进行分析，回归得到了k_T计算公式，式（7-10）所示为圆形钢管混凝土柱的计算公式。

标准火灾下受火时间不大于3.0h的无防火保护圆形钢管混凝土柱，其火灾下的承载力系数（k_T）可按式（7-10）计算。

$$k_T = \begin{cases} \dfrac{1}{1+at_0^{2.5}} & t_0 \leqslant t_1 \\[2mm] \dfrac{1}{1+at_1^{2.5}+b(t_0-t_1)} & t_1 < t_0 \leqslant t_2 \\[2mm] \dfrac{1}{1+at_1^{2.5}+b(t_2-t_1)}+k(t_0-t_2) & t_0 > t_2 \end{cases} \tag{7-10}$$

$$a = (-0.13\bar{\lambda}^3 + 0.92\bar{\lambda}^2 - 0.39\bar{\lambda} + 0.74) \times (-2.85\overline{C} + 19.45) \tag{7-11}$$

$$b = (-1.59\bar{\lambda}^2 + 13.0\bar{\lambda} - 3.0)\overline{C}^{-0.46} \tag{7-12}$$

$$k = (-0.1\bar{\lambda}^2 + 1.36\bar{\lambda} + 0.04) \times (0.0034\overline{C}^3 - 0.0465\overline{C}^2 + 0.21\overline{C} - 0.33) \tag{7-13}$$

$$t_1 = (-0.0131\bar{\lambda}^3 + 0.17\bar{\lambda}^2 - 0.72\bar{\lambda} + 1.49) \times (0.0072\overline{C}^2 - 0.02\overline{C} + 0.27) \tag{7-14}$$

$$t_2 = (0.007\bar{\lambda}^3 + 0.209\bar{\lambda}^2 - 1.035\bar{\lambda} + 1.868) \times (0.006\overline{C}^2 - 0.009\overline{C} + 0.362) \tag{7-15}$$

$$t_0 = \frac{3t}{5} \tag{7-16}$$

$$\bar{\lambda} = \frac{\lambda}{40} \tag{7-17}$$

$$\overline{C} = \frac{C}{400\pi} \tag{7-18}$$

式中　　　　　　　　　　k_T ——火灾下钢管混凝土柱的承载力系数；

　　　　　　　　　　　　t ——受火时间（h）；

　　　　　　　　　　　　C ——钢管混凝土柱截面周长（mm）；

　　　　　　　　　　　　λ ——长细比，应按式（4-5）计算；

a、b、k、t_1、t_2、t_0、$\bar{\lambda}$、$\bar{C}$ ——计算参数。

　　对于非标准火灾，式（7-16）中的受火时间 t 应取等效曝火时间。等效曝火时间可按现行国家标准《建筑钢结构防火技术规范》GB 51249—2017 的相关规定确定。

7.3.5　火灾作用后构件的承载力

　　掌握钢管混凝土柱火灾后的特性是评估其在火灾后的力学性能和工作行为，并进而制定合理的火灾后修复加固措施的基础。

　　图 7-8 所示为火灾作用后钢管混凝土柱的荷载（N）-跨中挠度（u_m）关系，曲线按火灾阶段可分为三段：

　　（1）常温段（OA）：外部荷载 N 由 0 开始增至 N_F。

　　（2）受火段（AB 和 BC）：升温时间 t 从 0 开始增至 t_h，环境温度按 ISO-834 升降温曲线作用于钢管混凝土柱，同时外荷载保持不变，但柱的挠度在不断变化。当环境温度降低时，钢材的材料性能得到一定程度的恢复，构件的变形会随之有所恢复。

　　（3）火灾后段（CDE）：随着环境温度 T 由 T_h 降至室温 T_o，此时，如果继续施加外荷载，则可获得构件的荷载-变形关系，其特征与常温时一次加载下的曲线形式类似。D 点为经历火灾后钢管混凝土柱的极值点，此时对应的荷载即为钢管混凝土柱的承载力 $N_u(t)$。

　　与常温时一次加载下的荷载-变形（跨中挠度）曲线（$OAB'C'$ 段）相比，

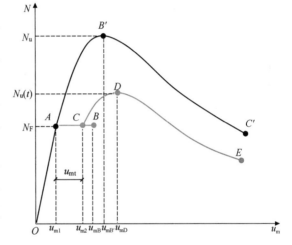

图 7-8　荷载（N）-跨中挠度（u_m）关系

N_F—结构所承受的外部荷载；$N_u(t)$ —经历火灾作用后钢管混凝土柱的承载力；N_u—未经历火灾作用钢管混凝土柱的承载力；u_{m1}—常温下钢管混凝土柱受到的外荷载为 N_F 时产生的跨中挠度；u_{m2}—截面温度均降至室温时钢管混凝土柱的跨中挠度；u_{mB}—截面温度升温至最高温度时钢管混凝土柱的跨中挠度；$u_{mB'}$—常温下钢管混凝土柱承载力对应的跨中挠度；u_{mt}—火灾作用后钢管混凝土柱的残余变形；u_{mD}—经历火灾作用后钢管混凝土柱承载力对应的跨中挠度

经历火灾作用后，钢管混凝土柱承载力 $N_u(t)$ 与常温下的承载力 N_u 有所降低。当构件截面各处的温度降至室温时，产生变形 u_{m2}，与常温下承受同样荷载水平的构件发生的变形 u_{m1} 相比，存在相对初始变形 u_{mt}（$=u_{m2}-u_{m1}$），也即火灾作用后的残余变形，这对构件继续承载是不利的。

　　通过对典型的火灾作用后钢管混凝土柱荷载（N）-跨中挠度（u_m）关系（如图 7-8 所示）的分析，可发现火灾作用后钢管混凝土柱承载力 $N_u(t)$ 和残余变形 u_{mt} 是反映火灾作用后钢管混凝土柱力学性能的重要指标。

定义 k_r 为图 7-3 所示的力、温度和时间路径 $AA'B'C'D'E'$ 作用后钢管混凝土柱的承载力影响系数，即：

$$k_r = \frac{N_u(t)}{N_u} \tag{7-19}$$

式中　$N_u(t)$ ——火灾作用后钢管混凝土柱的承载力（N）；

　　　　N_u ——常温下钢管混凝土柱的承载力（N）。

火灾作用后钢管混凝土柱的残余变形（u_{mt}）定义如下：

$$u_{mt} = u_{m2} - u_{m1} \tag{7-20}$$

式中　u_{m2} ——截面温度均降至室温时钢管混凝土柱的跨中挠度（mm）；

　　　　u_{m1} ——常温下钢管混凝土柱受到的外荷载为 N_F 时产生的跨中挠度（mm）。

由于火灾全过程（包括升温和降温）作用下钢管混凝土柱截面升温的滞后效应，与火灾升降温分界点相对应时刻柱截面各点的温度不一定是其最高的温度，也即升温过程中没有破坏的构件可能在其降温阶段发生破坏。因此，为了考虑火灾全过程作用下钢管混凝土柱的力学性能，定义升温时间比（t_o）为：

$$t_o = \frac{t_h}{t_R} \tag{7-21}$$

式中　t_h ——升、降温临界时间（s）；

　　　　t_R ——耐火极限（s）。

（1）承载力影响系数（k_r）

升温时间比（t_o）、荷载比（R）、截面尺寸（例如截面周长 C）和长细比（λ）是影响火灾作用后钢管混凝土柱承载力影响系数（k_r）的主要因素。在系统参数分析结果的基础上，以 t_o，C，λ，R 四个参数为基本变量，通过回归分析的方法推导出 k_r 的计算公式，以圆形钢管混凝土柱为例：

$$k_r = \begin{cases} (1 - 0.09 t_o) \cdot f(C_o) \cdot f(\lambda_o) \cdot f(n_o) & t_o \leqslant 0.3 \\ (-0.56 t_o + 1.14) \cdot f(C_o) \cdot f(\lambda_o) \cdot f(n_o) & t_o > 0.3 \end{cases} \tag{7-22}$$

$$f(C_o) = \begin{cases} k_1 (C_o - 1) + 1 & C_o \leqslant 1 \\ k_2 (C_o - 1) + 1 & C_o > 1 \end{cases} \tag{7-23}$$

$$f(\lambda_o) = \begin{cases} k_3 (\lambda_o - 1) + 1 & \lambda_o \leqslant 1.5 \\ k_4 \lambda_o + k_5 & \lambda_o > 1.5 \end{cases} \tag{7-24}$$

$$f(n_o) = \begin{cases} k_6 (1 - n_o)^2 + k_7 (1 - n_o) + 1 & n_o \leqslant 1 \\ 1 & n_o > 1 \end{cases} \tag{7-25}$$

$$k_1 = 0.13 t_o \tag{7-26}$$

$$k_2 = 0.14 t_o^3 - 0.03 t_o^2 + 0.01 t_o \tag{7-27}$$

$$k_3 = -0.08 t_o \tag{7-28}$$

$$k_4 = 0.12 t_o \tag{7-29}$$

$$k_5 = 1 - 0.22 t_o \tag{7-30}$$

$$k_6 = \begin{cases} -0.4 t_o & t_o \leqslant 0.2 \\ -2.7 t_o^2 + 0.64 t_o - 0.1 & t_o > 0.2 \end{cases} \tag{7-31}$$

$$k_7 = \begin{cases} 0.06 t_o & t_o \leqslant 0.2 \\ 1.2 t_o^2 - 1.83 t_o + 0.33 & t_o > 0.2 \end{cases} \tag{7-32}$$

$$t_o = \frac{t_h}{t_R} \tag{7-33}$$

$$C_o = \frac{C}{1256} \tag{7-34}$$

$$\lambda_o = \frac{\lambda}{40} \tag{7-35}$$

$$n_o = \frac{R}{0.6} \tag{7-36}$$

式中　k_r——火灾作用后钢管混凝土柱承载力影响系数；

　　　C——截面周长（mm）；

　　　λ——结构的长细比；

　　　R——荷载比；

　　　t_o——升温时间比；

　　　t_h——升、降温临界时间（s）；

　　　t_R——耐火极限（s）。

可见，只要给定钢管混凝土构件和火灾持续时间（t），即可利用式（7-22）方便地计算出经历图 7-3 所示的力、温度和时间路径 $AA'B'C'D'E'$ 作用后构件的承载力影响系数 k_r，进而利用下式计算得到火灾作用后钢管混凝土构件的承载力：

$$N_u(t) = k_r \cdot N_u \tag{7-37}$$

式中　N_u——常温下钢管混凝土柱的承载力（N）；

　$N_u(t)$——火灾作用后钢管混凝土柱的承载力（N）；

　　　k_r——火灾作用后钢管混凝土柱承载力影响系数。

火灾作用后钢管混凝土柱的承载力影响系数 k_r 亦可按表 7-4 查得。

（2）残余变形（u_{mt}）

影响火灾作用后钢管混凝土柱残余变形（u_{mt}）的因素主要有：升温时间比（t_o）、截面尺寸（截面周长 C）、长细比（λ）、荷载偏心率（e/r）、荷载比（R）以及防火保护层厚度（a）。以 t_o，C，λ，e/r，R，a 六个参数为基本变量，给出圆形钢管混凝土柱 u_{mt} 的计算公式，如下所示：

$$u_{mt} = f(t_o) \cdot f(\lambda_o) \cdot f(C_o) \cdot f(n_o) \cdot f(a) + f(e_o) \tag{7-38}$$

$$f(t_o) = \begin{cases} 0 & t_o \leqslant 0.2 \\ 77.25t_o^2 - 19.1t_o + 0.73 & 0.2 < t_o \leqslant 0.6 \end{cases} \tag{7-39}$$

$$f(\lambda_o) = \begin{cases} -1.05\lambda_o^2 + 3.3\lambda_o - 1.25 & \lambda_o \leqslant 1.5 \\ u_1\lambda_o^2 + u_2\lambda_o + u_3 & \lambda_o > 1.5 \end{cases} \tag{7-40}$$

$$f(C_o) = \begin{cases} u_4(C_o - 1) + 1 & C_o \leqslant 1 \\ u_5(C_o - 1) + 1 & C_o > 1 \end{cases} \tag{7-41}$$

$$f(n_o) = \begin{cases} 2.34n_o^2 - 1.8n_o + 0.46 & n_o \leqslant 1 \\ 2.1(n_o - 1) + 1 & n_o > 1 \end{cases} \tag{7-42}$$

$$f(a) = -6.35\left(\frac{a}{100}\right)^3 + 12.04\left(\frac{a}{100}\right)^2 - 6.29\left(\frac{a}{100}\right) + 1 \quad \text{（非膨胀型钢结构防火涂料）}$$

$$\tag{7-43}$$

火灾作用后圆形钢管混凝土柱的承载力影响系数 k_r

表 7-4

升温时间比 t_0 / 荷载比 R

λ	C (mm)	0.1				0.2				0.3				0.4				0.5				0.6			
		0.2	0.4	0.6	0.8	0.2	0.4	0.6	0.8	0.2	0.4	0.6	0.8	0.2	0.4	0.6	0.8	0.2	0.4	0.6	0.8	0.2	0.4	0.6	0.8
20	942	0.978	0.989	0.992	0.992	0.956	0.979	0.983	0.983	0.837	0.923	0.975	0.975	0.677	0.826	0.919	0.919	0.524	0.737	0.863	0.863	0.380	0.655	0.807	0.807
	1884	0.982	0.993	0.995	0.995	0.964	0.986	0.991	0.991	0.847	0.934	0.987	0.987	0.689	0.840	0.934	0.934	0.537	0.755	0.884	0.884	0.392	0.677	0.834	0.834
	2826	0.982	0.994	0.996	0.996	0.965	0.987	0.992	0.992	0.850	0.936	0.99	0.99	0.693	0.846	0.940	0.940	0.543	0.764	0.894	0.894	0.399	0.689	0.849	0.849
	3768	0.983	0.994	0.997	0.997	0.966	0.989	0.994	0.994	0.853	0.939	0.993	0.993	0.697	0.851	0.946	0.946	0.549	0.772	0.904	0.904	0.407	0.702	0.865	0.865
	4710	0.984	0.995	0.997	0.997	0.968	0.990	0.995	0.995	0.855	0.942	0.996	0.996	0.702	0.856	0.952	0.952	0.555	0.780	0.913	0.913	0.414	0.715	0.881	0.881
	5652	0.984	0.995	0.998	0.998	0.969	0.992	0.997	0.997	0.858	0.945	0.999	0.999	0.706	0.861	0.957	0.957	0.561	0.789	0.923	0.923	0.422	0.728	0.897	0.897
	6280	0.985	0.996	0.998	0.998	0.970	0.993	0.997	0.997	0.860	0.947	1.000	1.000	0.709	0.864	0.961	0.961	0.565	0.794	0.930	0.930	0.427	0.736	0.907	0.907
40	942	0.974	0.985	0.988	0.988	0.949	0.971	0.976	0.976	0.828	0.912	0.964	0.964	0.667	0.813	0.904	0.904	0.514	0.723	0.846	0.846	0.371	0.640	0.788	0.788
	1884	0.978	0.989	0.991	0.991	0.956	0.978	0.983	0.983	0.837	0.923	0.975	0.975	0.678	0.827	0.920	0.920	0.527	0.740	0.866	0.866	0.383	0.661	0.814	0.814
	2826	0.978	0.990	0.992	0.992	0.957	0.980	0.984	0.984	0.840	0.925	0.978	0.978	0.682	0.832	0.925	0.925	0.532	0.749	0.876	0.876	0.390	0.673	0.830	0.830
	3768	0.979	0.990	0.993	0.993	0.959	0.981	0.986	0.986	0.843	0.928	0.981	0.981	0.686	0.837	0.931	0.931	0.538	0.757	0.886	0.886	0.397	0.686	0.845	0.845
	4710	0.980	0.991	0.993	0.993	0.960	0.982	0.987	0.987	0.845	0.931	0.984	0.984	0.691	0.842	0.937	0.937	0.544	0.765	0.895	0.895	0.405	0.698	0.860	0.860
	5652	0.980	0.991	0.994	0.994	0.961	0.984	0.989	0.989	0.848	0.934	0.987	0.987	0.695	0.847	0.942	0.942	0.550	0.773	0.905	0.905	0.412	0.711	0.876	0.876
	6280	0.981	0.992	0.994	0.994	0.962	0.985	0.990	0.990	0.849	0.936	0.989	0.989	0.697	0.851	0.946	0.946	0.554	0.779	0.912	0.912	0.417	0.719	0.886	0.886
60	942	0.970	0.981	0.984	0.984	0.941	0.963	0.968	0.968	0.818	0.901	0.952	0.952	0.656	0.800	0.890	0.890	0.504	0.708	0.829	0.829	0.362	0.624	0.769	0.769
	1884	0.974	0.985	0.987	0.987	0.948	0.970	0.975	0.975	0.827	0.911	0.963	0.963	0.667	0.814	0.905	0.905	0.516	0.726	0.849	0.849	0.374	0.645	0.795	0.795
	2826	0.974	0.986	0.988	0.988	0.950	0.972	0.976	0.976	0.830	0.914	0.966	0.966	0.671	0.819	0.911	0.911	0.522	0.734	0.859	0.859	0.381	0.657	0.810	0.810
	3768	0.975	0.986	0.989	0.989	0.951	0.973	0.978	0.978	0.832	0.917	0.969	0.969	0.675	0.824	0.916	0.916	0.528	0.742	0.868	0.868	0.388	0.669	0.825	0.825
	4710	0.976	0.987	0.989	0.989	0.952	0.974	0.979	0.979	0.835	0.920	0.972	0.972	0.680	0.829	0.922	0.922	0.533	0.750	0.878	0.878	0.395	0.681	0.840	0.840
	5652	0.976	0.988	0.990	0.990	0.954	0.976	0.981	0.981	0.837	0.923	0.975	0.975	0.684	0.834	0.927	0.927	0.539	0.758	0.887	0.887	0.402	0.694	0.855	0.855
	6280	0.977	0.988	0.990	0.990	0.955	0.977	0.982	0.982	0.839	0.924	0.977	0.977	0.686	0.837	0.931	0.931	0.543	0.763	0.893	0.893	0.407	0.702	0.865	0.865
80	942	0.976	0.987	0.990	0.990	0.953	0.975	0.980	0.980	0.833	0.917	0.969	0.969	0.672	0.820	0.911	0.911	0.519	0.730	0.854	0.854	0.375	0.647	0.798	0.798
	1884	0.980	0.991	0.993	0.993	0.960	0.982	0.987	0.987	0.842	0.928	0.981	0.981	0.684	0.834	0.927	0.927	0.532	0.748	0.875	0.875	0.387	0.669	0.824	0.824
	2826	0.980	0.992	0.994	0.994	0.961	0.983	0.988	0.988	0.845	0.931	0.984	0.984	0.688	0.839	0.933	0.933	0.538	0.756	0.885	0.885	0.395	0.681	0.840	0.840
	3768	0.981	0.992	0.995	0.995	0.962	0.985	0.990	0.990	0.848	0.934	0.987	0.987	0.692	0.844	0.938	0.938	0.544	0.764	0.895	0.895	0.402	0.694	0.855	0.855
	4710	0.982	0.993	0.995	0.995	0.964	0.986	0.991	0.991	0.850	0.937	0.990	0.990	0.696	0.849	0.944	0.944	0.550	0.773	0.904	0.904	0.409	0.707	0.871	0.871
	5652	0.982	0.993	0.996	0.996	0.965	0.988	0.993	0.993	0.853	0.939	0.993	0.993	0.700	0.854	0.950	0.950	0.556	0.781	0.914	0.914	0.417	0.719	0.886	0.886
	6280	0.983	0.994	0.996	0.996	0.966	0.989	0.993	0.993	0.854	0.941	0.995	0.995	0.703	0.857	0.953	0.953	0.560	0.787	0.921	0.921	0.422	0.728	0.896	0.896

注：表内中间值可用插值法确定。

$$f(a) = -0.24\left(\frac{a}{100}\right)^3 + 0.97\left(\frac{a}{100}\right)^2 - 1.64\left(\frac{a}{100}\right) + 1 \quad (水泥砂浆) \tag{7-44}$$

$$f(e_o) = \begin{cases} u_6 e_o & e_o \leqslant 0.3 \\ u_7 e_o + u_8 & e_o > 0.3 \end{cases} \tag{7-45}$$

$$u_1 = -2.77 t_o + 2.49 \tag{7-46}$$

$$u_2 = 11.78 t_o - 11.38 \tag{7-47}$$

$$u_3 = -11.44 t_o + 12.81 \tag{7-48}$$

$$u_4 = -2.2 t_o + 2.44 \tag{7-49}$$

$$u_5 = \begin{cases} 6 t_o - 1.2 & t_o \leqslant 0.4 \\ -2.78 t_o + 2.32 & 0.4 < t_o \leqslant 0.6 \end{cases} \tag{7-50}$$

$$u_6 = \begin{cases} 4.85 t_o & t_o \leqslant 0.2 \\ -46.3 t_o + 10.23 & 0.2 < t_o \leqslant 0.6 \end{cases} \tag{7-51}$$

$$u_7 = 171.03 t_o^2 - 12.72 t_o \tag{7-52}$$

$$u_8 = 0.3(u_6 - u_7) \tag{7-53}$$

$$t_o = \frac{t_h}{t_R} \tag{7-54}$$

$$C_o = \frac{C}{1256} \tag{7-55}$$

$$\lambda_o = \frac{\lambda}{40} \tag{7-56}$$

$$n_o = \frac{R}{0.6} \tag{7-57}$$

$$e_o = \frac{e}{r} \tag{7-58}$$

式中　u_{mt}——火灾作用后钢管混凝土柱残余变形（mm）；

　　　C——截面周长（mm）；

　　　λ——构件的长细比；

　　　R——荷载比；

　　　t_o——升温时间比；

　　　t_h——升、降温临界时间（s）；

　　　t_R——耐火极限（s）；

　　　e_o——荷载偏心率；

　　　e——轴向荷载偏心距（mm）；

　　　r——对圆形钢管混凝土，$r = D/2$，D 为圆形钢管混凝土的钢管外径（mm）。

（3）火灾后抗弯刚度影响系数（k_B）

火灾后钢管混凝土抗弯刚度影响系数（k_B），力、温度和时间路径定义为图 7-3 中的 A→C'→D'→E，表达式如下：

$$k_B = \frac{K_c(t)}{K_c} \tag{7-59}$$

式中　k_B——火灾后抗弯刚度影响系数；

K_c——常温下钢管混凝土的抗弯刚度；

$K_c(t)$——火灾后钢管混凝土的抗弯刚度。

影响 k_B 的参数主要是火灾持续时间（t）、钢管混凝土构件的截面周长（C）和截面含钢率（α_s），火灾作用后圆形钢管混凝土构件抗弯刚度影响系数 k_B 的计算公式如下：

$$k_B = \begin{cases} (1 - 0.18t_o - 0.032t_o^2) \cdot f(\alpha_o) \cdot f(C_o) & t_o \leqslant 0.6 \\ (-0.077\ln t_o + 0.842) \cdot f(\alpha_o) \cdot f(C_o) & t_o > 0.6 \end{cases} \tag{7-60}$$

$$f(\alpha_o) = \begin{cases} a \cdot (\alpha_o - 1) + 1 & \alpha_o \leqslant 1 \\ 1 + b \cdot \ln(\alpha_o) & \alpha_o > 1 \end{cases} \tag{7-61}$$

$$a = \begin{cases} 0.3t_o^2 + 0.17t_o & t_o \leqslant 0.3 \\ 0.11 \cdot \ln(100t_o) - 0.296 & t_o > 0.3 \end{cases} \tag{7-62}$$

$$b = \begin{cases} 0.17t_o^2 + 0.09t_o & t_o \leqslant 0.3 \\ 0.059 \cdot \ln(100t_o) - 0.159 & t_o > 0.3 \end{cases} \tag{7-63}$$

$$f(C_o) = \begin{cases} c \cdot (C_o - 1)^2 + d(C_o - 1) + 1 & C_o \leqslant 1 \\ e \cdot \ln(C_o) + 1 & C_o > 1 \end{cases} \tag{7-64}$$

$$c = \begin{cases} 5t_o^3 - 3.3t_o^2 + 0.1t_o & t_o \leqslant 0.3 \\ 0.12t_o^2 - 0.32t_o - 0.047 & t_o > 0.3 \end{cases} \tag{7-65}$$

$$d = \begin{cases} 0.16t_o^2 - 0.026t_o & t_o \leqslant 0.45 \\ 0.018t_o + 0.013 & t_o > 0.45 \end{cases} \tag{7-66}$$

$$e = \begin{cases} 0.039t_o^2 + 0.07t_o & t_o \leqslant 0.45 \\ 0.034 \cdot \ln(100t_o) - 0.09 & t_o > 0.45 \end{cases} \tag{7-67}$$

$$\alpha_o = \frac{\alpha_s}{0.1} \tag{7-68}$$

$$t_o = 0.6t \tag{7-69}$$

$$C_o = \frac{C}{1884} \tag{7-70}$$

式中　k_B——火灾后抗弯刚度影响系数；

　　　t——火灾持续时间；

　　　C——截面周长（mm）；

　　　α_s——截面含钢率，应按式（1-2）计算。

7.3.6　防火构造要求

（1）防火涂料

根据《建筑钢结构防火技术规范》GB 51249—2017，钢管混凝土柱应根据其荷载比（R）、火灾下的承载力系数（k_T）按下列规定采取防火保护措施：

1）当 $R < 0.75k_T$ 时，可不采取防火保护措施；

2）当 $R \geqslant 0.75k_T$ 时，应采取防火保护措施。

若裸钢管混凝土柱的火灾下承载力系数（k_T）值无法满足设计要求，则应根据设计要求对其外钢管采取有效的防火保护措施。常用的防火保护材料有水泥砂浆、非膨胀型钢结构防火涂料。当保护层为非膨胀型钢结构防火涂料或膨胀型钢结构防火涂料时，防火涂料性能应符合《钢结构防火涂料》GB 14907—2018 及《钢结构防火涂料应用技术规程》T/CECS 24—2020 的有关规定。

受钢结构自身耐火性能和膨胀型钢结构防火涂料自身阻隔热性能的限制，《建筑钢结构防火技术规范》GB 51249—2017 等技术标准规定耐火极限超过 1.5h 的钢构件，不宜选用膨胀型钢结构防火涂料。而对于钢管混凝土，一方面管内混凝土具有吸热与储热的作用，可以延缓火灾下钢管的升温；另一方面管内混凝土对结构承载力有较大的贡献，钢管应力水平相对较低，且在火灾下荷载可由钢管向混凝土转移，钢管与管内混凝土间产生应力重分布，结构承载力衰退过程延缓。因此，钢管混凝土结构自身具有较好的耐火性能，当采用膨胀型钢结构防火涂料并进行合理设计时，可达到 3.0h 的耐火极限，设计耐火极限超过 3.0h 的结构宜使用非膨胀型钢结构防火涂料。

采用膨胀型钢结构防火涂料保护下的钢管混凝土试件受火后的状态如图 7-9 所示，防火保护涂层在试验过程中碳化发泡反应正常，涂层有不均匀分布的不同程度的龟裂现象，防火涂层的总体完整，没有出现剥落现象。

膨胀型钢结构防火涂料类型较多，且性能差异一般较大。当采用膨胀型钢结构防火涂料对钢管混凝土结构进行防火保护时，应符合下列要求：

1）防火涂料的涂层厚度应根据耐火试验确定，有可靠依据时，也可采用计算确定；试验方法应符合现行国家标准《建筑构件耐火试验方法　第 1 部分：通用要求》GB/T 9978.1—2008 的有关规定；

2）膨胀型钢结构防火涂料应与防腐面漆配套使用；

3）膨胀型钢结构防火涂料应满足相关耐久性的要求。

图 7-9　采用膨胀型钢结构防火涂料的试件破坏形态

根据现行国家标准《建筑构件耐火试验方法　第一部分：通用要求》GB/T 9978.1—2008，开展加载条件下足尺或缩尺试件的标准火灾试验是确定特定荷载水平和防火涂层厚度下钢管混凝土结构是否满足其耐火极限设计要求的最直接方法。另一方面，受膨胀型钢结构防火涂料涂层保护的钢管混凝土结构，耐火极限与其破坏时的临界温度有关。当通过试验或理论分析得到结构临界温度后，也可合理选取基材，按现行国家标准《钢结构防火涂料》GB 14907—2018 和《建筑构件耐火试验方法 第一部分：通用要求》GB/T 9978.1—2008 开展耐火试验，确定防火涂料的涂层厚度。根据工程经验，膨胀型钢结构防火涂料涂层厚度一般不小于 1.5mm。

钢管混凝土柱防火保护层厚度是影响防火涂料性能的重要参数，因此选定合适的防火保护层厚度至关重要。研究结果表明，影响钢管混凝土柱防火保护层厚度（a）的主要参数包括：荷载比（R）、耐火极限（t）、截面尺寸（例如截面周长 C）和柱长细比（λ）。

标准火灾下受火时间不大于 3.0h 的圆形钢管混凝土柱，其防火保护层的设计厚度可按下列公式计算。

1）保护层为金属网抹 M5 水泥砂浆

$$d_{\mathrm{i}} = k_{\mathrm{LR}}(135 - 1.12\lambda)(1.85t - 0.5t^2 + 0.07t^3)C^{0.0045\lambda - 0.396} \tag{7-71}$$

$$k_{LR} = \begin{cases} \dfrac{R - k_T}{0.77 - k_T} & R < 0.77 \\[2ex] \dfrac{1}{3.618 - 0.15t - (3.4 - 0.2t)R} & R \geqslant 0.77 \text{ 且 } k_T < 0.77 \\[2ex] (2.5t + 2.3)\dfrac{R - k_T}{1 - k_T} & k_T \geqslant 0.77 \end{cases} \quad (7\text{-}72)$$

2）保护层为非膨胀型钢结构防火涂料

$$d_i = k_{LR}(19.2t + 9.6)C^{0.0019\lambda - 0.28} \quad (7\text{-}73)$$

$$k_{LR} = \begin{cases} \dfrac{R - k_T}{0.77 - k_T} & R < 0.77 \\[2ex] \dfrac{1}{3.695 - 3.5R} & R \geqslant 0.77 \text{ 且 } k_T < 0.77 \\[2ex] 7.2t\dfrac{R - k_T}{1 - k_T} & k_T \geqslant 0.77 \end{cases} \quad (7\text{-}74)$$

式中　d_i——防火保护层厚度（mm）；

　　　k_T——钢管混凝土柱火灾下的承载力系数；

　　　R——荷载比；

　　　t——受火时间（h）；

　　　C——截面周长（mm）；

　　　λ——长细比；

　　　k_{LR}——计算参数，当计算值大于 1.0 时，取 $k_{LR} = 1.0$；当计算值小于 0 时，取 $k_{LR} = 0$。

对于非标准火灾，式（7-71）、式（7-73）中的受火时间 t 应取等效曝火时间。等效曝火时间可按现行国家标准《建筑钢结构防火技术规范》GB 51249—2017 的相关规定确定。

根据《建筑钢结构防火技术规范》GB 51249—2017，利用上述公式进行耐火验算与防火保护设计的钢管混凝土构件，应满足下列条件：

1）钢管采用 Q235、Q345、Q390 和 Q420 钢，混凝土强度等级为 C30～C80，且含钢率为 0.04～0.20；

2）柱长细比为 10～60；

3）圆形钢管混凝土柱的截面外直径为 200～1400mm，荷载偏心率 e/r 为 0～3.0（e 为荷载偏心距，r 为钢管截面外半径）。

对于钢管混凝土桁式混合结构，经计算的无保护的钢管混凝土桁式混合结构的耐火极限不满足设计要求时，应根据设计要求对其外钢管采取有效的防火保护措施。钢管混凝土桁式混合结构耐火试验研究结果表明，在相同的荷载比、火灾升温曲线、弦杆尺寸和材料等条件下，由于腹杆受热变形等影响，钢管混凝土桁式混合结构的耐火极限略低于与弦杆对应的钢管混凝土构件。因此，可偏安全地以 1.2 倍的钢管混凝土结构的防火保护层厚度对钢管混凝土桁式混合构件的弦杆进行防火保护。弦杆和腹杆连接区域、腹杆的防火保护层厚度宜与弦杆的防火保护层厚度相同。当采用非膨胀型钢结构防火涂料或金属挂网抹水泥砂浆作为防火保护措施时，钢管混凝土弦杆的防火保护层厚度可根据现行国家标准《建筑钢结构防火技术规范》GB 51249—2017 的有关规定确定。当有可靠依据时，也可在涂层中加网增强节点区域的涂层构造强度，并保证涂层在受火条件下的可靠性和稳定性。对于非膨胀型钢结构防火涂料通常采用镀锌铁丝网或耐碱玻璃纤维网；膨胀型钢结构防火涂料通常采用耐碱玻璃纤维网。实际工程采用的加网措施应与型式检验报告或型式试验报告中的措施一致。

（2）排气孔

高温作用下，核心混凝土中的自由水和分解水会发生蒸发现象。为保证核心混凝土中水蒸气的及时散发，保证结构的安全工作，在钢管混凝土柱上设置排气孔是必要的。《建筑钢结构防火技术规范》GB 51249—2017 规定，钢管混凝土柱应在每个楼层设置直径为 20mm 的排气孔。排气孔宜在每个楼层柱与楼板相交位置的上、下各布置 1 个，排气孔与楼板的间距（d_v）应为 100mm，并应沿柱身反对称布置，如图 7-10 所示。当楼层高度大于 6m 时，应增设排气孔，且排气孔沿柱高度方向间距不宜大于 6m。

钢管混凝土混合结构的耐火极限试验表明：如没有设置充足的排气孔，管内混凝土在火灾下产生的水蒸气容易造成钢管撕裂及管内混凝土爆裂，从而加速钢管混凝土混合结构在火灾下的破坏。因此，对于钢管混凝土混合结构应该预留足够多的排气孔以保证高温下的水蒸气可以顺利排放。

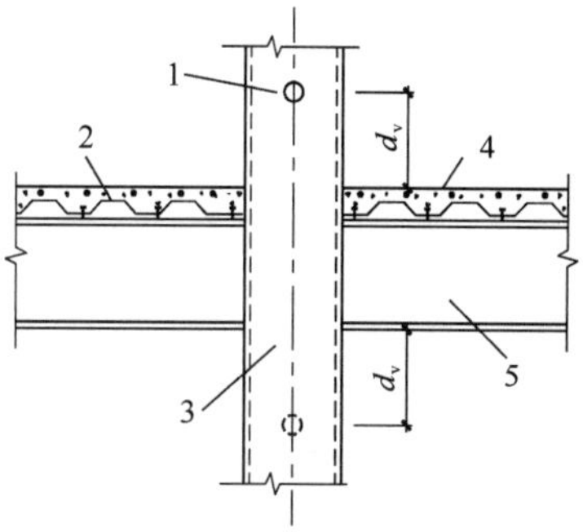

对于钢管混凝土桁式混合结构，其弦杆均应设置直径不小于 20mm 的排气孔。排气孔应沿弦杆反对称布置，且应避开节点区域。排气孔的纵向间距不宜超过 4m（图 7-11）。

图 7-10　钢管混凝土构件排气孔位置
1—排气孔；2—压型钢板；3—钢管混凝土柱；
4—混凝土板；5—钢梁

对于钢管混凝土加劲混合结构，内埋钢管混凝土的钢管上应设置直径不小于 20mm 的排气孔。排气孔的设置应保证钢管内混凝土与外部空气连通，保证火灾下钢管内部水蒸气可顺利排出。排气孔宜在每个楼层柱与楼板相交位置的上、下各布置 1 个，排气孔与楼板或钢梁的间距（d_v）应为 100～200mm，并宜沿柱身反对称布置（图 7-12）。钢管混凝土加劲混合结构排气孔的实现方法是将钢管、PVC 管或陶瓷管与钢管柱上的排气孔可靠连接，并穿过外包混凝土到达构件的外表面。

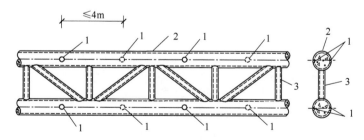

图 7-11　钢管混凝土桁式混合结构排气孔位置
1—排气孔；2—钢管混凝土弦杆；3—腹杆

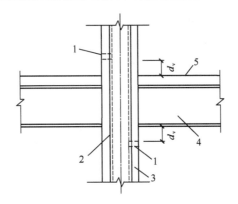

图 7-12　钢管混凝土加劲混合结构排气孔位置
1—排气孔；2—内置钢管混凝土；3—外包混凝土；
4—钢梁；5—楼板

7.4　防撞击设计

钢管混凝土结构在服役全寿命过程中可能受到撞击灾害的威胁，如车辆或船撞击、落石撞击、泥石流冲击等。因此，掌握钢管混凝土结构在撞击作用下的工作机理，并基于此确定其防撞击设计方法具有重要的工程和实用价值。

7.4.1　防撞击设计基本原理

撞击荷载作用下空钢管构件和钢管混凝土构件破坏形态的对比如图 7-13 所示。图 7-13（a）中空钢管构件的整体侧向弯曲变形较小，在撞击区域附近局部变形很大，甚至整个截面被撞平。图 7-13（b）中钢管混凝土构件发生了明显的整体侧向弯曲变形，撞击区域附近局部变形相比于空钢管构件较小，撞击部位底部的核心混凝土受拉开裂，但保持了良好的整体性。钢管混凝土试件的破坏形态明确地展现出在经受侧向撞击荷载作用下钢管和核心混凝土之间的协同互补：一方面，由于核心混凝土的支撑作用可延缓或避免钢管过早发生局部屈曲，使得钢管的力学性能得到充分发挥，构件具有明显的塑性铰区域，有效耗散了撞击能量；另一方面，由于外钢管的约束作用，核心混凝土不至过早发生严重破

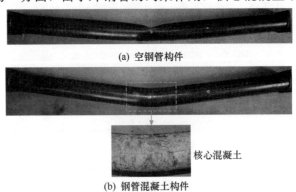

图 7-13　撞击作用下空钢管构件和钢管混凝土构件破坏形态对比

坏，也可提高试件的变形能力和耗能能力。

实际工程的钢管混凝土结构遭受撞击作用的工况有多种，以"长期荷载＋钢管腐蚀＋撞击"工况为例进行论述。此工况下，结构的受力路径如图 7-14 所示。

荷载作用可分为三个阶段：阶段①（O-A-B）：钢管混凝土柱首先轴向加载至正常服役荷载（N_0），之后一段时间内（$0 \sim t_1$，可持续数年至数十年），构件维持长期荷载水平，并遭受腐蚀作用；阶段②（B-P-C）：在 t_1 时刻，构件侧向遭受撞击作用，撞击力时程如曲线 B-P-C 所示，在 t_2 时刻撞击力达到峰值 P 点，撞击总持续时间为 $t_3 - t_1$（通常在数十微秒至数秒）；阶段③（C-D）：在撞击结束后，将构件轴向加载至破坏，确定其轴向剩余承载力（N_u）。

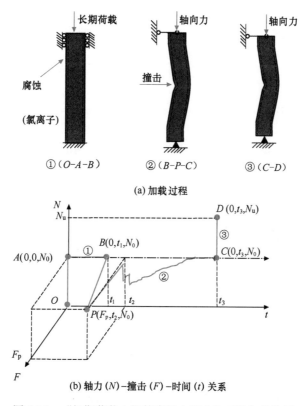

(a) 加载过程

(b) 轴力（N）-撞击（F）-时间（t）关系

图 7-14 "长期荷载＋钢管腐蚀＋撞击"工况加载路径

设计了 4 个对比算例，计算条件分别如下，算例 1：构件不承受长期荷载、腐蚀及撞击作用，将其直接轴压加载至破坏；算例 2：构件承受撞击作用；算例 3：构件承受长期荷载和腐蚀作用；算例 4：构件承受长期荷载、腐蚀及撞击作用。所有构件均在最后阶段轴向加载至破坏。基本计算条件为：圆形钢管混凝土的钢管外径为 400mm，钢管壁厚为9.3mm，构件长度为 4000mm，钢管采用 Q355 钢，核心混凝土为 C60。

图 7-15 显示了不同算例情况下构件的轴向荷载（N）-位移（u_a）关系曲线。轴向荷载在撞击阶段会有一定波动，在轴向加载阶段（O-A），所有曲线重合。之后算例 2，3 和 4进入腐蚀或撞击阶段，在此阶段，构件轴向荷载保持不变，轴向位移持续发展。可以看出，构件在腐蚀＋撞击荷载下（算例 4）的轴向位移发展要明显大于腐蚀或撞击单独作用

时的发展。这是由于腐蚀作用降低了构件的抗撞击能力，因此在撞击荷载下其侧向挠度增大，由此带来更大的轴向位移。

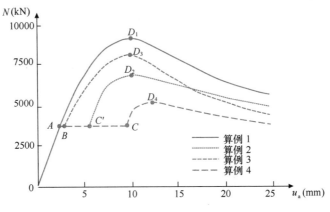

图 7-15　轴向荷载（N）-位移（u_a）关系

从图 7-15 可以得到构件的承载力（N_u）。图中显示腐蚀与撞击造成构件不同程度的承载力降低。以算例计算条件为例，其中撞击造成构件承载力降低 25%（算例 2），长期荷载和腐蚀造成承载力降低 11%（算例 3），而耦合荷载则造成构件承载力下降 45%（算例 4）。

构件在长期荷载、腐蚀和撞击荷载下承载力下降显示了三种不同荷载的耦合作用：腐蚀造成了构件钢管壁厚的减小，由此导致钢管混凝土柱的抗撞击能力下降；因此在相同的撞击能量下，受腐蚀构件的跨中侧向挠度发展增大；由于轴向长期荷载的二阶效应，在跨中部位产生了更大的弯矩，同时腐蚀造成构件截面含钢率降低，综合作用导致构件轴压承载能力显著下降。

图 7-16 给出了撞击作用下钢管混凝土加劲混合结构试件的破坏形态，其破坏形态表现为整体弯曲变形，外包混凝土出现斜裂缝，且斜裂缝间的混凝土出现局部剥落，结构延性良好。内置钢管混凝土发生了整体弯曲变形，钢管未发生局部屈曲，核心混凝土受拉侧出现均匀裂纹，并保持了良好的整体性。钢管混凝土加劲混合结构在承受撞击荷载时，其外部钢筋混凝土部分能够起到耗能作用，避免了内置钢管混凝土部分过早发生屈服。同时，内置钢管混凝土部分作为核心骨架，可保证撞击荷载后结构的剩余承载力以及灾后的可修复能力。

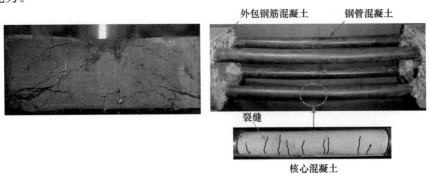

图 7-16　撞击作用下钢管混凝土加劲混合结构的破坏形态

图 7-17 给出了撞击作用下钢管混凝土加劲混合结构受力全过程曲线。按照撞击力时程曲线的特点，其可以分为以下三个阶段：

（1）峰值段（OAA'）：点 O 对应的时刻，落锤与构件发生接触，撞击力随后迅速增大，在点 A 达到峰值，然后又迅速下降至零附近，此时落锤与构件几乎发生分离。由图 7-17（b）可见，此阶段跨中挠度的发展有限，试件主要发生撞击区域的局部变形。

（2）平台段（$A'B$）：在初始撞击完成后，落锤和构件共同向下运动，构件的塑性变形充分发展。此阶段，撞击力保持在一个恒定的值附近，跨中挠度得到了充分发展，并达到峰值。

（3）下降段（BC）：撞击力在 BC 阶段逐渐减小，在点 C 对应时刻减小至零。跨中挠度也随着试件弹性变形的恢复而有所减小。

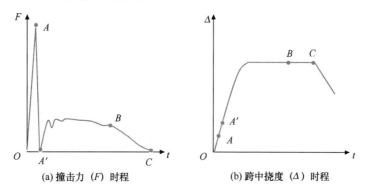

(a) 撞击力（F）时程　　　　　　(b) 跨中挠度（Δ）时程

图 7-17　撞击作用下钢管混凝土加劲混合结构受力全过程

7.4.2　防撞击设计方法

钢管混凝土结构在撞击荷载下主要出现受弯破坏，因此衡量其抗撞击能力的重要指标是其在撞击荷载下的动力抗弯强度。基于参数分析结果，可通过回归分析得到钢管混凝土结构截面动力抗弯强度的实用计算公式。

根据《钢管混凝土混合结构技术标准》GB/T 51446—2021，撞击作用下钢管混凝土结构的受弯承载力应按下式计算：

$$M_d \leqslant R_d M_u \tag{7-75}$$

式中　M_d——撞击弯矩设计值（N·mm），钢管混凝土混合结构遭受车辆、船只等撞击时，撞击荷载作用设计值可按现行行业标准《公路桥梁抗撞设计规范》JTG/T 3360-02—2020 的有关规定执行；

　　　　R_d——撞击动力影响系数；

　　　　M_u——静力受弯承载力（N·mm），对于钢管混凝土构件，宜按式（4-26）计算；对于钢管混凝土加劲混合结构，宜按 5.3.2～5.3.4 节相关规定计算。

影响构件撞击动力影响系数 R_d 的主要因素包括：钢材强度（f_y）、截面含钢率（α）、截面直径（D）和撞击速度（V_0）。基于回归分析得到了撞击动力影响系数 R_d 的实用计算公式，如式（7-76）、式（7-81）、式（7-93）所示。

（1）钢管混凝土弦杆

$$R_d = 1.49 f_1 f_2 f_3 f_4 \tag{7-76}$$

$$f_1 = -4.00 \times 10^{-7} f_y^2 + 8.00 \times 10^{-5} f_y + 1.02 \tag{7-77}$$

$$f_2 = -3.66 \alpha_s^2 - 0.896 \alpha_s + 1.13 \tag{7-78}$$

$$f_3 = 7.00 \times 10^{-7} D^2 - 1.30 \times 10^{-3} D + 1.40 \tag{7-79}$$

$$f_4 = -1.00 \times 10^{-3} V_0^2 + 5.08 \times 10^{-2} V_0 + 0.385 \tag{7-80}$$

式中　　　　R_d——钢管混凝土弦杆的撞击动力影响系数；

$\quad\quad\quad\quad f_y$——钢管钢材的屈服强度（N/mm^2）；

$\quad\quad\quad\quad \alpha_s$——弦杆截面含钢率；

$\quad\quad\quad\quad D$——弦杆钢管外径（mm）；

$\quad\quad\quad\quad V_0$——撞击物速度（m/s）；

f_1、f_2、f_3、f_4——计算系数。

式（7-76）为两端铰接的单根圆形钢管混凝土构件中部遭受刚体侧向撞击时的动力影响系数。对于其他工况，如多根弦杆或腹杆遭受撞击作用，以及由卡车等产生的柔性撞击等，可偏于安全地参考此公式进行计算。式（7-76）适用于撞击物速度为 10～28m/s 的情况。其中，f_1、f_2、f_3 和 f_4 分别是考虑钢管钢材的屈服强度、截面含钢率、钢管外径及撞击物速度影响的系数。

（2）单肢钢管混凝土加劲混合结构

$$R_d = 1.52 \gamma_m \gamma_g \gamma_v \gamma_n \tag{7-81}$$

$$\gamma_m = m_1 m_2 m_3 m_4 \tag{7-82}$$

$$m_1 = 1.27 \times 10^{-4} f_{cu,oc}^2 - 1.39 \times 10^{-2} f_{cu,oc} + 1.36 \tag{7-83}$$

$$m_2 = -7.24 \times 10^{-6} f_{cu,c}^2 + 1.69 \times 10^{-3} f_{cu,c} + 0.925 \tag{7-84}$$

$$m_3 = -2.31 \times 10^{-4} f_{yl} + 1.07 \tag{7-85}$$

$$m_4 = 3.37 \times 10^{-4} f_y + 0.883 \tag{7-86}$$

$$\gamma_g = g_1 g_2 g_3 \tag{7-87}$$

$$g_1 = -5.92 \rho + 1.06 \tag{7-88}$$

$$g_2 = 0.235 \alpha_s + 0.978 \tag{7-89}$$

$$g_3 = -0.238 \left(\frac{D}{B}\right)^2 + 7.70 \times 10^{-2} \frac{D}{B} + 1.02 \tag{7-90}$$

$$\gamma_v = -7.50 \times 10^{-3} V_0^2 + 0.136 V_0 + 0.354 \tag{7-91}$$

$$\gamma_n = 3.08 n^2 - 1.47 n + 1.16 \tag{7-92}$$

（3）内置钢管混凝土相同的四肢和六肢钢管混凝土加劲混合结构

$$R_d = 0.61 \gamma_m \gamma_g \gamma_v \gamma_n \tag{7-93}$$

$$\gamma_m = m_1 m_2 m_3 m_4 \tag{7-94}$$

$$m_1 = 5.78 \times 10^{-5} f_{cu,oc}^2 - 4.64 \times 10^{-3} f_{cu,oc} + 1.10 \tag{7-95}$$

$$m_2 = -4.89 \times 10^{-5} f_{cu,c}^2 + 4.51 \times 10^{-3} f_{cu,c} + 0.905 \tag{7-96}$$

$$m_3 = -1.33 \times 10^{-6} f_{yl}^2 + 7.44 \times 10^{-4} f_{yl} + 0.898 \tag{7-97}$$

$$m_4 = -7.26 \times 10^{-4} f_y + 1.25 \tag{7-98}$$

$$\gamma_g = g_1 g_2 g_3 \tag{7-99}$$

$$g_1 = 566 \rho^2 - 12.6 \rho + 1.07 \tag{7-100}$$

$$g_2 = -2.33\alpha_s + 1.23 \tag{7-101}$$

$$g_3 = -2.74\frac{D}{B} + 1.54 \tag{7-102}$$

$$\gamma_v = -7.00 \times 10^{-3}V_0^2 + 0.105V_0 + 0.673 \tag{7-103}$$

$$\gamma_n = 6.43n^2 - 4.22n + 1.71 \tag{7-104}$$

式中　R_d——钢管混凝土加劲混合结构的撞击动力影响系数；

　　$f_{cu,oc}$——外包混凝土立方体抗压强度标准值（N/mm²）；

　　$f_{cu,c}$——钢管内混凝土立方休抗压强度标准值（N/mm²）；

　　f_{yl}——纵筋的屈服强度（N/mm²）；

　　f_y——钢管钢材的屈服强度（N/mm²）；

　　ρ——纵筋的配筋率；

　　α_s——钢管混凝土截面含钢率；

　　D——弦杆钢管外径（mm）；

　　B——截面宽度（mm）；

　　V_0——撞击物速度（m/s）；

　　n——轴压比，为钢管混凝土加劲混合结构轴向压力设计值和截面受压承载力的比值。

式（7-81）和式（7-93）分别为两端铰接的单肢、多肢（四肢和六肢）钢管混凝土加劲混合结构中部遭受刚体侧向撞击时的动力影响系数，适用于撞击物速度小于 12m/s，轴压比小于 0.6 的情况。公式中，m_1、m_2、m_3、m_4、g_1、g_2、g_3、γ_v 和 γ_n 分别是考虑管外混凝土强度、管内混凝土强度、纵筋屈服强度、钢管钢材的屈服强度、纵筋配筋率、截面含钢率、钢管的外径与结构外截面宽度的比值、撞击物速度和轴压比影响的系数。

思　考　题

1. 简述氯离子腐蚀对钢管结构及钢管混凝土结构影响的异同。
2. 简述氯离子腐蚀环境对钢管混凝土力学性能的影响规律及结构抗腐蚀设计方法。
3. 简述钢管混凝土柱火灾下和火灾后力学性能的影响因素及其影响规律。
4. 简述钢管混凝土结构防火设计方法及构造措施。
5. 简述钢管混凝土结构抗撞击设计的要点和方法。

第8章　钢管混凝土结构施工、检测与验收、维护与拆除

本章要点及学习目标

本章要点：

本章阐述了钢管制作与安装、钢管内混凝土施工、钢管外混凝土施工，以及钢管混凝土结构检测、验收、维护与拆除方面的内容。

学习目标：

熟悉钢管制作与安装、钢管内混凝土施工、钢管外混凝土施工方法与流程。了解钢管混凝土结构检测、验收、维护与拆除的有关要求与规定。

8.1　引　　言

钢管混凝土结构的施工分为结构的制作与安装、钢管内混凝土浇筑，对于钢管混凝土加劲混合结构，还需进行钢管外混凝土的施工。钢管混凝土结构的施工及施工质量应符合《钢管混凝土混合结构技术标准》GB/T 51446—2021 等相关国家标准的有关规定。钢管混凝土结构施工前，应有施工组织设计及专项施工方案等技术文件。施工方案应符合结构制作与安装、钢管内混凝土浇筑及钢管外混凝土施工阶段结构的安全性要求。钢管混凝土结构的施工应符合国家环境保护有关法律法规的要求。

本章简要论述和钢管混凝土结构相关的钢结构制作与安装、钢管内混凝土施工、钢管外混凝土施工、检测与验收、维护与拆除。

8.2　钢结构制作和安装

钢管混凝土结构中的钢管制作应根据钢结构设计施工图绘制深化设计图，并根据生产条件和现场施工条件、运输要求、吊装能力、安装条件和安装方法，确定钢管的分段和拼接方案。钢管制作及安装施工之前应进行焊接工艺试验评定，并应根据设计文件、深化设计图和试验评定结果制定制作工艺文件或方案。

弯管加工可采用冷弯和热弯等方式，钢管加工后应保证曲线光滑平顺，钢管表面不得存在肉眼可见的压痕、褶皱，钢管弯曲成形偏差应符合现行国家标准的有关规定。为保证钢材的各项材质力学性能指标不变，应控制加工变形产生的应力。

钢管的制作长度可根据运输和吊装条件确定。钢管的接长应采用对接熔透焊缝，焊缝质量等级及制作单元接头应符合国家标准的有关规定。每个节间宜为一个接头。相邻管节或管段的纵向焊缝应错开，错开的最小距离（沿弧长方向）不应小于钢管壁厚的 5 倍，且

不应小于 200mm。钢管的焊接应严格按焊接工艺文件规定的焊接方法、工艺参数、施焊顺序进行。图 8-1 所示为钢管混凝土柱的钢管对接处。

钢管在制作时可不作表面防护，但不应长时间处于潮湿环境中。钢管制作完成后，应清除钢管内的杂物，除锈可采用机械除锈或手工除锈方法。钢管混凝土桁式混合结构钢管的内表面、钢管混凝土加劲混合结构钢管的内外表面应无可见油污、无附着不牢的氧化皮、铁锈或污染物等。

图 8-1　钢管混凝土柱的钢管对接处

钢管运输、现场吊装作业时，应控制构件的变形限值，钢管在吊装时应将管口包封。吊点的设置及吊装方案应根据钢管构件本身的承载力和稳定性验算后确定，并应考虑起重设备的额定起重量和吊具的额定许用荷载，需要时应对钢管采取临时加固措施。对于三肢、四肢和六肢钢管混凝土桁式混合结构，在受有较大水平力处和运输单元的端部应设置横隔，横隔间距不应大于 8m 和构件截面较大宽度的 9 倍。构件吊装就位并校正后，应采取临时固定措施。

预制钢管混凝土结构应进行吊运和安装等环节的施工验算。吊运前钢管内混凝土强度应满足设计文件要求，设计文件无要求时不应低于设计强度值的 75%。

对于拱形钢管混凝土结构，如钢管混凝土拱、钢管混凝土加劲混合结构中的加劲钢管骨架节段组装过程中，应减少安装荷载作用下的变形，吊点设置及吊装技术方案应验算构件的承载力和稳定性，验算无法满足要求时，应采取临时加固措施。节段吊装就位后，应及时进行校正，并应采取临时固定措施。图 8-2 所示为某大跨拱桥的钢管混凝土拱肋施工过程中的情形。

图 8-2　钢管混凝土拱肋施工过程中的情形

8.3　钢管内混凝土施工

对于钢管混凝土中的核心混凝土，要充分考虑控制混凝土的强度和密实度，前者可以保证混凝土达到设计强度，后者则可以保证钢管和核心混凝土协同作用的充分发挥。基于典型工程实例的研究结果表明，按照"三位一体"过程控制理念进行钢管混凝土的核心混凝土浇筑，可实现混凝土的质量控制。钢管内混凝土的施工具有"隐蔽性"，因此需严格控制施工过程，通过"控制过程"达到控制混凝土施工质量。

为了保证正常施工和结构安全，浇筑管内混凝土宜在钢管构件安装并验收合格后进行，这是考虑到先行浇筑管内混凝土会使结构调整困难，甚至无法调整。浇筑管内混凝土之前应先清理钢管内的异物和积水，以避免这些因素对管内混凝土密实度、匀质性以及钢管-混凝土界面的不利影响。浇筑时，应及时清理落在管外的新浇混凝土，避免其影响钢管外包混凝土的施工。混凝土运输、输送、浇筑过程中严禁加水；混凝土运输、输送、浇筑过程中散落的混凝土严禁用于钢管混凝土结构构件的浇筑。

钢管内混凝土的浇筑方式宜采用泵送顶升法、人工浇捣法、埋管输入法和高位抛落法。拱形钢管内混凝土宜采用泵送顶升法浇筑。混凝土浇筑前应根据设计要求进行混凝土配合比设计和浇筑工艺试验，在此基础上制定浇筑工艺和各项技术措施并编制专项施工方案。泵送顶升法、人工浇捣法、埋管输入法和高位抛落法等混凝土浇筑方法是目前钢管混凝土工程施工中较为成熟的方法，其中泵送顶升法的质量最易控制。无论采用哪种工艺，都不仅要保证混凝土强度，还要保证混凝土的密实度和匀质性。对于重要工程，应预留工程中所用钢管混凝土构件作为质量检测的参照试件。

（1）泵送顶升法

利用泵送的压力将混凝土由底到顶注入钢管内，由混凝土自重及泵送压力使混凝土达到密实的效果，如图 8-3 所示。

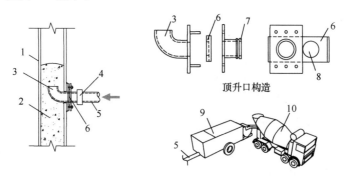

图 8-3　泵送顶升法
1—钢管；2—核心混凝土；3—进料管；4—高压管卡；5—连泵管；6—活动
闸板；7—卡口；8—同管径圆孔；9—混凝土泵车；10—混凝土搅拌车

采用泵送顶升法浇筑时，混凝土的配合比应根据施工组织设计的要求，结合浇筑时间，对混凝土初凝时间、坍落度损失和扩展度等参数进行控制，钢管内混凝土宜连续浇筑。

采用泵送顶升法时，可在钢管适当的位置安装一个带有防回流装置的顶升口，顶升口由卡口、活动闸板、进料口组成；泵送过程中，将卡口与泵车的输送管相连，将混凝土连续不断地自下而上由进料管泵入钢管，一般无需振捣，防回流装置可在混凝土达到终凝后拆除。钢管的尺寸宜大于或等于进料管内径的两倍，钢管的顶部和内部的隔板应设溢流孔和排气孔。对泵送顶升浇筑的下部入口处的管壁应进行强度验算。浇筑完成后，应稳压 2～3min 后再关闭截止阀、拆除泵管。

（2）人工浇捣法

将混凝土由顶到底注入钢管，并用振捣器对混凝土实施振捣，使混凝土密实，如图 8-4 所示。根据管径大小情况和作业条件，管径大于 350mm 时使用该方法更便捷。

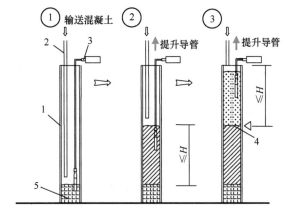

①钢管中安装浇筑导管；②分段浇筑；③混凝土施工缝应在梁、柱交接处以外约200mm处

图 8-4　人工浇捣法

1—钢管；2—浇筑导管；3—振捣器；4—混凝土施工缝；
5—与混凝土同强度等级、厚 100～150mm 的砂浆；
H—振捣器的有效工作范围或 2～3m

采用人工浇捣法时，当空钢管安装就位固定后、混凝土浇筑前，一般先浇筑一层与混凝土同强度等级、厚 100～150mm 的砂浆，以期封闭管底并使自由下落的混凝土不产生骨料弹跳现象。人工浇捣法应逐段进行，每浇筑一定量的混凝土后，需采用内部或外部振捣器进行振捣。每个浇筑段的高度不应大于振捣器的有效工作范围或 2～3m。当钢管外直径大于 350mm 时，可采用内部振捣器进行振捣，每次振捣时间宜在 15～30s，一次浇筑高度不宜大于 2m。当钢管外直径小于 350mm 时，可采用附着在钢管外部的振捣器进行振捣，外部振捣的位置应随混凝土浇筑进程加以调整。

（3）埋管输入法

通过导管将混凝土输送至钢管内，并保证在施工过程中导管端部埋入混凝土一定深度，提管的同时完成混凝土浇筑。依靠混凝土自重进行不间断填充，使混凝土密实，如图 8-5 所示。采用该方法时，浇筑前导管下口离底部的垂直距离不宜小于 300mm，当空钢管安装就位固定后、混凝土浇筑前，一般先浇筑一层与混凝土同强度等级、厚 100～150mm 的砂浆。浇筑过程中导管下口埋入混凝土中深度宜为 1m。导管与钢管内水平隔板浇筑孔的侧隙不宜小于 50mm。当采用泵送方式进行混凝土输入时，不宜同时进行振捣。

导管提升速度应与钢管内混凝土上升速度相适应。

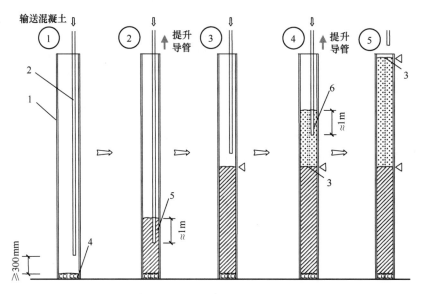

①钢管中安装浇筑导管；②边浇筑混凝土边提升导管，导管必须在混凝土浇筑面以下；③第一次混凝土浇筑完毕，拔出导管；④开始浇筑新混凝土，导管须埋入新浇筑混凝土中；混凝土施工缝应在梁、柱交接处以外约200mm处；⑤混凝土浇筑完毕，拔出导管

图 8-5　埋管输入法

1—钢管；2—浇筑导管；3—混凝土施工缝；4—与混凝土同强度等级、厚 100~150mm 的砂浆；
5—第一次浇筑混凝土；6—第二次浇筑混凝土

（4）高位抛落法

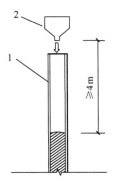

图 8-6　高位抛落法
1—钢管；2—混凝土料斗

通过一定的抛落高度将混凝土填入钢管，充分利用混凝土坠落时的动能使混凝土密实。此方法一般适用于采用非自密实混凝土、钢管外直径大于 350mm、抛落高度不小于 4m 且不大于 12m 的情况，如图 8-6 所示。施工前应进行浇筑试验，检测混凝土的施工性能。高位抛落法可采用导管输送或料斗抛落的方式进行，下料口的尺寸应比钢管管径小 100~200mm，以便于管内空气的排出，对于抛落高度低于 4m 的区段，应采用内部振捣器适当振实。当采用料斗抛落方式时，一次抛落的混凝土量宜在 0.7m³ 左右，同时应保证抛落浇筑到位的混凝土无泌水和离析现象。

核心混凝土的配合比应根据施工工艺、强度指标、混凝土坍落度要求，经浇筑试验确定。采用间歇浇筑时，间隔时间不应超过混凝土的初凝时间。当钢管混凝土结构需设置施工缝时，封闭管口可防止水、油和异物等落入钢管内。对接焊口钢管应高出混凝土浇筑施工缝面 500mm 以上，以防止钢管焊接时产生的高温影响混凝土质量。采用人工浇捣法、埋管输入法和高位抛落法进行施工时，每次浇筑混凝土前，如果前期浇筑的混凝土已达到终凝，应先浇筑一层与混凝土同强度等级、厚 100~150mm 的水泥砂浆。

当混凝土浇筑到钢管顶端时，可使混凝土稍微溢出后再将留有排气孔的层间横隔板或封顶板紧压在管端，并应同步进行点焊固定，待混凝土强度达到设计值的 50％ 以上时，再将横隔板或封顶板按设计要求进行补焊；也可将混凝土浇筑到稍低于管口的位置，待混凝土强度达到设计值的 60％ 后，再采用与混凝土同强度等级的水泥砂浆填充至管口，并将横隔板或封顶板一次封焊到位。

《钢管混凝土混合结构技术标准》GB/T 51446—2021 中规定，钢管内的核心混凝土浇筑应符合下列要求：

（1）新拌混凝土应具有良好的和易性，不发生离析；

（2）管内混凝土宜根据情况适当采取降低水化热或进行收缩补偿的技术措施；

（3）混凝土浇筑前，应检查钢管焊接质量、进场设备与材料的质量和数量，应开展拌合设备和浇筑设备的联动试车，并对钢管内壁进行清洗；

（4）应根据设计要求，选择气温相对稳定的时段浇筑混凝土，浇筑时环境气温应大于 5℃，当环境气温高于 30℃ 且钢管表面温度高于 60℃ 时，宜采取降低钢管温度措施；混凝土浇筑时入模温度不宜高于 35℃；大体积混凝土施工时，混凝土入模温度不宜高于 30℃。

当钢管直径小于 400mm 时，钢管内混凝土宜采用自密实混凝土。

用于钢管内混凝土浇筑的后浇灌孔、顶升孔、排气孔应按设计要求封堵，表面应平整，并应进行表面清理和防腐处理。

钢管内核心混凝土应保证密实，且脱空应满足不大于脱空容限的要求（如 4.9 节所述）。当脱空大于脱空容限时，应对脱空部位采取补强处理。

当拱形钢管混凝土加劲混合结构采用分批次浇筑钢管内混凝土时，应按照设计要求制定混凝土浇筑施工工艺，严格控制混凝土的工作性能和浇筑温度；同一拱肋中上一段钢管内混凝土的强度达到设计强度的 70％ 以上，方可进行下一段相连钢管内混凝土的浇筑。

8.4　钢管外混凝土施工

对于钢管混凝土加劲混合结构（如图 1-19 所示），其钢管外混凝土施工前，应根据结构的施工特点和现场条件，确定施工方案和施工工艺，并应做好准备工作。钢管混凝土混合结构的钢管外混凝土工程，包括钢管混凝土桁式混合结构中的混凝土结构板及钢管混凝土加劲混合结构中的外包混凝土工程。

钢管外钢筋及模板工程应在内部空钢管或钢管混凝土结构施工且验收合格之后进行，施工前应对钢管外表面进行除锈等清理工作。钢筋加工前应根据钢筋与钢结构的连接构造进行翻样，所有与钢结构连接的施工措施宜在工厂内完成。模板安装前，模板与混凝土接触表面应清理干净并涂抹脱模剂，且脱模剂不得污染钢筋、混凝土接槎处以及钢管外表面。

钢管外混凝土可晚于钢管内混凝土施工，也可同期施工。混凝土同期浇筑时，设计单位应复核混凝土同期浇筑工况下空钢管的承载力及稳定性。

钢管外混凝土可采用单层浇筑或多层浇筑施工。若采用多层浇筑施工，设计单位应计算结构在施工阶段的承载力及稳定性，提出钢管外混凝土的浇筑层数和加载程序。施工方应按设计规定的施工加载程序进行施工。钢管外混凝土的工作性能应根据浇筑方法和振捣条件进行选择。钢构件和钢管混凝土结构连接处应采取防水、排水构造措施。

图 8-7 所示为某大桥桥墩的钢管外包混凝土施工过程。

图 8-7　钢管外包混凝土施工
1—钢管混凝土；2—钢筋混凝土

　　施工拱形钢管混凝土加劲混合结构中的钢管混凝土拱肋时，在钢管上开孔和焊接临时结构，应经过设计许可，且应采取结构补强措施。当割除施工用临时钢件时，严禁损伤钢管拱肋。

　　施工拱形钢管混凝土加劲混合结构钢管外包混凝土时，宜分为三环或两环、4~8 个工作面进行浇筑。主拱钢管外包混凝土的每个工作面应至少具备相邻两个节段的模板数量，并应预留施工缝（图 8-8 和图 8-9）。当钢管混凝土加劲混合结构用于大跨径拱形钢管混凝土加劲混合结构时，为了减少钢管的用量，发挥施工阶段截面的组合作用，降低在钢管外包混凝土浇筑阶段的钢管应力，不宜采用一次性浇筑，应采用分环的方式浇筑混凝土，且应在前一环的混凝土达到设计强度之后才能进行下一环的浇筑。

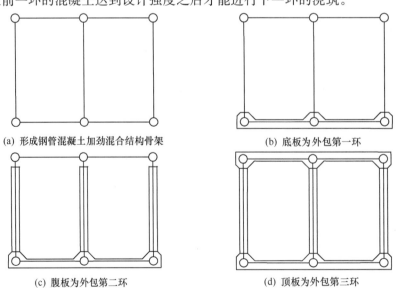

(a) 形成钢管混凝土加劲混合结构骨架　　　　　　(b) 底板为外包第一环

(c) 腹板为外包第二环　　　　　　　　　　　(d) 顶板为外包第三环

图 8-8　主拱钢管外包混凝土的三环施工方法

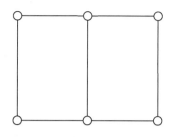

(a) 形成钢管混凝土加劲混合结构骨架

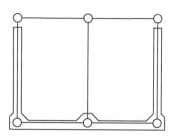

(b) 底板和边腹板为外包第一环

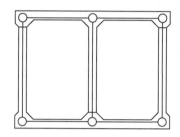

(c) 顶板和中腹板为外包第二环

图 8-9　主拱钢管外包混凝土的两环施工方法

图 8-10 所示为主拱钢管外包混凝土施工过程。

图 8-10　主拱钢管外包混凝土施工

8.5　检 测 和 验 收

　　钢管混凝土结构工程的质量检测与验收除一般规定外，防火保护工程的检测与验收还应符合现行国家标准的有关规定。钢结构安装的允许偏差、焊缝的尺寸偏差、外观质量和内部质量检验、焊缝等级以及探伤要求，应符合现行国家标准的有关规定。

　　《钢管混凝土混合结构技术标准》GB/T 51446—2021 中规定，钢管内混凝土浇筑密实度检测可采用人工敲击、超声波、冲击回波等方法，并应符合下列规定：

（1）检测次数不应少于 4 次，宜为浇筑后 3d、7d、28d 及验收前；

（2）人工敲击检查可根据工程实际情况确定检查点，人工敲击检查结果异常时，应加大检测点密度，确定超声波检测范围；

（3）超声波检测发现异常时，应进行钻孔复检。

钢管外钢筋混凝土各工序的施工，应在前道工序质量检查合格后进行，并应进行自检、互检和交接检，对检查中发现的质量问题应及时处理。

钢管混凝土结构的外观质量不应有严重缺陷及影响结构性能和使用功能的尺寸偏差，且应对涉及钢管混凝土结构安全的代表性部位进行实体质量检验。

钢管混凝土结构子分部工程验收时应提供下列文件和记录：

（1）工程图纸、设计变更及相关设计文件；

（2）原材料出厂质量合格证件及性能检测报告；

（3）焊接材料产品证明书、焊接工艺文件及烘焙记录；

（4）焊工合格证书及施焊范围；

（5）焊缝超声波探伤或射线探伤检测报告及记录；

（6）连接节点检查记录；

（7）混凝土工程施工记录；

（8）混凝土试件性能试验报告；

（9）强制性条文检验项目检查记录及证明文件；

（10）隐蔽工程验收记录；

（11）分项工程质量验收记录和检验批质量验收记录；

（12）工程重大质量、技术问题的技术资料、处理方案和验收记录。

钢管混凝土结构中混凝土的强度等级、工作性能和收缩特性应符合设计要求和国家现行有关标准的规定，浇筑后的养护方法和养护时间应符合专项施工方案要求。

我国对特殊建设工程实行消防验收制度，特殊建设工程的消防验收应依据国家现行相关政策进行。《钢管混凝土混合结构技术标准》GB/T 51446—2021 规定，当钢管混凝土结构是特殊建设工程时，建设单位应向消防设计审查验收主管部门申请消防验收，并提交下列材料：

（1）消防验收申请表；

（2）工程竣工验收报告；

（3）涉及消防的建设工程竣工图纸。

8.6 维护和拆除

钢管混凝土结构的使用者应根据结构安全等级、结构类型、设计工作年限及使用环境，建立全寿命周期内的结构使用与维护管理制度。维护工作应遵守预防为主、防治结合的原则，应进行日常维护、定期检测与鉴定。

钢管混凝土结构在拆除前应经过分析计算，施工单位应编制拆除施工方案与安全操作规程，采用安全绿色拆除技术，减少噪声、粉尘、污水、振动与冲击等，并及时清除废弃物，减少对周边环境的影响。拆除工程应按规定程序进行审批，对作业人员进行技术交底，确保结构拆除过程中的安全性。

（1）维护

对钢管混凝土结构的日常维护，应检查结构损伤、使用荷载的变化等情况。钢管混凝土结构外观应重点检查裂缝、挠度、冻融、腐蚀、钢筋锈蚀、保护层脱落、渗漏水、不均匀沉降以及人为开洞、破损等损伤。对于沿海或酸性环境中的钢管混凝土加劲混合结构，应检查外包混凝土表面的中性化和腐蚀状况。对于严酷环境中的结构，应制定针对性维护方案。

对于受侵蚀介质作用的结构以及在工作年限内不能重新涂装的结构部位，应采取封闭包覆的防护措施。结构构造设计时应减少积留湿气和灰尘的死角或凹槽。对于钢管混凝土加劲混合结构，应有防止混凝土开裂与渗透的技术措施。

（2）拆除

钢管混凝土结构拆除应按短暂工况进行结构分析，安全性要求与施工阶段相同。应考虑拆除过程可能出现的最不利情况，拆除的每一个阶段均应考虑构件约束条件的改变，分析剩余结构的稳定性及安全风险，并调整和确定下一个阶段的拆除方案，拆除现场不应进行结构的解体。

拆除施工中应采取保证剩余结构稳定的措施，局部拆除影响结构安全时，应先加固后拆除；拆除大型、复杂结构时，应进行拆除施工仿真模拟和计算分析。

对可重复利用的钢管混凝土结构构件，应考虑其使用寿命和维护方法，对切割的块体，需进行重复利用或再生利用，对破碎的混凝土，需拟定再生利用计划，对拆除的钢管与钢筋，应回收再生利用。

思　考　题

1. 钢管混凝土结构中通常采用的钢管有哪些类型，以其中一种为例，简述其制作流程。

2. 简述钢管混凝土中核心混凝土浇筑的基本方法及适用条件。

3. 简述钢管混凝土施工质量检测的要点。

4. 简述钢管混凝土加劲混合结构施工全过程的关键技术。

第 9 章　钢管混凝土结构发展展望

本章要点及学习目标

本章要点：

本章探讨了钢管混凝土结构的发展前景。

学习目标：

熟悉基于全寿命周期的钢管混凝土结构理论研究框架。了解钢管混凝土结构发展的新态势。

如前所述，钢管混凝土已成为我国重大土木工程主体结构的优选形式之一，主要原因可归纳如下：

（1）材料兼容性强。钢管与混凝土材料间的约束效应和协调互补，有利于充分发挥材料各自的力学特性。通过材料的合理"匹配"，促进薄壁钢管和高强混凝土的高效应用。

（2）结构高性能。钢管混凝土结构强度高，延性好，抗震和抗火性能优良。与传统钢筋混凝土结构相比，力学性能指标离散性相对较小，结构可靠性好。

（3）节约资源。承重构件承载能力相同的条件下，采用钢管混凝土，与相应的钢筋混凝土相比，节约混凝土可达 50%，施工更快捷；与相应的纯钢结构相比，节约钢材可达 50%，耐火极限可提高 2~3 倍，符合土木工程可持续发展之需求。

（4）适合于"超常"条件下的工程结构。近年来，我国重大基础设施呈现出超大跨、高耸、重载和在恶劣环境下长期服役等"超常"条件新态势，其主体结构安全性设计面临前所未有的挑战。因地制宜地采用钢管混凝土结构，可发挥其技术特点及经济指标方面的优势，从而为"超常"条件下的钢管混凝土主体结构建造提供了新途径。

不过，需要我们始终注意的问题是，即使有约束作用，钢管混凝土中的核心混凝土仍然是一种非均质的非线性材料，力学性能复杂且随时间而变化、性能指标的离散性大，加之核心混凝土与钢管之间的配合形式的多样性，钢管混凝土的力学性能仍较为复杂。

除此之外，钢管混凝土结构近年来的发展呈现出一些新态势，如采用高强钢、不锈钢、高韧性混凝土等材料，以期进一步提高材料利用率，提高结构性能并降低工程造价。这些新材料的引入，势必为钢管混凝土结构的研究与应用带来新的挑战。

此外，如何进一步提高钢管混凝土结构的综合抗灾能力，实现准确的钢管混凝土结构全寿命监控及损伤识别，构建更为完善的高性能、多样化、环境友好型的现代钢管混凝土结构建造技术体系，也是土木工程领域从业人员需深入研究的问题。

下面简要展望钢管混凝土结构的发展方向。

1. 新型钢管混凝土结构

材料高强化是钢管混凝土领域重要发展趋势。钢管对其核心混凝土的约束作用，使混凝土的韧性、延性得以改善和提高，为高强混凝土的应用提供了一条有效途径。为了提高建筑材料的使用效率，有必要深入开展高强钢材（屈服强度高于 460MPa）和高强混凝土（如强度等级 C90 以上）共同组成的高强钢管混凝土及其混合结构设计原理研究。

钢管也可通过不同钢材的组合，形成性能优越的钢管混凝土结构，如外围为不锈钢、内部为碳素钢的双钢管结构（如图 9-1 所示）。该类结构兼具不锈钢美观、耐久及钢管混凝土力学性能优越、经济效果好的特点，该类结构设计的关键是保障不锈钢复层与碳素钢基层可协同变形、共同工作。

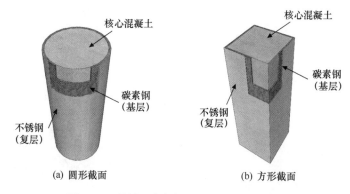

图 9-1　不锈钢-碳素钢双层钢管混凝土构件

核心混凝土可采用一次再生混凝土、二次再生混凝土，甚至多次再生混凝土等。再生混凝土在结构中应用时，需解决其收缩、徐变相对较大，初始损伤累积大，变形能力和耐久性降低，离散性相对较大等问题。当其在高强钢管中填充，形成两种材料共同承受外荷载的高强钢管再生混凝土构件，两种材料的组合可有效弥补其力学性能方面的缺陷：高强钢管的约束作用可有效提高再生混凝土的塑性和韧性，核心再生混凝土可有效地延缓高强钢管的局部屈曲。对高强钢管再生混凝土结构的系统研究有待于深入进行。

新型材料与新构造的采用，将给钢管混凝土结构的设计原理带来革新，也为更好地实现材料-结构一体化设计目标创造了条件。下一步有必要在系统研究及工程实践的基础上，制订相应的新型钢管混凝土结构技术标准。

2. 钢管混凝土结构综合抗灾能力

现代钢管混凝土结构抵抗灾害的能力面临更高的要求，如在海洋环境中的大跨越输变电塔、海上采油平台等，要求结构更好地适应荷载和环境长期的共同作用，满足在服役全寿命期内的安全性、适用性、耐久性及灾后的功能可恢复性等要求。在考虑极端灾害作用以及全寿命周期的钢管混凝土结构设计原理方面，关键基础科学问题尚有待于继续深入研究，如爆炸、撞击以及多灾种耦合作用下的结构破坏机制，长期荷载和腐蚀共同作用下的结构受力机理等，包括多灾害耦合下材料间界面的粘结滑移机理、结构在长期荷载与多种灾害工况下的工作机理和设计方法等。

图 9-2 所示为钢管混凝土试件的抗爆性能试验试件情况。钢管中填充混凝土对试件抗爆性能增强作用显著：空心钢管在爆炸荷载下发生局部凹陷变形，甚至撕裂开口；填充混

凝土后，爆炸荷载作用下，钢管得到其核心混凝土的有效支撑，试件的整体性保持良好。爆炸荷载作用下，钢管及其核心混凝土之间的相互作用机理复杂，与长期荷载等耦合作用下的工作机理等也有待于深入进行。

(a) 试验装置

(b) 圆形空钢管试件破坏形态

(c) 圆形钢管混凝土试件

(d) 方形钢管混凝土试件

图 9-2　钢管及钢管混凝土试件抗爆试验

3. 大型复杂钢管混凝土结构服役全寿命监控

建立全面考虑施工全过程的钢管混凝土结构服役全寿命安全性监控理论、方法和关键技术，是保障其服役全寿命安全的关键。具体内容包括基于全寿期的材料界面性能、应力变化、混凝土收缩与徐变变形，结构的局部变形，结构整体变形的服役全寿命监控等。

4. 钢管混凝土结构损伤识别

钢管混凝土结构长期服役或遭受强烈地震、火灾、撞击、泥石流等灾害荷载作用后，会出现不同程度的损伤。实现结构损伤的准确识别，是受损后结构安全性评估及修复加固设计的前提。目前，针对钢管混凝土损伤识别研究，尚需系统进行试件损伤试验、损伤参数识别、损伤物理模型建立等方面的研究。

图 9-3 总体上给出了基于全寿命周期的钢管混凝土结构分析理论与设计方法研究框图。

钢管混凝土结构是更充分考虑结构的安全性、适用性、和谐性以及良好的可施工性等综合因素的产物。科学合理地采用和设计钢管混凝土结构，符合现代工程结构发展和建设节约型社会的需要，有利于较大限度地实现建设投入经济性与结构性能有效性的统一，助力国民经济可持续发展。相信随着科学研究和工程实践的不断深入，可构建起更为完善的钢管混凝土结构全寿命安全设计与监控理论及技术体系，将进一步促进钢管混凝土结构的高质量可持续发展。

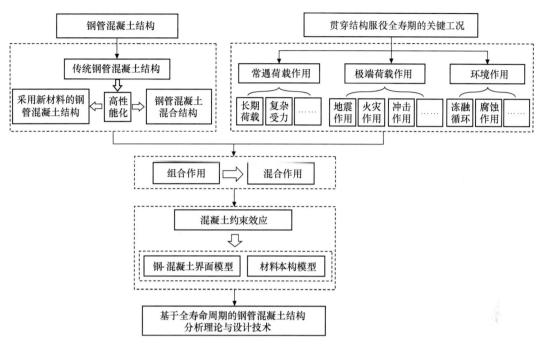

图 9-3 基于全寿命周期的钢管混凝土结构理论研究框图

思 考 题

1. 简述钢管混凝土结构的发展趋势。

2. 结合新材料、新工艺和新构造，尝试改进或提出一种新型钢管混凝土结构，并探讨其优缺点及潜在应用价值。

3. 谈谈你对钢管混凝土结构全寿期性能提升的基础理论及关键技术的理解。

附 录 计 算 例 题

结合工程实例，该附录分别给出钢管混凝土桁式混合结构和钢管混凝土加劲混合结构承载力计算例题，并给出钢管混凝土加劲混合结构有限元分析算例。计算分析主要依据《钢管混凝土混合结构技术标准》GB/T 51446—2021（以下简称《标准》）进行。

附录1 钢管混凝土桁式混合结构承载力计算

分别对不带混凝土结构板和带混凝土结构板的钢管混凝土桁式混合结构进行了承载力计算。

根据某实际工程的结构尺寸、材料力学性能指标等参数，设计了如附表1-1所示的3个算例，其中，算例1和算例2分别为不带混凝土结构板的三肢（如附图1-1所示）、四肢钢管混凝土桁式混合结构（如附图1-2所示），算例3为带混凝土结构板的四肢钢管混凝土桁式混合结构（如附图1-3所示）。算例1~算例3的弦杆节间长度分别为3000mm、7750mm、3000mm，钢管混凝土弦杆的钢管与腹杆均采用圆截面形式。算例3中，混凝土结构板的混凝土强度等级为C40，板厚h_b为150mm；受压弦杆钢管混凝土两肢间混凝土结构板内侧宽度b_f为1300mm，混凝土结构板中受压弦杆外包混凝土宽度b_t为900mm，混凝土结构板外伸段翼缘宽度b_m为950mm。

钢管混凝土桁式混合结构几何尺寸　　　　　　附表 1-1

算例	上弦杆钢管 $d \times t$ (mm)	下弦杆钢管 $D \times t$ (mm)	腹杆钢管 $d_w \times t_w$ (mm)	钢材牌号	弦杆钢管内核心混凝土强度等级	弦杆中心距 h (mm)
算例1	720×20	720×20	392×18	Q355	C50	2000×2000
算例2	1400×30	1400×30	850×18	Q420	C70	8500×8500
算例3	450×15	700×20	273×12	Q355	C50	1875×1875

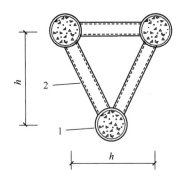

附图 1-1 三肢钢管混凝土桁式混合结构截面
1—钢管混凝土弦杆；2—腹杆

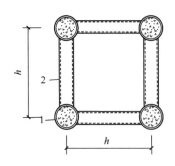

附图 1-2 四肢钢管混凝土桁式混合结构截面
1—钢管混凝土弦杆；2—腹杆

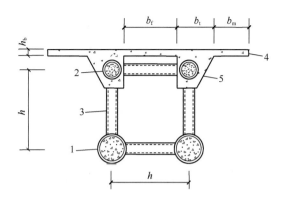

附图 1-3 带混凝土结构板的四肢钢管混凝土桁式混合结构截面
1—受拉弦杆；2—受压弦杆；3—腹杆；
4—混凝土结构板；5—弦杆外包混凝土

1. 构造要求

(1) 钢管混凝土弦杆构造

钢管混凝土弦杆构造计算结果如附表 1-2 所示，各结果均能满足《标准》对钢管混凝土弦杆径厚比、含钢率及约束效应系数的要求。

弦杆构造计算   附表 1-2

算例	径厚比	径厚比限值	含钢率	约束效应系数
算例 1	36	≥17.03，≤102.17	0.12	1.29
算例 2	46.67	≥14.69，≤88.13	0.09	0.82
算例 3 上弦杆	30	≥16.55，≤99.30	0.15	1.62
算例 3 下弦杆	35	≥17.03，≤102.17	0.12	1.33

(2) 腹杆构造

腹杆构造计算结果如附表 1-3 所示，各结果均能满足《标准》对平腹杆中心距离与弦杆中心距之比、腹杆钢管截面积与弦杆钢管截面积之比的要求。

腹杆构造计算   附表 1-3

算例	平腹杆中心距离与弦杆中心距之比	腹杆钢管截面积与弦杆钢管截面积之比
算例 1	1.5	0.48
算例 2	0.91	0.36
算例 3	1.6	0.23

(3) 材料匹配

钢管钢材牌号和混凝土强度等级如附表 1-4 所示，各算例均能满足《标准》对钢管与钢管内混凝土强度匹配关系的要求。

结构材料 附表 1-4

算例	钢材牌号	混凝土强度等级
算例 1	Q355	C50
算例 2	Q420	C70
算例 3	Q355	C50

2. 计算指标

（1）强度计算指标

依据《标准》第 5.2 节规定计算钢管混凝土截面的轴心抗压强度设计值、抗剪强度设计值。

以算例 1 的钢管混凝土弦杆为例进行计算：

钢管混凝土截面的轴心抗压强度标准值 f_{scy}（式 3-2）、轴心抗压强度设计值 f_{sc}（式 3-1）、抗剪强度设计值 f_{sv}（式 3-3）计算如下：

$$f_{scy} = (1.14 + 1.02\xi)f_{ck}$$
$$= (1.14 + 1.02 \times 1.29) \times 32.4$$
$$= 79.6 \text{N/mm}^2$$

$$f_{sc} = \frac{f_{scy}}{\gamma_{sc}}$$
$$= \frac{79.6}{1.40} = 56.9 \text{ N/mm}^2$$

$$f_{sv} = (0.422 + 0.313\alpha_s^{2.33})\xi^{0.134} f_{sc}$$
$$= (0.422 + 0.313 \times 0.12^{2.33}) \times 1.29^{0.134} \times 56.9$$
$$= 25.0 \text{N/mm}^2$$

式中，γ_{sc} 以公路桥涵结构为例进行计算，取为 1.40。

将各算例计算结果汇总于附表 1-5。

钢管混凝土截面强度设计值 附表 1-5

算例	弦杆	
	轴心抗压强度设计值 f_{sc} （N/mm²）	抗剪强度设计值 f_{sv} （N/mm²）
算例 1	56.9	25.0
算例 2	62.8	25.9
算例 3 上弦杆	64.6	29.3
算例 3 下弦杆	57.8	25.5

（2）刚度计算指标

依据《标准》第 5.2 节规定计算钢管混凝土桁式混合结构截面的弹性抗压刚度、弹性抗拉刚度、弹性抗弯刚度和弹性抗剪刚度。

以算例 1 为例进行计算：

钢管混凝土桁式混合结构的截面弹性抗压刚度 $(EA)_{c,h}$（式 3-6）、弹性抗拉刚度

$(EA)_{t,h}$（式3-7）、弹性抗弯刚度$(EI)_h$（式3-9）、弹性抗剪刚度$(GA)_h$（式3-11）计算如下：

$$(EA)_{c,h} = \Sigma(E_s A_s + E_{s,l} A_l + E_{c,c} A_c) + E_{c,oc} A_{oc}$$
$$= 3 \times (206000 \times 43960 + 0 + 34500 \times 362984) + 0$$
$$= 6.47 \times 10^7 \, \text{kN}$$

$$(EA)_{t,h} = \Sigma(E_s A_s + E_{s,l} A_l)$$
$$= 3 \times (206000 \times 43960 + 0)$$
$$= 2.72 \times 10^7 \, \text{kN}$$

$$(EI)_h = E_s I_{s,h} + E_{s,l} I_{l,h} + E_{c,c} I_{c,h} + E_{c,oc} I_{oc,h}$$
$$= [2 \times 206000 \times (2.22 \times 10^{10}) + 206000 \times (8.08 \times 10^{10})] + 0$$
$$+ [2 \times 34500 \times (1.72 \times 10^{11}) + 34500 \times (6.56 \times 10^{11})] + 0$$
$$= 6.03 \times 10^7 \, \text{kN} \cdot \text{m}^2$$

$$(GA)_h = \Sigma(G_s A_s + G_{c,c} A_c) + G_{c,oc} A_{oc}$$
$$= 3 \times (79000 \times 43960 + 13800 \times 362984) + 0$$
$$= 2.54 \times 10^7 \, \text{kN}$$

将各算例计算结果汇总于附表1-6。

截面刚度 附表1-6

算例	弹性抗压刚度$(EA)_{c,h}$（kN）	弹性抗拉刚度$(EA)_{t,h}$（kN）	弹性抗弯刚度$(EI)_h$（kN·m²）	弹性抗剪刚度$(GA)_h$（kN）
算例1	6.47×10^7	2.72×10^7	6.03×10^7	2.54×10^7
算例2	3.15×10^8	1.06×10^8	5.74×10^9	1.24×10^8
算例3	1.17×10^8	2.60×10^7	5.41×10^6	3.73×10^7

3. 承载力计算

（1）受压承载力计算

根据《标准》第6.1节与6.2节（对应本书5.2.1节）规定，计算不带混凝土结构板三肢钢管混凝土桁式混合结构的轴心受压承载力。计算条件：算例1和算例2的结构的实际长度L分别为40000mm和223784mm。

以算例1为例进行计算：

步骤1：计算钢管混凝土桁式混合结构的换算长细比λ

根据《标准》第6.1节规定，采用《钢管混凝土结构技术规范》GB 50936—2014计算轴心受压结构的换算长细比λ：

钢管混凝土桁式混合结构截面惯性矩：

$$I_{sch} = 1.12 \times 10^{12} \, \text{mm}^4$$

钢管混凝土桁式混合结构截面抗弯模量：

$$W_{sch} = 8.40 \times 10^8 \, \text{mm}^3$$

钢管混凝土桁式混合结构长细比：

$$\lambda_x = \frac{l_0}{\sqrt{I_{sch} / \Sigma A_{sc}}}$$

$$= \frac{40000}{\sqrt{1.12 \times 10^{12}/[3 \times (362984 + 43960)]}}$$

$$= 41.76$$

其中，计算长度 l_0 取值与结构的实际长度 L 相同。

钢管混凝土桁式混合结构换算长细比：

$$\lambda = \sqrt{\lambda_x^2 + 200 \frac{A_{sc}}{A_w}}$$

$$= \sqrt{41.76^2 + 200 \times \frac{362984 + 43960}{21138.48}}$$

$$= 74.79$$

步骤 2：根据《标准》第 6.2 节规定，计算轴心受压钢管混凝土桁式混合结构稳定系数 φ

结构弹塑性失稳的界限长细比（式 4-17）：

$$\lambda_o = \pi \sqrt{\frac{420\xi + 550}{(1.02\xi + 1.14)f_{ck}}}$$

$$= \pi \times \sqrt{\frac{420 \times 1.29 + 550}{(1.02 \times 1.29 + 1.14) \times 32.4}}$$

$$= 11.64$$

结构弹性失稳的界限长细比（式 4-11～式 4-16）：

$$\lambda_p = \frac{1743}{\sqrt{f_y}} = \frac{1743}{\sqrt{345}} = 93.84$$

$$d = \left[13000 + 4657\ln\left(\frac{235}{f_y}\right) \right] \cdot \left(\frac{25}{f_{ck} + 5} \right)^{0.3} \cdot \left(\frac{\alpha_s}{0.1} \right)^{0.05}$$

$$= \left[13000 + 4657 \times \ln\left(\frac{235}{345}\right) \right] \times \left(\frac{25}{32.4 + 5} \right)^{0.3} \times \left(\frac{0.12}{0.1} \right)^{0.05}$$

$$= 10026.72$$

$$e = \frac{-d}{(\lambda_p + 35)^3}$$

$$= -\frac{10026.72}{(93.84 + 35)^3}$$

$$= -0.0047$$

$$a = \frac{1 + (35 + 2\lambda_p - \lambda_o)e}{(\lambda_p - \lambda_o)^2}$$

$$= \frac{1 + (35 + 2 \times 93.84 - 11.64) \times (-0.0047)}{(93.84 - 11.64)^2}$$

$$= 1.20 \times 10^{-6}$$

$$b = e - 2a\lambda_p$$

$$= -0.0047 - 2 \times (1.20 \times 10^{-6}) \times 93.84$$

$$= -0.0049$$

$$c = 1 - a\lambda_o^2 - b\lambda_o$$

$$=1-1.20 \times 10^{-6} \times 11.64^2 - (-0.0049) \times 11.64$$
$$=1.06$$

结构的换算长细比 $\lambda_o < \lambda < \lambda_p$，因此钢管混凝土桁式混合结构稳定系数（式 4-10）$\varphi = a\lambda^2 + b\lambda + c = 0.700$。

步骤 3：钢管混凝土桁式混合结构轴心受压承载力计算

单肢弦杆的截面受压承载力（式 4-3）：

$$N_c = f_{sc} A_{sc}$$
$$= 56.9 \times (362984 + 43960)$$
$$= 2.32 \times 10^4 \, kN$$

钢管混凝土桁式混合结构轴心受压承载力（式 5-2）：

$$N_u = \varphi \sum N_c$$
$$= 0.700 \times (3 \times 2.32 \times 10^7)$$
$$= 4.87 \times 10^4 \, kN$$

同理，计算可得，算例 2 的轴心受压承载力为 $1.91 \times 10^5 \, kN$。

（2）受弯承载力计算

依据《标准》第 6.2 节规定，计算三肢不带混凝土结构板钢管混凝土桁式混合结构和四肢带混凝土结构板钢管混凝土桁式混合结构的受弯承载力。

1）不带混凝土结构板的钢管混凝土桁式混合结构

以算例 1 为例进行计算：

单根钢管混凝土弦杆的截面受拉承载力（式 4-20）：

$$N_t = (1.1 - 0.4\alpha_s) f A_s$$
$$= (1.1 - 0.4 \times 0.12) \times 295 \times 43960$$
$$= 1.36 \times 10^4 \, kN$$

不带混凝土结构板的钢管混凝土桁式混合结构受弯承载力（式 5-10）：

$$M_u = \min\{\varphi \sum N_c, \sum N_t\} h_i$$
$$= 8.16 \times 10^4 \, kN \cdot m$$

同理，计算可得，算例 2 的受弯承载力为 $1.62 \times 10^6 \, kN \cdot m$。

2）带混凝土结构板的钢管混凝土桁式混合结构

步骤 1：截面类型判断

混凝土结构板的受压稳定系数 φ_c 按现行国家标准《混凝土结构设计规范》GB 50010—2010（2015 年版）进行计算，$l_1/h_b = 3000/150 = 20$，因此 $\varphi_c = 0.75$。

混凝土结构板外伸端和中间段的有效翼缘宽度 b_{m1}、b_{m2} 根据现行国家标准《混凝土结构设计规范》GB 50010—2010（2015 年版）进行计算，$b_{m1} = b_{m2} = l_1/3 = 1000mm$，该数值大于混凝土结构板实际外伸端和中间段的翼缘宽度，因此单肢弦杆对应的混凝土结构板有效宽度 $b_e = b_{m1} + b_{m2} + b_t = 2500mm$。

受压弦杆的稳定系数 $\varphi_{sc} = 0.945$，计算方法同 1.3.1 节。

$$\varphi_c[\sum b_e h_b f_c + A'_l f'_l] + \varphi_{sc} f_{sc} \sum A_{sc} = 3.02 \times 10^4 \, kN > (1.1 - 0.4\alpha_s) f \sum A_s$$
$$= 2.65 \times 10^4 \, kN$$

因此该结构应该按照第二类截面计算受弯承载力。

步骤 2：受弯承载力计算

混凝土的极限压应变按照现行国家标准《混凝土结构设计规范》GB 50010—2010
（2015 年版）取值，$\varepsilon_{cu} = 0.0033$。

根据《标准》式（6.2.5-2）～式（6.2.5-10）（对应本书式 5-14～式 5-22），求解参
数 x_n，$A_{sc\text{-}c}$，$A_{sc\text{-}t}$，σ_{sc} 和 σ_s：

$$E_{scp} = \frac{[0.192(f/235) + 0.488]f_{sc}}{3.25 \times 10^{-6}f}$$

$$= \frac{[0.192 \times (305/235) + 0.488] \times 64.6}{3.25 \times 10^{-6} \times 305}$$

$$= 4.80 \times 10^4 \, \text{N/mm}^2$$

解得 $x_n = 630\text{mm}$。由于 $h_n + D_c/2 < x_n < h_n + D_c$，故 $A_{sc\text{-}c}$ 与 $A_{sc\text{-}t}$ 分别根据《标准》
式（6.2.5-6）、式（6.2.5-7）（对应本书式 5-18、式 5-19）计算。

$$A_{sc\text{-}c} = 1.51 \times 10^5 \, \text{mm}^2$$

$$A_{sc\text{-}t} = 4.34 \times 10^3 \, \text{mm}^2$$

$$\sigma_{sc} = \frac{1}{2}E_{scp}\frac{\varepsilon_{cu}}{x_n}(x_n - h_n)$$

$$= \frac{1}{2} \times (4.80 \times 10^4) \times \frac{0.0033}{630} \times (630 - 225)$$

$$= 50.9 \text{N/mm}^2$$

$$\sigma_s = \frac{1}{2}E_s\frac{\varepsilon_{cu}}{x_n}(h_n + D_c - x_n)$$

$$= \frac{1}{2} \times 206000 \times \frac{0.0033}{630} \times (225 + 450 - 630)$$

$$= 24.3 \text{N/mm}^2 \leqslant f$$

带混凝土结构板的钢管混凝土桁式混合结构第二类截面的受弯承载力根据《标准》式
（6.2.5-1）（对应本书式 5-13）进行计算，得到：

$$M_u = 5.38 \times 10^4 \text{kN} \cdot \text{m}$$

（3）压弯承载力计算

依据《标准》第 6.2 节规定，验算三肢不带混凝土结构板的钢管混凝土桁式混合结构
的压弯承载力。

计算条件：轴力设计值 $N = 20000\text{kN}$，结构中部初始弯曲度 $u_0 = 100\text{mm}$，算例 1 和
算例 2 的两端截面中心点的直线距离分别为 40000mm 和 223784mm。

以算例 1 为例进行计算：

截面重心至压区弦杆形心轴的距离（式 5-25）：

$$r_c = \frac{N_{uc2}}{N_{uc1} + N_{uc2}}h_i = 666.67\text{mm}$$

截面重心至拉区弦杆形心轴的距离（式 5-26）：

$$r_t = \frac{N_{uc1}}{N_{uc1} + N_{uc2}}h_i = 1333.33\text{mm}$$

承载力 $N\text{-}M$ 相关曲线中拉压界限平衡点对应的轴力（式 5-23）：

$$N_B = \varphi \sum N_c - \sum N_t$$
$$= 0.700 \times 2 \times (2.32 \times 10^4) - 1.36 \times 10^4$$
$$= 1.89 \times 10^4 \text{kN}$$

承载力 N-M 相关曲线中拉压界限平衡点对应的弯矩（式5-24）：

$$M_B = \varphi \sum N_c r_c + \sum N_t r_t$$
$$= [0.700 \times 2 \times (2.32 \times 10^4) \times 666.67 + (1.36 \times 10^4) \times 1333.33]/1000$$
$$= 3.98 \times 10^4 \text{kN} \cdot \text{m}$$

由结构换算长细比计算得到的欧拉临界力（式5 28）：

$$N_E = \pi^2 \sum (EA)_c / \lambda^2$$
$$= \pi^2 \times 2 \times (2.16 \times 10^{10}) / 74.79^2$$
$$= 7.62 \times 10^4 \text{kN}$$

由结构的初始弯曲度引起的弯矩设计值（式5-31）：

$$M = Nu_0 = 2000 \text{kN} \cdot \text{m}$$

由于 $u = \dfrac{M}{N} = 0.1\text{m} < \dfrac{M_B}{N_B} = 2.11\text{m}$，按照《标准》式（6.2.6-5）（对应本书式5-27）验算结构压弯承载力：

$$\frac{N}{\varphi f_{sc} \sum A_{sc}} + \frac{M}{W_{sc}(1 - \varphi N/N_E) f_{sc}}$$
$$= \frac{20000 \times 10^3}{0.700 \times 56.9 \times (3 \times 406944)} + \frac{20000 \times 10^3 \times 100}{8.40 \times 10^8 \times [1 - 0.700 \times (2 \times 10^7)/(7.62 \times 10^7)] \times 56.9}$$
$$= 0.46 \leqslant 1$$

算例1压弯稳定承载力满足《标准》要求。

同理可得，算例2压弯稳定承载力满足《标准》要求。

（4）单根弦杆承载力计算

依据《标准》第6.2.9条规定，计算三肢不带混凝土结构板的钢管混凝土桁式混合结构中单根弦杆的轴心受拉、轴心受压、受弯、压弯、拉弯、受剪、受扭、压扭、压弯扭、压弯剪和压弯扭剪承载力。

压弯承载力计算条件：压力 $N = 5000\text{kN}$，弯矩 $M = 500\text{kN} \cdot \text{m}$；

拉弯承载力计算条件：拉力 $N = 4000\text{kN}$，弯矩 $M = 500\text{kN} \cdot \text{m}$；

压扭承载力计算条件：压力 $N = 9000\text{kN}$，扭矩 $T = 1000\text{kN} \cdot \text{m}$；

压弯扭承载力计算条件：压力为 $N = 4000\text{kN}$，弯矩 $M = 500 \text{kN} \cdot \text{m}$，扭矩 $T = 1000\text{kN} \cdot \text{m}$；

压弯剪承载力计算条件：压力为 $N = 4000\text{kN}$，弯矩 $M = 500 \text{kN} \cdot \text{m}$，剪力 $V = 2000\text{kN}$；

压弯扭剪承载力计算条件：压力为 $N = 4000\text{kN}$，弯矩 $M = 500 \text{kN} \cdot \text{m}$，扭矩 $T = 1000 \text{kN} \cdot \text{m}$，剪力 $V = 2000\text{kN}$。

1）单根钢管混凝土弦杆轴心受压和轴心受拉承载力计算（4.2.1节）

以算例1的钢管混凝土弦杆为例进行计算，弦杆的轴心受压稳定承载力（式4-9）、轴心受拉承载力（式4-20）：

$$\varphi N_c = 0.987 \times 2.32 \times 10^4 = 2.29 \times 10^4 \, kN$$
$$N_t = 1.36 \times 10^4 \, kN$$

同理，计算可得，算例 2 单根弦杆受压稳定承载力和受拉承载力分别为 $9.03 \times 10^4 \, kN$ 和 $4.87 \times 10^4 \, kN$。

2）单根钢管混凝土弦杆受弯承载力计算（4.2.2 节）

以算例 1 的钢管混凝土弦杆为例进行计算，弦杆截面抗弯模量（式 4-21）和抗弯塑性发展系数（式 4-27）：

$$W_{scl} = \pi \times 720^3 / 32 = 3.66 \times 10^7 \, mm^3$$
$$\gamma_m = 1.1 + 0.48 \ln(\xi + 0.1)$$
$$= 1.1 + 0.48 \times \ln(1.29 + 0.1)$$
$$= 1.26$$

弦杆受弯承载力（式 4-26）：

$$M_{cu} = \gamma_m W_{scl} f_{sc}$$
$$= 1.26 \times (3.66 \times 10^7) \times 56.9$$
$$= 2.62 \times 10^3 \, kN \cdot m$$

同理，计算可得，算例 2 单根弦杆受弯承载力为 $1.79 \times 10^4 \, kN \cdot m$。

3）单根钢管混凝土弦杆压弯承载力验算（4.3.1 节）

以算例 1 的钢管混凝土弦杆为例进行验算：

步骤 1：截面承载力验算

$$\eta_0 = 0.1 + 0.14\xi^{-0.84}$$
$$= 0.1 + 0.14 \times 1.29^{-0.84}$$
$$= 0.21$$
$$\zeta_0 = 1 + 0.18\xi^{-1.15}$$
$$= 1 + 0.18 \times 1.29^{-1.15}$$
$$= 1.13$$
$$c = \frac{2(\zeta_0 - 1)}{\eta_0}$$
$$= \frac{2 \times (1.13 - 1)}{0.21}$$
$$= 1.24$$
$$b = \frac{1 - \zeta_0}{\eta_0^2}$$
$$= \frac{1 - 1.13}{0.21^2}$$
$$= -2.95$$
$$a = 1 - 2\eta_0$$
$$= 1 - 2 \times 0.21$$
$$= 0.58$$

$N_{cd}/N_c = 0.22 < 2\eta_0$，故截面承载力按照《标准》式（6.2.9-8）（对应本书式 4-40）

验算：

$$\frac{-bN_{cd}^2}{N_c^2} - \frac{cN_{cd}}{N_c} + \frac{M_{cd}}{M_{cu}} = \frac{2.95 \times (5 \times 10^6)^2}{(2.31 \times 10^7)^2} - \frac{1.24 \times (5 \times 10^6)}{2.31 \times 10^7} + \frac{5 \times 10^8}{2.62 \times 10^9} = 0.06 \leqslant 1$$

截面承载力满足《标准》要求。

步骤2：稳定承载力验算

$$c = \frac{2(\zeta_0 - 1)}{\eta_0}$$
$$= \frac{2 \times (1.13 - 1)}{0.21}$$
$$= 1.24$$
$$N_{cE} = \pi^2 (EA)_c / \lambda_c^2$$
$$= \pi^2 \times (2.16 \times 10^{10}) / 15^2$$
$$= 9.47 \times 10^5 \, kN$$
$$d = 1 - 0.4 \left(\frac{N_{cd}}{N_{cE}}\right)$$
$$= 1 - 0.4 \times \left(\frac{5 \times 10^6}{9.47 \times 10^5 \times 1000}\right)$$
$$= 1.00$$
$$b = \frac{1 - \zeta_0}{\varphi^3 \eta_0^2}$$
$$= \frac{1 - 1.13}{0.987^3 \times 0.21^2}$$
$$= -3.07$$
$$a = 1 - 2\varphi^2 \eta_0$$
$$= 1 - 2 \times 0.987^2 \times 0.21$$
$$= 0.59$$

由于 $N_{cd}/N_c = 0.22 < 2\varphi^3 \eta_0$，故稳定承载力按照《标准》式（6.2.9-15）（对应本书式4-47）验算：

$$\frac{-bN_{cd}^2}{N_c^2} - \frac{cN_{cd}}{N_c} + \frac{1}{d}\frac{M_{cd}}{M_{cu}} = \frac{3.07 \times (5 \times 10^6)^2}{(2.31 \times 10^7)^2} - \frac{1.24 \times (5 \times 10^6)}{2.31 \times 10^7} + \frac{1}{1.00} \cdot \frac{5 \times 10^8}{2.62 \times 10^9}$$
$$= 0.07 \leqslant 1$$

稳定承载力验算满足《标准》要求。

弦杆压弯承载力满足《标准》要求。

同理可得，算例2单根弦杆压弯承载力满足《标准》要求。

4）单根钢管混凝土弦杆拉弯承载力验算（4.3.1节）

以算例1的钢管混凝土弦杆为例进行验算（式4-53）：

$$\frac{N_{td}}{(1.1 - 0.4\alpha_s)fA_s} + \frac{M_{cd}}{M_{cu}} = \frac{4 \times 10^6}{(1.1 - 0.4 \times 0.12) \times 295 \times 43960} + \frac{5 \times 10^8}{2.62 \times 10^9}$$
$$= 0.48 \leqslant 1$$

拉弯承载力满足《标准》要求。

同理可得，算例2单根弦杆拉弯承载力满足《标准》要求。

5）单根钢管混凝土弦杆受剪承载力计算（4.2.4节）

以算例 1 的钢管混凝土弦杆为例进行计算式（4-37）、式（4-38）：

$$\gamma_v = 0.97 + 0.2\ln\xi$$
$$= 0.97 + 0.2 \times \ln1.29$$
$$= 1.02$$
$$V_{cu} = \gamma_v A_{sc} f_{sv}$$
$$= 1.02 \times 406944 \times 25.0$$
$$= 1.04 \times 10^4 \text{kN}$$

同理，计算可得，算例 2 单根弦杆受剪承载力为 $3.71 \times 10^4 \text{kN}$。

6）单根钢管混凝土弦杆受扭承载力计算（4.2.3 节）

以算例 1 的钢管混凝土弦杆为例进行计算（式 4-32～式 4-34）：

$$W_{sc,t} = 7.33 \times 10^7 \text{ mm}^3$$
$$\gamma_t = 1.294 + 0.267\ln\xi$$
$$= 1.294 + 0.267 \times \ln1.29$$
$$= 1.36$$
$$T_{cu} = \gamma_t W_{sc,t} f_{sv}$$
$$= 1.36 \times (7.33 \times 10^7) \times 25.0$$
$$= 2.49 \times 10^3 \text{kN} \cdot \text{m}$$

同理，计算可得，算例 2 的单根弦杆受扭承载力为 $1.73 \times 10^4 \text{kN} \cdot \text{m}$。

7）单根钢管混凝土弦杆压扭承载力验算（4.3.2 节）

以算例 1 的钢管混凝土弦杆为例进行验算：

步骤 1：截面承载力验算（式 4-54）

$$\left(\frac{N_{cd}}{N_c}\right)^{2.4} + \left(\frac{T_{cd}}{T_{cu}}\right)^2 = \left(\frac{9 \times 10^6}{2.32 \times 10^7}\right)^{2.4} + \left(\frac{10^9}{2.49 \times 10^9}\right)^2 = 0.26 \leqslant 1$$

步骤 2：稳定承载力验算（式 4-55）

$$\left(\frac{N_{cd}}{\varphi N_c}\right)^{2.4} + \left(\frac{T_{cd}}{T_{cu}}\right)^2 = \left(\frac{9 \times 10^6}{0.987 \times 2.32 \times 10^7}\right)^{2.4} + \left(\frac{10^9}{2.49 \times 10^9}\right)^2 = 0.27 \leqslant 1$$

压扭承载力满足《标准》要求。

同理可得，算例 2 单根弦杆压扭承载力满足《标准》要求。

8）单根钢管混凝土弦杆压弯扭承载力验算（4.3.4 节）

以算例 1 的钢管混凝土弦杆为例进行验算：

$$d = 1 - 0.4\left(\frac{N_{cd}}{N_{cE}}\right)$$
$$= 1 - 0.4 \times \left(\frac{4 \times 10^6}{9.47 \times 10^8}\right)$$
$$= 1.00$$
$$\beta = \frac{T_{cd}}{T_{cu}} = 0.40$$
$$\zeta_e = (1 - \beta^2)^{0.417} \zeta_0$$
$$= (1 - 0.40^2)^{0.417} \times 1.13$$
$$= 1.05$$

$$\eta_e = (1 - \beta^2)^{0.417} \eta_0$$
$$= (1 - 0.40^2)^{0.417} \times 0.21$$
$$= 0.20$$

$$c = \frac{2(\zeta_e - 1)}{\eta_e}$$
$$= \frac{2 \times (1.05 - 1)}{0.20}$$
$$= 0.50$$

$$b = \frac{1 - \zeta_e}{\varphi^3 \eta_e^2}$$
$$= \frac{1 - 1.05}{0.987^3 \times 0.20^2}$$
$$= -1.30$$

$$a = 1 - 2\varphi^2 \eta_0$$
$$= 1 - 2 \times 0.987^2 \times 0.21$$
$$= 0.59$$

$N_{cd}/N_c = 0.17 < 2\varphi^3 \eta_0 \left[1 - \left(\frac{T_{cd}}{T_{cu}} \right)^2 \right]^{0.417} = 0.38$，根据《标准》式（6.2.9-32）（对应本书式 4-58）验算压弯扭承载力：

$$\left[-b\left(\frac{N_{cd}}{N_c}\right)^2 - c\left(\frac{N_{cd}}{N_c}\right) + \frac{1}{d}\frac{M_{cd}}{M_{cu}} \right]^{2.4} + \left(\frac{T_{cd}}{T_{cu}}\right)^2$$
$$= \left[1.30 \times \left(\frac{4 \times 10^6}{2.32 \times 10^7}\right)^2 - 0.50 \times \left(\frac{4 \times 10^6}{2.32 \times 10^7}\right) + \frac{1}{1.00} \cdot \frac{5 \times 10^6}{2.62 \times 10^9} \right]^{2.4}$$
$$+ \left(\frac{10^9}{2.49 \times 10^9}\right)^2$$
$$= 0.17 \leqslant 1$$

压弯扭承载力满足《标准》要求。

同理可得，算例 2 单根弦杆压弯扭承载力满足《标准》要求。

9）单根钢管混凝土弦杆压弯剪承载力验算（4.3.5 节）

以算例 1 的钢管混凝土弦杆为例进行验算：

$N_{cd}/N_c = 0.17 < 2\varphi^3 \eta_0 \left[1 - \left(\frac{V_{cd}}{V_{cu}} \right)^2 \right]^{0.417} = 0.40$，根据《标准》中式（6.2.9-41）验算压弯剪承载力（对应本书式 4-68）：

$$\left[-b\left(\frac{N_{cd}}{N_c}\right)^2 - c\left(\frac{N_{cd}}{N_c}\right) + \frac{1}{d}\frac{M_{cd}}{M_{cu}} \right]^{2.4} + \left(\frac{V_{cd}}{V_{cu}}\right)^2$$
$$= \left[3.07 \times \left(\frac{4 \times 10^6}{2.32 \times 10^7}\right)^2 - 1.24 \times \left(\frac{4 \times 10^6}{2.32 \times 10^7}\right) + \frac{1}{1.00} \cdot \frac{5 \times 10^8}{2.62 \times 10^9} \right]^{2.4}$$
$$+ \left(\frac{2 \times 10^6}{1.04 \times 10^7}\right)^2$$
$$= 0.04 \leqslant 1$$

压弯剪承载力满足《标准》要求。

同理可得，算例 2 单根弦杆压弯剪承载力满足《标准》要求。

10) 单根钢管混凝土弦杆压弯扭剪承载力验算 (4.3.6 节)

以算例 1 的钢管混凝土弦杆为例进行验算：

$N_{cd}/N_c = 0.17 < 2\varphi^3\eta_0\left[1 - \left(\dfrac{T_{cd}}{T_{cu}}\right)^2 - \left(\dfrac{V_{cd}}{V_{cu}}\right)^2\right]^{0.417} = 0.37$，根据《标准》中式

(6.2.9-43)（对应本书式 4-70）验算压弯扭剪承载力：

$$\left[-b\left(\dfrac{N_{cd}}{N_c}\right)^2 - c\left(\dfrac{N_{cd}}{N_c}\right) + \dfrac{1}{d}\dfrac{M_{cd}}{M_{cu}}\right]^{2.4} + \left(\dfrac{V_{cd}}{V_{cv}}\right)^2 + \left(\dfrac{T_{cd}}{T_{cu}}\right)^2$$

$$= \left[1.30 \times \left(\dfrac{4 \times 10^6}{2.32 \times 10^7}\right)^2 - 0.50 \times \left(\dfrac{4 \times 10^6}{2.32 \times 10^7}\right) + \dfrac{1}{1.00} \cdot \dfrac{5 \times 10^8}{2.62 \times 10^9}\right]^{2.4}$$

$$+ \left(\dfrac{2 \times 10^7}{1.04 \times 10^7}\right)^2 + \left(\dfrac{10^9}{2.49 \times 10^9}\right)^2$$

$$= 0.21 \leqslant 1$$

压弯扭剪承载力满足《标准》要求。

同理可得，算例 2 单根弦杆压弯扭剪承载力满足《标准》要求。

(5) 单根腹杆承载力计算

依据《标准》第 6.2 节规定，计算三肢不带混凝土结构板的钢管混凝土桁式混合结构中单根腹杆的抗剪承载力、抗弯承载力和受压承载力。

计算条件同附表 1-1，抗弯承载力验算中轴力设计值 $N = 20000\text{kN}$，结构中部初始弯曲度 $u_0 = 100\text{mm}$，算例 1 和算例 2 的两端截面中心点的直线距离分别为 40000mm 和 223784mm。

1) 单根腹杆抗剪承载力验算 (式 5-39)

以算例 1 的腹杆为例进行验算：

钢管混凝土桁式混合结构在轴心受压荷载作用下腹杆剪力设计值：

$$V = \frac{\sum(A_{sc}f_{sc})}{85} = 817.24\text{kN}$$

所有腹杆共同承担剪力，假设有 39 根平腹杆，则每根腹杆剪力设计值为：

$$V_w = 20.95\text{kN}$$

腹杆毛截面惯性矩：

$$I_w = 3.72 \times 10^8 \text{ mm}^4$$

腹杆中和轴以上（或以下）区域毛截面对中和轴的面积矩：

$$S = 2.52 \times 10^6 \text{ mm}^3$$

腹杆截面最大剪应力：

$$\tau = \frac{V_w S}{I_w t_w} = 7.9\text{N/mm}^2 < f_v$$

腹杆抗剪承载力满足《标准》要求。

同理可得，算例 2 单根腹杆抗剪承载力满足《标准》要求。

2）单根腹杆抗弯承载力验算（式 5-40、式 5-41）

以算例 1 的腹杆为例进行验算：

腹杆弯矩设计值与截面正应力：

$$M = \frac{l_1}{m_b} \cdot \frac{\pi}{L} \cdot \frac{Nu_0}{(1 - N/N_E)}$$

$$= \frac{3000}{3.58} \cdot \frac{\pi}{4 \times 10^4} \cdot \frac{2 \times 10^7 \times 100}{[1 - (2 \times 10^7)/(7.62 \times 10^7)]}$$

$$= 178.49 \text{kN} \cdot \text{m}$$

$$\sigma = \frac{M}{\gamma_x W_x}$$

$$= \frac{178.49 \times 10^6}{1.15 \times (1.90 \times 10^6)}$$

$$= 81.7 \text{N/mm}^2 < f$$

腹杆抗弯承载力满足《标准》要求。

同理可得，算例 2 单根腹杆抗弯承载力满足《标准》要求。

3）单根腹杆受压承载力验算（式 5-40、式 5-42）

以算例 1 的腹杆为例进行验算：

$$N_{wd} = \frac{\pi}{m\sin\theta L} \cdot \frac{Nu_0}{(1 - N/N_E)}$$

$$= \frac{\pi}{2 \times \cos0.46 \times \sin(\pi/2) \times 40000} \cdot \frac{2 \times 10^7 \times 100}{1 - (2 \times 10^7)/(1.76 \times 10^8)}$$

$$= 98.77 \text{kN}$$

腹杆长细比：

$$\lambda_w = 0.8 h_i / \sqrt{I_w/A_w} = 0.8 \times 2236.07 / \sqrt{(3.72 \times 10^8)/21138.48} = 13.48$$

$$\varepsilon_k = \sqrt{235/f_y} = 0.83$$

$$\lambda_w/\varepsilon_k = 16.24$$

腹杆稳定系数查现行国家标准《钢结构设计标准》GB 50017—2017 得 $\varphi = 0.986$；

$$\frac{N_b}{\varphi A_w f_w} = 0.019 < 1$$

腹杆受压承载力满足《标准》要求。

同理可得，算例 2 单根腹杆受压承载力满足《标准》要求。

（6）结构受剪承载力

依据《标准》第 6.3 节规定，计算平腹杆和斜腹杆钢管混凝土桁式混合结构受剪承载力。

平腹杆钢管混凝土桁式混合结构计算条件同附表 1-1 中不带混凝土结构板的钢管混凝土桁式混合结构（算例 1 和算例 2），算例 1 和算例 2 的两端截面中心点的直线距离分别为 40000mm 和 223784mm。

斜腹杆钢管混凝土桁式混合结构计算条件：斜腹杆与弦杆夹角为 $\theta = 60°$，初始弯曲度 $u_0 = 150$mm，其他尺寸和平腹杆结构尺寸一致。验算当构件两端承受轴压荷载 $N =$

20000kN 时结构斜截面承载力。

1）平腹杆钢管混凝土桁式混合结构受剪承载力计算（式 5-44）

以算例 1 为例进行计算：

结构受剪承载力：

$$V_u = 0.9 \sum V_{cu}$$
$$= 0.9 \times 3 \times (1.04 \times 10^7)$$
$$= 2.81 \times 10^4 \text{kN}$$

同理，计算可得算例 2 受剪承载力为 1.34×10^5 kN。

2）斜腹杆钢管混凝土桁式混合结构受剪承载力验算（式 5-42）

$$V_{wd} = \frac{\pi}{m \sin\theta L} \cdot \frac{N u_0}{(1 - N/N_E)}$$
$$= \frac{\pi}{2 \times \cos 0.46 \times \sin(\pi/3) \times 40000} \cdot \frac{2 \times 10^7 \times 150}{1 - (2 \times 10^7)/(1.76 \times 10^8)}$$
$$= 171.39 \text{kN}$$

计算斜腹杆受压控制的受剪承载力：

腹杆长细比：

$$\lambda_w = (0.8 h_i / \sin\theta) / \sqrt{I_w / A_w}$$
$$= [0.8 \times 2000 / \sin(\pi/3)] / \sqrt{(3.72 \times 10^8)/21138.48}$$
$$= 13.93$$

腹杆稳定系数查现行国家标准《钢结构设计标准》GB 50017—2017 得 $\varphi = 0.987$；

$$V_u = \varphi f_w A_w$$
$$= 0.987 \times 295 \times 21138.48$$
$$= 6.15 \times 10^3 \text{kN} > V_{wd}$$

斜截面受剪承载力满足《标准》要求。

同理可得，算例 2 受剪承载力满足《标准》要求。

4. 节点设计

（1）节点连接一般规定

依据《标准》第 8.1 节规定，计算相贯节点插板插入钢管的焊接长度，节点板自由边的长度与厚度之比。

计算条件：某钢管混凝土桁式混合结构间隙 K 形平面节点。弦杆钢管截面尺寸为 720×20 mm，腹杆钢管截面尺寸为 400×18 mm，钢材牌号为 Q355，混凝土强度等级为 C50，腹杆与弦杆夹角为 60°，弦杆中心距为 2000mm。受拉腹杆轴心拉力设计值为 1800kN，受压腹杆轴心压力设计值为 3000kN。

根据《标准》第 8.1.5 条规定，插板插入钢管的焊接长度应按内力计算确定。

选用槽形插板连接，每个连接处共有 8 个角焊缝，焊脚尺寸 $h_f = 8$ mm，$f_f^w = 200 \text{N/mm}^2$。

根据现行国家标准《钢结构设计标准》GB 50017—2017，腹杆轴心受压时的焊缝计算长度：

$$l_w \geq N/(0.7 h_f f_f^w) = 334.82 \text{mm}$$

焊接长度：

$$l = l_w + 2h_f = 350.82 \text{mm}$$

腹杆轴心受拉时，焊缝计算长度：

$$l_w \geqslant N/(0.7h_f f_f^w) = 200.89 \text{mm}$$

焊接长度：

$$l = l_w + 2h_f = 216.89 \text{mm}$$

根据《标准》第8.1.6条规定，节点板自由边的长度与厚度之比大于 $60\sqrt{235/f_y} = 49.52$ 时，宜卷边或设置纵向加劲板。

（2）钢管混凝土桁式混合结构节点规定

依据《标准》第8.2节规定，计算腹杆与弦杆的连接节点处偏心距，平面 K 形、N 形节点的搭接率，计算条件同1.4.1节，间隙长度为100mm。

间隙长度 $a = 100 \text{mm}$，计算得到 K 形节点偏心距（式6-11）为126.60mm，$-0.55 \leqslant \frac{e}{D} = 0.18 \leqslant 0.25$，满足《标准》要求。

K 形平面节点的搭接率 $25\% \leqslant \eta_{ov} = \frac{q}{p} \cdot 100\% = 32\% \leqslant 100\%$，满足要求。

（3）节点承载力

依据《标准》第8.2节规定，验算局部受压承载力。

计算条件：受拉腹杆轴心拉力设计值为 1800kN，受压腹杆轴心压力设计值为 3000kN，弦杆侧向局部压力设计值 $N_{LF} = 20000 \text{kN}$，其他尺寸同1.4.1节。

1）受拉腹杆的轴心受拉承载力验算（式6-13）

$$
\begin{aligned}
N_{tw} &= \min\left(f_v t \pi d_w \frac{1 + \sin\theta}{2\sin^2\theta},\ f_w A_w\right) \\
&= \min\left(170 \times 20 \times \pi \times 400 \times \frac{1 + \sin(\pi/3)}{2 \times \sin^2(\pi/3)},\ 295 \times 21590.64\right) \\
&= \min(5.32 \times 10^6,\ 6.37 \times 10^6) \\
&= 5.32 \times 10^3 \text{kN} > 1800 \text{kN}
\end{aligned}
$$

受拉腹杆轴心受拉承载力满足《标准》要求。

2）受压腹杆的轴心受压承载力验算

腹杆稳定系数 $\varphi = 0.987$，计算方法同前；

$$\frac{N}{\varphi A_w f_w} = \frac{3.00 \times 10^6}{0.987 \times 21590.64 \times 295} = 0.48 < 1$$

受压腹杆轴心受压承载力满足《标准》要求。

3）侧向局部受压承载力验算（式6-14～式6-18）

钢管混凝土的局部受压面积、侧向局部受压的计算底面积、侧向局部受压时混凝土强度提高系数：

$$
\begin{aligned}
A_{lc} &= \pi d_w^2 / 4 \\
&= \pi \times 400^2 / 4 \\
&= 1.26 \times 10^5 \text{mm}^2
\end{aligned}
$$

$$A_b = \frac{A_{lc}}{\sin\theta} + 2d_w D$$

$$= \frac{1.26 \times 10^5}{\sin(\pi/3)} + 2 \times 400 \times 720$$

$$= 7.21 \times 10^5 \, \text{mm}^2$$

$$\beta_1 = \sqrt[4]{\frac{A_b}{A_{lc}}}$$

$$= \sqrt[4]{\frac{7.21 \times 10^5}{1.26 \times 10^5}}$$

$$= 2.39$$

$$\sqrt{\frac{A_{lc}}{A_b}} \cdot \frac{f_y}{f_{ck}} = 4.45$$

查《标准》表 8.2.1（对应本书表 6-2）得 $\beta_c = 2.00$；

弦杆侧向局部受压承载力：

$$N_{uLF} = \beta_c \beta_1 f_c \frac{A_{lc}}{\sin\theta}$$

$$= 2.00 \times 2.39 \times 23.1 \times \frac{1.26 \times 10^5}{\sin(\pi/3)}$$

$$= 1.61 \times 10^4 \, \text{kN} > N_{LF}$$

弦杆侧向局部受压承载力满足《标准》要求。

（4）疲劳强度验算

1）常幅疲劳

依据《标准》第 8.5.4 条和《标准》附录 D 规定计算常幅疲劳下的节点强度。

计算条件：某钢管混凝土桁式混合结构，相贯焊接 K 形间隙节点的圆钢管壁厚 $t = 30\text{mm}$，热点应力幅 $\Delta\sigma_{hs} = 100\text{N/mm}^2$，疲劳寿命 $N = 2 \times 10^6$ 次，验算节点疲劳强度。

由于 $N < 5 \times 10^6$，按照《标准》第 8.5.4 条计算常幅疲劳的容许热点应力幅；

对于 K 形间隙节点，查《标准》中表 8.5.4 得到疲劳强度的计算参数 $C = 4.345 \times 10^{12}$，$\beta = 3$；

常幅疲劳的容许热点应力幅 $[\Delta\sigma_{hs}] = \left(\frac{C}{N}\right)^{1/\beta} = 129.51\text{N/mm}^2$；

钢管壁厚 t 大于 25mm 时需要考虑钢管壁厚对疲劳强度的影响，钢管壁厚修正系数 $\gamma_t = (25/t)^{0.25} = 0.96$；

$\Delta\sigma_{hs} < \gamma_t[\Delta\sigma_{hs}]$；

常幅疲劳下节点强度满足《标准》要求。

2）变幅疲劳

依据《标准》第 8.5.5 条和附录 D 规定，计算变幅疲劳下的节点强度。

计算条件：某钢管混凝土桁式混合结构，相贯焊接 K 形间隙节点的圆钢管壁厚 $t = 30\text{mm}$，热点应力幅（Δn）分别为 60、80、110 N/mm²，相应的频次（n）分别为 2×10^6、1×10^6、1×10^6。

$\Delta\sigma_{hs} = 110\text{N/mm}^2 > \gamma_t[\Delta\sigma_{hs,L}]_{1 \times 10^8} = 49.68\text{N/mm}^2$，需再按照《标准》第 8.5.5 条

第 2 款进行验算；

$$\Delta\sigma_{\mathrm{hs,e}} = \left[\frac{\sum n_{\mathrm{i}}(\Delta\sigma_{\mathrm{hs,i}})^{\beta} + ([\Delta\sigma_{\mathrm{hs,c}}]_{5\times10^6})^{-2}\sum n_{\mathrm{j}}(\Delta\sigma_{\mathrm{hs,j}})^{\beta+2}}{2\times10^6}\right]^{1/\beta} = 97.72\ \mathrm{N/mm^2};$$

$$\Delta\sigma_{\mathrm{hs,e}} \leqslant \gamma_{\mathrm{t}}[\Delta\sigma_{\mathrm{hs}}]_{2\times10^6} = 124.20\mathrm{N/mm^2};$$

变幅疲劳下节点强度满足《标准》要求。

5. 防护设计

（1）防腐设计

依据《标准》第 9.2 节规定，计算腐蚀后钢管混凝土桁式混合结构抗弯承载力。

计算条件：某平腹杆式不带混凝土结构板三肢钢管混凝土桁式混合结构，截面尺寸如附表 1.1 中算例 1，结构的实际长度 $L=40000\mathrm{mm}$。假设钢管混凝土弦杆外钢管壁厚发生均匀腐蚀，管壁平均损伤 $\Delta t = 2\mathrm{mm}$，计算此时钢管混凝土桁式混合结构的抗弯承载力。

以算例 1 结构为例进行计算：

腐蚀后钢管外直径、钢管的截面面积、名义截面含钢率、名义约束效应系数（式 7-1～式 7-5）：

$$\begin{aligned}D_{\mathrm{e}} &= D - 2\Delta t\\ &= 720 - 2\times2\\ &= 716\mathrm{mm}\end{aligned}$$

$$\begin{aligned}A_{\mathrm{se}} &= \frac{\pi}{4}\left[D_{\mathrm{e}}^2 - (D_{\mathrm{e}} - 2t_{\mathrm{e}})^2\right]\\ &= \frac{\pi}{4}\times\left[716^2 - (716 - 2\times18)^2\right]\\ &= 3.95\times10^4\mathrm{mm^2}\end{aligned}$$

$$\alpha_{\mathrm{e}} = \frac{A_{\mathrm{se}}}{A_{\mathrm{c}}} = \frac{3.95\times10^4}{3.63\times10^5} = 0.11$$

$$\xi_{\mathrm{e}} = \alpha_{\mathrm{e}}\frac{f_{\mathrm{y}}}{f_{\mathrm{ck}}} = 0.11\times\frac{345}{32.4} = 1.16$$

腐蚀后钢管混凝土弦杆截面轴心抗压强度标准值（式 3-2）、轴心抗压强度设计值（式 3-1）：

$$\begin{aligned}f_{\mathrm{scy}} &= (1.14 + 1.02\xi_{\mathrm{e}})f_{\mathrm{ck}}\\ &= (1.14 + 1.02\times1.16)\times32.4\\ &= 75.3\mathrm{N/mm^2}\end{aligned}$$

$$\begin{aligned}f_{\mathrm{sc}} &= f_{\mathrm{scy}}/\gamma_{\mathrm{sc}}\\ &= 75.3/1.40\\ &= 53.8\mathrm{N/mm^2}\end{aligned}$$

式中，γ_{sc} 按公路桥涵结构取值。

腐蚀后单肢钢管混凝土弦杆的截面受压承载力（式 4-3）、截面受拉承载力（式 4-20）：

$$\begin{aligned}N_{\mathrm{c}} &= f_{\mathrm{sc}}A_{\mathrm{sc}}\\ &= 53.8\times(3.95\times10^4 + 3.63\times10^5)\\ &= 2.17\times10^4\mathrm{kN}\end{aligned}$$

$$N_t = (1.1 - 0.4\alpha_s)fA_s$$
$$= (1.1 - 0.4 \times 0.11) \times 295 \times (3.95 \times 10^4)$$
$$= 1.23 \times 10^4 \text{kN}$$

腐蚀后结构的稳定系数 $\varphi = 0.822$，计算方法同 1.3.1 节；

腐蚀后钢管混凝土桁式混合结构抗弯承载力（式 5-10）：

$$M_u = \min\{\varphi \sum N_c, \sum N_t\}h_i$$
$$= \min\{0.822 \times 3 \times (2.16 \times 10^7), 3 \times (1.23 \times 10^7)\} \times 2000$$
$$= \min\{5.33 \times 10^7, 3.69 \times 10^7\} \times 2000$$
$$= 7.38 \times 10^4 \text{kN} \cdot \text{m}$$

同理可得，对于公路桥涵结构，算例 2 的 M_u 为 5.64×10^4 kN·m。

（2）抗火设计

依据《标准》第 9.3 节规定计算钢管混凝土桁式混合结构的耐火极限。

计算条件：某无防火保护的三肢钢管混凝土桁式混合结构，钢管混凝土弦杆的圆钢管截面尺寸为 500×12 mm，混凝土强度等级为 C50，换算长细比 λ 为 25，火灾荷载比 n_F 为 0.5，计算钢管混凝土桁式混合结构的耐火极限。

钢管混凝土桁式混合结构耐火极限计算如下（式 7-6）：

$$t_R = (0.7 f_{ck}/20 + 6.3)(1.7D + 0.35)R^{(-1.577+0.021\lambda)}$$
$$= (0.7 \times 32.4/20 + 6.3) \times (1.7 \times 0.5 + 0.35) \times 0.5^{(-1.577+0.021 \times 25)}$$
$$= 18.50 \text{min}$$

（3）抗撞击承载力验算

依据《标准》第 9.4 节规定，验算撞击作用下钢管混凝土桁式混合结构的受弯承载力。

计算条件：某平腹杆式四肢钢管混凝土桁式混合结构，钢管混凝土弦杆的圆钢管截面尺寸为 $\phi 360\text{mm} \times 20\text{mm}$，钢材牌号为 Q355，混凝土强度等级为 C50，弦杆中心距为 $1000\text{mm} \times 1000\text{mm}$。验算当撞击物速度 $V_0 = 20\text{m/s}$，动力弯矩 $M_d = 500\text{kN} \cdot \text{m}$ 时构件的钢管混凝土桁式混合结构受弯承载力。

钢管混凝土弦杆截面含钢率：

$$\alpha_s = \frac{A_s}{A_c} = \frac{21352}{80384} = 0.27$$

单肢弦杆静力受弯承载力（式 4-26）：

$$M_u = 689 \text{ kN} \cdot \text{m}$$
$$f_1 = -4.00 \times 10^{-7} f_y^2 + 8.00 \times 10^{-5} f_y + 1.02$$
$$= -4.00 \times 10^{-7} \times 345^2 + 8.00 \times 10^{-5} \times 345 + 1.02$$
$$= 1.00$$
$$f_2 = -3.66\alpha_s^2 - 0.896\alpha_s + 1.13$$
$$= -3.66 \times 0.27^2 - 0.896 \times 0.27 + 1.13$$
$$= 0.62$$

$$f_3 = 7.00 \times 10^{-7} D^2 - 1.30 \times 10^{-3} D + 1.40$$
$$= 7.00 \times 10^{-7} \times 360^2 - 1.30 \times 10^{-3} \times 360 + 1.40$$
$$= 1.02$$
$$f_4 = -1.00 \times 10^{-3} V_0^2 + 5.08 \times 10^{-2} V_0 + 0.385$$
$$= -1.00 \times 10^{-3} \times 20^2 + 5.08 \times 10^{-2} \times 20 + 0.385$$
$$= 1.00$$
$$R_d = 1.49 f_1 f_2 f_3 f_4$$
$$= 1.49 \times 1.000 \times 0.621 \times 1.023 \times 1.001$$
$$= 0.94$$
$$M_{ud} = R_d M_u = 648 \text{kN} \cdot \text{m} > M_d$$

撞击作用下钢管混凝土桁式混合结构受弯承载力满足要求。

6. 施工和验收

(1) 脱空后承载力计算

依据《标准》第 10.3.10 条和条文说明计算脱空后承载力。

计算条件：某钢管混凝土桁式混合结构中钢管混凝土弦杆发生球冠形脱空，弦杆圆钢管截面尺寸为 $\phi 600\text{mm} \times 20\text{mm}$，钢材牌号为 Q355，混凝土强度等级为 C50，脱空高度为 2mm。计算单肢弦杆截面轴压承载力设计值。

单肢钢管混凝土弦杆的截面轴心受压承载力设计值（式 4-3）：

$$N_c = f_{sc} A_{sc} = 1.80 \times 10^4 \text{kN}$$

发生球冠形脱空的钢管混凝土构件脱空率（式 4-137）：

$$\chi_s = \frac{d_s}{D} = 0.34\% < 0.6\%$$

且脱空高度不超过 5mm，无需对脱空部位进行补灌；

钢管混凝土弦杆约束效应系数（式 1-1）：

$$\xi = 1.58 > 1.24$$
$$f(\xi) = 4.66 - 1.97\xi = 1.55$$

脱空折减系数（式 4-139）：

$$K_d = 1 - f(\xi)\chi_s = 0.99$$

考虑脱空影响的单肢钢管混凝土弦杆截面轴心受压承载力设计值（式 4-138）：

$$N_{ug} = K_d N_c = 1.78 \times 10^4 \text{kN}$$

(2) 钢管内混凝土收缩应变终值计算

依据《标准》第 10.3.7 条的条文说明计算钢管内混凝土的收缩应变终值，根据结构设计参数和常规混凝土材料性能，钢管混凝土弦杆的圆钢管截面尺寸为 $\phi 720\text{mm} \times 20\text{mm}$，弦杆钢管内核心混凝土强度等级为 C50，其湿养护时间为 28d，弦杆长度 L 为 40000mm，混凝土坍落度 s 为 100mm，细骨料占骨料总量百分数 ψ 为 50%，混凝土中水泥用量 c 为 500kg/m³，混凝土体积含气量百分数 α_v 为 5。

弦杆的体积与表面积之比：

$$V/S = \frac{(\pi \times D^2/4) \times L}{(\pi \times D^2/4) \times 2 + \pi \times D \times L}$$

$$= \frac{(\pi \times 720^2/4) \times 40000}{(\pi \times 720^2/4) \times 2 + \pi \times 720 \times 40000}$$

$$= 178.39 \text{mm}$$

构件尺寸影响修正系数（式 3-14）：

$$\gamma_{vs} = 1.2 e^{-0.00472 V/S}$$

$$= 1.2 e^{-0.00472 \times 178.39}$$

$$= 0.52$$

混凝土坍落度影响修正系数（式 3-15）：

$$\gamma_s = 0.89 + 0.00161 s$$

$$= 0.89 + 0.00161 \times 100$$

$$= 1.05$$

细骨料占骨料总量的百分数 ψ 为 50%，则细骨料影响修正系数按照下式计算（式 3-16）：

$$\gamma_\psi = 0.30 + 0.014 \psi$$

$$= 0.30 + 0.014 \times 50$$

$$= 1.00$$

水泥用量影响修正系数（式 3-17）：

$$\gamma_c = 0.75 + 0.00061 c$$

$$= 0.75 + 0.00061 \times 500$$

$$= 1.06$$

混凝土含气量影响修正系数（式 3-18）：

$$\gamma_\alpha = 0.95 + 0.008 \alpha_v$$

$$= 0.95 + 0.008 \times 5$$

$$= 0.99$$

钢管对混凝土收缩的制约影响系数（式 3-19）：

$$\gamma_u = 0.0002 D + 0.63$$

$$= 0.0002 \times 720 + 0.63$$

$$= 0.77$$

管内混凝土的收缩应变终值（式 3-13）：

$$(\varepsilon_{sh})_u = 780 \gamma_{cp} \gamma_\lambda \gamma_{vs} \gamma_s \gamma_\psi \gamma_c \gamma_\alpha \gamma_u$$

$$= 780 \times 0.86 \times 0.3 \times 0.52 \times 1.05 \times 1 \times 1.06 \times 0.99 \times 0.77$$

$$= 88.78 \mu\varepsilon$$

附录 2　钢管混凝土加劲混合结构承载力计算

根据某实际工程的结构尺寸、材料力学性能指标等参数，设计了如附表 2-1 所示的 3 个钢管混凝土加劲混合结构算例，算例 1、算例 2、算例 3 分别为单肢截面、六肢截面、四肢截面。钢管钢材强度等级为 Q355，纵向受力钢筋选用 HRB400 热轧带肋钢筋，箍筋选用 HRB400 热轧带肋钢筋，钢管内混凝土的强度等级为 C60，钢管外包混凝土的强度等级为 C40，保护层厚度为 30mm，箍筋直径和间距分别为 10mm 和 80mm，纵筋直径为 32mm。纵向受力钢筋沿截面周边均匀布置，截面和钢筋数量示意图如附图 2-1 和附图 2-2 所示。对于单肢钢管混凝土加劲混合结构，γ_{sc} 按房屋建筑结构、电力塔架结构和港口工程结构取值；对于多肢钢管混凝土加劲混合结构，γ_{sc} 按公路桥涵结构取值。

结构几何尺寸　　　　　　　　　　　　　　附表 2-1

算例	截面宽度 B (mm)	截面高度 H (mm)	弦杆钢管 $D \times t$ (mm)	腹杆钢管 $d_w \times t_w$ (mm)	空心边缘至混凝土外表面距离 t_c (mm)	钢管外边缘至混凝土外表面距离 a_c (mm)
算例 1	1500	1800	813×26	—	—	—
算例 2	1500	1800	273（219）×10（8）	159×10	440	85
算例 3	1500	1800	245×8	159×10	440	85

注：括号内尺寸为腰部钢管混凝土弦杆的尺寸。

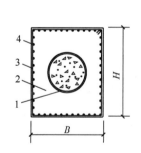

附图 2-1　单肢钢管混凝土
加劲混合结构截面

1—钢管混凝土；2—外包混凝土；
3—箍筋；4—纵筋

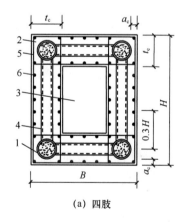

(a) 四肢

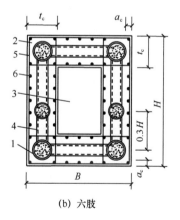

(b) 六肢

附图 2-2　多肢钢管混凝土
加劲混合结构截面

1—钢管混凝土；2—外包混凝土；3—空心部分；
4—腹杆；5—箍筋；6—纵筋

1. 构造验算

（1）钢管混凝土混合结构中钢管混凝土弦杆的构造

依据《标准》第 3.3 节规定验算径厚比、截面含钢率、约束效应系数、钢管外径

（D）与结构外截面宽度（B）的比值。

1）径厚比

算例 1 弦杆径厚比＝813/26＝31.27

同理可得，算例 2 角部弦杆的径厚比为 27.30，腰部弦杆的径厚比为 27.38；算例 3 弦杆径厚比为 30.63，均能满足要求。

2）截面含钢率

根据《标准》式（3.3.1-1）（对应本书式 1-2）：

算例 1 弦杆的截面含钢率 $\alpha_s = \dfrac{A_s}{A_c} = \dfrac{\pi \times \left[(813/2)^2 - (761/2)^2\right]}{\pi \times (761/2)^2} = 0.14$

同理可得，算例 2 角部与腰部弦杆的截面含钢率分别为 0.16 和 0.16；算例 3 弦杆的截面含钢率为 0.14，均能满足构造要求。

3）约束效应系数

根据《标准》式（3.3.1-2）（对应本书式 1-1）：

算例 1 弦杆约束效应系数 $\xi = \dfrac{A_s f_y}{A_c f_{ck}} = \dfrac{\pi \times \left[(813/2)^2 - (761/2)^2\right] \times 345}{\pi \times (761/2)^2 \times 38.5} = 1.27$

同理可得，算例 2 角部与腰部弦杆的约束效应系数分别为 1.52 和 1.51，算例 3 弦杆的约束效应系数为 1.33，均能满足构造要求。

4）径宽比（D/B）

算例 1 弦杆的径宽比（D/B）＝813/1500＝0.54；

同理可得，算例 2 角部弦杆的 D/B 为 0.18；算例 3 弦杆的 D/B 为 0.16，满足构造要求。

（2）材料"匹配"

依据《标准》第 4.2 节规定验算混凝土和钢管强度"匹配"关系。

各算例中钢管的钢材牌号为 Q355，钢管内混凝土强度等级为 C60，外包混凝土强度等级为 C40。钢管内混凝土的强度等级大于钢管外包混凝土的强度等级，钢管外包混凝土的强度等级大于 C30，满足规定。

2. 计算指标

（1）强度计算指标

依据《标准》第 5.2 节规定计算钢管混凝土截面的轴心抗压强度设计值、抗剪强度设计值。

根据《标准》式（5.2.1-1）、式（5.2.1-2）、式（5.2.2）（对应本书式 3-1～式 3-3）：

算例 1 钢管混凝土截面的轴心抗压强度设计值（式 3-1）、抗剪强度设计值（式 3-3）：

$$
\begin{aligned}
f_{sc} &= \frac{f_{scy}}{\gamma_{sc}} = \frac{(1.14 + 1.02\xi)f_{ck}}{\gamma_{sc}} \\[2mm]
&= \frac{\left[1.14 + 1.02\left(\dfrac{A_s f_y}{A_c f_{ck}}\right)\right] f_{ck}}{\gamma_{sc}} \\[2mm]
&= \frac{\left[1.14 + 1.02 \times \left(\dfrac{\pi \times \left[(813/2)^2 - (761/2)^2\right] \times 345}{\pi \times (761/2)^2 \times 38.5}\right)\right] \times 38.5}{\gamma_{sc}}
\end{aligned}
$$

$$f_{sv} = (0.422 + 0.313\alpha_s^{2.33})\xi^{0.134}f_{sc}$$

$$= \left[0.422 + 0.313 \cdot \left(\frac{A_s}{A_c}\right)^{2.33}\right]\left(\frac{A_s f_y}{A_c f_{ck}}\right)^{0.134}f_{sc}$$

$$= \left\{0.422 + 0.313 \times \left[\frac{\pi \times (813/2)^2 - \pi \times (761/2)^2}{\pi \times (761/2)^2}\right]^{2.33}\right\}$$

$$\times \left\{\frac{\pi \times [(813/2)^2 - (761/2)^2] \times 345}{\pi \times (761/2)^2 \times 38.5}\right\}^{0.134} \cdot f_{sc}$$

对于房屋建筑结构、电力塔架结构和港口工程结构，γ_{sc} 取为 1.20，将其代入上式，求得 $f_{sc} = 78.02\text{N/mm}^2$、$f_{sv} = 34.25\text{N/mm}^2$。

同理，对于公路桥涵结构，γ_{sc} 取为 1.40，进而计算得到，算例 2 角部钢管混凝土弦杆截面的 f_{sc} 和 f_{sv} 分别为 73.86N/mm²、33.32N/mm²，腰部钢管混凝土弦杆截面的 f_{sc} 和 f_{sv} 分别为 73.73N/mm²、33.24N/mm²；算例 3 钢管混凝土弦杆截面的 f_{sc} 和 f_{sv} 分别为 68.75N/mm²、30.40N/mm²。

(2) 刚度计算指标

依据《标准》第 5.2 节规定计算钢管混凝土截面以及钢管混凝土混合结构截面的弹性抗压刚度、弹性抗拉刚度、弹性抗弯刚度和弹性抗剪刚度。

根据《钢结构设计标准》GB 50017—2017 中表 4.4.8，钢材弹性模量 $E_s = 2.06 \times 10^5$ N/mm²、剪变模量 $G_s = 7.9 \times 10^4\text{N/mm}^2$。根据《混凝土结构设计规范》GB 50010—2010（2015 年版）中第 4.1.5 条，C60 混凝土 $E_{c,c} = 3.60 \times 10^4\text{N/mm}^2$，$G_c = 0.4E_{c,c} = 0.4 \times 3.60 \times 10^4\text{N/mm}^2 = 1.44 \times 10^4\text{N/mm}^2$。根据《混凝土结构设计规范》GB 50010—2010（2015 年版）中表 4.2.5，HRB400 纵筋的弹性模量 $E_{s,l}$ 为 $2.00 \times 10^5\text{N/mm}^2$。

对于算例 1，

钢管混凝土截面的弹性抗压刚度（式 3-4）：

$$(EA)_c = E_s A_s + E_{c,c} A_c$$

$$= E_s \pi[(D/2)^2 - (D_i/2)^2] + E_{c,c}\pi(D_i/2)^2$$

$$= 2.06 \times 10^5 \times \pi \times [(813/2)^2 - (761/2)^2] + 3.60 \times 10^4 \times \pi \times (761/2)^2$$

$$= 2.96 \times 10^7\text{kN}$$

钢管混凝土加劲混合结构截面的弹性抗压刚度（式 3-6）：

$$(EA)_{c,h} = \Sigma(E_s A_s + E_{s,l} A_l + E_{c,c} A_c) + E_{c,oc} A_{oc}$$

$$= (EA)_c + E_{s,l}\frac{\pi d_1^2 \times 48}{4} + E_{c,oc}\left(BH - \frac{\pi D^2}{4}\right)$$

$$= 2.96 \times 10^{10} + 2.00 \times 10^5 \times \frac{\pi \times 32^2 \times 48}{4} + 3.25 \times 10^4$$

$$\times \left(1500 \times 1800 - \frac{\pi \times 813^2}{4}\right)$$

$$= 1.08 \times 10^8\text{kN}$$

钢管混凝土截面的弹性抗拉刚度（式 3-5）：

$$(EA)_t = E_s A_s$$
$$= E_s \pi [(D/2)^2 - (D_i/2)^2]$$
$$= 206 \times 10^3 \times \pi \times [(813/2)^2 - (761/2)^2]$$
$$= 1.32 \times 10^7 \, \text{kN}$$

钢管混凝土加劲混合结构截面的弹性抗拉刚度（式 3-7）：

$$(EA)_{t,h} = \Sigma(E_s A_s + E_{s,l} A_l)$$
$$= 1.32 \times 10^{10} + 2.00 \times 10^5 \times \frac{\pi \times d_l^2 \times 48}{4}$$
$$= 1.32 \times 10^{10} + 2.00 \times 10^5 \times \frac{\pi \times 32^2 \times 48}{4}$$
$$= 2.10 \times 10^7 \, \text{kN}$$

钢管混凝土截面的弹性抗弯刚度（式 3-8）：

$$EI = E_s I_s + E_{c,c} I_c$$
$$= E_s \frac{\pi(D^4 - D_i^4)}{64} + E_{c,c} \frac{\pi D_i^4}{64}$$
$$= 206 \times 10^3 \times \frac{\pi \times [(813)^4 - (761)^4]}{64} + 3.60 \times 10^4 \times \frac{\pi \times (761)^4}{64}$$
$$= 1.62 \times 10^6 \, \text{kN} \cdot \text{m}^2$$

钢管混凝土加劲混合结构截面的弹性抗弯刚度（式 3-9）：

$$(EI)_h = E_s I_{s,h} + E_{s,l} I_{l,h} + E_{c,c} I_{c,h} + E_{c,oc} I_{oc,h}$$
$$= EI + E_{s,l} I_{l,h} + E_{c,oc} I_{oc,h}$$
$$= 1.62 \times 10^{15} + 2.00 \times 10^5 \times 1.84 \times 10^{10} + 3.25 \times 10^4$$
$$\times \left(\frac{1500 \times 1800^3}{12} - \frac{\pi \times 813^4}{64} \right)$$
$$= 2.77 \times 10^7 \, \text{kN} \cdot \text{m}^2$$

钢管混凝土截面的弹性抗剪刚度（式 3-10）：

$$GA = G_s A_s + G_{c,c} A_c$$
$$= G_s \pi [(D/2)^2 - (D_i/2)^2] + G_{c,c} \pi (D_i/2)^2$$
$$= 7.9 \times 10^4 \times \pi \times [(813/2)^2 - (761/2)^2] + 1.44 \times 10^4 \times \pi \times (761/2)^2$$
$$= 1.16 \times 10^7 \, \text{kN}$$

钢管混凝土加劲混合结构截面的弹性抗剪刚度（式 3-11）：

$$(GA)_h = \Sigma(G_s A_s + G_{c,c} A_c) + G_{c,oc} A_{oc}$$
$$= GA + G_{c,oc} \left(BH - \frac{\pi \times D^2}{4} \right)$$
$$= 1.16 \times 10^{10} + 3.25 \times 10^4 \times 0.40 \times \left(1500 \times 1800 - \frac{\pi \times 813^2}{4} \right)$$
$$= 4.00 \times 10^7 \, \text{kN}$$

钢管混凝土和钢管混凝土加劲混合结构截面弹性刚度计算结果如附表 2-2 所示。

截面刚度 附表 2-2

算例	弹性抗压刚度 (kN)		弹性抗拉刚度 (kN)		弹性抗弯刚度 (kN·m²)		弹性抗剪刚度 (kN)	
	单根钢管混凝土	钢管混凝土加劲混合结构	单根钢管混凝土	钢管混凝土加劲混合结构	单根钢管混凝土	钢管混凝土加劲混合结构	单根钢管混凝土	钢管混凝土加劲混合结构
1	2.96×10^7	1.08×10^8	1.32×10^7	2.10×10^7	1.62×10^6	2.77×10^7	1.16×10^7	4.00×10^7
2	3.51×10^6 (2.26×10^6)	8.54×10^7	1.70×10^6 (1.09×10^6)	1.67×10^7	2.20×10^4 (9.09×10^3)	2.77×10^7	1.38×10^6 (8.85×10^5)	3.09×10^7
3	2.71×10^6	8.16×10^7	1.23×10^6	1.26×10^7	1.35×10^4	2.66×10^7	1.06×10^6	2.95×10^7

注：括号内数值为腰部钢管混凝土弦杆的数据。

3. 承载力计算

（1）受压承载力计算

依据《标准》第 7.2～7.4 节规定（对应本书 5.3.2 节～5.3.4 节），计算单肢和多肢钢管混凝土加劲混合结构的截面轴心受压承载力。

1）对于算例 1

$$N_{rc} = f_{c,oc} A_{oc} + f'_l A_l$$

$$= f_{c,oc} \left[BH - \pi (D/2)^2 \right] + f'_l \pi \frac{{d_1}^2}{4} \times 48$$

$$= 19.1 \times \left[1500 \times 1800 - \pi \times (813/2)^2 \right] + 360 \times \pi \times \frac{32^2}{4} \times 48$$

$$= 5.56 \times 10^4 \text{kN}$$

$$N_{cfst} = f_{sc} A_{sc}$$

$$= \frac{f_{scy} A_{sc}}{\gamma_{sc}}$$

$$= \frac{(1.14 + 1.02\xi) f_{ck} A_{sc}}{\gamma_{sc}}$$

$$= \frac{\left[1.14 + 1.02 \left(\dfrac{A_s f_y}{A_c f_{ck}} \right) \right] f_{ck} A_{sc}}{\gamma_{sc}}$$

$$= \frac{\left[1.14 + 1.02 \times \left(\dfrac{\pi \times \left[(813/2)^2 - (761/2)^2 \right] \times 345}{\pi \times (761/2)^2 \times 38.5} \right) \right] \times 38.5 \times \pi \times (813/2)^2}{\gamma_{sc}}$$

对于房屋建筑结构、电力塔架结构和港口工程结构，γ_{sc} 取为 1.20，将其代入上式，求得 $N_{cfst} = 4.05 \times 10^4$ kN。

$$N_0 = 0.9(N_{rc} + N_{cfst})$$

$$= 0.9 \times (5.56 \times 10^4 + 4.05 \times 10^4)$$

$$= 8.65 \times 10^4 \text{kN}$$

2）对于算例 2

$$N_{rc} = f_{c,oc}A_{oc} + f'_l A_l$$

$$= f_{c,oc}\left[BH - (B-2t_c)(H-2t_c) - \frac{\pi D_{angle}^2}{4} \times 4 - \frac{\pi D_{middle}^2}{4} \times 2\right] + f'_l \pi \frac{d_l^2}{4} \times 48$$

$$= 19.1 \times \left[\begin{array}{l} 1500 \times 1800 - (1500 - 2 \times 273) \times (1800 - 2 \times 273) - \frac{\pi \times 273^2}{4} \times 4 \\ - \frac{\pi \cdot 219^2}{4} \times 2 \end{array}\right]$$

$$+ 360 \times \pi \times \frac{32^2}{4} \times 48$$

$$= 4.87 \times 10^4 \text{kN}$$

$$f_{sc\text{-}angle} = \frac{f_{scy}}{\gamma_{sc}}$$

$$= \frac{(1.14 + 1.02\xi)f_{ck}}{\gamma_{sc}}$$

$$= \frac{\left[1.14 + 1.02\left(\frac{A_s f_y}{A_c f_{ck}}\right)\right]f_{ck}}{\gamma_{sc}}$$

$$= \frac{\left[1.14 + 1.02 \times \left(\frac{\pi \times [(273/2)^2 - (253/2)^2] \times 355}{\pi \times (253/2)^2 \times 38.5}\right)\right] \times 38.5}{\gamma_{sc}}$$

$$f_{sc\text{-}middle} = \frac{f_{scy}}{\gamma_{sc}}$$

$$= \frac{(1.14 + 1.02\xi)f_{ck}}{\gamma_{sc}}$$

$$= \frac{\left[1.14 + 1.02\left(\frac{A_s f_y}{A_c f_{ck}}\right)\right]f_{ck}}{\gamma_{sc}}$$

$$= \frac{\left[1.14 + 1.02 \times \left(\frac{\pi \times [(219/2)^2 - (203/2)^2] \times 355}{\pi \times (203/2)^2 \times 38.5}\right)\right] \times 38.5}{\gamma_{sc}}$$

式中　$f_{sc\text{-}angle}$——结构角部钢管混凝土弦杆的截面轴心抗压强度设计值（N/mm²）；

　　　$f_{sc\text{-}middle}$——结构腰部钢管混凝土弦杆的截面轴心抗压强度设计值（N/mm²）；

　　　D_{angle}——结构角部单根钢管混凝土弦杆的钢管外径（mm）；

　　　D_{middle}——结构腰部单根钢管混凝土弦杆的钢管外径（mm）。

根据《标准》式（7.3.1-4）（对应本书式5-81），

$$N_{cfst} = \Sigma f_{sc,i}A_{sc,i}$$

$$= 4f_{sc\text{-}angle}A_{angle} + 2f_{sc\text{-}middle}A_{middle}$$

$$= 4f_{sc\text{-}angle} \times \pi \times (D_{angle}/2)^2 + 2f_{sc\text{-}middle} \times \pi \times (D_{middle}/2)^2$$

$$= 4f_{sc\text{-}angle} \times \pi \times (273/2)^2 + 2f_{sc\text{-}middle} \times \pi \times (219/2)^2$$

式中　A_{angle}——结构角部单根钢管混凝土弦杆的截面面积（mm²）；

　　　A_{middle}——结构腰部单根钢管混凝土弦杆的截面面积（mm²）。

对于公路桥涵结构，γ_{sc}取为1.40，进而求得：

$$N_{cfst} = \Sigma f_{sc,i} A_{sc,i}$$
$$= 2.28 \times 10^4 \text{kN}$$

根据《标准》式（7.3.1-2）（对应本书式 5-79），

$$N_0 = 0.9(N_{rc} + N_{cfst})$$
$$= 0.9 \times (4.87 \times 10^4 + 2.28 \times 10^4)$$
$$= 6.44 \times 10^4 \text{kN}$$

同理可得，算例 3 的 N_{rc}、N_{cfst}、N_0 分别为 5.10×10^4、1.30×10^4、5.76×10^4 kN。

（2）压弯承载力计算

依据《标准》第 7.2~7.5 节规定，单肢和多肢钢管混凝土加劲混合结构的弯矩内力 M 分别为 8000kN・m、5000kN・m，分别计算当轴压比 $n = 0.2$ 和 0.6、计算长度 l_0 为 20m 和 30m 时，考虑长细比影响下的单肢和多肢钢管混凝土加劲混合结构的压弯承载力。

以算例 1 为例进行计算：

步骤 1：依据《标准》第 7.2.3 条，计算单肢钢管混凝土加劲混合结构中钢管外包混凝土部分的截面受压承载力和相应的截面受弯承载力。

钢管外包混凝土强度等级为 C40。因此，根据第 7.2.3 条，α_1 取为 1.0，β_1 取为 0.80。

例如，假设中性轴距受压边缘距离 $c = 600$ mm，则 $\beta_1 \cdot c = 480$ mm；钢管外包混凝土等效应力块面积，即图 5-17 中外包混凝土部分的截面简化后的阴影部分面积 $A_{e,oc} = 6.72 \times 10^5$ mm²；钢管外包混凝土等效应力块形心到受压边缘距离 $x_{e,oc} = 240$mm。

根据《标准》式（7.2.3-3）、式（7.2.3-4）（对应本书式 5-56、式 5-57）确定 σ_{li}，具体如下：

当 $c = 600$ mm 时，根据第 i 根纵筋到受压边缘距离（x_{li}）确定 σ_{li}，如附图 2-1 所示，钢管混凝土加劲混合结构截面共有 13 排纵筋，第 1 排与第 13 排分别有 13 根纵筋，其余每排有 2 根纵筋。第 1~第 13 排的 x_{li} 值及 σ_{li} 值如附表 2-3 所示。

x_{li} 与 σ_{li} 值　　　　　　　　　　附表 2-3

第 i 排	第 i 根纵筋到受压边缘距离 x_{li} (mm)	纵筋 σ_{li} (N/mm²)
1	56.00	360.0
2	196.67	360.0
3	337.33	297.6
4	478.00	138.2
5	618.67	−21.1
6	759.33	−180.5
7	900.00	−339.9
8	1040.67	−360.0

第 i 排	第 i 根纵筋到受压边缘距离 x_{li} （mm）	纵筋 σ_{li} （N/mm²）
9	1181.33	−360.0
10	1322.00	−360.0
11	1462.67	−360.0
12	1603.33	−360.0
13	1744.00	−360.0

每根纵筋的直径为 32mm，每根纵筋的截面面积为：

$$A_{li} = \frac{\pi d_{\text{steelbar}}^2}{4}$$

$$= \frac{\pi \times 32^2}{4}$$

$$= 804.25\text{mm}^2$$

那么，当 $c = 600$mm 时，$\sum \sigma_{li} A_{li} = -2.49 \times 10^3$kN。

根据《标准》式（7.2.3-1）、式（7.2.3-2）（对应本书式 5-54、式 5-55）计算得到的单肢钢管混凝土加劲混合结构中的外包混凝土部分的截面受压承载力 $N'_{rc} = 1.13 \times 10^4$kN，相应的截面受弯承载力 $M_{rc} = 1.74 \times 10^4$kN・m。

步骤 2：依据《标准》第 7.2.4 条第 1 款，计算钢管内混凝土截面的受压承载力和相应的受弯承载力。

由《标准》中表 7.2.4-1、表 7.2.4-2（对应本书表 5-1、表 5-2）分别确定钢管内混凝土单轴峰值压应力 σ_o 和单轴峰值压应变 ε_o 值。对于算例 1，$\sigma_o = 47.3$N/mm²、$\varepsilon_o = 4306.59\mu\varepsilon$。同时，混凝土受压边缘极限压应变取值为 0.0033ε。且 $c = 600$mm 时，钢管内混凝土受压区面积 $A_{c,c}$ 为 2.57×10^4mm²。

将上述数据代入《标准》式（7.2.4-3）、式（7.2.4-4）（对应本书式 5-60、式 5-61），求得钢管内混凝土截面的受压承载力 $N'_c = 98.23$kN，相应的钢管内混凝土截面的受弯承载力 $M_c = 33.77$kN・m。

步骤 3：依据《标准》第 7.2.4 条第 2 款，计算钢管截面的受压承载力和相应的受弯承载力。

根据《标准》中式（7.2.4-11）～（7.2.4-15）（对应本书式 5-68～式 5-72），计算得到 $c = 600$mm 时，$k_1 = -0.54$、$m_1 = -3.25$、$m_2 = 2.97$、$m_3 = -0.53$，进而通过《标准》中式（7.2.4-9）、式（7.2.4-10）（对应本书式 5-66、式 5-67）计算得到钢管截面的受压承载力 $N'_s = -9.71 \times 10^3$kN，钢管截面的受弯承载力 $M_s = 1.49 \times 10^3$kN・m。

步骤 4：依据《标准》中式（7.2.2-1）、式（7.2.2-2）（对应本书式 5-50、式 5-51），计算得到钢管混凝土加劲混合结构截面轴向压力设计值和截面弯矩设计值应满足：$N \leqslant 1.65 \times 10^3$kN，$M \leqslant 1.89 \times 10^4$kN・m。

步骤 5：调整 c 的取值，并重复步骤 1～步骤 4，计算钢管混凝土加劲混合结构截面轴

向压力设计值 N 和截面弯矩设计值 M 应满足的条件。结果如下：

$c=600\text{mm}$ 时，$N\leqslant1.65\times10^3\text{kN}$，$M\leqslant1.89\times10^4\text{kN}\cdot\text{m}$；

$c=800\text{mm}$ 时，$N\leqslant1.45\times10^4\text{kN}$，$M\leqslant2.13\times10^4\text{kN}\cdot\text{m}$；

$c=1000\text{mm}$ 时，$N\leqslant2.72\times10^4\text{kN}$，$M\leqslant2.21\times10^4\text{kN}\cdot\text{m}$；

$c=1200\text{mm}$ 时，$N\leqslant3.89\times10^4\text{kN}$，$M\leqslant2.06\times10^4\text{kN}\cdot\text{m}$；

$c=1400\text{mm}$ 时，$N\leqslant4.91\times10^4\text{kN}$，$M\leqslant1.79\times10^4\text{kN}\cdot\text{m}$；

$c=1600\text{mm}$ 时，$N\leqslant5.77\times10^4\text{kN}$，$M\leqslant1.50\times10^4\text{kN}\cdot\text{m}$。

步骤 6：根据步骤 1~步骤 5，将计算得到的 N 值和 M 值进行汇总，其中，$M=0$ 时，N 值来源于 2.3.1 节的数据；通过反复迭代计算与尝试，$N=0$ 时，$c=574.89\text{mm}$，$M=1.84\times10^4\text{kN}\cdot\text{m}$。

步骤 7：已知单肢钢管混凝土加劲混合结构的弯矩内力 M 为 $8000\text{kN}\cdot\text{m}$，依据《标准》第 7.5.2 条和 7.5.3 条 [对应本书 5.3.5 节 (2)]，$M_1=M_2=8000\text{kN}\cdot\text{m}$。对于房屋建筑结构、电力塔架结构和港口工程结构，根据《标准》第 7.5.3 条 [对应本书 5.3.5 节 (3)]，轴压比为 0.2 时，轴向压力 $N=1.73\times10^4\text{kN}$；$l_0=20\text{m}$ 时，$e_a=60.00\text{mm}$，$e_i=522.70\text{mm}$，$h_0=1744\text{mm}$，$C_m=0.7+0.3=1.0$，$\xi_c=0.80$，$\eta_c=1.25$。将上述数据代入《标准》中式 (7.5.3-1)（对应本书式 5-121），得到控制截面的弯矩设计值 $M=1.00\times10^4\text{kN}\cdot\text{m}$。

钢管混凝土加劲混合结构截面压弯承载力计算结果如附表 2-4 所示。

钢管混凝土加劲混合结构压弯承载力 附表 2-4

算例	类型	$l_0=20\text{m}$ $n=0.2$	$l_0=20\text{m}$ $n=0.6$	$l_0=30\text{m}$ $n=0.2$	$l_0=30\text{m}$ $n=0.6$
算例 1	M $(\text{kN}\cdot\text{m})$	$M=1.00\times10^4$	$M=1.16\times10^4$	$M=1.24\times10^4$	$M=1.68\times10^4$
	N (kN)	$N=1.73\times10^4$	$N=5.19\times10^4$	$N=1.72\times10^4$	$N=5.19\times10^4$
算例 2	M $(\text{kN}\cdot\text{m})$	$M=6.33\times10^3$	$M=7.78\times10^3$	$M=8.09\times10^3$	$M=1.17\times10^4$
	N (kN)	$N=1.29\times10^4$	$N=3.86\times10^4$	$N=1.29\times10^4$	$N=3.86\times10^4$
算例 3	M $(\text{kN}\cdot\text{m})$	$M=6.21\times10^3$	$M=7.52\times10^3$	$M=7.75\times10^3$	$M=1.11\times10^4$
	N (kN)	$N=1.15\times10^4$	$N=3.45\times10^4$	$N=1.15\times10^4$	$N=3.45\times10^4$

注：算例 1 中 γ_{sc} 按房屋建筑结构、电力塔架结构和港口工程结构取值；算例 2 和算例 3 中 γ_{sc} 按公路桥涵结构取值。各算例的压弯承载力满足《标准》要求。

(3) 长期荷载后承载力计算

依据《标准》第 7.6 条（对应本书 5.3.6 节）和附录 C（对应本书表 5-3~表 5-5）规定，计算长期荷载作用下钢管混凝土加劲混合结构的轴心受压承载力，计算条件：计算长度 l_0 为 20m 和 30m。

计算长期荷载作用下钢管混凝土加劲混合结构的压弯承载力，计算条件：轴压比 $n=0.2$ 和 0.6，计算长度 l_0 为 20m 和 30m，单肢和多肢钢管混凝土加劲混合结构的弯矩设计值 M_2 分别为 $8000\text{kN}\cdot\text{m}$ 和 $5000\text{kN}\cdot\text{m}$。

1) 对于算例 1，

根据《标准》中式 (7.3.1-2)（对应本书式 5-79），

对于房屋建筑结构、电力塔架结构和港口工程结构，

$$N_0 = 0.9(N_{rc} + N_{cfst})$$
$$= 8.65 \times 10^4 \, kN$$

根据《标准》第 7.5.1 条，钢管混凝土加劲混合结构的稳定系数 φ ［对应本书 5.3.5 节 （1）］，应根据结构长细比按《混凝土结构设计规范》GB 50010—2010 （2015 年版） 确定。

计算结构长细比 l_0/i：根据《混凝土结构设计规范》GB 50010—2010 （2015 年版）， i 为截面的最小回转半径。

$$\frac{l_0}{i} = \frac{l_0}{\sqrt{I/A}}$$
$$= \frac{l_0}{\sqrt{(BH^3/12)/(BH)}}$$
$$= \frac{l_0}{\sqrt{(1500 \times 1800^3/12)/(1500 \times 1800)}}$$

当计算长度 l_0 为 20m 时，$l_0/i = 38.49$；当计算长度 l_0 为 30m 时，$l_0/i = 57.74$。

根据《混凝土结构设计规范》GB 50010—2010 （2015 年版） 中表 6.2.15，采用线性 插值法，$l_0/i = 38.49$ 时，稳定系数 φ 取为 0.97；$l_0/i = 57.74$ 时，稳定系数 φ 取为 0.85。

根据《标准》中式 （7.5.1） （对应本书式 5-118），轴压荷载作用下，长细比影响下 正截面受压承载力计算如下：

当 $l_0 = 20m$ 时，

$$N_u = 0.9\varphi(N_{rc} + N_{cfst})$$
$$= \varphi \cdot N_0$$
$$= 0.97 \times 8.65 \times 10^4$$
$$= 8.39 \times 10^4 \, kN$$

当 $l_0 = 30m$ 时，

$$N_u = 0.9\varphi(N_{rc} + N_{cfst})$$
$$= \varphi \cdot N_0$$
$$= 0.85 \times 8.65 \times 10^4$$
$$= 7.35 \times 10^4 \, kN$$

查阅《标准》中附录 C （对应本书表 5-3～表 5-5），通过线性插值法，得到如附 表 2-5 所示的钢管混凝土加劲混合结构的长期荷载影响系数 k_{cr}。

对于算例 1，

$l_0 = 20m$ 时，$k_{cr} = 0.82$，

根据《标准》中式 （7.6.1） （对应本书式 5-125）：

$$N_{uL} = k_{cr}N_u$$
$$= 0.82 \times 8.39 \times 10^4$$
$$= 6.88 \times 10^4 \, kN$$

$l_0 = 30m$ 时，$k_{cr} = 0.59$，

根据《标准》中式 （7.6.1） （对应本书式 5-125）：

$$N_{uL} = k_{cr} N_u$$
$$= 0.59 \times 7.35 \times 10^4$$
$$= 4.34 \times 10^4 \text{kN}$$

2）对于算例 2，

对于公路桥涵结构，根据《标准》中式（7.3.1-2）（对应本书式 5-79），

$$N_0 = 0.9(N_{rc} + N_{cfst})$$
$$= 6.44 \times 10^4 \text{kN}$$

计算结构长细比 l_0/i：根据《混凝土结构设计规范》GB 50010　2010（2015 年版），i 为截面的最小回转半径。

$$\frac{l_0}{i} = \frac{l_0}{\sqrt{I/A}}$$
$$= \frac{l_0}{\sqrt{\left[\dfrac{(BH^3) - (B - 2t_c)(H - 2t_c)^3}{12}\right] / \left[BH - (B - 2t_c)(H - 2t_c)\right]}}$$
$$= \frac{l_0}{\sqrt{\left[\dfrac{1500 \times 1800^3 - (1500 - 2 \times 440) \times (1800 - 2 \times 440)^3}{12}\right] / \left[1500 \times 1800 - (1500 - 2 \times 440) \times (1800 - 2 \times 440)\right]}}$$

当计算长度 l_0 为 20m 时，$l_0/i = 35.17$；当计算长度 l_0 为 30m 时，$l_0/i = 52.75$。

根据《混凝土结构设计规范》GB 50010—2010（2015 年版）中表 6.2.15，采用线性插值法，$l_0/i = 35.17$ 时，稳定系数 φ 取为 0.98；$l_0/i = 52.75$ 时，稳定系数 φ 取为 0.89。

根据《标准》中式（7.5.1）（对应本书式 5-118），轴压荷载作用下，长细比影响下正截面受压承载力计算如下：

当 $l_0 = 20$m 时，

$$N_u = 0.9\varphi(N_{rc} + N_{cfst})$$
$$= \varphi \cdot N_0$$
$$= 0.98 \times 6.44 \times 10^4$$
$$= 6.31 \times 10^4 \text{kN}$$

当 $l_0 = 30$m 时，

$$N_u = 0.9\varphi(N_{rc} + N_{cfst})$$
$$= \varphi \cdot N_0$$
$$= 0.89 \times 6.44 \times 10^4$$
$$= 5.73 \times 10^4 \text{kN}$$

查阅《标准》中附录 C（对应本书表 5-3～表 5-5），$l_0 = 20$m 时，$k_{cr} = 0.83$，

根据《标准》中式（7.6.1）（对应本书式 5-125）：

$$N_{uL} = k_{cr} N_u$$
$$= 0.83 \times 6.31 \times 10^4$$
$$= 5.24 \times 10^4 \text{kN}$$

查阅《标准》中附录 C（对应本书表 5-3～表 5-5），$l_0 = 30$m 时，$k_{cr} = 0.75$，

根据《标准》中式（7.6.1）（对应本书式5-125）：

$$N_{uL} = k_{cr}N_u$$
$$= 0.75 \times 5.73 \times 10^4$$
$$= 4.30 \times 10^4 \text{kN}$$

各算例在长期荷载影响下的轴心受压承载力计算结果如附表2-5所示。

钢管混凝土加劲混合结构轴心受压承载力　　　　　　　　　　附表2-5

算例	类型	$l_0 = 20\text{m}$			$l_0 = 30\text{m}$		
		φ	k_{cr}	轴心受压承载力 （kN）	φ	k_{cr}	轴心受压承载力 （kN）
算例1	房屋建筑结构、电力塔架结构、港口工程结构	0.97	0.82	6.88×10^4	0.85	0.59	4.34×10^4
算例2	公路桥涵结构	0.98	0.83	5.24×10^4	0.89	0.75	4.30×10^4
算例3	公路桥涵结构	0.98	0.88	4.96×10^4	0.89	0.75	3.85×10^4

以算例1为例，已知 $M_1 = M_2 = 8000\text{kN} \cdot \text{m}$，$N = n \times N_0 \times k_{cr}$，$n$ 为轴压比，N_0 按2.3.1节进行取值，k_{cr} 按附表2-5进行取值。对于房屋建筑结构、电力塔架结构和港口工程结构，根据《标准》第7.5.3条〔对应本书5.3.5节（3）〕，$e_a = 60.00\text{mm}$，$e_i = 522.70\text{mm}$，$h_0 = 1744\text{mm}$，$C_m = 0.7 + 0.3 = 1.0$，$\xi_c = 0.78$，$\eta_c = 1.25$。将上述数据代入《标准》中式（7.5.3-1）（对应本书式5-121），得到 $M = 9.80 \times 10^3 \text{kN} \cdot \text{m}$。

各算例在长期荷载影响下的压弯承载力计算结果如附表2-6所示。

钢管混凝土加劲混合结构压弯承载力　　　　　　　　　　附表2-6

算例	类型	$l_0 = 20\text{m}$、$n = 0.2$	$l_0 = 20\text{m}$、$n = 0.6$	$l_0 = 30\text{m}$、$n = 0.2$	$l_0 = 30\text{m}$、$n = 0.6$
算例1	M（kN·m）	$M = 9.80 \times 10^3$	$M = 1.12 \times 10^4$	$M = 1.08 \times 10^4$	$M = 1.33 \times 10^4$
	N（kN）	$N = 1.42 \times 10^4$	$N = 4.25 \times 10^4$	$N = 1.02 \times 10^4$	$N = 3.06 \times 10^4$
算例2	M（kN·m）	$M = 6.16 \times 10^3$	$M = 7.43 \times 10^3$	$M = 7.23 \times 10^3$	$M = 9.92 \times 10^3$
	N（kN）	$N = 1.07 \times 10^4$	$N = 3.21 \times 10^4$	$N = 9.65 \times 10^3$	$N = 2.90 \times 10^4$
算例3	M（kN·m）	$M = 6.11 \times 10^3$	$M = 7.32 \times 10^3$	$M = 7.03 \times 10^3$	$M = 9.50 \times 10^3$
	N（kN）	$N = 1.01 \times 10^4$	$N = 3.04 \times 10^4$	$N = 8.63 \times 10^3$	$N = 2.59 \times 10^4$

注：算例1中 γ_{sc} 按房屋建筑结构、电力塔架结构和港口工程结构取值；算例2和算例3中 γ_{sc} 按公路桥涵结构取值。

（4）斜截面受剪承载力

依据《标准》第7.7节（对应本书5.3.7节）规定，计算单肢和多肢钢管混凝土加劲混合结构的斜截面受剪承载力。

1）对于算例1，根据《标准》第7.7.2条（对应本书式5-127～式5-128），

$$\rho_{sv} = \frac{A_{sv}}{sB}$$

$$= \frac{\pi \cdot \dfrac{d_s^2}{4} \cdot 2}{sB}$$

$$=\frac{\pi\times\frac{10^2}{4}\times2}{80\times1500}$$

$$=1.31\times10^{-3}$$

$$\rho=\frac{A_l}{A_{oc}}$$

$$=\frac{\pi\frac{d_l^2}{4}\times48}{BH-\pi\frac{D^2}{4}}$$

$$=\frac{\pi\times\frac{32^2}{4}\times48}{1500\times1800-\pi\times\frac{813^2}{4}}$$

$$=1.77\%$$

根据《混凝土结构设计规范》GB 50010—2010（2015 年版）中表 4.2.3-1，HRB400 钢筋抗拉强度设计值为 $360N/mm^2$，因此，$f_v=360N/mm^2$。

根据《标准》第 7.7.2 条，外包混凝土部分的受剪承载力计算如下（式 5-127）：

$$V_{rc}=0.45A_{oc}\sqrt{(2+60\rho)\sqrt{f_{cu,oc}}\rho_{sv}f_v}$$

$$=0.45\times\left(BH-\frac{\pi D^2}{4}\right)\sqrt{(2+60\rho)\sqrt{f_{cu,oc}}\frac{A_{sv}}{sB}f_v}$$

$$=0.45\times\left[1500\times1800-\frac{\pi\times813^2}{4}\right]$$

$$\times\sqrt{(2+60\times1.77\%)\times\sqrt{40}\times1.31\times10^{-3}\times300}$$

$$=2.71\times10^3kN$$

根据《标准》第 7.7.3 条，内置钢管混凝土部分的受剪承载力计算如下（式 5-129）：

$$V_{cfst}=\Sigma0.9(0.97+0.2\ln\xi_i)A_{sc,i}f_{sv,i}$$

$$=0.9(0.97+0.2\ln\xi)A_{sc}f_{sv}$$

$$=0.9\times(0.97+0.2\ln\xi)\cdot\frac{\pi D^2}{4}\cdot f_{sv}$$

$$=0.9\times(0.97+0.2\times\ln1.27)\times\frac{\pi\times813^2}{4}\times f_{sv}$$

对于房屋建筑结构、电力塔架结构和港口工程结构，γ_{sc} 取 1.20，$f_{sv}=34.25N/mm^2$，进而求得 $V_{cfst}=1.63\times10^4kN$。

根据《标准》第 7.7.1 条（对应本书式 5-126），

$$V\leqslant V_{rc}+V_{cfst}$$

$$=2.71\times10^3+1.63\times10^4$$

$$=1.90\times10^4kN$$

2）对于算例 2，根据《标准》第 7.7.2 条（对应本书式 5-127 和式 5-128），

$$\rho_{sv} = \frac{A_{sv}}{sB}$$

$$= \frac{\pi \frac{d_s^2}{4} \times 4}{sB}$$

$$= \frac{\pi \times \frac{10^2}{4} \times 4}{80 \times 1500}$$

$$= 2.62 \times 10^{-3}$$

$$\rho = \frac{A_l}{A_{oc}} = \frac{\pi \frac{d_l^2}{4} \times 48}{\left[BH - (B - 2t_c)(H - 2t_c) - \frac{\pi D_{angle}^2}{4} \times 4 - \frac{\pi D_{middle}^2}{4} \times 2 \right]}$$

$$= \frac{\pi \times \frac{32^2}{4} \times 48}{\left[\begin{array}{c} 1500 \times 1800 - (1500 - 2 \times 440) \times (1800 - 2 \times 440) \\ - \frac{\pi \times 273^2}{4} \times 4 - \frac{\pi \times 219^2}{4} \times 2 \end{array} \right]}$$

$$= 2.12\%$$

根据《标准》第 7.7.2 条，外包混凝土部分的受剪承载力计算如下（式 5-127）：

$$V_{rc} = 0.45 A_{oc} \sqrt{(2 + 60\rho) \sqrt{f_{cu,oc}} \rho_{sv} f_v}$$

$$= 0.45 \times \left[BH - (B - 2t_c)(H - 2t_c) - \frac{\pi D_{angle}^2}{4} \times 4 - \frac{\pi D_{middle}^2}{4} \times 2 \right]$$

$$\times \sqrt{(2 + 60\rho) \sqrt{f_{cu,oc}} \frac{A_{sv}}{sB} f_v}$$

$$= 0.45 \times \left[\begin{array}{c} 1500 \times 1800 - (1500 - 2 \times 440) \times (1800 - 2 \times 440) - \frac{\pi \times 273^2}{4} \times 4 \\ - \frac{\pi \times 219^2}{4} \times 2 \end{array} \right]$$

$$\times \sqrt{(2 + 60 \times 2.12\%)} \times \sqrt{40} \times 2.62 \times 10^{-3} \times 300$$

$$= 3.30 \times 10^3 \, kN$$

根据《标准》第 7.7.3 条，内置钢管混凝土部分的受剪承载力计算如下（式 5-129）：

$$V_{cfst} = \sum 0.9(0.97 + 0.2 \ln \xi_i) A_{sc,i} f_{sv,i}$$

$$= 0.9 \times (0.97 + 0.2 \ln \xi) \cdot \frac{\pi D_{angle}^2}{4} \cdot f_{sv} \times 4 + 0.9 \times (0.97 + 0.2 \ln \xi)$$

$$\times \frac{\pi \cdot D_{middle}^2}{4} \cdot f_{sv} \times 2$$

$$= 0.9 \times (0.97 + 0.2 \times \ln 1.52) \times \frac{\pi \times 273^2}{4} \times f_{sv} \times 4 + 0.9 \times (0.97 + 0.2 \times \ln 1.51)$$

$$\times \frac{\pi \times 219^2}{4} \times f_{sv} \times 2$$

对于公路桥涵结构，γ_{sc} 取 1.40，角部与腰部的单根内置钢管混凝土构件的 f_{sv} 分别为

33.32N/mm² 和 33.24N/mm²，进而求得 $V_{cfst}=9.77\times10^3$ kN。

根据《标准》第 7.7.1 条（式 5-126），

$$V \leqslant V_{rc} + V_{cfst}$$
$$= 3.30 \times 10^3 + 9.77 \times 10^3$$
$$= 1.31 \times 10^4 \text{kN}$$

各算例的斜截面受剪承载力计算结果如附表 2-7 所示。

钢管混凝土加劲混合结构斜截面受剪承载力   附表 2-7

算例	类型	V_{rc}（kN）	V_{cfst}（kN）	V（kN）
算例 1	房屋建筑结构、电力塔架结构、港口工程结构	2.97×10^3	1.63×10^4	1.93×10^4
算例 2	公路桥涵结构	3.62×10^3	9.77×10^3	1.34×10^4

（5）拱形结构承载力计算

依据《标准》第 7.8 节规定，计算拱形钢管混凝土加劲混合结构承载力。

计算条件：主拱结构跨径 300m 的无铰拱，拱轴线为悬链线，且矢跨比为 0.2，截面与上述多肢钢管混凝土加劲混合结构的截面相同，且沿长度方向为等截面，计算当等效梁柱的轴压比为 $n=0.4$ 时的承载力。

根据已知条件，拱形钢管混凝土加劲混合结构截面与已知多肢钢管混凝土加劲混合结构截面相同，且沿长度方向为等截面。那么，对于算例 2，当 n 为 0.4 时，对于公路桥涵结构，多肢钢管混凝土加劲混合结构所承受的轴向荷载 N 为 2.57×10^4 kN。基于《标准》第 7.3.2 条～7.3.4 条［对应本书 5.3.3 节（2）～（4）］，通过计算，$N=2.57\times10^4$ kN 时，中性轴 $c=1137.55$ mm，$M=2.21\times10^4$ kN·m。

拱形钢管混凝土加劲混合结构的抗弯承载力计算结果如附表 2-8 所示。

拱形钢管混凝土加劲混合结构抗弯承载力   附表 2-8

算例	$n=0.4$ 时中性轴 c（mm）	$n=0.4$ 时抗弯承载力（kN·m）
算例 2	1137.55	2.21×10^4
算例 3	1047.40	2.21×10^4

注：表中数据为根据公路桥涵结构所对应的 γ_{sc} 系数进行的计算。

4. 防护设计

（1）抗火设计

依据《标准》第 9.3 节（本书 7.3 节）和附录 E（本书表 7-1～表 7-3）规定，计算单肢钢管混凝土加劲混合结构的耐火极限。计算条件：火灾荷载比 $R=0.2$。

根据《标准》附录 E（本书表 7-1～表 7-3），单肢钢管混凝土加劲混合结构的耐火极限 t_R 与荷载比 R、截面宽度 B、长细比 λ 等因素有关，其中，内置钢管混凝土部分的承载力系数 n_{cfst} 根据《标准》第 9.3.6 条的条文说明［对应本书式（7-7）］来确定。

根据已知条件，火灾荷载比 $R=0.2$，根据《标准》附录 E，当 l_0 为 20m 和 30m 时，各单肢钢管混凝土加劲混合结构的耐火极限均大于 3.00h。

（2）抗撞击承载力验算

依据《标准》第 9.4 节规定计算撞击作用下钢管混凝土混合结构的受弯承载力。计算条件：撞击物速度 $V_0=10$ m/s，轴压比 $n=0.2$ 和 0.6。

1）对于算例 1，

步骤 1：通过计算，$N=0$ 时，$c=574.89\text{mm}$，$M=1.84\times10^4\text{kN}\cdot\text{m}$，将此时的 M 记为 M_u。

步骤 2：根据《标准》中式（9.4.3-3）～式（9.4.3-12）（对应本书式 7-83～式 7-92），计算得到：

$$m_1 = 1.27\times10^{-4}f_{cu,oc}^2 - 1.39\times10^{-2}f_{cu,oc} + 1.36$$
$$= 1.27\times10^{-4}\times40^2 - 1.39\times10^{-2}\times40 + 1.36$$
$$= 1.01$$

$$m_2 = -7.24\times10^{-6}f_{cu,c}^2 + 1.69\times10^{-3}f_{cu,c} + 0.925$$
$$= -7.24\times10^{-6}\times60^2 + 1.69\times10^{-3}\times60 + 0.925$$
$$= 1.00$$

$$m_3 = -2.31\times10^{-4}f_{yl} + 1.07$$
$$= -2.31\times10^{-4}\times400 + 1.07$$
$$= 0.98$$

$$m_4 = 3.37\times10^{-4}f_y + 0.883$$
$$= 3.37\times10^{-4}\times345 + 0.883$$
$$= 1.00$$

$$g_1 = -5.92\rho + 1.06$$
$$= -5.92\times1.8\% + 1.06$$
$$= 0.95$$

$$g_2 = 0.235\alpha_s + 0.978$$
$$= 0.235\times0.14 + 0.978$$
$$= 1.01$$

$$g_3 = -0.238\left(\frac{D}{B}\right)^2 + 7.70\times10^{-2}\frac{D}{B} + 1.02$$
$$= -0.238\times0.54^2 + 7.70\times10^{-2}\times0.54 + 1.02$$
$$= 0.99$$

$$\gamma_v = -7.50\times10^{-3}V_0^2 + 0.136V_0 + 0.354$$
$$= -7.50\times10^{-3}\times10^2 + 0.136\times10 + 0.354$$
$$= 0.96$$

$$\gamma_n = 3.08n^2 - 1.47n + 1.16$$
$$= 3.08\times0.2^2 - 1.47\times0.2 + 1.16$$
$$= 0.99$$

式中，n 取为 0.2。

步骤 3：根据《标准》中式（9.4.3-2）、式（9.4.3-7）（对应本书式 7-87、式 7-94），计算得到：

$$\gamma_g = g_1 g_2 g_3$$
$$= 0.95\times1.01\times0.99$$

$$=0.95$$

$$\gamma_m = m_1 m_2 m_3 m_4$$

$$=1.01 \times 1.00 \times 0.98 \times 1.00$$

$$=0.99$$

步骤 4：根据《标准》中式（9.4.3-1）（对应本书式 7-81），计算得到：

$$R_d = 1.52 \gamma_m \gamma_g \gamma_v \gamma_n$$

$$=1.52 \times 0.99 \times 0.95 \times 0.96 \times 0.99$$

$$=1.36$$

步骤 5：根据《标准》中式（9.4.1）（对应本书式 7-75），$M_d = R_d M_u = 1.36 \times 1.84 \times 10^4 = 2.50 \times 10^4 \text{kN} \cdot \text{m}$。

步骤 6：重复上述步骤，并计算得到当 n 取为 0.6 时，$R_d = 1.89$。根据《标准》中式（9.4.1）（对应本书式 7-75），$M_d = R_d M_u = 1.92 \times 1.84 \times 10^4 = 3.53 \times 10^4 \text{kN} \cdot \text{m}$。

2）对于算例 3，

步骤 1：通过迭代计算与尝试，$N = 0$ 时，$c = 348.03 \text{mm}$，$M = 1.55 \times 10^4 \text{kN} \cdot \text{m}$，将此时的 M 记为 M_u。

步骤 2：根据《标准》中式（9.4.3-15）～式（9.4.3-24）（对应本书式 7-95～式 7-104），计算得到：

$$m_1 = 5.78 \times 10^{-5} f_{cu,oc}^2 - 4.64 \times 10^{-3} f_{cu,oc} + 1.10$$

$$=5.78 \times 10^{-5} \times 40^2 - 4.64 \times 10^{-3} \times 40 + 1.10$$

$$=1.01$$

$$m_2 = -4.89 \times 10^{-5} f_{cu,c}^2 + 4.51 \times 10^{-3} f_{cu,c} + 0.905$$

$$=-4.89 \times 10^{-5} \times 60^2 + 4.51 \times 10^{-3} \times 60 + 0.905$$

$$=1.00$$

$$m_3 = -1.33 \times 10^{-6} f_{yl}^2 + 7.44 \times 10^{-4} f_{yl} + 0.898$$

$$=-1.33 \times 10^{-6} \times 400^2 + 7.44 \times 10^{-4} \times 400 + 0.898$$

$$=0.98$$

$$m_4 = -7.26 \times 10^{-4} f_y + 1.25$$

$$=-7.26 \times 10^{-4} \times 355 + 1.25$$

$$=0.99$$

$$g_1 = 566 \rho^2 - 12.6 \rho + 1.07$$

$$=566 \times 2.0\%^2 - 12.6 \times 2.0\% + 1.07$$

$$=1.04$$

$$g_2 = -2.33 \alpha_s + 1.23$$

$$=-2.33 \times 0.14 + 1.23$$

$$=0.90$$

$$g_3 = -2.74 \frac{D}{B} + 1.54$$

$$=-2.74 \times 0.16 + 1.54$$

$$=1.10$$

$$\gamma_v = -7.00 \times 10^{-3} V_0^2 + 0.105 V_0 + 0.673$$
$$= -7.00 \times 10^{-3} \times 10^2 + 0.105 \times 10 + 0.673$$
$$= 1.02$$
$$\gamma_n = 6.43 n^2 - 4.22 n + 1.71$$
$$= 6.43 \times 0.2^2 - 4.22 \times 0.2 + 1.71$$
$$= 1.12$$

式中，n 取为 0.2。

步骤 3：根据《标准》中式（9.4.3-14）、式（9.4.3-19）（对应本书式 7-99、式 7-94），计算得到：

$$\gamma_g = g_1 g_2 g_3$$
$$= 1.04 \times 0.90 \times 1.10$$
$$= 1.03$$
$$\gamma_m = m_1 m_2 m_3 m_4$$
$$= 1.01 \times 1.00 \times 0.98 \times 0.99$$
$$= 0.98$$

步骤 4：根据《标准》中式（9.4.3-13）（对应本书式 7-93），计算得到：

$$R_d = 0.61 \gamma_m \gamma_g \gamma_v \gamma_n$$
$$= 0.61 \times 0.98 \times 1.03 \times 1.02 \times 1.12$$
$$= 0.70$$

步骤 5：根据《标准》中式（9.4.1）（对应本书式 7-75），

$$M_d = R_d M_u = 0.70 \times 1.55 \times 10^4 = 1.09 \times 10^4 \text{kN} \cdot \text{m}。$$

步骤 6：重复上述步骤，并计算得到：当 n 取为 0.6 时，$R_d = 0.93$。根据《标准》中式（9.4.1）（对应本书式 7-75），$M_d = R_d M_u = 0.93 \times 1.55 \times 10^4 = 1.44 \times 10^4 \text{kN} \cdot \text{m}$。

撞击荷载作用下钢管混凝土加劲混合结构的受弯承载力计算结果如附表 2-9 所示。

撞击荷载作用下钢管混凝土加劲混合结构的受弯承载力　　　　　附表 2-9

算例	c (mm)	M_u (kN·m)	R_d (n=0.2)	R_d (n=0.6)	M_d(kN·m) (n=0.2)	M_d(kN·m) (n=0.6)
算例 1	574.89	1.84×10^4	1.36	1.92	2.50×10^4	3.53×10^4
算例 3	348.03	1.55×10^4	0.70	0.93	1.09×10^4	1.44×10^4

附录 3　钢管混凝土加劲混合结构有限元分析

某上承式拱桥的主拱结构为钢管混凝土加劲混合结构，大桥的计算跨径为 600m，桥梁桥面总宽为 24.5m，双向 4 车道，设计速度为 100km/h，汽车荷载等级为公路-Ⅰ级，桥梁结构安全等级为一级，设计基准期为 100 年，设计基本风速为 27.6m/s，通航标准为Ⅲ级航道。桥区地震基本烈度为 7 度，地震动峰值加速度为 0.10g，地震动反应谱特征周期为 0.35s，桥梁抗震构造措施应按照 8 度考虑；桥梁抗震设防分类为 A 类；设计环境类别为Ⅰ类。拱上立柱总体布置如附图 3-1 所示。

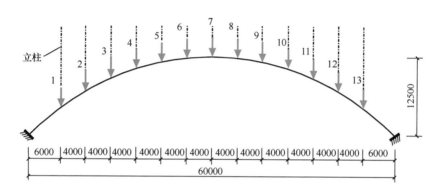

附图 3-1　主拱结构总体布置（尺寸单位：cm）

3.1　计算条件

（1）拱结构

主拱为双拱肋变截面悬链线无铰拱，采用钢管混凝土加劲混合结构，拱箱单肋采用单箱单室截面；净跨径为 600m，净矢跨比为 5/24，拱轴系数为 1.9。拱顶截面径向高为 8m，拱脚截面径向高为 12m，截面径向高度在拱顶至拱脚间由 8m 线性变化至 12m，肋宽为 6.5m。顶板混凝土厚度为 0.65m。拱圈拱脚至立柱 1 之间的底板混凝土厚度为 1.3m；立柱 1 至立柱 4 之间的底板混凝土厚度为 0.80m；立柱 4 至拱顶之间的底板混凝土厚度为 0.65m。拱圈拱脚至立柱 1 之间的腹板混凝土厚度由 0.95m 渐变至 0.75m；立柱 1 至立柱 2 之间的腹板混凝土厚度由 0.55m 渐变至 0.45m；立柱 2 至拱顶之间的腹板混凝土厚度为 0.45m。

钢管混凝土加劲混合结构拱圈中上、下钢管混凝土弦杆截面尺寸分别为 $\phi900mm\times35mm$ 和 $\phi900mm\times30mm$，钢管内浇筑 C80 混凝土；弦杆通过 4L110mm×110mm×10mm、4L200mm×125mm×18mm 或 4L160mm×100mm×16mm 的型钢连接而构成钢管混凝土桁式混合结构，横隔板对应位置设置临时交叉支撑。拱肋截面构造如附图 3-2 所示。主拱各部件截面形式、材料强度等级、截面尺寸、板厚、梁宽等信息如附表 3-1 所示。

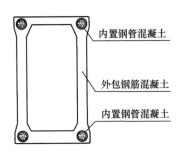

附图 3-2　拱肋截面构造

各部件截面形式、材性及尺寸　　　　　　　　　　　　　　附表 3-1

构（部）件	截面形式	材料	截面尺寸、板厚、梁宽（mm）
弦杆钢管	圆管截面	Q420D 钢	$\phi 900 \times 35$
竖向连接系	L 型钢	Q420D 钢	4L200×125×18 4L160×100×16
横向连接系	L 型钢	Q420D 钢	4L110×110×10
顶板	板式截面	C60 混凝土	650
底板	板式截面	C60 混凝土	650、800、1300
腹板	板式截面	C60 混凝土	450、550、750、850、950
横系梁	板式截面	C60 混凝土	450

（2）荷载作用

主拱施工阶段只考虑主拱各部件的重力荷载，包括钢管自重、型钢自重、已成形混凝土自重、未成形混凝土湿重和钢筋自重。钢材密度为 7850kg/m³；混凝土密度为 2500kg/m³。

使用阶段荷载主要来自拱上立柱和桥面，荷载包括立柱自重、桥面系自重、车辆荷载，对应附图 3-1，作用在各立柱荷载值见附表 3-2。

作用在立柱上的荷载　　　　　　　　　　　　　　附表 3-2

施工阶段	立柱 1（13）	立柱 2（12）	立柱 3（11）	立柱 4（10）	立柱 5（9）	立柱 6（8）	立柱 7
成桥荷载（kN）	18054	18751	13866	14100	9891	12764	4751
使用阶段荷载（kN）	18762	19711	14648	15051	10550	13737	5473

（3）施工工序

拱圈混凝土浇筑采用分环分段浇筑，拱圈浇筑分为 3 环，8 个工作面对称同时浇筑，顶、底板每个工作面共 6 段，腹板每个工作面共 7 段，附图 3-3 所示为半跨拱圈混凝土浇筑方案，主拱施工各部件施工次序见附表 3-3。拱圈浇筑之后进行立柱施工、梁部施工、刚构合龙、二期恒载，结合施工面的布置方式，可分为 57 道工序。

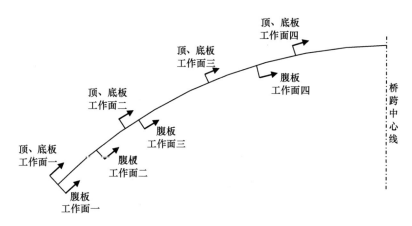

附图 3-3 主拱结构混凝土浇筑方案

主拱各部件施工次序

附表 3-3

序号	示意图	工序
1		形成钢管骨架
2		浇筑钢管内核心混凝土
3		浇筑底板混凝土
4		浇筑腹板混凝土
5		浇筑顶板混凝土

3.2 有限元计算模型建立

根据《钢管混凝土混合结构技术标准》GB/T 51446—2021 中 5.3 节关于"分析方法"的规定，采用有限元分析软件 ABAQUS 建立了主拱结构的三维有限元模型。根据设计的拱轴线形式，将主拱结构分为 3 段，拱脚至 1 号立柱为第 1 段，1 号立柱至 2 号立柱为第 2 段，2 号立柱至拱顶为第 3 段。3 段截面顶板、底板及腹板不同，且截面高度从拱顶至拱脚处线性增大。

根据《钢管混凝土混合结构技术标准》GB/T 51446—2021 附录 A.1、附录 A.2（对应本书 3.5 节、3.6 节）关于混凝土和钢材的规定，确定钢管内混凝土、箍筋约束混凝土、箍筋外无约束混凝土、钢管和钢筋的材料本构模型。

3.3 施工和使用阶段结构安全性分析

（1）施工阶段应力分析

对应于附表 3-3，施工阶段包括形成钢管骨架、浇筑钢管内混凝土、浇筑底板混凝土、浇筑腹板混凝土、浇筑顶板混凝土五个阶段，有限元计算获得的施工及成桥阶段混凝土拱顶截面最小主应力云图如附图 3-4 所示。

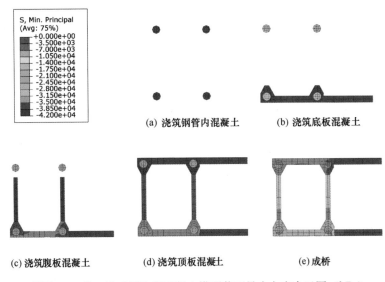

(a) 浇筑钢管内混凝土　　(b) 浇筑底板混凝土

(c) 浇筑腹板混凝土　　(d) 浇筑顶板混凝土　　(e) 成桥

附图 3-4　施工及成桥阶段混凝土拱顶截面最小主应力云图（kPa）

1）形成钢管骨架阶段：骨架最大应力位于拱脚位置的上弦钢管，数值为 72.3N/mm²。

2）浇筑核心混凝土阶段：骨架最大应力同样位于拱脚位置的上弦钢管，数值为 191.5N/mm²；拱脚上弦的钢管内混凝土最大主应力为 −1.8N/mm²，最小主应力为 −23.6N/mm²。先浇筑完成的钢管内混凝土应力较大，最后浇筑的钢管内混凝土应力较小。

3）浇筑底板混凝土阶段：骨架最大应力位于拱顶的上弦钢管，数值为 244.9N/mm²；钢管内混凝土最小主应力位于拱脚下弦位置处，数值为 −32.3N/mm²，最大主应力为 1.4N/mm²；底板混凝土最小主应力位于拱脚位置处，数值为 −12.7N/mm²，最大主应力位于立柱 2 与底板交界面处，数值为 3.8N/mm²。

4）浇筑腹板混凝土阶段：骨架最大应力位于第二段骨架的下弦钢管，数值为248.1N/mm²；钢管内混凝土最小主应力位于拱脚下弦位置处，数值为－37.4N/mm²，最大主应力为1.3N/mm²；外包混凝土最小主应力位于拱脚底板的混凝土位置处，数值为－22.2N/mm²，最大主应力位于立柱3与底板交界面处，数值为3.0N/mm²。

5）浇筑顶板混凝土阶段：骨架最大应力位于第二段骨架的下弦，数值为269.4N/mm²；钢管内混凝土最小主应力位于拱脚下弦位置处，数值为－40.4N/mm²，最大主应力为1.5N/mm²；外包混凝土最小主应力位于拱脚的底板位置处，数值为－24.2N/mm²，最大土应力位于立柱3与底板交界面处，数值为3.2N/mm²。

（2）施工阶段应变分析

整个施工过程中，钢管最大应变出现在成桥阶段0/14点位置（拱脚位置）下弦杆的钢管处，数值为－1405$\mu\varepsilon$，尚未达到材料本构模型中定义的钢材最大弹性应变（－1631$\mu\varepsilon$），说明钢管始终处于线弹性受力阶段。

对施工过程中主拱结构拱脚、拱顶以及中间的11个交界面处钢管内混凝土应力进行分析。整个施工阶段由于先施工钢管混凝土加劲混合结构骨架再浇筑钢管内混凝土，结果表明，钢管内混凝土的应变小于钢管应变。钢管内混凝土最大应变出现在成桥阶段拱顶上弦，数值为－1172$\mu\varepsilon$，高于钢管内混凝土本构模型中定义的最大弹性应变－1011$\mu\varepsilon$，说明部分区域的钢管内混凝土已经进入弹塑性受力阶段。

对施工过程中主拱结构拱脚、拱顶以及中间的11个交界面处外包混凝土应力进行分析。在最后施工阶段，即外包混凝土施工时，钢管混凝土已产生了较大的变形，此时外包混凝土的应变小于钢管混凝土应变。同时，施工分环浇筑，先浇筑底板混凝土，再浇筑腹板混凝土，最后浇筑顶板混凝土；底板最先参与结构受力，应变较大；顶板最后参与受力，应变最小。外包混凝土最大应变出现在成桥阶段的拱脚下弦位置，数值为－646$\mu\varepsilon$，低于材料本构模型中定义的最大弹性应变－1007$\mu\varepsilon$，说明外包混凝土处于线弹性受力阶段，材料强度满足要求。

（3）使用阶段应力分析

主拱结构在承受使用阶段荷载时，0/14跨径（即拱脚位置）的钢管最大应力为303.9N/mm²，说明钢管在工作状态下能够保持线弹性。在破坏阶段，7/14跨径（即拱顶位置）钢管上弦应力最大，数值为420.6N/mm²，此时钢管发生了屈服。

受施工过程的影响，钢管内混凝土在施工阶段已产生施工应力。在使用阶段，拱脚位置核心混凝土的主压应力为46.3N/mm²。钢管内混凝土的强度等级为C80，有限元混凝土应力-应变模型中峰值点应力定义为70.0N/mm²，说明钢管内混凝土在使用阶段下应力为峰值应力的66%，混凝土强度能够满足要求。在破坏阶段，核心混凝土的主压应力能够达到77.5N/mm²，高于材料本构模型中定义的C80混凝土峰值应力（70.0N/mm²），说明在钢管的约束作用下，钢管内混凝土的材料强度得到了提高。

同时，受施工过程的影响，钢管外包混凝土在施工阶段已产生施工应力。在使用阶段，交界面1位置的外包混凝土最大压应力为21.3N/mm²。外包混凝土的强度等级为C60，其本构模型中的峰值应力为51.0N/mm²，说明钢管内混凝土在施工状态下应力为峰值应力的42%，混凝土强度能够满足要求。

如附图3-5（a）所示，成桥阶段钢管混凝土加劲混合结构骨架最大应力位于第二段骨架中的下弦钢管位置处，数值为 308.3N/mm²；核心混凝土最小主应力位于拱脚下弦位置，数值为 −47.6N/mm²，最大主应力为 1.0N/mm²；外包混凝土最小主应力位于拱脚，数值为 −24.1N/mm²，最大主应力位于立柱 1 与底板交界面处，数值为 3.0N/mm²。如附图 3-5（b）所示，在施加汽车荷载阶段，骨架最大应力位于拱脚的下弦钢管位置处，数值为 312.2N/mm²；核心混凝土最小主应力位于拱脚下弦，数值为 −47.6N/mm²，最大主应力为 0.9N/mm²；外包混凝土最小主应力位于拱脚，数值为 −24.7N/mm²，最大主应力位于立柱 6 与底板交界面处，数值为 3.1N/mm²。

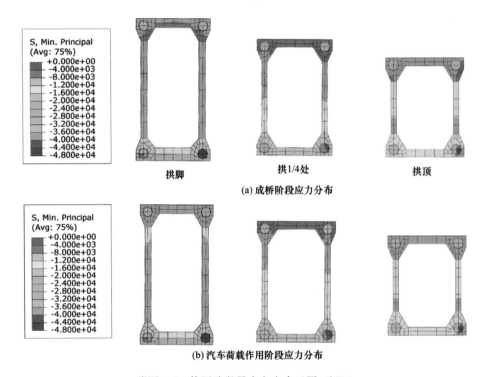

附图 3-5　使用阶段最小主应力云图（kPa）

（4）使用阶段应变分析

在成桥阶段，钢管最大应变位于拱脚位置的下弦钢管位置处，数值为 −1405με，该应变尚未达到材料本构模型中定义的最大弹性应变（−1631με），说明材料处于线弹性受力阶段。而在极限破坏状态下，钢管最大应变位于拱顶上弦钢管位置处，数值为 −3676με，说明此位置处的钢管发生了屈服。

在成桥阶段，钢管内混凝土最大应变出现在拱脚位置下弦位置处，数值为 −1172με。极限破坏状态时，拱顶位置上弦的钢管内混凝土应变最大，数值为 −3009με，表明拱顶上弦钢管内混凝土被压溃。极限破坏状态时外包混凝土最大应变出现在拱顶位置的顶板混凝土，数值为 −3792με，超过混凝土极限压应变，因此顶板混凝土被压溃。

（5）使用阶段位移分析

各阶段下位移计算结果如附表 3-4 所示。可以看出，主拱结构跨径范围内拱顶位置的竖向变形最大，在主拱结构达到施工荷载后，拱顶竖向位移达到了 882.7mm。

各阶段下拱顶的位移　　　　　　　　　　　　　　　　　　　　　附表 3-4

荷载工况	新增挠度（mm）	累计挠度（mm）
成桥荷载	104.8	861.2
汽车荷载	21.5	882.7

应力集中一般出现在结构几何急剧变化的地方，如缺口、孔洞、沟槽以及有刚性约束处。拱肋模型的应力集中现象主要出现在立柱与拱肋连接处、隔板及横联连接处、钢管与弦杆连接处，这些位置的应力集中现象可能使结构局部应力过大进而发生屈服，影响结构的安全性。

（6）长期荷载作用影响分析

主拱结构在服役过程中，钢管内混凝土和外包混凝土均会发生收缩和徐变，从而影响其在长期荷载作用下的力学性能。由于钢管的密闭环境，其核心混凝土的收缩与徐变较小，而外包普通混凝土由于直接暴露在外部环境中，且没有钢管的约束作用，其收缩和徐变数值相对较大。根据大桥的施工工序、环境条件和工程设计基础，考虑当地环境湿度为 80%，设置外包混凝土在长期荷载过程中湿度为 80%，钢管内混凝土的湿度为 90%。混凝土收缩和徐变模型的确定方法如 3.4 节所述。

长期持荷阶段，结构始终在发生变形。以拱顶位移为例，从施工阶段考虑主拱结构承受长期荷载作用，计算了 100 年服役期内主拱结构的变形，并和无长期荷载作用的结构变形进行了对比，如附图 3-6 所示。竖向变形从拱脚至拱顶逐渐增大，拱顶位置的竖向变形最大。

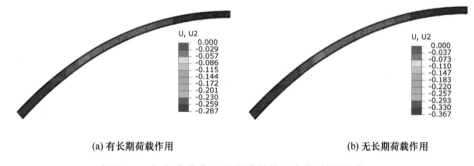

(a) 有长期荷载作用　　　　　　　　　　　　　　　(b) 无长期荷载作用

附图 3-6　长期荷载作用对主拱结构竖向位移的影响（m）

附图 3-7 所示为拱顶位移随时间的变化规律。主拱结构在服役阶段变形增加得较为缓慢，且随着持荷时间增大，变形增长速度逐渐减缓。施工阶段结束后拱顶位移为 1.308m；荷载持荷 3 年后，结构拱顶竖向位移增大 0.042m；长期荷载作用结束后（服役 100 年后），结构拱顶竖向位移增大 0.079m。

3.4　极限承载力计算分析

通过有限元分析，有无长期荷载作用对荷载（F)-拱顶位移（Δ）的影响如附图 3-8 所示，两者均考虑了施工阶段影响。

（1）单调短期荷载作用下承载力

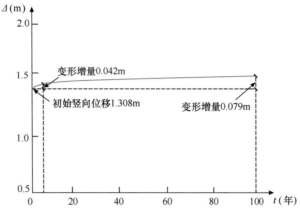

附图 3-7 拱顶位移 (Δ)-持荷时间 (t) 关系示意

考虑施工阶段影响的荷载-拱顶位移关系如附图 3-8 所示,图中,纵坐标为半跨范围内施加的荷载,横坐标为拱顶位移。使用阶段恒荷载和活荷载总和为 313753kN。在进入加载破坏阶段后,当荷载达到使用阶段荷载的 2.10 倍时,曲线刚度出现明显退化,荷载-位移曲线进入弹塑性阶段。当加载至图中 B' 点时,荷载为 824897kN,为使用阶段荷载的 2.63 倍。

(2)长期荷载作用下承载力

长期荷载作用下,结构产生变形的同时,结构内部也将发生内力重分布。

长期荷载作用对荷载-拱顶位移曲线的影响如附图 3-8 所示,两条曲线均考虑了施工过程的影响,施加使用阶段荷载至 A 与 A' 点时,A 点与 A' 点拱顶位移分别为 0.826m、1.308m;由 A' 点至 A'' 点受力过程中,即在长期荷载作用下(长期荷载数值保持恒定,持荷 100 年),混凝土不断发生变形,拱顶位移由 1.308m 增大至 1.387m,拱顶下降

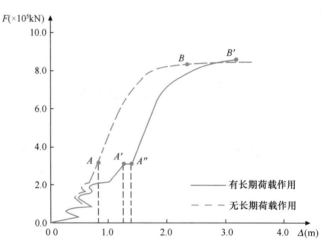

附图 3-8 长期荷载作用对荷载 (F)-拱顶位移 (Δ) 的影响

0.079m。之后,继续增大主拱结构上所有荷载,直至结构失去承载能力而不适宜继续加载。由于在破坏阶段结构持续发生较大变形,因此取结构加载切线刚度降低至破坏阶段初始加载刚度的 5% 时结构所承受的荷载作为极限承载力。

附图 3-8 的 B 点和 B' 点分别为无长期荷载作用和有长期荷载作用的荷载-拱顶位移曲线极限点。无长期荷载作用时极限荷载为 824897kN,是使用阶段荷载的 2.63 倍,有长期荷载作用时极限荷载为 840373kN,是使用阶段荷载的 2.70 倍。由此可见,长期荷载作用对主拱结构极限承载力影响较小。达到极限承载力 I'' 点时,主拱结构的破坏形态、应变与应力分布如附图 3-9 所示。

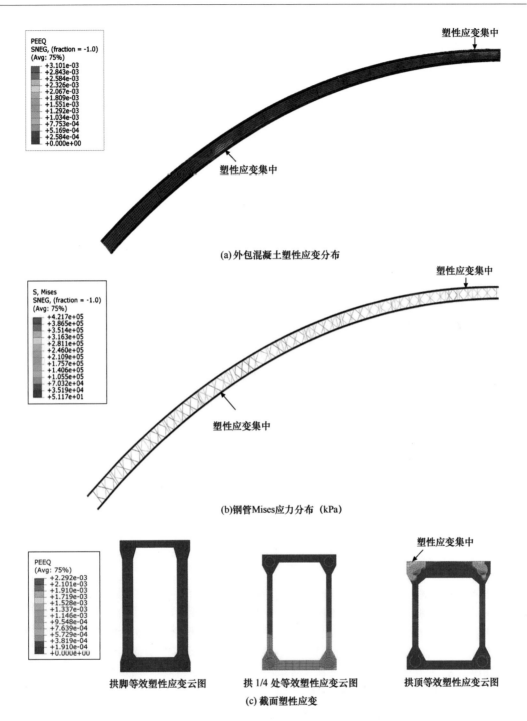

(a) 外包混凝土塑性应变分布

(b) 钢管 Mises 应力分布 (kPa)

拱脚等效塑性应变云图　　拱 1/4 处等效塑性应变云图　　拱顶等效塑性应变云图

(c) 截面塑性应变

附图 3-9　主拱结构应变与应力分布

由钢管和外包混凝土的破坏形态可以看出，外包混凝土的等效塑性应变主要集中在拱顶的顶板区域位置和 1/4 跨径的底板区域，且向外延伸一定距离。钢管最大应力位于拱顶的上弦区域，发生了屈曲，应力值为 421.7N/mm²。

参 考 文 献

[1] 电力规划设计总院. 钢-混凝土组合结构设计规程：DL/T 5085—2021[S]. 北京：中国计划出版社，2021.

[2] 国家铁路局科技与法制司. 铁路桥涵混凝土结构设计规范：TB 10092—2017[S]. 北京：中国铁道出版社，2017.

[3] 国家铁路局科技与法制司. 铁路桥梁钢管混凝土结构设计规范：TB 10127—2020[S]. 北京：中国铁道出版社，2020.

[4] 国家铁路局科技与法制司. 铁路桥梁钢结构设计规范：TB 10091—2017[S]. 北京：中国铁道出版社，2017.

[5] 韩林海. 钢管混凝土结构——理论与实践[M]. 3 版. 北京：科学出版社，2016.

[6] 韩林海，李威，王文达，陶忠. 现代组合结构和混合结构——试验、理论和方法[M]. 2 版. 北京：科学出版社，2017.

[7] 韩林海，牟廷敏，王法承，等. 钢管混凝土混合结构设计原理及其在桥梁工程中的应用[J]. 土木工程学报，2020，53(05)：1-24.

[8] 韩林海，宋天诣，周侃. 钢-混凝土组合结构抗火设计原理[M]. 2 版. 北京：科学出版社，2017.

[9] 韩林海，杨有福. 现代钢管混凝土结构技术[M]. 2 版. 北京：中国建筑工业出版社，2007.

[10] 全国技术产品文件标准化技术委员会. 机械产品计算机辅助工程 有限元数值计算 术语：GB/T 31054—2014[S]. 北京：中国标准出版社，2015.

[11] 四川省交通运输厅公路规划勘察设计研究院. 公路钢管混凝土拱桥设计规范：JTG/T D65—06—2015[S]. 北京：人民交通出版社股份有限公司，2015.

[12] 中国船舶工业集团公司. 涂覆涂料前钢材表面处理 表面清洁度的目视评定 第 1 部分：未涂覆过的钢材表面和全面清除原有涂层后的钢材表面的锈蚀等级和处理等级：GB/T 8923.1—2011[S]. 北京：中国标准出版社，2012.

[13] 中国钢铁工业协会. 低合金高强度结构钢：GB/T 1591—2018[S]. 北京：中国标准出版社，2018.

[14] 中国钢铁工业协会. 建筑结构用钢板：GB/T 19879—2015[S]. 北京：中国标准出版社，2016.

[15] 中国钢铁工业协会. 结构用无缝钢管：GB/T 8162—2018[S]. 北京：中国标准出版社，2019.

[16] 中国钢铁工业协会. 桥梁用结构钢：GB/T 714—2015[S]. 北京：中国标准出版社，2016.

[17] 中国钢铁工业协会. 碳素结构钢：GB/T 700—2006[S]. 北京：中国标准出版社，2007.

[18] 中国工程建设标准化协会防火防爆专业委员会. 钢结构防火涂料应用技术规程：T/CECS 24—2020[S]. 北京：中国计划出版社，2021.

[19] 中国工程建设标准化协会混凝土结构专业委员会. 钢管混凝土结构技术规程：CECS 28：2012[S]. 北京：中国计划出版社，2012.

[20] 中国工程建设标准化协会建筑产业化分会. 不锈钢管混凝土结构技术规程：T/CECS 952—2021[S]. 北京：中国建筑工业出版社，2022.

[21] 中国工程建设标准化协会建筑产业化分会. 钢管再生混凝土结构技术规程：T/CECS 625—2019[S]. 北京：中国计划出版社，2019.

[22] 中国土木工程学会标准与出版工作委员会. 中空夹层钢管混凝土结构技术规程：T/CCES 7—

2020[S]. 北京：中国建筑工业出版社，2020.

[23]　中华人民共和国公安部．建筑构件耐火试验方法 第1部分：通用要求：GB/T 9978.1—2008[S]. 北京：中国标准出版社，2009.

[24]　中华人民共和国交通部．公路工程结构可靠度设计统一标准：GB/T 50283—1999[S]. 北京：中国建筑工业出版社，1999.

[25]　中华人民共和国应急管理部．钢结构防火涂料：GB 14907—2018[S]. 北京：中国标准出版社，2019.

[26]　中交公路规划设计院有限公司．公路桥梁抗撞设计规范：JTG/T 3360—02—2020[S]. 北京：人民交通出版社股份有限公司，2020.

[27]　钟善桐．高层钢管混凝土结构[M]. 哈尔滨：黑龙江科学技术出版社，1999.

[28]　住房和城乡建设部．钢管混凝土拱桥技术规范：GB 50923—2013[S]. 北京：中国计划出版社，2014.

[29]　住房和城乡建设部．钢管混凝土混合结构技术标准：GB/T 51446—2021[S]. 北京：中国建筑工业出版社，2021.

[30]　住房和城乡建设部．钢管混凝土结构技术规范：GB 50936—2014[S]. 北京：中国建筑工业出版社，2014.

[31]　住房和城乡建设部．钢结构焊接规范：GB 50661—2011[S]. 北京：中国建筑工业出版社，2012.

[32]　住房和城乡建设部．钢结构设计标准：GB 50017—2017[S]. 北京：中国建筑工业出版社，2018.

[33]　住房和城乡建设部．钢结构通用规范：GB 55005—2021[S]. 北京：中国建筑工业出版社，2022.

[34]　住房和城乡建设部．钢筋焊接及验收规程：JGJ 18—2012[S]. 北京：中国建筑工业出版社，2012.

[35]　住房和城乡建设部．钢筋机械连接技术规程：JGJ 107—2016[S]. 北京：中国建筑工业出版社，2016.

[36]　住房和城乡建设部．高层民用建筑钢结构技术规程：JGJ 99—2015[S]. 北京：中国建筑工业出版社，2016.

[37]　住房和城乡建设部．港口工程结构可靠性设计统一标准：GB 50158—2010[S]. 北京：中国建筑工业出版社，2010.

[38]　住房和城乡建设部．工程结构可靠性设计统一标准：GB 50153—2008[S]. 北京：中国建筑工业出版社，2009.

[39]　住房和城乡建设部．工程结构设计基本术语标准：GB/T 50083—2014[S]. 北京：中国建筑工业出版社，2015.

[40]　住房和城乡建设部．工程结构通用规范：GB 55001—2021[S]. 北京：中国建筑工业出版社，2022.

[41]　住房和城乡建设部．工业建筑防腐蚀设计标准：GB/T 50046—2018[S]. 北京：中国计划出版社，2019.

[42]　住房和城乡建设部．拱形钢结构技术规程：JGJ/T 249—2011[S]. 北京：中国建筑工业出版社，2012.

[43]　住房和城乡建设部．混凝土强度检验评定标准：GB/T 50107—2010[S]. 北京：中国建筑工业出版社，2010.

[44]　住房和城乡建设部．混凝土结构设计规范：GB 50010—2010（2015年版）[S]. 北京：中国建筑工业出版社，2011.

[45]　住房和城乡建设部．混凝土结构通用规范：GB 55008—2021[S]. 北京：中国建筑工业出版社，2022.

［46］　住房和城乡建设部 . 建筑钢结构防腐蚀技术规程：JGJ/T 251—2011［S］. 北京：中国建筑工业出版社，2012.

［47］　住房和城乡建设部 . 建筑钢结构防火技术规范：GB 51249—2017［S］. 北京：中国计划出版社，2018.

［48］　住房和城乡建设部 . 建筑结构可靠性设计统一标准：GB 50068—2018［S］. 北京：中国建筑工业出版社，2018.

［49］　住房和城乡建设部 . 建筑抗震设计规范：GB 50011—2010(2016 年版)［S］. 北京：中国建筑工业出版社，2010.

［50］　住房和城乡建设部 . 建筑设计防火规范：GB 50016—2014(2018 年版)［S］. 北京：中国计划出版社，2015.

［51］　住房和城乡建设部 . 组合结构通用规范：GB 55004—2021［S］. 北京：中国建筑工业出版社，2022.

［52］　ABAQUS V. 6. 14 Documentation［J］. Dassault Systemes Simulia Corporation，2014，651(6. 2).

［53］　ACI318-19. Building code requirements for structural concrete and commentary［S］. American Concrete Institute，Farmington Hills，USA，2019.

［54］　ACI/TMS216. 1-14. Code requirements for determining fire resistance of concrete and masonry construction assemblies［S］. American Concrete Institute，Farmington Hills，USA，2014.

［55］　ACI-209R-92. Prediction of creep，shrinkage and temperature effects in concrete structures［S］. American Concrete Institute，Farmington Hills，Michigan，USA，1997.

［56］　ANSI/AISC360-16. Specification for structural steel buildings［S］. American Institute of Steel Construction (AISC)，Chicago，USA，2016.

［57］　AIJ. Recommendations for design and construction of concrete filled steel tubular structures［S］. Architectural Institute of Japan (AIJ)，Tokyo，Japan，2008.

［58］　FIB MC 2010. Fib model code for concrete structures 2010［S］. Fédération Internationale du Béton/International Federation for Structural Concrete (FIB)，Lausanne，Switzerland，2013.

［59］　EN1993-1-8. Eurocode 3：Design of steel structures—Part 1-8：Design of joints［S］. European Standard，Brussels，2005.

［60］　EN1994-1-1. Eurocode 4：Design of composite steel and concrete structures—Part 1-1：General rules and rules for buildings［S］. European Committee for Standardization，Brussels，2004.

［61］　HAN L H，LAM D，NETHERCOT D A. Design guide for concrete-filled double skin steel tubular structures ［M］. UK：CRC Press，2018.

［62］　ISO-834：1980. Fire-resistance tests-elements of building construction-amendment 2［S］. International Organisation for Standardization (ISO)，Geneva，1980.

［63］　LEE J，FENVES G L. Plastic-damage model for cyclic loading of concrete structures［J］. Journal of Engineering Mechanics，1998，124(8)：892-900.

［64］　LIE T T，DENHAM E M A. Factors affecting the fire resistance of circular hollow steel columns filled with bar-reinforced concrete［R］. NRC-CNRC Internal Report，1993，No. 651.

［65］　LUBLINER J，OLIVER J，OLLER S，et al. A plastic-damage model for concrete［J］. International Journal of Solids and Structures，1989，25(3)：299-326.